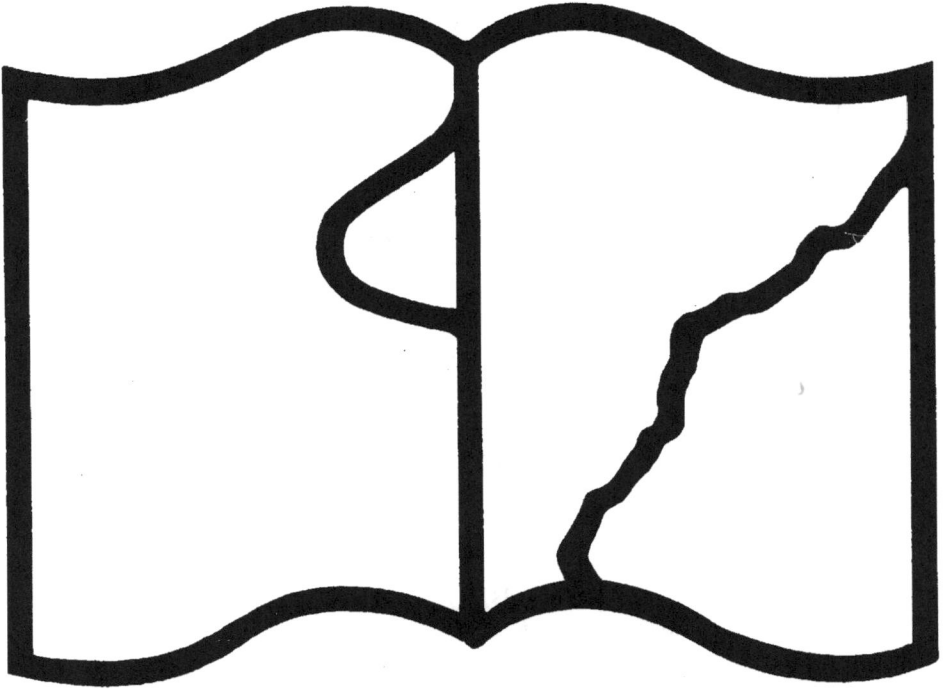

Texte détérioré — reliure défectueuse

NF Z 43-120-11

ÉTUDE DE GÉOGRAPHIE HUMAINE

L'IRRIGATION

SES CONDITIONS GÉOGRAPHIQUES, SES MODES
ET SON ORGANISATION

DANS LA PÉNINSULE IBÉRIQUE
ET DANS L'AFRIQUE DU NORD

THÈSE
présentée à la Faculté des lettres de l'Université de Paris

PAR

JEAN BRUNHES

Professeur de géographie à l'Université de Fribourg et au Collège libre
des Sciences sociales de Paris.

PARIS
C. NAUD, ÉDITEUR
3, RUE RACINE, 3

1902

L'IRRIGATION

DANS LA PÉNINSULE IBÉRIQUE ET DANS L'AFRIQUE DU NORD

ÉTUDE DE GÉOGRAPHIE HUMAINE

L'IRRIGATION

SES CONDITIONS GÉOGRAPHIQUES, SES MODES

ET SON ORGANISATION

DANS LA PÉNINSULE IBÉRIQUE

ET DANS L'AFRIQUE DU NORD

THÈSE

présentée à la Faculté des lettres de l'Université de Paris

PAR

JEAN BRUNHES

Professeur de géographie à l'Université de Fribourg et au Collège libre
des Sciences sociales de Paris.

PARIS

C. NAUD, ÉDITEUR

3, RUE RACINE, 3

1902

A MON MAITRE

M. P. VIDAL DE LA BLACHE
PROFESSEUR DE GÉOGRAPHIE A L'UNIVERSITÉ DE PARIS

TABLE DES MATIÈRES

INTRODUCTION

PREMIÈRE PARTIE
L'IRRIGATION DANS LA PÉNINSULE IBÉRIQUE

TROISIÈME PARTIE

L'IRRIGATION EN ÉGYPTE

Esquisse historique, exposé général et plan, p. 309.

Physionomie générale et grandes divisions de l'Égypte irriguée, p. 317. — Accroissement continu des surfaces atteintes et vivifiées par les canaux d'irrigation, p. 322. — Les cultures en Égypte. Les cultures nouvelles : le coton (surtout dans la Basse-Égypte) et la canne à sucre (surtout dans la Moyenne-Égypte), p. 327. — Le « dessalage » des terres et le drainage des eaux d'irrigation, p. 333.

CONCLUSION GÉNÉRALE

NOTES ET PIÈCES JUSTIFICATIVES

TABLE DES CARTES

Pour que les surfaces consacrées aux cultures irriguées dans les différents pays étudiés fussent approximativement comparables, les sept cartes de ce volume ont été établies à une échelle uniforme = 1 : 7 500 000.

TABLE DES FIGURES.

(Cartons schématiques et reproductions de photographies).

———

INTRODUCTION

———

I. QUELS SONT LES FAITS GÉOGRAPHIQUES QUI SERONT
L'OBJET DE LA PRÉSENTE ÉTUDE ?

Sous quelle forme et dans quelle proportion les phénomènes naturels, pluies, sources, fleuves, etc., fournissent-ils à l'homme l'eau dont il a besoin? Comment l'atmosphère et comment le sol lui apportent-ils ou lui réservent-ils cet « aliment » de première nécessité, cet agent par excellence de fertilité et de vie? C'est une première question essentiellement géographique.

Comment et pour quel objet, plus précisément par quels procédés et pour quelles cultures l'homme retient-il cette eau à sa libre disposition? C'est une seconde question qui appartient encore sans conteste au domaine de la géographie ; mais l'on passe alors de la pure géographie physique à la géographie humaine : l'homme intervient et pour tirer parti de l'eau et pour décider à quel usage particulier cette eau doit être destinée, double intervention d'intelligence et d'énergie qui caractérise un mode spécial et souvent même un type général d'activité. L'homme devrait toujours avoir la sagesse de déterminer ses desseins d'après la proportion d'eau qui est disponible et d'après l'ensemble des conditions naturelles ; mais il n'a pas toujours les moyens ni le temps de subordonner et d'adapter parfaitement ses efforts à la nature qui l'entoure ; de là cette question : y a-t-il une connexion logique entre le cadre géographique de l'activité humaine et cette activité elle-même ?

Une dernière question se pose, conséquence et corollaire de

la précédente : l'homme pour tirer parti de l'eau doit la distribuer sur la terre ; or si l'individu humain possède, en certains cas géographiques précis, un volume d'eau qui par son origine appartient à lui seul et doit être uniquement distribué sur le lot de terre qui lui appartient, il faut reconnaître que le plus souvent l'eau doit être distribuée sur des terres appartenant à plusieurs, et le problème de distribution se complique d'un problème de répartition ; c'est par là que nous touchons aux phénomènes de géographie humaine les plus complexes : plus cette eau à répartir sera nécessaire et plus le volume en sera restreint ou variable, plus la répartition exigera une réglementation sévère, exacte, minutieuse, plus l'organisation collective de l'eau sera à la fois rigoureuse et détaillée. Comment cette troisième série de faits qui pourrait paraître en principe plus indépendante des conditions géographiques en dépend réellement aussi, voilà ce que j'ai voulu très simplement indiquer et démontrer.

Il ne s'agit pas là d'un déterminisme absolu, mais d'une concordance générale entre tels faits de géographie physique et tels faits de géographie humaine.

Pareillement il existe des lois générales de concordance entre les conditions naturelles et les cultures. L'homme peut en certains cas, par intérêt, par volonté raisonnée, ou par caprice tenter une culture en dehors des limites de sa zone naturelle : au moyen de serres chaudes on cultive en Angleterre certaines variétés de vigne produisant un exquis raisin de table[1] ; de même on élève quelques plans de vanillier au château de Mello, dans l'Oise, ou bien encore à Monaco[2], etc. ; mais les procédés artificiels et très coûteux auxquels on a recours pour reproduire artificiellement les conditions naturelles sont comme un hommage rendu à l'influence agissante et prééminente de ces faits géographiques.

---

[1] Par exemple à Turnford, chez J. Rochford, à Chiswick, etc.

[2] H. LECOMTE, Le vanillier, sa culture, préparation et commerce de la vanille, Paris, Naud, 1902, p. 32.

Encore bien davantage, semble-t-il, l'homme peut à sa guise construire sa maison comme il l'entend et avec les matériaux qui lui agréent ; il n'empêche que les hommes en général, que l'immense majorité des habitants des diverses régions de la terre sont naturellement entraînés à profiter des matériaux qui sont auprès d'eux, aisément à leur portée, et qu'ils sont tout naturellement inclinés à bâtir, à disposer et à orienter leurs habitations suivant les lieux et les climats, selon les conditions topographiques et atmosphériques : la maison, — le type de la maison courante, de la maison rurale surtout, — est un fait très intéressant de géographie, un des plus curieux et des plus variés de la géographie humaine.

Au même titre que les cultures, au même titre que les maisons ordinaires et les maisons-types, nous croyons pouvoir dire que les types de distribution, de répartition et de réglementation de l'eau sont des faits de géographie humaine. En étant avant tout préoccupé de situer ces faits, de les localiser, nous avons indiqué pour la première fois avec quelle régularité ces faits d'ordre économique se trouvent liés à la géographie ; entre des faits d'un ordre particulier et des faits d'un autre ordre nous avons tâché d'établir un rapport nouveau ; montrer que des faits sont ainsi liés entre eux par des relations objectives, découvrir et définir ainsi entre les deux séries une connexion nouvelle, n'est-ce pas l'objet même de toutes les sciences d'observation [1] ? C'est pourquoi j'ai confiance qu'on voudra bien voir dans cet essai une tentative conforme — et par le dessein que je me suis proposé et par la méthode que j'ai suivie et par les résultats acquis — au véritable esprit scientifique, esprit d'observation, esprit de comparaison et esprit de critique.

---

[1] J'ai dit ailleurs quelle place importante doit être assignée dans les études géographiques aux rapports de connexion entre les faits naturels : Les principes de la géographie moderne, *Quinzaine*, 1897, 1er septembre, p. 33 et suiv. et 15 septembre, p. 239 et suiv.

II. EN QUELLES ZONES NATURELLES CONVIENT-IL D'ÉTUDIER CES FAITS GÉOGRAPHIQUES CONCERNANT L'EXPLOITATION DE L'EAU PAR L'HOMME ?

Les actes essentiels du travail humain s'impriment en caractères matériels et visibles sur la surface de la terre ; et ces caractères d'un mode de l'activité humaine excluent la plupart du temps les caractères d'un autre mode : là où il bâtit une usine, l'homme s'interdit à lui-même de faire des plantations ; là où il trace une route, il réduit la superficie des champs ou des jardins. Ainsi les territoires habités ont comme des traits physionomiques qui reflètent la manière dont l'homme se comporte vis-à-vis de la terre. Et tout phénomène économique matériel, route ou voie ferrée, grande ville industrielle ou grande foire annuelle, appartient donc et d'abord à la géographie par le « lieu », par le « site » où il est installé, où il se produit[1].

Il est d'autres faits économiques plus subtils, — tels ces faits d'organisation de l'eau que nous venons de signaler, — qui ne laissent pas une trace aussi visible sur la surface terrestre. Ceux-ci ne doivent intéresser le géographe que dans la mesure où ils se rattachent réellement à des causes naturelles, et où ces causes naturelles les expliquent sinon entièrement du moins en partie.

Telle est la règle qui parmi les faits économiques et sociaux nous permet de faire le départ entre ce qui relève de la géographie humaine et ce qui lui échappe. Cette règle est applicable à toutes les formes du travail humain, depuis les plus élémentaires, pêche, chasse, cueillette, jusqu'aux plus compliquées.

---

[1] J'ai développé plus amplement cette même idée (et en m'appuyant sur plusieurs citations du Prof. F. Ratzel, l'auteur de l'Anthropogéographie) dans Différences psychologiques et pédagogiques entre la conception statistique et la conception géographique de la géographie économique, etc. *Études géographiques*, I, fasc. 4, notamment p. 80 et suiv.

Une sage méthode devra nous conduire à chercher les liaisons géographiques entre ces séries coordonnées mais d'une complexité croissante là où ces liaisons présenteront la plus grande netteté et la plus grande simplicité : c'est dans les steppes herbacées immenses et continues que nous aurons le plus de chance de discerner la connexion entre les conditions géographiques initiales et les diverses formes de l'activité pastorale.

De même l'homme pour cultiver le riz travaille la terre, la nivelle, l'arrose, la submerge ; bref il institue la rizière ; et la rizière, comme expression géographique du travail humain, avec son cortège de conséquences économiques et sociales, méritera surtout d'être étudiée dans les pays, Chine, Japon, Java, etc., qui sont par excellence producteurs de riz.

L'homme, pour exploiter la houille, crée la mine : la mine est un fait qui relève de la géographie non pas seulement par les données géologiques et topographiques auxquelles elle est liée : ce monde spécial où il n'y a plus d'alternance de jour et de nuit, ni de travail et de repos, cette disposition et distribution matérielles de l'activité humaine constituent en outre un fait de géographie humaine, qui a sa suite et comme sa marque à la surface du sol ; un groupement minier ne ressemble pas à un groupement agricole. Bien plus, certains faits économiques et sociaux, se rattachant directement aux conditions matérielles de l'exploitation de la houille, devront être géographiquement observés et étudiés. Mais toutes ces différentes séries de faits géographiques se manifestent avec des caractères saillants et typiques, et leur connexion se présente avec une clarté exceptionnelle là surtout où la mine n'est pas un fait isolé, là où de nombreux faits du même ordre se trouvent rapprochés et agglomérés, en un mot, dans les grands bassins houillers.

Pareillement si l'on veut entreprendre une étude non pas technique, non pas économique, non pas statistique, mais *géographique* de l'industrie du fer ou de l'or, de l'industrie du coton ou de l'huile, de l'industrie de la soie ou de la laine et de tous les faits généraux auxquels ces industries se rattachent ou qu'elles entraînent, il conviendra de faire porter principalement et d'abord son étude critique sur les points du globe où ces matières premières sont naturellement abondantes et où elles sont transportées en abondance.

Pour l'eau, nous devons nous plier à une conception toute spéciale. L'eau est le produit le plus précieux, le plus essentiel, mais qui nous est en certaines zones du globe distribué si largement que nous n'avons aucun effort à faire pour en jouir : il se trouve souvent distribué sous la forme de pluie, c'est-à-dire sous la forme qui nous permet de l'utiliser directement, sans que nous ayons aucun travail à fournir.

A l'inverse de ce qui survient pour la plupart des autres produits naturels, l'activité de l'homme qui se propose d'exploiter l'eau, cette richesse souveraine, est exceptionnellement intense, et, disons le mot, *l'industrie de l'eau* est particulièrement originale, là où l'eau est rare. Et toutes les manifestations géographiques du travail humain relatif à l'eau se présentent avec une netteté et une singularité d'autant plus expressives que l'eau est plus parcimonieusement fournie par les causes naturelles[1]. C'est dans les déserts que l'effort de l'homme en vue de l'utilisation de l'eau est le plus ingénieux et le plus conscient ; c'est dans les régions arides et désertiques que l'eau a créé ces formes d'agglomération humaine et ces manifestations concrètes du travail humain qui appartiennent exclusivement et en propre à l'eau comme cause géographique : les *Oasis*.

Le désert est un terme général qui recouvre des réalités variées ; on peut en un sens l'appliquer à tous les faits géogra-

---

[1] Le travail humain relatif à l'eau est aussi extraordinairement intense dans les territoires où l'eau est surabondante et où toute culture et tout établissement humain sont d'abord subordonnés au dessèchement ; mais il s'agit alors de la *lutte contre l'eau*, et non plus de la *conquête de l'eau*.

phiques qui vont de la simple « région aride »[1] ou de la steppe
saline plus ou moins dense jusqu'aux plaques rocheuses des
plus infertiles « hamadas ». Tous ces types de territoires ont un
caractère géographique commun, l'insuffisance plus ou moins
complète des ressources en eau douce. Et comme l'eau douce
est indispensable à la plupart des plantes et des animaux ainsi
qu'à l'homme lui-même, le désert est plus ou moins défavorable
au développement de la végétation et de la population animale
ou humaine. Lorsque le désert est couvert d'une végétation
suffisant à la nourriture de certains animaux, tels le chameau et
le mouton, les hommes peuvent y vivre à la condition de se
faire nomades et de se transporter d'un pâturage à un autre à
la suite de leurs troupeaux, et aussi à la condition supplémentaire et expresse de trouver çà et là, à des distances plus ou
moins grandes, soit des sources, soit des puits qui leur procurent l'eau douce dont ils ne peuvent se passer. Ainsi les longs
parcours traditionnels des nomades sont dans les déserts liés à
des lignes de puits, à des points d'eau. Mais d'autres groupes
d'hommes sont encore plus étroitement et exclusivement liés à
l'eau, ce sont les cultivateurs qui ont pu en certaines places du
désert faire produire à la terre des plantes déterminées en profitant de ressources en eau plus constantes ou plus considérables : ceux-là ont fixé leurs demeures et leur activité dans le
voisinage immédiat de l'eau bienfaisante : ce sont les sédentaires,
les habitants des oasis.

Nomades et sédentaires dans les déserts sont « attachés » à
l'eau plus manifestement que partout ailleurs ; le point d'eau

---

[1] D'une manière générale nous adoptons l'expression de « région aride » dans le
sens où la prennent les Américains du Nord : « Arid Region », région qui est sèche
dans son ensemble mais qui ne comporte pas en toutes ses parties l'aridité absolue du
désert proprement dit, et qui peut même comprendre des îlots assez considérables de
prairies ou de forêts. Voir Jean BRUNHES, Les irrigations dans la « Région aride »
des États-Unis, *Ann. de géog.*, IV, 1894-1895, p. 12. « Région aride » est une
expression géographique fort commode pour désigner dans tous les continents la zone
intermédiaire qui établit le passage entre la « prairie » et le « désert ».

est le centre d'attraction inévitable ; tout gravite autour de
l'eau.

Le sédentaire qui ne vit que par l'eau conçoit toute richesse
et toute puissance comme indestructiblement unies à l'eau.
Même vaincu, asservi, persécuté par le nomade, le sédentaire
consent à subir en orge et en dattes les prélèvements les plus
ruineux, et il se console vite en regardant l'eau de l'*aïn* qui
jaillit encore ou l'eau qui coule encore dans la *seguia* de son
jardin dévasté ; il a le sentiment que l'avenir lui reste. Et de
son côté, le nomade, dominateur du désert, tourne ses ambitions
et ses convoitises vers l'oasis verdoyante ; tous ses rêves de
conquête, tous ses plans de brigandage assiègent ces centres
privilégiés où l'eau permet la culture. Bien plus, sa vie errante
est comme enfermée entre les limites précises que l'eau lui
impose ; le pasteur-chamelier s'efforce d'atteindre chaque soir
un puits où il lui soit possible de s'abreuver ; l'eau — et non pas
la distance, et non pas les heures de marche — fixe les étapes ; et
cela explique la disproportion énorme de certaines étapes consécutives. Les nomades ont encore besoin d'échanger la laine ou
le sel contre des dattes ou des céréales ; les centres d'échange,
les marchés, ce sont les oasis ; et toute la vie de ces nomades,
qui paraît au premier abord la vie dans l'aridité sèche du désert,
est pour ainsi dire encadrée par l'eau ; les haltes presque quotidiennes auprès d'une source ou d'un puits, les visites saison-
nières aux marchés des oasis, souvent le séjour prolongé dans
le voisinage de ces marchés, tels sont les jalons qui marquent
fatalement les voyages du nomade et qui en expliquent la fidèle
et monotone répétition.

Combien de faits de géographie humaine se trouvent ainsi
avoir l'eau pour cause première et condition exclusive ! Au
désert la distribution de l'eau règle plus impérieusement que
partout ailleurs l'activité capricieuse de l'homme. Nous n'avons
pas l'ambition de traiter de l'ensemble de ces faits multiples ;
nous bornerons rigoureusement notre étude pour avoir le droit

de pousser plus loin notre analyse. Nous éliminerons tout ce qui concerne les nomades. Et si nous observons les sédentaires des oasis, ce ne sera point pour étudier l'activité totale de ces petits mondes disséminés — disséminés dans les régions arides et désertiques et séparés les uns des autres à la manière des îles dans la mer —, mais pour chercher en ces points privilégiés de culture, et pour établir si possible d'une manière exacte et bien délimitée dans quelle mesure certains faits économiques d'organisation et de réglementation de l'eau sont plus ou moins dépendants des conditions naturelles [1].

Ainsi sommes-nous amenés à examiner comment se répartit et comment s'organise l'activité humaine qui a l'eau pour objet dans les steppes sèches et dans les déserts, là où l'homme n'a pu subsister et s'établir à demeure que par le moyen de l'irrigation, — et là en conséquence où la vraie richesse n'est pas la terre, mais l'eau.

III. QUELLES SONT LES ZONES ARIDES ET DÉSERTIQUES QUI ONT ÉTÉ CHOISIES POUR CETTE ÉTUDE? QUELS SONT LES RAISONS ET LES AVANTAGES DE CE CHOIX?

La Méditerranée, nappe d'intense évaporation, aux contours irréguliers, coupée de presqu'îles et d'îles, mais d'une superficie totale d'environ 3 millions de kilomètres carrés, détermine une sorte de département climatique qui mérite d'être regardé comme une région relativement indépendante, la région méditerranéenne. Sans la Méditerranée, les influences désertiques du Sahara se feraient sentir jusqu'à une latitude plus

---

[1] Nous avons ailleurs essayé de montrer par l'exemple comment pourraient être entendues des études plus complètes de géographie humaine concernant les oasis sahariennes : voir *Les Oasis du Souf et du M'zab* comme types d'établissements humains, *La Géographie*, 15 janvier et 15 mars 1902.

septentrionale et, comme en Asie, le désert s'avancerait davantage vers le Nord [1].

Par opposition avec notre climat de l'Europe occidentale et centrale, le climat méditerranéen nous paraît surtout marqué par une certaine siccité et par une grande sérénité ; et ces caractères réels du climat méditerranéen se traduisent par des formes de végétation buissonneuse qui se retrouvent sur tout le pourtour continental de cette mer [2]. Mais en vérité la Méditerranée a cette signification climatique principale d'offrir une grande surface d'évaporation en une zone qui serait naturellement encore bien plus sèche : il convient en effet de ne point oublier que l'atmosphère des pays méditerranéens jouit en général d'une forte humidité relative, et que le climat méditerranéen se trouve caractérisé par des pluies d'hiver qui sont même — nous le verrons — en certains cas et en certains lieux assez abondantes [3].

En somme, les cuvettes disparates qui se suivent de l'Ouest à l'Est entre l'Europe et l'Afrique ont été heureusement reliées et unifiées par les eaux qui les ont envahies et remplies ; et cette mer intérieure, modératrice des excès de chaleur et de froid comme toute nappe liquide, et fournissant à l'atmosphère échauffée une quantité salutaire de vapeur d'eau, joue avant tout le rôle climatique d'atténuer les contrastes et d'adoucir la transition entre l'Europe arrosée et l'Afrique désertique.

Qu'on se libère maintenant de la séparation nominale entre Europe et Afrique qu'une invincible tradition historique impose

---

[1] La Méditerranée joue d'ailleurs ce rôle au détriment de la zone actuellement soumise aux influences désertiques, au détriment des espaces sahariens : Voir Schirmer, Le Sahara, p. 67, 68.

[2] Vidal de la Blache, Des rapports entre les populations et le climat sur les bords européens de la Méditerranée, *Revue de géographie*, XIX, 1886, p. 412 et suiv.

[3] « Le régime des pluies n'est pas tout à fait semblable dans la partie septentrionale et dans la partie méridionale du bassin... Au Nord, les plus fortes quantités de pluie tombent au printemps et surtout en automne ; dans la partie méridionale, c'est en hiver ». Vidal de la Blache, Des rapports entre les populations, etc., p. 403.

si fortement à notre esprit, qu'on réagisse contre les conceptions géographiques issues de la continuité ou de la discontinuité continentales et qui ont par ailleurs une si légitime importance, en un mot qu'on envisage surtout les faits climatiques, on verra se dessiner notamment dans la Péninsule ibérique et dans les pays de l'Atlas une double tranche d'Europe et d'Afrique qui manifestera ce passage des zones très arrosées aux zones tout à fait désertiques.

Cette zone intermédiaire est coupée en deux par les eaux de la Méditerranée occidentale : mais de part et d'autre se dressent également de fortes masses continentales, Meseta ibérique et système de l'Atlas ; de part et d'autre s'étendent des steppes qui couvrent de vastes territoires d'un seul tenant. De part et d'autre, au milieu de ces steppes se rencontrent des enclaves de culture humaine liées à la présence et à l'utilisation raisonnée de l'eau [1].

Il ne convient pas d'introduire dans l'étude critique des faits terrestres des « unités » naturelles plus simples et plus nettes qu'elles ne le sont dans la réalité ; mais il est indiscutable qu'il existe, moitié en Espagne, moitié en Berbérie, une zone dont les provinces diverses se trouvent logiquement associées et juxtaposées, et où toute une série de transitions ménagées — simple zone de taches arides, zone de désert discontinu, zone complètement désertique — se trouvent représentées.

---

[1] « L'Andalousie et le Maghreb africain se ressemblent et s'attirent. Entre ces deux contrées dont les rives se regardent, il y a des relations manifestes de structure, de climat, de végétation. Sur l'un et l'autre bord l'homme rencontre les mêmes conditions naturelles d'existence ; là comme ici, c'est à l'aide des mêmes soins, des mêmes procédés d'irrigation qu'il peut lutter contre l'aridité du sol ; il se retrouve en un mot chez lui ». VIDAL DE LA BLACHE, États et nations de l'Europe, p. 384. — Voir aussi Theobald FISCHER, Studien über das Klima der Mittelmeerlaender, *Pet. Mit. Erg.*, nr. 58. — Quelques-unes des plantes du Sud de l'Espagne sont aussi fréquentes en Espagne que dans le Nord de l'Afrique, et comme le fait très judicieusement remarquer Moritz WILLKOMM, on n'est pas plus autorisé à dire qu'elles sont venues d'Afrique en Espagne que d'Espagne en Afrique : voir Grundzuege der Pflanzenverbreitung auf der iberischen Halbinsel, p. 324.

Ainsi, pour notre dessein qui est de coordonner certains faits
économiques par rapport aux conditions naturelles, *l'ensemble*
considéré a l'avantage d'allier une réelle unité ou mieux une réelle
continuité géographiques à une abondante variété de cas géogra-
phiques. Ce champ d'observation est en définitive assez homogène et assez nuancé pour que notre travail puisse avoir une
réelle portée.

Nous ne prétendons pas énumérer et étudier en détail dans
les zones arides et désertiques de l'Espagne et de l'Afrique du
Nord toutes les oasis d'irrigation, tous les cas particuliers ; il
ne s'agit de dresser ni un catalogue des lieux où l'irrigation est
établie, ni une liste des travaux exécutés : nous voulons étudier
l'irrigation et non les irrigations, c'est-à-dire que nous avons
uniquement recherché comment se pose et comment a été résolu le problème de l'irrigation, quelles étaient les données du
problème et de quelle manière, par quels types divers d'organisation l'homme a correspondu aux données géographiques.
Nous avons dû choisir, grouper et comparer les cas géographiques les plus typiques, et pareillement nous n'avons dû retenir
que les principaux types de distribution, de répartition et de
réglementation de l'eau.

Ces problèmes complexes de l'irrigation ont été jusqu'ici
étudiés par divers spécialistes légitimement préoccupés, soit
du cas hydrologique, soit de l'œuvre technique, soit de la solution législative, et non pas de la connexion géographique entre les causes naturelles, la fin poursuivie par l'homme et les
moyens employés. Nous pourrions citer des ouvrages de premier ordre où les faits qui vont nous occuper ont été traités
sinon de la manière la plus inexacte, du moins la plus incomplète.

Pour mener à bonne fin cette étude nouvelle, j'ai dû aller
moi-même étudier les faits sur place : c'était le seul moyen de
pouvoir tirer quelque parti même des meilleurs documents.

Le présent volume résulte des observations faites au cours

de plusieurs voyages. Je suis allé en Espagne pour la première fois en 1894-1895 [1] ; j'ai patiemment étudié toute l'Andalousie, depuis Úbeda et Cazorla jusqu'à Cádiz, Tarifa et Algeciras, depuis Huelva et les limites du Portugal jusqu'à Grenade (Granada), Guadix et Motril, puis les contrées orientales d'Almería jusqu'aux Pyrénées, en passant par Huércal-Overa, Lorca, Murcie (Murcia), Carthagène (Cartagena), Elche, Alicante, Albacete, Alcoy, Valence (Valencia), Castellón de la Plana, Tarragone (Tarragona), Barcelone (Barcelona), Saragosse (Zaragoza), etc. ; c'est de ce premier voyage de six mois en Espagne que date l'idée première du travail présent. Je suis revenu une seconde fois en Espagne en 1900, et j'ai tenu à revoir et à examiner spécialement les oasis d'irrigation qui offrent le plus de singularités : Alicante, Elche, Lorca, Almería, Grenade, etc [2].

J'ai consacré d'autre part les premiers mois de l'année 1900 à l'étude des irrigations de l'Algérie-Tunisie ; chargé d'une mission scientifique par le Ministère de l'instruction publique, j'ai visité de la fin de décembre 1899 au mois d'avril 1900 les centres les plus importants et les plus caractéristiques du pays de l'Atlas, depuis Tlemcen et Sidi-bel-Abbès dans la province

---

[1] J'étais alors pensionnaire de la Fondation Thiers, et c'est grâce aux fonds spécialement destinés avec une intelligente libéralité aux voyages scientifiques que j'ai pu mettre mes projets à exécution ; qu'il me soit permis d'exprimer ici ma gratitude à ceux qui avec tant de dévouement ont créé une institution si généreuse.

[2] Je dois des remerciements exceptionnels à un géographe bien informé, M. Rafael TORRES CAMPOS, qui a été pour moi non seulement un ami très complaisant mais un guide avisé. Grâce à ses recommandations, j'ai pu m'entretenir en 1894-1895 avec trois hommes, morts aujourd'hui, et auxquels la géographie de l'Espagne est redevable de grands et bons travaux, COELLO, Federico DE BOTELLA Y DE HORNOS, et Fernandez DE CASTRO, le directeur de la carte géologique, ainsi qu'avec divers spécialistes, les géologues MALLADA et MACPHERSON, le botaniste Blas LÁZARO É IVIZA. Des ordres émanant de divers ministères m'ont permis dans les provinces de poursuivre une enquête détaillée auprès des ingénieurs des mines, des ingénieurs agronomes, ainsi que des gouverneurs civils (préfets) et des alcades (maires). Parmi les nombreux fonctionnaires que j'ai pu ainsi aborder et consulter, je veux mentionner M. José PÉRALS, ingénieur des ponts et chaussées, à Grenade. A Madrid j'ai encore recueilli de précieuses informations auprès de M. ARCIMIS, directeur de l'Observatoire, et de M. SITGES, directeur général des douanes.

d'Oran jusqu'à Sfax dans le Sahel tunisien. Je suis même allé
par delà le pays de l'Atlas, d'une part jusqu'à Touggourt et
jusqu'au Souf et de l'autre jusqu'au M'zab, groupes d'oasis qui
marquaient vers le Sud la limite de la tâche que je m'étais
assignée[1].

Tous ces voyages m'ont convaincu encore plus que mes
études préalables de la complexité et de la diversité des problèmes géographiques concernant l'irrigation, et de la per-
plexité où l'on se trouve fréquemment si l'on veut en faire la

---

[1] Ma qualité de « chargé de mission » m'a valu un accueil très précieux soit
auprès du Gouvernement général de l'Algérie, où j'ai vu à diverses reprises M. le
capitaine (aujourd'hui commandant) LEVÉ et M. DE PEYERIMHOFF, soit auprès de la
Résidence de Tunis, et a grandement facilité mes voyages dans le Sud. Je tiens à
noter ici quelle aide inappréciable, au point de vue des informations comme au point
de vue de l'organisation pratique de mon voyage, m'a été prêtée par M. Augustin
BERNARD, professeur de géographie à l'École des lettres, et par le capitaine (aujour-
jourd'hui commandant) LACROIX, directeur du service des Affaires indigènes. —
Parmi les hommes compétents qui m'ont encore renseigné d'une manière très profitable sur les questions d'irrigation, historiques ou actuelles, je dois au moins nommer : à Alger même, M. A. FLAMANT, ingénieur en chef des ponts et chaussées,
M. FICHEUR, professeur de géologie à l'École des sciences, M. G.-B.-M. FLAMAND
avec lequel j'ai eu la bonne fortune de m'entretenir à son retour d'In-Salah,
M. GSELL, professeur à l'École des lettres, M. BOULOGNE, M. LUCIANI et M. MARTIN,
M. MAUPAS, bibliothécaire et M. SACHET, sous-bibliothécaire à la Bibliothèque
nationale d'Alger ; à Constantine, M. GODARD, ingénieur des ponts et chaussées ; à
Tunis, M. SERRE, attaché à la résidence, M. BOUILLE, ingénieur directeur du service
de l'hydraulique agricole, et M. Charles VACHEROT, professeur au lycée et colon ; à
M'sila, M. BRUGUIER-ROURE, administrateur de la commune mixte ; à Batna, M. JUS ;
à Orléansville, M. le sous-préfet RENOU ; et à Sidi-bel-Abbès, M. le maire BASTIDE ;
puis dans le Sud, à Touggourt, M. le commandant PUJAT et M. le capitaine DE
SUSBIELLE ; à El Oued, M. le lieutenant GASCUEL ; et à Ghardaïa, M. le capitaine
CAUVET. — M. Georges ROLLAND m'a procuré le moyen de visiter en détail les belles
oasis qu'a créées la Société agricole et industrielle du Sud-Algérien ; j'ai séjourné à
Ourir et à Sidi-Yaya et sous la direction de M. BONHOURE et de M. CORNU, représentants de la Société, j'ai visité et examiné en détail toutes les cultures et tous les
travaux entrepris dans les trois oasis d'Ourir, de Sidi-Yaya et d'Ayata. — Le frère
de M. Fernand FOUREAU que j'ai rencontré à Biskra m'a également facilité mon
voyage dans les Ziban, où j'ai visité plusieurs des oasis qui ont été achetées et réno-
vées par une autre Compagnie française, la Société de l'Oued-Rir'. — En Tunisie,
M. Marius IDOUX, professeur au lycée de Tunis, m'a dispensé d'un voyage à l'île
de Djerba en me communiquant au mois de mars 1900 des renseignements très précis
et en voulant bien au cours d'un plus récent voyage recueillir à mon intention de
nouvelles informations.

critique géographique d'après de simples documents ; j'en ai conclu résolument qu'il était plus sage, plus conforme à l'esprit scientifique de parler seulement ici des régions que j'ai pu moi-même visiter et étudier. Il va sans dire que j'ai beaucoup profité des travaux d'autrui et que sans ces travaux, quelque quinze mois de voyage n'auraient pu suffire à l'étude actuelle ; mais je puis affirmer que j'ai contrôlé par moi-même tous les faits essentiels sur lesquels je m'appuie.

En vertu de cette conviction et de ce scrupule j'ai éliminé la province méditerranéenne du Maroc qui est, on le sait, difficilement abordable et que j'ai à peine abordée ; et quant aux renseignements concernant les détails de l'irrigation ils sont assez imprécis pour qu'on m'approuve d'avoir renoncé à m'en servir [1].

Si la zone que j'ai observée, — Espagne aride et Berbérie aride, — offrait cet intérêt, pour moi essentiel, de fournir des types très variés, il convient toutefois de ne point oublier que plus on s'avance vers le désert absolu, vers le désert dépourvu de toute végétation spontanée, plus les problèmes de l'eau et de l'irrigation deviennent captivants. Avec les oasis si originales du Souf et du M'zab, nous avons vu des types curieux d'oasis du vrai désert. Nous étions là en plein Sahara. Et puisque nous étions conduits à étudier ces formes de l'industrie de l'eau en des oasis proprement désertiques, nous avons voulu compléter cette étude de géographie comparée en soumettant au

---

[1] D'ailleurs les faits concernant l'irrigation sont surtout importants et intéressants dans la province atlantique du Maroc, du côté de Marakkech et de Demnat au pied de l'Atlas, et pourraient surtout le devenir dans cette riche bande des « terres noires » sur laquelle Theobald FISCHER nous a si utilement renseignés : Wissenschaftliche Ergebnisse einer Reise im Atlas-Vorlande von Marokko, *Pet. Mit.*, *Ergaenzungsheft*, nᵣ 133. — Sur le Maroc méditerranéen, « l'un des pays les plus inconnus du globe », voir quelques pages très expressives de René PINON, Le Maroc et les puissances européennes, *Revue des Deux Mondes*, 15 février 1902, p. 782, 785, 790, 791.

même examen de critique méthodique la plus fameuse, la plus
étendue, la plus importante, la plus riche, et en même temps
la plus spéciale de toutes les oasis de l'Afrique du Nord,
l'Égypte. Puisque nous parlions de l'irrigation dans l'Afrique
du Nord, il nous a paru que d'introduire à la suite de ces études
l'étude de ce type exceptionnel serait un heureux complément
au point de vue de la méthode, et que de montrer la même
conception géographique permettant d'expliquer l'évolution
récente des faits relatifs à l'irrigation égyptienne serait pour
nous la meilleure des conclusions. — Une autre mission scientifique du Ministère français de l'instruction publique et un autre
voyage de quatre mois en 1899 m'avaient permis d'aller étudier
sur place le problème de l'irrigation dans cette terre classique,
fécondée par le flot annuel du Nil[1].

---

[1] J'ai choisi le Caire comme centre d'études et de travail ; c'est là que sont les
bibliothèques, les Sociétés scientifiques, notamment l'Institut égyptien où j'ai été
particulièrement bien accueilli par le bibliothécaire, M. VIDAL. C'est là aussi que
sont les ministères : j'ai pu, grâce aux recommandations de M. COGORDAN, agent
diplomatique et ministre plénipotentiaire de la République française, et de M. NICOUR
BEY, directeur des chemins de fer au ministère des Travaux publics, m'entretenir
avec M. le major BROWN, directeur général du Service de l'irrigation, et obtenir par
lui communication de divers rapports et documents officiels.
    J'ai trouvé un accueil aussi agréable que précieux auprès de M. E. BOUTERON,
l'un des trois commissaires (le Commissaire français) de l'Administration des
domaines. C'est grâce à lui que j'ai pu compléter mes études d'ensemble sur les
irrigations en Égypte par des observations très précises ; j'ai pu aller passer plusieurs jours dans des exploitations agricoles relevant de l'Administration des
domaines : 1° à Korachieh, dans le centre du Delta ; 2° à Sakha plus au Nord dans
le Delta ; 3° dans le Fayoum méridional. De tels séjours, dans des villages, en pleine
campagne, m'ont beaucoup appris. Et je tiens à remercier très vivement M. Bou-
TERON ainsi que M. PIOT BEY, MM. les ingénieurs COLANI et SOUTER et MM. les
Mouffétichs qui m'ont fourni de si nombreux et de si précieux renseignements.
    Au Caire également, j'ai eu la bonne fortune de rencontrer M. le prince Auguste
D'ARENBERG, président de la Compagnie du canal de Suez, qui m'a présenté à
M. QUELLENEC, ingénieur en chef de la Compagnie à Ismaïlia, et qui devait ainsi me
procurer le moyen de poursuivre mes études de la façon la plus instructive et la
plus profitable dans toute la zone qui avoisine le canal.
    Du Caire, comme centre, j'ai donc « rayonné », allant successivement faire des
excursions ou des séjours : 1° dans le Delta, d'abord à Sakha et à Korachieh, puis
à Benha, à Alexandrie (y compris Ramleh, Aboukir, le Meks), à Zagazig, Man-

Ainsi ce travail comprendra trois parties : *Espagne, Algé-rie-Tunisie, Égypte.* — Puisque notre méthode n'était pas de tout dire, et puisque ces trois régions offraient et garantissaient à l'observation une collection aussi riche de territoires irrigués, petits et grands, cet ensemble nous a paru répondre d'une manière très satisfaisante aux exigences d'une véritable étude de géographie comparée.

Nous voulons ajouter que dans ces trois pays l'avenir d'inté-rêts européens considérables est lié au problème de l'irrigation, que dans ces trois pays l'irrigation est même sans doute le problème économique de la plus pressante actualité. Dans ces trois pays l'irrigation a été l'objet de discussions très sérieuses et de tentatives sinon toujours très heureuses du moins rai-sonnées ; et dans ces trois pays la question est encore ouverte, la question est pendante : les peuples européens, maîtres de ces terres, ont d'abord le devoir d'observer ce qui est ; mais leur tâche ne se borne pas à cette observation : ils doivent encore

---

sourah et Damiette, au lac Menzaleh ; 2° dans la région du canal de Suez (Suez et Port-Tewfik, Ismaïlia et Port-Saïd) ; 3° dans le Fayoum (j'ai visité à peu près tout le Fayoum, d'El Lahoun au Birket Karoun et de Sanourès jusqu'au désert vers le Sud, jusqu'aux ruines de Kasr-el-Karoun ; j'ai naturellement plusieurs fois séjourné à Medinet) ; 4° dans toute la Moyenne et la Haute-Égypte (j'ai remonté le Nil jus-qu'à la première, puis jusqu'à la seconde cataracte ; je me suis arrêté au seuil même du Soudan égyptien, à Wadi-Halfa, limite dernière que Lord Kitchener permit alors d'atteindre ; je suis remonté par le fleuve, en bateau, du Caire à Assouan ; je suis revenu par la ligne ferrée ; j'ai fait divers arrêts et séjours, en particulier à Assiout et à Assouan ; c'est à Assouan que j'ai pu observer de près les îlots grani-tiques de la première cataracte, observations qui ont fait l'objet d'une communication à l'Académie des sciences (voir Sur les marmites des îlots granitiques de la cataracte d'Assouan (Haute-Égypte), *C. R. Acad. Sc.*, 7 août 1899 ; et aussi De vorticum opera, Friburgi Helvetiorum, 1902).

Je ne veux pas terminer ce résumé succint de mes courses en Égypte, sans nommer deux hommes bien connus : un Allemand et un Anglais : M. le Prof. Schweinfurth, l'explorateur africain, et M. l'ingénieur Willcocks qui a été le principal artisan des travaux exécutés par les Anglais depuis 15 ans en matière d'irrigation. J'ai pu m'entretenir plusieurs fois avec l'un et avec l'autre ; ils m'ont fourni beaucoup de renseignements utiles, et ont donné à plusieurs des idées que j'exprimerai plus loin et que j'ai eu l'occasion de leur exposer une approbation qui a été pour moi une importante confirmation de mes vues personnelles.

continuer l'œuvre commencée, — la sauvegarder, la corriger
ou la parfaire — ; et de mon enquête très objective, d'autres
pourront tirer, je l'espère, quelques conclusions pratiques et
profitables.

Est-il besoin de dire enfin que je n'ai pas songé à répéter
ici les excellents travaux spéciaux se rapportant aux irrigations
dans ces trois pays et dus à des hommes d'une compétence
technique reconnue, tels les *Aguas y Riegos* de Llauradó, ou
l'*Egyptian Irrigation* de W. Willcocks?

Par raison de méthode je me suis également interdit de
reprendre dès le principe tous les problèmes géographiques
que je rencontrais sur ma route et qui auraient pu jusqu'à un
certain point s'introduire en mon sujet ; je n'ai eu ni la pensée
ni la prétention de recommencer le *Sahara* de Schirmer,
l'*Hydrologie du Sahara algérien* de G. Rolland, ou l'*Iberische
Halbinsel* de Theobald Fischer.

De même par raison de méthode, j'ai rigoureusement subordonné l'illustration au texte ; j'ai exclu tous les clichés usités
de villes ou de paysages connus, pour concentrer l'illustration
sur quelques vues typiques et représentatives qui fussent en
vérité des « notes géographiques » et des démonstrations du
texte.

Encore un coup, j'ai eu le ferme dessein de ne pas faire une
étude complète des régions dont je parle, mais d'indiquer ce
qui dans leur économie générale explique les faits dont je
voulais m'occuper. Abordant ainsi, en géographe, d'une manière synthétique et comparée un sujet si considérable et si
délicat qui a fourni pour chacun des trois pays considérés le
sujet et la matière de traités fort détaillés, j'ai eu l'ambition
première de faire court.

Fribourg, le 1er mars 1902.

L'IRRIGATION

DANS LA PÉNINSULE IBÉRIQUE ET DANS L'AFRIQUE DU NORD

PREMIÈRE PARTIE

L'IRRIGATION DANS LA PÉNINSULE IBÉRIQUE

CHAPITRE I

LE CADRE GÉOGRAPHIQUE

Situation générale et aspect d'ensemble. — La Péninsule ibérique occupe une position excentrique par rapport à l'ensemble de l'Europe ; elle est comme rejetée loin vers l'Ouest et vers le Sud ; le méridien de Paris passe à l'Est de Barcelone et écorne à peine la Catalogne ; le parallèle de Constantinople coupe l'Espagne bien au Nord de Madrid. L'Espagne n'est rattachée à l'Europe que par un isthme montagneux de 418 kilomètres ; et cet isthme montagneux des Pyrénées crée une vraie barrière qui ne se laisse aisément franchir qu'en ses deux extrémités. La Péninsule ibérique est toute voisine au contraire par ses rivages méridionaux des rivages africains (le détroit de Gibraltar en un point n'a que 22 kilomètres de large) ; les deux rivages se font face, se suivent et se ressemblent. L'Espagne est moins séparée de l'Afrique que de l'Europe, et elle en est moins indépendante. S'il est faux, absolument faux, que l'Afrique, géographiquement parlant, commence aux Pyrénées, on peut du moins dire que la Péninsule ibérique constitue la région de transition où

l'Europe finit et où commence l'Afrique, où certains traits géographiques de l'Europe centrale apparaissent mêlés ou du moins
juxtaposés à des traits physionomiques qui caractérisent l'Afrique du Nord. Pour nous servir d'expressions plus précises et plus
géographiques, la Péninsule ibérique est le territoire politique-
ment rattaché à l'Europe où le climat océanique humide et la
végétation qu'il détermine se trouvent séparés *par la moindre
distance, par l'espace le plus restreint,* du climat sec et de cette
végétation spéciale, compagne des climats secs : dans toute
l'Europe occidentale, centrale et méridionale, il n'y a pas de
pays qui soit occupé sur d'aussi vastes étendues par de vraies
steppes arides analogues aux steppes africaines ou asiatiques.

La structure de la Péninsule ibérique explique-t-elle la diversité de ces conditions climatiques générales ? La Péninsule ibérique est épaisse de forme (voir la carte 1), plus étendue de l'Est
à l'Ouest que du Sud au Nord, sans souplesse dans son dessin
général. Elle n'a pas d'articulations ; ni grandes presqu'îles, ni
golfes profonds : elle n'a que de rares échancrures ; ses limites
sont marquées de tous côtés par des rebords montagneux ; et
sur la plus grande partie de ses côtes, immédiatement au-dessous
du niveau de la mer, la pente continue à descendre brusquement, atteignant de grandes profondeurs à proximité du rivage
(voir sur la carte 1 la courbe bathymétrique de 1000 m.). C'est
un des compartiments actuels de l'écorce terrestre le plus nettement délimités : il est, si l'on peut ainsi dire, nettement taillé
sur toutes ses faces.

Cette masse ibérique ne correspond pourtant pas à un tout
géologique homogène : mais la formation en peut être indiquée
et résumée d'une manière relativement simple.

Esquisse géologique. — La Péninsule ibérique est essentiellement composée d'un grand noyau central archéen et primaire,
qui constitue la *Meseta.* Une longue durée d'émersion avait
réduit cette masse à une pénéplaine sur laquelle les roches les

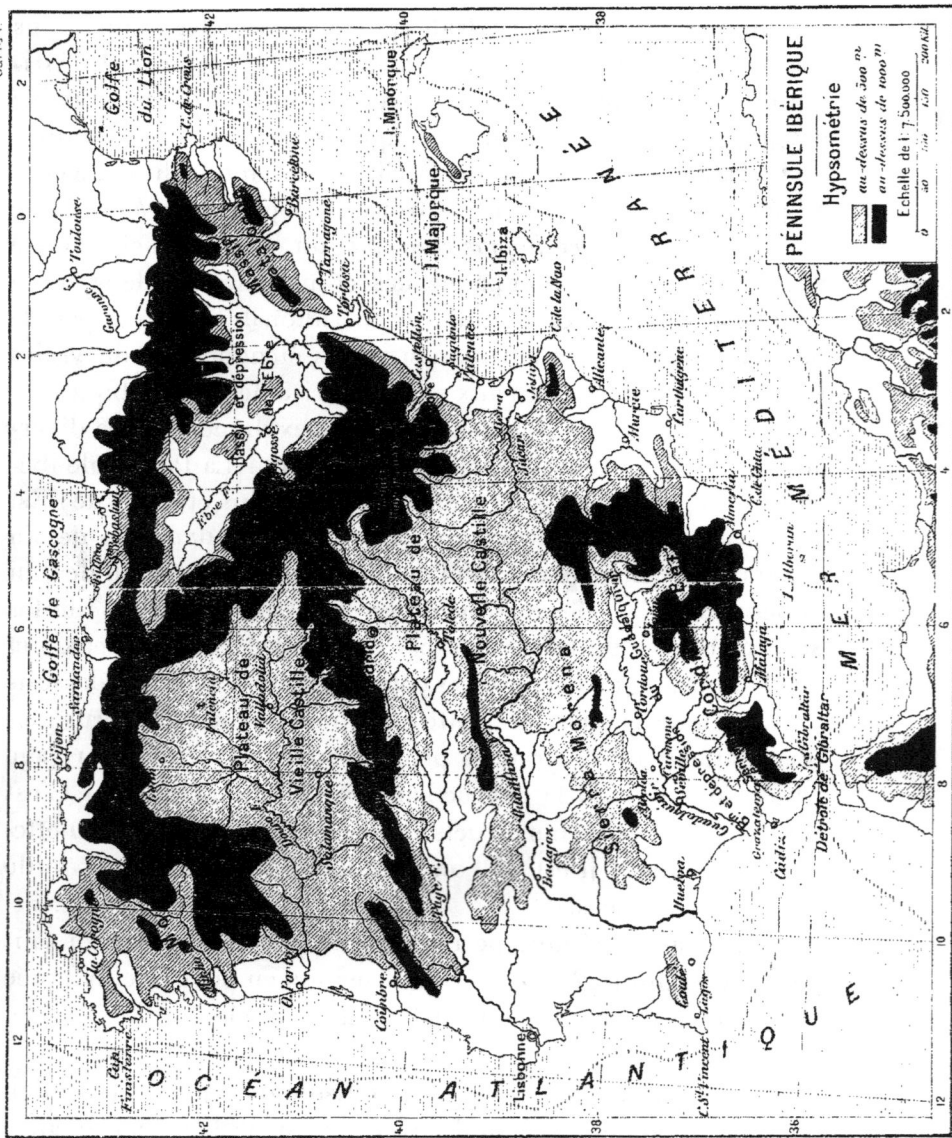

PÉNINSULE IBÉRIQUE — Hypsométrie

plus dures, les plus résistantes, se marquaient en saillie ; les mers
secondaires l'avaient enveloppée sans l'envahir ; à l'époque tertiaire et notamment à l'époque miocène d'épaisses formations
saumâtres s'étaient accumulées dans les grandes dépressions
centrales [1]. Puis, vers la fin de cette période, au moment où
les grands mouvements alpins se sont produits, et où s'est
constituée la Méditerranée actuelle, deux chaînes plissées
sont venues buter contre le socle ibérique, et s'y sont partiellement accolées : au Nord se sont élevées et formées les Pyrénées ; au Sud, la Cordillère bétique, que domine la Sierra
Nevada, en ajoutant un appendice plissé à la Péninsule ibérique, a fermé cette ancienne communication entre l'Atlantique
et la Préméditerranée, le détroit Nord-bétique, qui suivait le pied
de la Sierra Morena, et dont l'existence passée se traduit encore
dans la topographie actuelle par la vallée du Guadalquivir [2].

La masse archéenne et primaire a joué le rôle de *horst* subissant le contre-coup des accidents voisins, se redressant plus ou
moins tout entière, et subissant un relèvement particulièrement
sensible sur tout son bord Nord-oriental : ainsi la pénéplaine, qui
était largement occupée par les eaux miocènes, et qui porte

---

[1] On a regardé longtemps ces formations saumâtres comme des formations
lacustres ; mais cela ne paraît plus soutenable après la discussion critique de ces faits,
telle que l'a présentée Albrecht Penck dans ses Studien ueber das Klima Spaniens
während der jüngeren Tertiärperiode und der Diluvialperiode, *Zeitschrift der
Gesellsch. für Erdkunde zu Berlin*, XXIX, 1894, p. 109-141 ; voir surtout II,
Das mittelspanische Miocaen, p. 121-131 ; ce sont des formations continentales, qui
sont dues surtout à l'action des cours d'eau ; les lacs n'étaient que des faits locaux ;
mais des caractères actuels de ces dépôts Penck conclut qu'après leur formation dut
survenir une grande période de sécheresse, p. 128-131.

[2] On trouvera l'histoire du détroit Nord-bétique résumée et discutée dans La Face
de la terre de Suess, traduction française de Emm. de Margerie, I, p. 379-380. —
Voir à l'index bibliographique les principaux ouvrages sur lesquels s'appuie cette
esquisse géologique et notamment la Mission d'Andalousie, les travaux de Federico
de Botella y de Hornos et ceux de Macpherson, ainsi que tous les remarquables
travaux de la Comisión del Mapa geológico de España. On trouvera une bibliographie complète des publications de Don Federico de Botella à la suite de l'article
nécrologique que lui a consacré D. Gabriel Puig y Larraz, *Bol. de la Soc. géog.
de Madrid*, XLII, 1900, p. 123-126.

encore aujourd'hui tout un revêtement intérieur de sédiments tertiaires, s'est trouvée soumise à un nouveau cycle d'érosion ; sur tout le pourtour, les cours d'eau ont manifesté une activité en rapport avec leur nouveau niveau de base, et l'érosion régressive s'est attaquée aux rebords de la Meseta avec une telle vigueur qu'il n'y a pour ainsi dire pas en Espagne de bassins fermés[1] ; en ce territoire si massif, toutes les eaux sont conduites à l'Océan ou à la Mer. Les cours d'eau du versant oriental relevé ont déjà réussi à entamer profondément les contreforts du socle central, et drainent à leur profit une partie des eaux de la Nouvelle-Castille ; mais le nouveau cycle en est encore à ses débuts ; les cours d'eaux franchissent de toutes parts les échelons derniers de la Meseta ou de ses contreforts par des gorges profondes et par des vallées souvent très encaissées, toujours très étroites, aussi bien sur le versant occidental (le Tage doit son nom à ce défilé, *Tajo*) que sur le versant oriental (le Segura ou le Júcar ont creusé des cañons de 200 à 300 mètres de profondeur)[2]. Partout on reconnaît que l'œuvre d'érosion est encore toute fraîche ; elle se traduit par des thalwegs ou des portions de thalwegs très jeunes, et par des pentes très raides[3].

---

[1] C'est à peine si les eaux de quelques départements limités de la Nouvelle-Castille ne sont pas drainées vers la mer (Voir plus bas, p. 110).

[2] Tous les fleuves du versant occidental et tous leurs principaux affluents coulent ainsi dans des cañons étroits, et Theobald FISCHER a très ingénieusement fait remarquer que le Portugal était en fait beaucoup plus nettement séparé de l'Espagne qu'on ne le croit d'ordinaire et qu'on ne le dit ; car cette série de gorges étroites des différents cours d'eau constitue du Nord au Sud une véritable « frontière naturelle ». — Pareillement, et à fortiori, les cours d'eau qui descendent sur le versant méridional de la Cordillère Bétique vers la mer toute voisine ont dû travailler avec une grande vigueur en raison des énormes différences d'altitude qui séparent leurs sources de leur niveau de base ; et ils se sont par endroits, eux aussi, profondément encaissés : gorges du Guadalfeo à Tablate ; gorges du Rio Grande d'Adra, appelées *Angosturas del Cejor*, et dont Th. FISCHER donne une brève description, Die Iber. Halbinsel, p. 638, etc.

[3] Exemple : Le Segura prend sa source à 631 mètres d'altitude, et après avoir parcouru 97 kilomètres, il aboutit à Murcie qui est à 43 mètres au-dessus du niveau de la mer ; il descend donc jusque-là de 588 mètres, ce qui fait une pente d'environ 6 mètres par kilomètre.

Et pourtant, malgré l'importance de ces faits nouveaux, on peut affirmer que, dans son ensemble, le modelé général de toute l'Ibérie intérieure, archéenne et primaire, est encore celui d'une pénéplaine.

Essayons de résumer maintenant l'aspect actuel de la Péninsule : une grande masse centrale tout entière au-dessus de 5oo mètres, occupée par de vastes hauts plateaux (Vieille et Nouvelle-Castille), que sillonnent et encadrent de toutes parts, excepté vers le S.-W., des bourrelets montagneux parfois assez saillants presque comme des chaînes, et sur lesquels domine une forme topographique caractéristique des terres longtemps soumises à l'érosion sub-aérienne, les *paramos* ou *parameras*[1] : puis au Nord et au Sud deux grandes chaînes récentes dont la topographie est beaucoup plus jeune, c'est-à-dire plus accidentée ; enfin entre les deux chaînes qui viennent se souder au massif en formant un angle très aigu, deux grands espaces triangulaires, le bassin de l'Ebre, et la vallée du Guadalquivir, deux dépressions dont la première enserrée entre des montagnes de plus de 1 ooo mètres est rigoureusement fermée même du côté de la mer par le Massif de Catalogne, et dont l'autre au contraire est largement ouverte vers la mer au S.-W.[2].

---

[1] « Los parameras sont des plateaux intérieurs, la plupart fort élevés au-dessus du niveau des mers, sortes de landes où quelques cistos, des légumineuses, des graminées rigides avec des lavandes et du romarin remplacent nos bruyères... Les plus remarquables de ces solitudes sont celles des provinces d'Avila et de Soria, vastes steppes dépouillées d'arbres, arides, d'une teinte noirâtre et brunâtre, monotones, silencieuses, froides, battues des vents. L'espace entre l'Ebre supérieur et les sources de la Pisuerga, divers sommets des Pyrénées, les monts Ibériques, Lusitaniques et ceux de Gredos, en contiennent encore beaucoup, sur lesquels on se croirait transportés dans les déserts de la Tartarie centrale ». BORY DE SAINT-VINCENT, cité dans VIDAL DE LA BLACHE, États et Nations de l'Europe, p. 332.

[2] On trouvera dans A. DE LAPPARENT, Leçons de géographie physique, un excellent schéma des régions naturelles de l'Espagne. 2ᵉ édition, fig. 142, p. 464. On suivra très aisément les développements précédents sur la carte : Mapa hipsométrico de España y Portugal con las curvas submarinas y la litología del fondo de los mares de BOTELLA. Cette carte est la reproduction par la photographie et la gravure de la carte en relief à 1 : 2 ooo ooo que DE BOTELLA a patiemment dressée ;

Enfin tout cet ensemble est flanqué de plaines littorales plus ou moins étendues, minuscules comme la plaine de Motril ou vastes comme la plaine du Tage inférieur ; mais toutes ces plaines de bordure communiquent difficilement avec le centre, et ne communiquent pas du tout les unes avec les autres. Grande région isolée et fermée, divisée en compartiments isolés et fermés, et cerclée de petites plaines isolées et fermées, la Péninsule ibérique, par sa structure seule, se distingue de tout le reste de l'Europe.

Esquisse climatologique. — Or, le climat est en relation directe et étroite avec le relief. Il s'agit moins ici de faire une étude complète du climat que d'en discerner le mécanisme général[1]. La péninsule massive est un tout qui modifie les mou-

---

persuadé que le seul moyen de rendre un compte exact des formes orographiques était de construire des cartes en relief, il a cherché un procédé pour reproduire ces reliefs dans des conditions de facilité et de bon marché qui permissent de les introduire jusque dans les écoles primaires. En attendant il a recouru à la photographie, et le résultat a déjà été fort satisfaisant. Entreprendre une pareille carte de tout un grand pays comme l'Espagne est une grosse tâche, et en même temps une œuvre très utile : la simple inspection de la photogravure révèle la contexture générale de la Péninsule ibérique, fait tomber bien des illusions traditionnelles, et réduit par exemple à ce qu'elle est cette prétendue chaîne des monts Ibériques qui, sur nos anciennes cartes, courait sinueuse des Pyrénées à Tarifa, et qui devait sa continuité comme chaîne, son importance comme altitude, et son existence comme nom, à la nécessité de poursuivre jusqu'au détroit de Gibraltar la fameuse ligne de partage des eaux européennes qu'on avait eu la bonne volonté de tracer jusqu'aux Pyrénées et qu'on ne pouvait pas interrompre en si beau chemin ! Pour tout ce qui regarde la structure réelle de la grande Péninsule, et les rapports entre l'hypsométrie, l'orographie et la géologie, les travaux de F. DE BOTELLA méritent fort d'être comptés et estimés.

[1] Ce n'est pas tout en matière de géographie, que d'énumérer des séries de phénomènes divers ; il faut surtout montrer le lien qui les relie. Évidemment toute interprétation climatologique doit reposer sur des séries et des tables d'observations très précises et minutieuses ; observations barométriques, thermométriques, pluviométriques, etc. ; mais il faut ensuite s'efforcer de dominer les faits qui ne sont qu'arbitrairement séparés et tâcher de les présenter dans leurs relations réciproques : c'est fausser les idées que de présenter successivement, en des chapitres divers, l'ensemble des pressions atmosphériques, puis les lignes isothermes, puis la répartition des pluies ; et c'est avec raison qu'on a dit par exemple : « La fameuse carte des isothermes, isothères, isochimènes, donne sur le trajet, la direction et la puissance des

Carte II.

PÉNINSULE IBÉRIQUE
Pluies

Hauteurs en Février d'après
les Annales du Bureau Central
météorologique, 1893. L.Mémoires
Planche B.13.

Echelle de 1:7.500.000

0   50   100   150   200 Kil.

50 m.m.et au-dessus
de 100 à 150 m.m.
de 25 à 50 m.m.
de 10 à 25 m.m.
de 0 à 10 m.m.

Golfe du Lion
Golfe de Gascogne
OCÉAN ATLANTIQUE
MER MÉDITERRANÉE

I. Minorque
I. Majorque
I. Ibiza

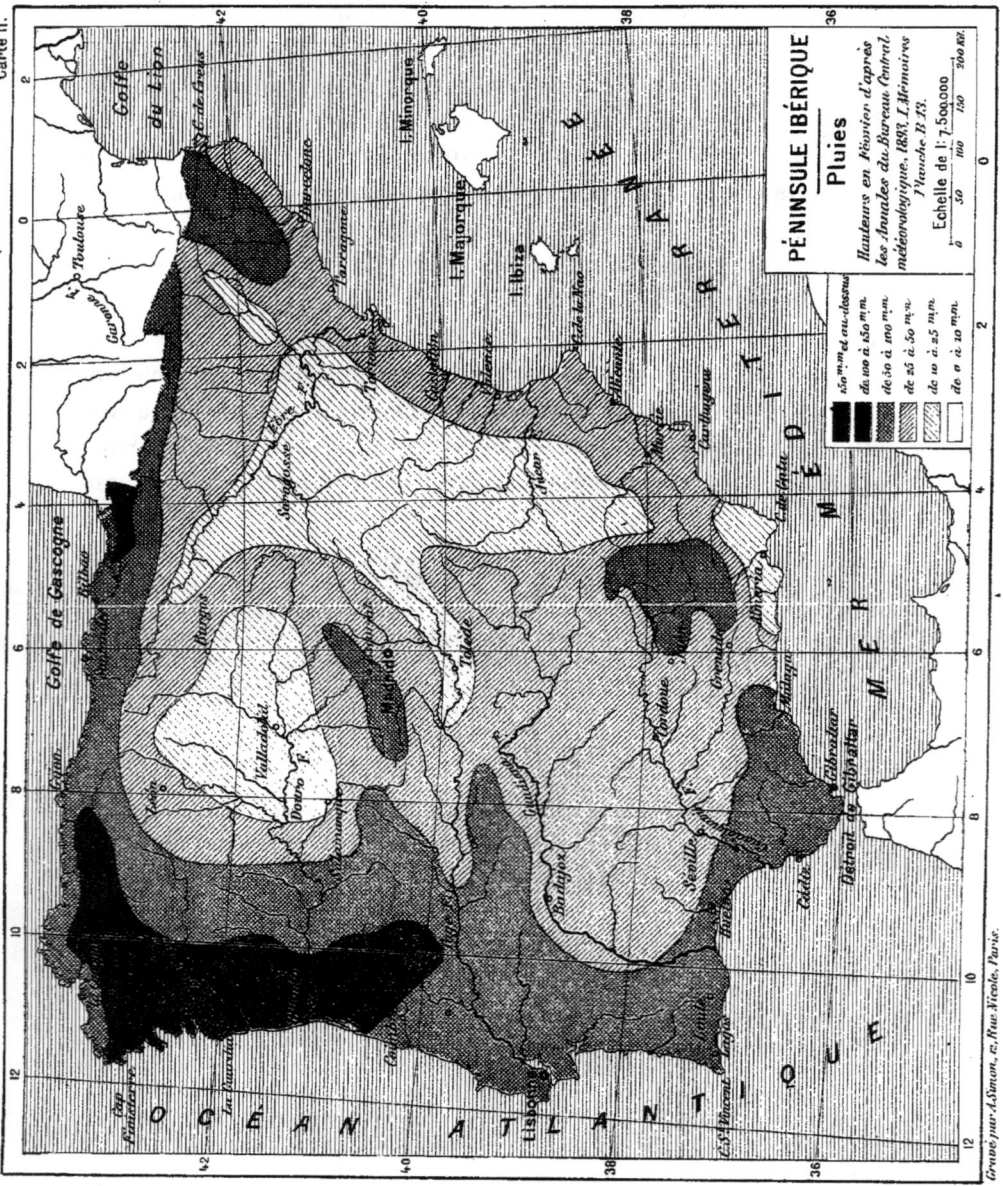

Gravé par A.Simon, 12, Rue Nicole, Paris.

PÉNINSULE IBÉRIQUE

Pluies

Hauteurs en Avril, d'après
les Annales du Bureau Central
météorologique, 1883, I, Mémoires
Planche B 12.

Échelle de 1: 7.500.000

0   50   100   150   200 Kil.

Légende

de 50 à 100 m.m.
de 25 à 50 m.m.
de 10 à 25 m.m.
de 0 à 10 m.m.

Golfe
du Lion

F. de la Crouse

Golfe de Gascogne

OCÉAN ATLANTIQUE

MER MÉDITERRANÉE

Barcelone
Tarragone
F. Minorque
I. Majorque
I. Ibiza

Lisbonne
Cap
Finisterre

Madrid
Valladolid
Burgos
Tolède
Salamanque
Badajoz
Séville
Cordoue
Grenade
Jaen
Malaga
Murcie
Carthagène
Almeria
Cadix
Huelva
Détroit de Gibraltar

Grave par A.Simon, 12, Rue Nicole, Paris.

vements atmosphériques dans une mesure suffisante pour qu'on puisse dire qu'elle se détermine vraiment un régime à elle propre. Elle est prise entre deux mers, l'Atlantique et la Méditerranée, qui sont soumises à des régimes climatiques très différents ; son climat participe de ces deux régimes, mais de ces deux régimes modifiés. Le mécanisme général des phénomènes atmosphériques dépend des deux mers qui environnent la Péninsule : mais il en est aussi jusqu'à un certain point indépendant. Le haut massif de la Péninsule ibérique agit vis-à-vis des mouvements de l'atmosphère comme un vrai continent en petit. On saisira clairement les particularités de ce régime en l'observant à deux moments de l'année que l'on peut regarder à juste titre comme très significatifs, — mois de février et mois d'août (voir les cartes II et III).

Régime de février. — Durant l'hiver les plateaux du centre sont tout naturellement occupés par de hautes pressions et par de basses températures (température moyenne de l'hiver à Madrid 5°,2 ; et moyenne de la température minima d'hiver — 6°,9) : l'air tend à descendre du centre vers la périphérie ; et au point où ces couches d'air froid rencontrent des couches à une autre température la précipitation se produit : c'est pourquoi, en février, les rebords du plateau, même du côté de la Méditerranée (quoique l'atmosphère méditerranéenne soit chargée d'une bien moindre quantité de vapeur d'eau que celle de l'Océan), sont marqués par une zone de précipitation. *A fortiori*, les précipitations sont abondantes du côté de l'Atlanti-

---

courants aériens à peu près autant de renseignements que les ornières d'un chemin sur la nature et la direction du transit qui l'utilise. » E. Duclaux, *Relations entre la géographie et la météorologie, Annales de géographie*, IV, p. 2. L'observation exige d'abord la division et l'analyse minutieuse ; l'exposition nécessite une tentative de synthèse. Dans le présent travail qui doit se borner, comme nous l'avons dit, à découvrir parmi les faits de géographie physique les faits généraux qui permettent de classer et de localiser une catégorie bien déterminée de faits économiques, nous essaierons toujours de présenter les premiers de ces faits dans leur connexion naturelle.

que, puisque tout ce versant occidental est balayé par les vents du S.-W. (courant équatorial) qui arrivent chargés d'humidité. Ceux-ci, soit qu'ils rencontrent les couches d'air plus froides des plateaux, soit surtout qu'ils soient entraînés par leur mouvement à gravir les pentes du massif, sont obligés à se refroidir et la carte de la chute des pluies en février — février étant pris comme type du régime d'hiver — se trouve calquée sur la carte hypsométrique ; c'est dire que sur tout le versant atlantique, les pluies sont d'autant plus abondantes que le massif présente aux vents de la mer un front plus raide et plus élevé : là où des fleuves comme le Tage ou le Guadiana ont entamé davantage le noyau montagneux et créé des couloirs de pénétration, les vents et les pluies s'y engouffrent et se portent plus avant vers le centre ; d'autre part, et en outre, dans ce territoire intérieur les précipitations sont abondantes sur les régions les plus élevées ou mieux les plus saillantes, par exemple sur les flancs de cet éperon qui sépare la Vieille de la Nouvelle-Castille (Sierras de Guadarrama et de Gredos ; sommet supérieur, 2 668 mètres). De Madrid, durant l'hiver, par un temps clair, on aperçoit, très proches, au N.-W. les cimes de Guadarrama toutes blanches de neige[1].

Régime d'août. — Au mois d'août la situation est tout autre. A prendre les faits dans leur ensemble, et malgré la différence des dimensions, il y a une analogie frappante entre les régimes d'hiver et d'été de la Péninsule ibérique et ceux de l'immense masse montagneuse du centre de l'Asie. Ici comme là, durant l'été, les terres élevées s'échauffent et échauffent l'air qui est en contact avec elles. Il s'établit sur le centre de l'Espagne une aire de hautes températures et de basses pressions (température moyenne de l'été à Madrid, 29°,9, et moyenne de la température maxima de l'été, 39°,6); l'air chaud se dilate

---

[1] C'est de la Sierra de Guadarrama que le canal de Isabel II (depuis moins d'un demi-siècle) amène à Madrid les eaux d'alimentation.

et s'élève ; il y a là une sorte de foyer d'appel ; à l'inverse de l'hiver, le mouvement général de l'air tend de la périphérie au centre.

Ces masses d'air de la périphérie que tout contribue à pousser vers le centre montagneux sont chargées de vapeur d'eau, en sont même plus chargées que durant l'hiver (on sait combien est grande l'évaporation estivale sur la Méditerranée) ; mais elles rencontrent des zones continentales de plus en plus échauffées ; l'air s'échauffant de plus en plus absorbe de plus en plus de vapeur d'eau ; et, le point de saturation s'éloignant, la vapeur d'eau ne se précipite pas. Elle ne se précipitera que brusquement, sous l'influence de causes passagères ou locales. Et c'est pourquoi toutes ces masses atmosphériques gravissent et atteignent le centre de la péninsule, sans le faire bénéficier de leurs richesses en vapeur d'eau, plus disposées, par leur échauffement progressif, à assécher encore qu'à arroser. Seuls les versants rapides et voisins de la mer, comme en Galice et dans le Nord, ou les sommets les plus élevés comme les Pyrénées, la Sierra de Guadarrama, ou la Sierra Nevada, réussissent à déterminer, par un mouvement ascensionnel brusque de l'air, une dilatation et un refroidissement qui produisent la précipitation : mais ce ne sont là que des îlots arrosés, nettement localisés. Et dans l'ensemble l'échauffement estival de la haute zone montagneuse de l'Espagne produit de vraies moussons qui, n'ayant aucune raison de précipiter la vapeur d'eau, sont des moussons sèches.

Cette inversion presque complète du régime d'été et du régime d'hiver, et les phénomènes qui accompagnent ces deux régimes expliquent que souvent en Espagne les vents soient fréquents, brusques et violents. Les courants atmosphériques se déchaînent avec une sorte de soudaineté capricieuse ; sur les côtes de Catalogne, comme sur les plateaux de Castille, dans la Haute-Andalousie comme sur la presqu'île de Cádiz ou sur le rocher de Gibraltar, j'ai eu l'occasion d'observer de vraies bourrasques (selon les cas, humides ou sèches), et presque toujours survenant comme à l'improviste. De plus il n'y a pas un point des régions orientale, méridionale, et centrale de la Péninsule où le calme de l'atmosphère soit un phénomène ordinaire et continu.

Tout cela explique aussi les très grandes différences de température que l'on constate en Espagne partout où les influences océaniques ainsi que des conditions topographiques privilégiées n'imposent pas une réelle modération ; l'amplitude est très forte sur toutes les régions élevées, et principalement sur les plateaux découverts ; la variation diurne de la température y est également très grande [1].

Conséquences générales du régime climatique. — Tels sont les faits caractéristiques. Tel est le mécanisme unique et général. Mais ce mécanisme unique produit des effets très différents sur le versant atlantique et le versant méditerranéen. Au point de vue géographique, la précipitation est un phénomène plus important que la direction du vent. Or la précipitation est incomparablement plus abondante du côté de l'Atlantique ; les vents méditerranéens et les vents atlantiques soumis à une impulsion analogue marchent tous vers une même région centrale, mais les uns sont très humides et les autres le sont beaucoup moins, si bien qu'en vertu d'un même jeu de forces, toute la moitié atlantique de l'Espagne sera couverte d'une couche annuelle de pluie assez forte, tandis que la moitié méditerranéenne

---

[1] En ce qui regarde le climat de l'Espagne, il convient de citer en toute première ligne le travail de Léon Trisserenc de Bort, qui est déjà un peu ancien mais qui n'en est pas moins un exact et remarquable exposé de tous les faits essentiels : Étude de la circulation atmosphérique sur les continents, Péninsule Ibérique. *Annales du bur. central météorolog. de France*, 1879, p. 19-60 et 33 planches. Lire les pages consacrées à la Variation diurne de la température et de la pression en Espagne, p. 30-33. — Voir aussi sur la mobilité des phénomènes atmosphériques de la Méditerranée : Rollin, Des changements d'équilibre sur la Méditerranée. *Annales du bur. central météorolog. de France*, 1883, I, B, p, 1-28.

sera pauvre en précipitations[1] (fig. 1). D'ailleurs la seule différence entre les hauteurs annuelles de précipitation ne

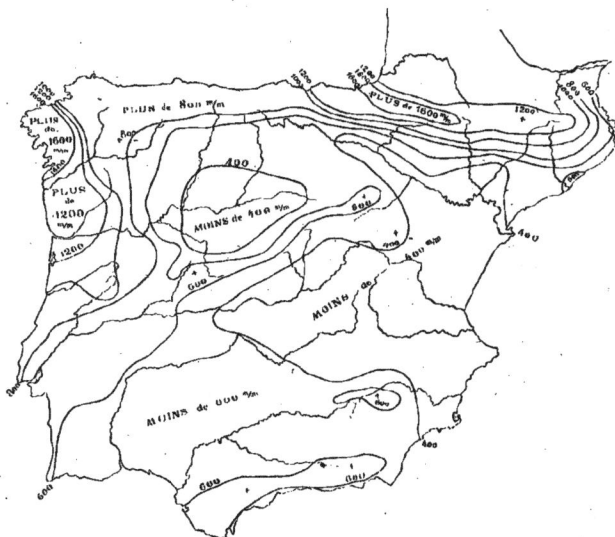

Fig. 1. — Répartition générale des précipitations dans la Péninsule ibérique. 1 : 12 000 000. Les nombres indiqués représentent les hauteurs moyennes annuelles des précipitations.

suffirait pas à exprimer la différence complète qui existe entre les caractères des pluies du versant méditerranéen et celles du versant atlantique ; et c'est pourquoi j'indique également

---

[1] Voir G. HELLMANN, Die Regenverhältnisse der iberischen Halbinsel, dans *Zeitschrift der Gesellschaft für Erdkunde zu Berlin*, XXIII, 1888. — Voir les tableaux d'observations très patiemment recueillis et savamment étudiés et discutés par A. ANGOT, Régime des pluies de la Péninsule Ibérique, dans *Annales du bur. central météorologique*, année 1893, I, Mémoires B, p. 157-194 avec planches. Consulter du même auteur : Sur le régime pluviométrique de l'Europe occidentale, *Annales de géog.*, 15 octobre 1895, p. 18-22. — Voir aussi les tableaux : Pluies et évaporation moyennes, mensuelles et annuelles en millimètres, dans Horacio BENTABOL Y URETA, Las Aguas de España, p. 24-41. — D'une manière plus générale, pour le climat de l'Espagne, consulter Julius HANN, Handbuch der Klimatologie, 2. Auflage, 1897, t. III, p. 77-88.

dans le tableau suivant, pour quelques stations caractéristiques, le nombre de jours de pluie par an.

STATIONS CLASSÉES PAR ORDRE DE DÉCROISSANCE des hauteurs annuelles de pluies	HAUTEUR ANNUELLE DES PLUIES en millimètres	NOMBRE DES JOURS DE PLUIE par an
Stations espagnoles de l'Atlantique (N.-W. et N.) :		
La Guardia, Pontevedra.	1 450	99
Santiago.	1 399	163
Saint-Sébastien (San Sebastián). . . .	1 245	160
Bilbao.	1 122	161
Au Centre (au pied de la Sierra de Guadarrama) :		
L'Escurial (El Escorial).	819	158
Stations méditerranéennes (W. et S.) :		
Valence (Valencia).	585	57
Málaga.	579	54
Grenade (Granada).	541	91
Alicante.	491	42
Carthagène (Cartagona).	444	44
Murcie (Murcia).	442	63
Almería.	310	51

Les pluies sur le versant atlantique ont la régularité, la continuité et souvent la finesse qui distinguent les pluies de toute l'Europe occidentale. Par contre, sur le versant méditerranéen, les pluies sont en rapport avec ces changements brusques de température, de pression et de direction du vent dont nous avons déjà parlé. Les phénomènes de condensation se produisent avec une brusquerie, une rapidité et une violence qui doivent en modifier complètement l'effet géographique. Il s'ensuit que les pluies sont torrentielles là même où elles sont très peu fréquentes. A Alicante où il ne pleut que 40 jours par an les pluies sont parfois terribles. Dans une journée de 1882, il tomba en certains points de la côte 200 millimètres d'eau, alors que dans tout le reste de l'année il n'en était tombé que 124. Le 11 septembre 1891, on mesura à Almería une chute de pluie de 0^m,1583 en une heure et demie. A Gibraltar, le 25 novembre 1826, en 26 heures, il tomba 0^m,8382. Ces pluies produisent ces désastreuses inondations, dont les récits nous arrivent avec une navrante périodicité; sous l'effet de ces averses violentes, les cours d'eau se transforment en torrents, les ponts sont enlevés, les villages détruits [1]. Pour ne parler que du seul Segura qui arrose la plaine de Murcie, rappelons les inondations terribles de 1651, de 1733, de 1826, de juin 1877, de mai 1884, etc. De 1716 à 1864 on compte sur le Segura, le Júcar et le Turia 24 grandes inondations.

Il nous est difficile d'indiquer avec une rigoureuse précision à quel degré est irrégulier le débit de la plupart des cours d'eau espagnols ; les jaugeages exécutés ne sont ni très nombreux, ni très méthodiques ; les jaugeages n'ont été faits qu'au moment de l'étiage ; et si le débit minimum de l'étiage est à coup sûr l'une des données les plus utiles au point de vue agricole, des mesures faites en une seule saison de l'année ne nous fournissent pas les documents de comparaison que nous souhaiterions. De plus, on possède très peu de séries d'observations hydrométriques coordonnées, c'est-à-dire faites *en un même point* pendant une période de *plusieurs années*. Le livre récent d'Horacio Bentabol y Ureta, *Las Aguas de España* (1900), ne nous a pas apporté les renseignements que nous espérions. Dans son ouvrage, plus ancien, Llauradó avait rassemblé avec beaucoup de patience les résultats des principaux jaugeages exécutés,

---

[1] DE BOTELLA Y DE HORNOS, Inundaciones y sequias en las provincias españolas de Levante, *Bol. Soc. geog. Madrid*, X, p. 7 et suiv., p. 81 et suiv. — Horacio BENTABOL Y URETA, Las Aguas de España, p. 10-20. — Theob. FISCHER, Die Iberische Halbinsel, p. 658.

mais il les avait disséminés, les mentionnant à l'occasion de
chacun des bassins fluviaux. Parmi ces données dispersées,
nous avons choisi un petit nombre de chiffres qui fussent
comparables, et qui pussent exprimer par quels extrêmes passent
quelques-uns des cours d'eau dont nous parlerons plus loin :

Irrégularité du débit de quelques cours d'eau espagnols.

COURS D'EAU	LIEU DU JAUGEAGE	DATE	DÉBITS EN MÈTRES CUBES PAR SECONDE	
			Mensuel moyen	Maximum ou minimum
Tage. . . .	Aranjuez.	Janvier 1867	130,519	»
		Mars 1867	201,722	»
		Août 1867	9,160	»
Guadalquivir.	Près de Palma del Río	Décembre 1880	53,100	Max. 96,201
		Août 1880	9,742	Min. 6,314
Guadalhorce.	Près de la prise d'eau de la Peña.	Novembre 1868	19,072	Max. 51,072
		Août 1868	0,243	»
Júcar. . . .	A 250 m. en amont du canal d'Antella.	3 Juin 1883	»	40,640
		3 Août 1883	»	26,179
Ebre. . . .	A 1540 m. au-dessous du canal de Cherta.	Août 1880	97,876	»
		Novembre 1880	315,247	Max. 497,661
		Janvier 1881	4 305,100	»

Ainsi l'Ebre, non loin de son embouchure, roule parfois en
hiver 50 fois plus d'eau qu'en été[1].

Ces débits si irréguliers, comportant de tels extrêmes, expriment clairement l'irrégularité des précipitations atmosphériques. Et tous les faits climatiques sont, si l'on peut dire, aussi
capricieux.

---

[1] Voir aussi les chiffres de débit que nous indiquerons plus loin à propos d'un
affluent de l'Ebre, le Río Aragón.

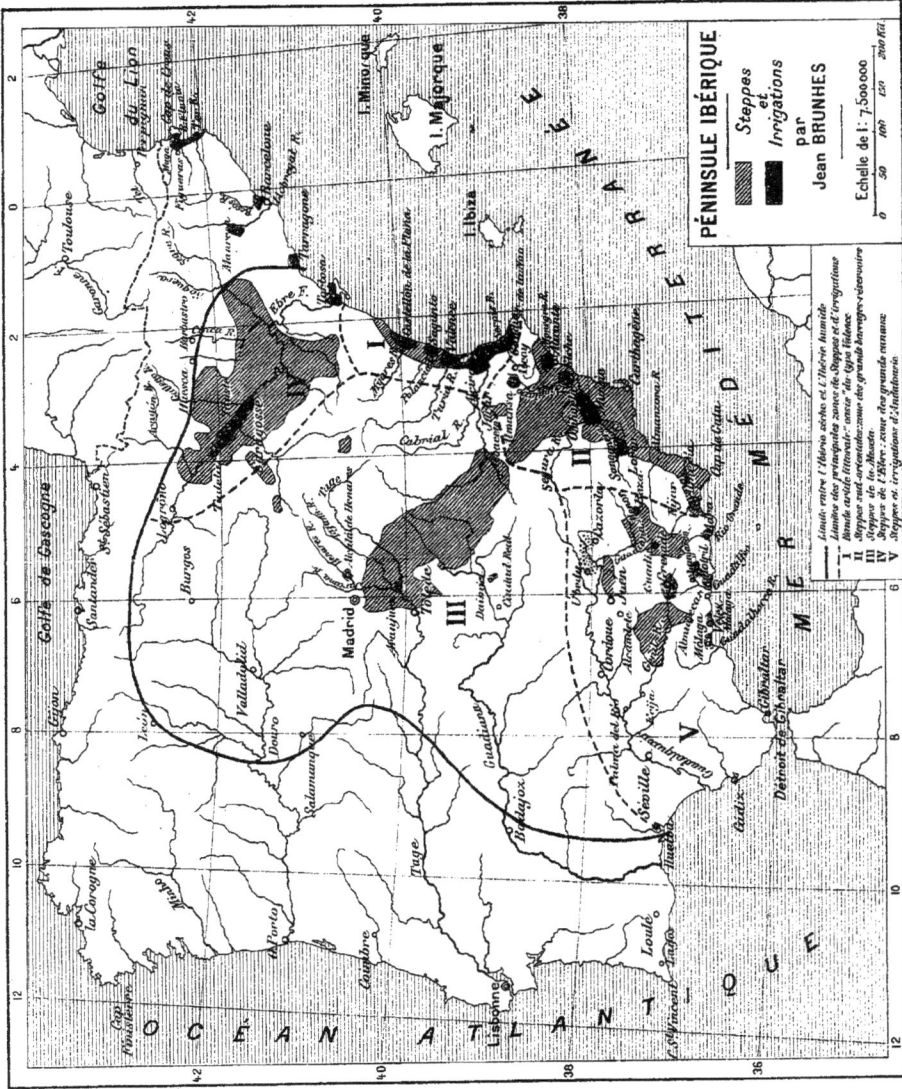

Carte IV.

PÉNINSULE IBÉRIQUE

Steppes
et
Irrigations
par
Jean BRUNHES

Echelle de 1 : 7.500000

0   50   100   150   200 Kil.

I   Limite entre l'Ibérie sèche et l'Ibérie humide
II   Limite des principales zones de Steppe et d'irrigation
III Bande aride littorale - oasis "de type Valence
IV   Steppe et arrosible - zone des grands barrages réservoire
V   Steppe et irrigations d'Andalousie

Grave par A. Simon, m. Rue Nicolet, Paris.

En hiver même et jusqu'en mars et avril le vent est parfois brusquement attiré vers des centres de dépression voisins des côtes : ce sont de vrais coups de vents semblables, sinon par leur direction, du moins par leur nature aux coups de mistral qui se déchaînent dans la basse vallée du Rhône : en mars 1888, il s'en produisit un qui amena une abondante chute de neige, et toutes les plantations du littoral S.-W. furent perdues.

En somme les années sans pluie ne se voient jamais ni nulle part en Espagne ; à Murcie même il tombe annuellement en moyenne 150 millimètres. Presque partout les précipitations atteignent une hauteur annuelle d'au moins 400 millimètres. Cependant plus on approche des régions méditerranéennes Sud-orientales, plus les pluies deviennent non seulement insuffisantes, mais irrégulières, et moins elles fournissent par suite des eaux commodément utilisables pour la culture, plus leurs effets diffèrent de ces débits continus et constants qui sont l'idéal désiré par tous les cultivateurs.

En fin de compte, si l'on trace une ligne joignant Tarragone, León et Huelva (voir la carte IV), on partage la péninsule en deux zones qu'on peut légitimement appeler la zone humide et la zone sèche. La zone humide ainsi déterminée reçoit presque tout entière plus de 600 millimètres par an, tandis que toutes les régions qui reçoivent 400 millimètres au moins sont comprises dans la zone sèche. Presque partout dans la zone humide l'on rencontre de vraies forêts. Les grands arbres sont rares dans l'autre zone, où apparaissent au contraire des types de formations tout à fait nouvelles : c'est un territoire où s'étendent de vraies steppes sèches, steppes salées à plantes halophytes ou steppes à graminées [1].

---

[1] Sur la différence entre ces steppes à graminées (steppes à *Stipas*), et les prairies à graminées, voir notamment O. DRUDE, Manuel de géographie botanique, traduction POIRAULT, p. 272.

Répartition nuancée de la végétation et des cultures. — La valeur d'une division aussi simpliste, — laquelle a le mérite d'exprimer avec force l'opposition entre deux provinces extrêmes de la Péninsule ibérique, — ne doit pas être pourtant exagérée au point de vue géographique. Les faits réels sont autrement nuancés et compliqués ; ils suivent d'abord de bien plus près les formes du relief. Dans toute la zone sèche, il y a deux régions assez vastes où la hauteur annuelle des pluies atteint et dépasse 600 millimètres (et cela est naturellement déterminé par des reliefs saillants) : les sierras qui séparent la Vieille de la Nouvelle-Castille et surtout au Sud la haute région montagneuse de la Haute-Andalousie et de la Cordillère bétique. Ces montagnes plus arrosées sont naturellement plus favorables aux grandes formations forestières [1].

Il convient encore de ne pas oublier cette influence adoucissante et modératrice qui est celle de l'Océan, et qui devient de plus en plus manifeste à mesure que les hautes formes massives du centre de l'Espagne s'abaissent et se morcellent vers le Sud-Ouest ; le marronnier et le châtaignier sont de plus en plus nombreux lorsqu'on descend des hauteurs de la Galice et du plateau de la Vieille-Castille vers le Sud et vers l'Ouest du côté du Portugal ; et plus d'une culture témoigne de cet adoucissement naturel de la température qui se produit sur les côtes de l'Océan tout aussi bien qu'au voisinage de la Méditerranée.

Protégé par la température modérée du littoral océanique, l'oranger dont le domaine propre est dans les parties basses et abritées de la zone comprise à l'Est de la ligne Tarragone-León-

---

[1] Jadis l'Espagne tout entière était beaucoup plus boisée qu'aujourd'hui, elle a été dépouillée de ses anciennes forêts : l'Escurial, bâti au milieu des bois, s'élève aujourd'hui au pied de croupes montagneuses que recouvrent seuls des thyms et des bruyères. L'exploitation des forêts n'étant pas encore suffisamment surveillée et organisée, est souvent déraisonnable ; les incendies de forêts sont également trop fréquents.

Huelva s'insinue en une mince bande toujours voisine de la mer jusqu'au Nord du Portugal. Quant à l'olivier, qui appartient d'une manière si caractéristique au monde méditerranéen, qui fait partie essentielle du paysage de la Provence comme de l'Italie péninsulaire et de la Grèce, de la Palestine comme de la Tunisie, il s'avance très loin vers le Nord jusqu'aux rives du Minho (sur le littoral de l'Océan) ou jusqu'au pied des Pyrénées (sur le littoral de la Méditerranée); il gravit même le massif central presque jusqu'aux confins de la Vieille-Castille.

De même, la vigne, dont la culture d'ailleurs a beaucoup souffert de l'invasion du phylloxera, ne se restreint pas plus que l'olivier au domaine méditerranéen; elle s'étale largement jusque dans le Portugal [1]. Nous pourrions en dire autant du figuier et de l'amandier. Bref la végétation proprement méditerranéenne, ayant trouvé dans l'ensemble de la Péninsule ibérique un magnifique champ de développement, se rencontre sur plus de 75 pour 100 de la superficie totale [2].

Malgré tout, il n'en est pas moins vrai et moins réel que c'est au Nord-Ouest de l'Espagne que l'on trouve les régions le plus semblables soit au point de vue du climat soit au point de vue de la végétation aux pays de l'Europe centrale, de l'Europe moyenne. Pins et sapins, chênes et hêtres, frênes et bouleaux

---

[1] Certaines régions basses du littoral portugais sont même assez humides et assez chaudes pour qu'on y cultive le riz; mais ces cultures ne paraissent pas très prospères, et elles ne vont pas sans des inconvénients, si l'on en croit J. DE ANDRADE CORVO, membre de l'Académie des sciences de Lisbonne, Irrigations et rizières en Portugal, *Annales des ponts et chaussées*, 1862, II, p. 239 et suiv.

[2] Blas LÁZARO É IVIZA, Regiones botánicas de la Península Ibérica, *Anales de la Soc. Esp. de Historia natural*, XXIV, 1895, p. 169. — « Peu importe pour le caractère de la végétation que les cours d'eau se jettent dans la Méditerranée ou dans l'Atlantique ; et la meilleure preuve en est que les trois quarts de cette surface de la Péninsule qui est occupée par la végétation méditerranéenne versent leurs eaux à l'Atlantique ». ID., *ibid.*, p. 168. De son côté, Th. FISCHER, développant des considérations analogues, déclare : « Aucune province d'Espagne n'est dépourvue de vigne ». Die Iberische Halbinsel, p. 704.

forment dans le Nord et dans le Nord-Ouest des îlots parfois énormes et qui rappellent tout à fait l'Europe centrale. En Galice, les prairies naturelles, les fougères, les haies d'églantiers et d'aubépines continuent les paysages de l'Europe occidentale.

Et c'est bien à l'Est de la ligne démarcatrice par nous tracée que s'étend un domaine géographique vraiment nouveau et qu'il est permis de considérer comme une amorce de pays typiques de l'Afrique du Nord ; à ce domaine appartiennent en propre des espèces végétales caractéristiques : l'*esparto (Macrochloa tenacissima)*, que nous retrouverons sous le nom d'*alfa* si largement étalé sur les hautes terres de l'Afrique mineure ; et on pourrait encore citer soit des espèces sauvages comme l'*Oleander* (olivier sauvage), soit des espèces cultivées comme le *Phœnix dactylifera* (le grand palmier-dattier), lesquels caractérisent aussi la physionomie végétale de provinces diverses de l'Afrique du Nord.

J'ai essayé d'exprimer d'une manière simple, à l'aide d'un carton, tout à la fois les caractères complexes et les traits essentiels de la répartition des types de végétation dans la Péninsule ibérique ; et j'ai choisi à dessein des limites d'espèces tout à fait significatives. On voit avec clarté sur la figure 2 comment se suivent, se rencontrent et par endroits même se coupent : d'une part les limites méridionales de quelques arbres des forêts de l'Europe centrale, le hêtre (*Fagus silvatica*) et le bouleau (*Betula verrucosa*), et d'autre part les limites septentrionales de certains arbres cultivés proprement méditerranéens comme l'olivier et le figuier. Par ailleurs, la limite méridionale d'un de nos grands chênes communs (*Quercus pedunculata*) est bien représentative de la zone la plus humide, de la zone Nord-Ouest de la Péninsule. Au contraire, les limites septentrionales de plantes *spontanées* caractéristiques des régions méditerranéennes comme l'olivier sauvage (*Oleander*) ou des steppes sèches comme l'*esparto* permettent de constater que ces plantes appartiennent exclusivement au domaine oriental et

méridional de la Péninsule ibérique. Entre ces deux régions
les plus opposées (Nord-Ouest et Sud-Est) les transitions comportent des nuances multiples ; mais en vérité de part et
d'autre de la ligne Tarragone-León-Huelva s'étendent deux
domaines naturels distincts, lesquels vont s'opposant de plus
en plus à mesure qu'ils s'écartent l'un de l'autre.

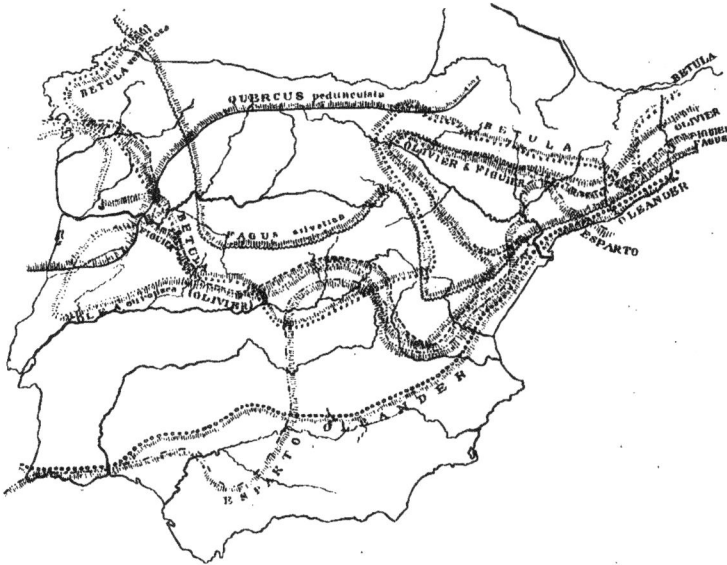

Fig. 2. — Péninsule ibérique. Limites de quelques espèces végétales caractéristiques.
1 : 12 000 000.

Et cette ligne a la réelle légitimité sinon d'une frontière
naturelle rigoureuse, du moins d'une indication systématique
et simplifiée qui restreint sans conteste à la moitié Sud-orientale
de l'Espagne le domaine de notre étude propre. Il importe
maintenant d'examiner de plus près cette grande zone de
l'Ibérie — l'Ibérie sèche, — et d'y distinguer les contrées diverses,
les départements naturels qui la constituent.

Régions naturelles du Sud : provinces naturelles de l'An-dalousie. — S'il n'y a pas en géographie de ligne limite qui ait une valeur absolue et une signification radicale, il y a du moins de véritables ensembles, des régions naturelles présentant en toutes leurs parties des caractères sinon uniformes du moins analogues. C'est une telle province naturelle qui commence nettement au Sud et au pied de la Sierra Morena. Lorsqu'on descend des plateaux de Castille on trouve en débouchant dans l'Andalousie par le défilé de Despeña-Perros les aloès et les cactus (*Agave americana* et *Opuntia vulgaris*) qui nous feraient croire aisément que nous arrivons dans une plaine ouverte du côté de la Méditerranée. Tout le paysage a une physionomie nouvelle. Tandis que sur la rive droite du Guadalquivir les formes arrondies de la Morena s'élèvent assez brusquement, toutes noires des taches irrégulières de leurs arbustes et buissons toujours verts et sombres, arbousiers et lentisques, cistes et myrtes, genêts et bruyères, sur les mamelons les plus bas et dans la plaine tertiaire les oliviers, espacés et plantés à intervalles réguliers, laissent apercevoir une terre plus claire, et marquent eux-mêmes le paysage de la teinte beaucoup plus claire de leur feuillage gris cendré[1]. Au-dessus d'Alcolea, ou bien à *las Ermitas* au-dessus de Cordoue (Córdoba), le panorama illustre avec une grande netteté l'opposition entre la Sierra et la Vallée ; et l'on aperçoit au loin des terres laissées en jachère, parsemées des touffes basses et étalées du palmier nain[2].

---

[1] Les petites éminences de la plaine sont plutôt réservées aux oliviers, qui ne viennent pas bien dans les fonds humides et trop peu ventilés, tandis que les parties les plus planes sont consacrées à des cultures de céréales, cultures rapides et récoltes précoces. La vigne réussit bien sur les versants andalous (témoin le beau livre de ROJAS CLEMENTE). Les terres noires de l'Andalousie sont situées sur la rive gauche du Guadalquivir : voir la carte des sols de RAMANN, *Zeitsch. der Ges. f. Erdk. zu Berlin*, 1902, 2, p. 166.

[2] Sur le palmier nain (*Chamaerops humilis*) en Espagne, voir M. WILLKOMM, Grundzüge, etc., p. 85 et p. 98 et suiv. Le palmier nain s'étend des Algarves jusqu'à la plaine de Valence ; il s'est implanté par exemple sur les dunes du littoral

Cette grande dépression du Guadalquivir forme bien une
région indépendante ; elle est chaude, tout comme les plaines
en bordure sur la Méditerranée ; mais tout en comprenant quelques parties très sèches (voir carte IV), elle est dans son
ensemble plus humide : les vents océaniques du Sud-Ouest
pénètrent et s'engouffrent parfois avec violence dans cet entonnoir naturel fermé au Nord par la Morena et au Sud par le
système plissé de la Cordillère bétique ; la structure de cet
ancien détroit nord-bétique modifie à son profit la circulation
atmosphérique générale de la péninsule, et les couches d'air
chargées de vapeur d'eau qui s'engagent dans ce couloir naturel
déchargent des pluies tout le long des versants et surtout des
versants de la Morena jusqu'à ce qu'elles épuisent leurs dernières condensations dans le cirque fermé du haut Guadalquivir [1]. Et c'est ainsi que l'Andalousie a le double avantage
d'une température élevée et de quelques pluies abondantes ; les
oliviers sont là dans leur véritable patrie et peuvent se développer très nombreux comme entre Jaén et Cordoue sans même
être irrigués ; les récoltes de céréales, surtout de blé et même
de maïs sont en certaines années très belles ; on connaît la
fertilité traditionnelle de l'ancienne Bétique ; on constate encore
(en l'exagérant souvent) la fertilité de la *Campiña de Sevilla* :
la contrée de Carmona est très riche en blé [2]. Tous les environs

---

valencien et il atteint même dans cette région une taille assez élevée. V. Th. Fischer,
Die Iberische Halbinsel, p. 673. Sur les caractères généraux de la zone du palmier
nain, on peut consulter O. Drude, *Manuel de géographie botanique*, trad. Poirault, p. 366.

[1] A Linares, ou à Úbeda qui est située sur cette « loma » bien disposée pour
recevoir les pluies, il pleut souvent ; et même en été les orages, les tempêtes, les
bourrasques amènent assez fréquemment quelques précipitations. Sur tous les versants bien orientés de ce cirque terminal de la vallée du Guadalquivir, abondent les
arbres fruitiers. — Toute cette contrée de la Haute-Andalousie est soumise à un
climat dont le caractère continental est assez accentué, ainsi que le note avec raison
M. Willkomm, Grundzüge, etc., p. 56.

[2] Les *latifundia* de la Basse-Andalousie ont été l'une des causes principales de la
crise économique qu'a traversée cette région et dont elle n'est pas encore sortie.

de Séville sont de vrais bosquets d'orangers et de grenadiers,
toujours bordés par les haies pittoresques d'aloès et de cactus.
Sur le bas Guadalquivir, s'étendent même les grandes régions
marécageuses des *Marismas*, dont les eaux mal drainées restent
stagnantes. Et du reste la Basse-Andalousie est assez humide et
chaude pour que le laurier-rose s'y développe spontanément,
comme dans les vallées humides de la province de Constantine
ou de la Tunisie.

Tandis que nous nous élevons des rives du Guadalquivir
vers la Sierra Nevada ou mieux vers tout le système de chaînes
plissées qui bordent au Sud la dépression du Guadalquivir,
la hauteur des pluies devient moins considérable et nous rencontrons sur la rive gauche de grands espaces arides et même
parfois très salins. Dans la Haute-Andalousie, au voisinage du
fleuve on constate cette différence entre les deux rives ; et sur
la rive gauche, comme à Jódar, commence même à dominer
l'*esparto*. Là de vraies steppes fragmentaires sont comme des
postes avancés du vaste domaine aride de l'Espagne du Sud-
Est [1]. Puis d'âpres chaînes calcaires se dressent à l'horizon,
offrant un paysage tout à fait nouveau à qui vient des Castilles :
et la végétation naturelle est de plus en plus clairsemée en cette
zone de terrains secondaires, fermée vers le Sud par les parois
ou les sommets des sierras de roches grises.

Mais voilà que ce système plissé a fait surgir plus au Sud
des massifs de gneiss et de schistes archéens, que Th. Fischer
appelle l'*Aequatorialsystem* andalou (Serranía de Ronda, Sierra
Nevada, Sierras Tejeda et Almijara, Sierra de los Filabres);
l'altitude fait reconquérir à cette région naturellement peu
arrosée quelque droit à une forte condensation, les forêts repa-
raissent çà et là; les chênes-lièges, les chênes verts et les

---

[1] Ce sont même ces steppes fragmentaires des hautes terres de l'Andalousie dont
la composition florale ressemble le plus à celle des steppes des hautes terres algériennes. M. WILLKOMM, Grundzüge, etc., p. 233.

Pinsapo se développent dans la Serranía de Ronda[1] ; en certains points de la Serranía, comme à Gaucín, toute une partie
des habitants se consacrent à la fabrication du charbon de bois,
et portent le nom significatif de *carboneros*. Toutefois ces
grandes forêts sont exceptionnelles ; gris et nus sont les pitons
et les crêtes des chaînes calcaires qui bordent sur toute sa longueur l'*Aequatorialsystem* du côté de la dépression du Guadalquivir : les petites villes et les villages que les habitants préoccupés avant tout de leur défense ont perchés sur ces pitons ou
près de ces crêtes ont assez souvent à leur disposition des
sources abondantes, mais ils sont entourés de versants à surface rugueuse qui rappellent les surfaces du Karst ou d'un
Causse ; et c'est au milieu des pierres que ces cultivateurs patients
doivent semer leurs céréales : dans ces maigres « champs », les
larges lignes de roche âpre, en dessinant comme un damier,
enserrent entre elles de minuscules « cases » de terre végétale
(fig. 3).

Cependant la Sierra Nevada, sorte de formidable mono-
lithe de schiste, dresse ses sommets jusqu'à près de 3 500
mètres d'altitude ; et si elle est elle-même plus pauvre en forêts
qu'on ne le pourrait supposer, elle est riche en neiges éternelles :
surgissant jusqu'à une telle hauteur à 35 kilomètres seulement
de la mer, elle arrête les moindres vents chargés de vapeur
d'eau et condense cette vapeur sous forme de neige[2]. Ainsi la
fonte des neiges au printemps et en été procure aux régions,

---

[1] Ce très beau représentant des conifères (*Abies Pinsapo Bois.*), qui a dû couvrir
jadis une grande partie de la Serranía de Ronda n'y forme plus que trois grandes
forêts de quelque étendue : dans la Sierra de la Nieve près de Yunquera ; dans la
Sierra Bermeja près d'Estepona ; et dans la Sierra del Pinar près de Grazalema ; il
faut déplorer la destruction si rapide de cet arbre superbe.

[2] Mulhacén, 3 481 mètres, Picacho de la Veleta, 3 470 mètres. D'après les observations de 1879, le 1er octobre il était déjà tombé sur le Mulhacén 0m,50 de neige,
et le thermomètre était descendu à — 12°. Th. Fischer, Die Iberische Halbinsel,
p. 641. Sur la pauvreté en forêts de la Sierra Nevada, voir M. Willkomm, Grundzüge, etc., p. 240.

voisines de ces réserves, une abondance en eau relativement considérable par rapport aux zones analogues mais situées plus loin des hauts sommets.

Cliché de l'auteur, février 1895.

Fig. 3. — Un champ des environs de Grazalema (à 1 266 mètres d'altitude); le blé doit être semé grain par grain entre les pierres.

Or les principales zones habitables et cultivables qui se relient à l'ensemble de ce système plissé de l'Espagne du Sud se divisent en deux groupes :

a) Les hautes plaines intérieures situées en plein milieu de l'*Aequatorialsystem* et correspondant à de petits bassins d'effondrement : bassins de Baza, de Guadix, de Grenade et d'Antequera[1]; chapelet de curieux bassins remplis par les dépôts tertiaires qui ont été des points tout naturellement favorables à

---

[1] Th. Fischer décrit fort bien tous ces bassins, *ouvr. cité*, p. 633-635.

l'établissement des hommes et où se sont constitués en effet quelques-uns des plus anciens centres historiques[1]. L'on doit y joindre quelques hautes vallées, qui sont également de petits mondes indépendants, entre toutes celles des Alpujarras[2]. Là se multiplient les habiles cultures en terrasses ; les moindres parcelles de rochers portent un arbre ; tous les oliviers ont à leur pied une petite arête de terre qui est destinée à retenir l'eau. Au centre de ces montagnes, les causes de précipitation ne manquent pas, et, phénomène assez exceptionnel dans l'Espagne méridionale et dû à l'altitude, les pluies hivernales sont parfois continues comme dans les régions de l'Europe moyenne ; aux mois de novembre et de décembre 1894, j'ai observé à Grenade des pluies abondantes durant 15 et 20 heures de suite : de novembre à mars il y a beaucoup de régions voisines de Grenade où la circulation est interrompue, car les chemins sont coupés par les pluies : quant aux routes proprement dites, elles sont très difficiles à entretenir ; à la saison des pluies succède une période très sèche, et ces alternatives sont également préjudiciables[3]. Ces alternatives nous démontrent à quel degré le relief est seul responsable des heureuses con-

---

[1] A Acci (Guadix) et à Illiberis (Grenade) ont été fondés deux des plus anciens véchés de la Péninsule ibérique ; à Illiberis, vers l'an 300, se réunit le fameux concile d'Elvira. L. DUCHESNE, Le Concile d'Elvire et les Flamines chrétiens, Mélanges Renier, p. 159-174.

[2] Th. FISCHER, ouvr. cité, p. 638-639. — Ces vallées étroites et encaissées des Alpujarras, telles la vallée de Lanjarón ou la vallée de Lecrín, permettent aux cultures les plus variées de s'étager sur leurs versants : les platanes et les palmiers dans les fonds ; puis les figuiers et les orangers ; puis la ligne du village allongé à mi-versant qui paraît marquer lui-même la limite entre la flore presque tropicale et la flore des régions plus froides ; au-dessus du village, les châtaigniers et les noyers, puis peu à peu la végétation diminue ; en s'élevant encore on trouve les rochers couverts de lichens et enfin l'on atteint les neiges éternelles.

[3] De plus le développement de la culture de la betterave notamment dans la Vega de Grenade a imposé aux routes un énorme supplément de transports qui contribue à les défoncer au moment de la récolte, c'est-à-dire précisément durant la saison des pluies.

ditions climatologiques qui ont épargné à ces hautes plaines l'aridité de plusieurs contrées de la Haute-Andalousie.

b) Les petites plaines côtières prises entre les flancs du système montagneux et la mer Méditerranée : Málaga, Almuñécar, Motril, Adra, Almería, etc... Ces petites plaines côtières sont sous la domination directe du régime atmosphérique méditerranéen : protégées par les montagnes contre les vents froids, elles ont un climat très chaud et très sec ; le vent qui vient du Nord est si chaud qu'il produit l'effet d'une espèce de *foehn*, il dessèche les raisins et aucun vent n'est aussi redouté que celui qui vient de la terre et auquel on a donné le nom local très caractéristique de *terral*. De plus ce climat est très uni : à Málaga la différence de température entre le jour et la nuit est quelquefois de deux degrés et le climat serait encore plus uniforme si ces petits espaces abrités ne se trouvaient pas sur le bord de ce large couloir qui aboutit au détroit de Gibraltar et par lequel les courants méditerranéens et atlantiques entrent en contact et en lutte : le vent d'Est souffle parfois avec une extrême violence, notamment à Málaga.

Mais les pluies sont beaucoup plus rares que les vents ; dans ces petites plaines de bordure ce sont les toits plats qui prédominent ; et la différence principale qui existe entre ces différents centres indépendants provient de leur plus ou moins grande proximité de ces hauts sommets neigeux qui dispensent des eaux abondantes lorsque viennent les fortes et brusques chaleurs du printemps et de l'été. Motril et Adra sont aussi chaudes qu'Almería mais beaucoup plus riches en eau, et l'on ne doit point s'étonner de trouver quelque différence entre les irrigations et les cultures de celles-ci et de celle-là. C'est encore le haut relief du système plissé qui a fait échapper tout cet ensemble à la formation de steppes.

En général ces petites plaines sont recouvertes d'alluvions récentes qui sont naturellement fertiles.

Régions naturelles du Sud-Est et de l'Est : les zones arides, les diverses provinces de steppes. — D'Almería et du cap de Gata, remontons vers le Nord. Le cap de Gata, promontoire exceptionnel de roches éruptives récentes, placé en avant-garde au Sud et en dehors du système plissé, peut être considéré comme une borne côtière indicatrice du changement d'aspect de l'arrière-pays. Le système plissé s'infléchit vers le Nord-Est, et il va s'abaissant en marchant vers son terme[1].

1. Au pied des versants des chaînes plissées se logent encore d'autres plaines à de faibles altitudes ; mais si quelques-unes à l'exemple de celles de Málaga et de Motril sont des plaines proprement littorales comme celles d'Almería et d'Alicante, la plupart, du cap de Gata au cap de la Nao, sans être éloignées des côtes sont séparées de la mer par des hauteurs, parfois par de véritables chaînes ; les plaines intérieures de Huércal-Overa, de Lorca, de Murcie sont comme la suite du chapelet de hauts bassins dont nous avons parlé, mais ces plaines, à l'exemple du système auquel elles sont liées, vont en s'abaissant progressivement jusqu'à une altitude insignifiante analogue à celle des plaines littorales.

Ici se manifeste, au point de vue du climat, le pur régime méditerranéen, mais sans que ces plaines aient la ressource des eaux fournies par les neiges : ni le relief côtier, ni le relief intérieur ne sont assez élevés pour permettre sous cette forme une réserve hivernale, et les espaces que nous traversons deviennent par nature de plus en plus arides.

C'est ainsi qu'à Almería commence de toute évidence un monde nouveau ; en se dirigeant vers Vera et Huércal-Overa, on traverse de grandes étendues de marnes grisâtres absolument incultes, dont la monotonie n'est coupée que par des touffes d'esparto ; et c'est l'esparto avec quelques touffes buissonneuses

---

[1] C'est cette partie du système plissé que Th. FISCHER appelle le Diagonal·system andalou par opposition à l'Aequatorialsystem, *ouvr. cité*, p. 642 et suiv.

qui va nous accompagner jusqu'à Murcie, jusqu'à Alicante. Ces espaces sont nus et infertiles, plus nus sans doute et plus infertiles encore qu'au temps des Romains ; l'esparto devait être alors plus abondant en ce pays où l'on venait s'approvisionner pour la fabrication des cordages des flottes et qu'on appelait *Campus spartarius.*

Toute cette Espagne, que nous pouvons appeler l'Espagne sèche par excellence, ou mieux encore l'Espagne des grandes sécheresses [1], a des caractères météorologiques qui la distinguent : le ciel y est d'une clarté exceptionnelle. L'absence de nébulosité a fait donner au royaume de Murcie le nom de *reino serenísimo.* Enfin ces régions sont souvent balayées par des courants atmosphériques très violents ; ces courants, durant l'hiver, suffisent parfois à faire tomber la température au-dessous de o, et, durant l'été, un de ces vents violents, chaud et desséchant, le *leveche*, est un véritable *sirocco.*

De tout le bassin occidental de la Méditerranée, c'est la province qui a la température la plus âpre, la plus grande sécheresse.

Tel est bien le domaine propre de ces vraies steppes dont la Haute-Andalousie nous avait déjà offert quelques spécimens réduits et épars (voir la carte IV).

2. A la faveur du climat très sec et du relief assez atténué qui ménage l'ascension du massif central, ces steppes s'étendent même plus haut et plus loin vers l'intérieur, par delà les dernières chaînes du système plissé, jusque sur le plateau, jusqu'en pleine Meseta ; elles s'épanouissent largement sur une grande partie des plateaux de la Nouvelle-Castille, couvrant les espaces bien connus de la Manche et allant jusqu'aux portes mêmes de Madrid. Dès que l'on s'éloigne de Madrid vers le Sud, on tra-

---

[1] Horacio Bentabol y Ureta, *Las Aguas de España*, p. 10-20, donne un tableau des « plus grands désastres climatologiques », et notamment des grandes sécheresses.

verse en effet, avant d'atteindre l'« oasis » des beaux parcs d'Aranjuez, la région saline de Ciempozuelos, pays désolé, absolument
infertile, avec des lignes de tertres grisâtres et de collines pelées ;
c'est le prolongement septentrional et l'annexe extrême de la
grande Manche mélancolique et inhospitalière de Don Qui-
chotte[1].

Un des grands domaines des steppes hispaniques s'étend
ainsi depuis Almería et le cap de Gata jusqu'à Alicante et au cap
de la Nao, et de là jusqu'à Tolède et Madrid ; (les steppes, on
l'a dit, franchissent même la barrière, pour elles redoutable, de
la Cordillère bétique, et essaiment çà et là dans la dépression
du Haut-Guadalquivir).

3. Plus au Nord, la Meseta se termine sur son bord oriental
par un bourrelet confus de terrains secondaires disloqués, dont
l'ensemble constitue un front plus raide vers la mer ; les plus hauts
sommets qui atteignent environ 2 000 mètres (à 80 kilomètres
de la côte, Sierra de Javalambre), sont formés de calcaires gris,
tout à fait dénudés, mais les terrains crétaciques qui donnent

---

[1] Les steppes proprement dites et les espaces sans végétation sont beaucoup plus
réduits et morcelés sur les hauts plateaux de la Vieille-Castille que sur ceux de la
Nouvelle-Castille. A coup sûr l'écart entre les rigoureuses températures de l'hiver et
les fortes chaleurs de l'été ne sont favorables ni à l'extension des cultures, ni à
l'établissement d'une population dense ; mais si quelques plateaux ne sont guère
couverts que de tuyas et de genévriers, en revanche le cercle des hauteurs qui
entourent même l'aride dépression tertiaire et quaternaire du haut Duero portent
souvent de belles forêts (pins ou chênes); il ne faut pas oublier que la température
très froide de l'hiver a l'avantage de condenser les précipitations sous la forme de
neige et de les réserver ainsi pour le printemps et même pour l'été : les sources qui
donnent naissance au Duero « sont situées plus haut que la limite des pins et proviennent de la fonte des neiges qui subsistent à peu près toute l'année dans la
Sierra de Urbion ». R. Chudeau, Le Plateau de Soria, *Annales de géog.*, I, 1891-
1892, p. 284. Tout l'article de R. Chudeau est à lire, si l'on veut se rendre compte
des relations exactes qui existent entre la nature des terrains et les types de végétation. D'autre part, dès que l'on se rapproche, même sans quitter le plateau de
Vieille-Castille, de la ligne que nous avons tracée, on traverse une région très favorable aux céréales ; les champs de blé sont fort beaux dans les environs de Palencia.
Sur l'importance de la culture des céréales dans la Vieille-Castille, voir M. Willkomm, Grundzuege der Pflanzenverbreitung auf der iber. Halb., p. 139.

aussi quelques hauts sommets, et surtout les terrains tertiaires qui remplissent ces bassins en contre-bas, tels que celui de Teruel, prouvent, les premiers par leurs pâturages, et les seconds par leurs cultures de céréales, que cet ensemble montagneux joue un rôle efficace de condenseur ; les neiges y sont en effet assez abondantes [1] ; et l'on n'aurait d'ailleurs qu'à considérer la carte hydrographique et à observer ce rayonnement des cours d'eau qui fait des Montes Universales un des centres hydrographiques les plus importants de la Péninsule (les eaux vont au Tage et à l'Ebre, au Guadalaviar et au Júcar), pour deviner que les ressources en eau de cette région peuvent être irrégulières mais ne sont pas insignifiantes ; de fait, les forêts sont rares, les fonds sont plutôt cultivés que boisés, mais les graminées spontanées qui caractérisent les steppes sèches se sont là beaucoup moins développées que dans le région voisine plus méridionale.

Il n'y a pas ici non plus ces basses dépressions intérieures, si propices à l'extension de ce type de formation végétale. Les plaines littorales sont encore coupées, soit par des promontoires de rochers arides qui s'avancent jusqu'à la mer, soit par de nombreuses lagunes, les unes d'eau douce, les autres d'eau salée (la plus grande est la petite « mer » d'eau douce de l'Albufera de Valencia) ; mais, dans l'ensemble, elles sont moins morcelées que sur tout le rivage espagnol, depuis Gibraltar, ou même Cádiz, jusqu'au cap de la Nao. Enfin, les cours d'eau qui débouchent dans ces plaines, roulant par moments un gros volume d'eau, sont relativement nombreux. Du cap de la Nao au Delta de l'Ebre, les plantes halophytes des steppes salées ou

---

[1] « Le plateau crétacé situé aux confins de la province de Valence possède un climat très rigoureux ; les hivers y sont très longs et la neige y persiste pendant plusieurs mois de l'année, rendant souvent les communications presque impossibles ». A. DERKIMS, Nouvelles observations sur la géographie physique du plateau de Teruel, *Ann. de géog.*, II, 1892-1893, p. 321. — M. WILLKOMM a donné une remarquable description de la Sierra de Javalambre et des territoires environnants, Grundzuege, etc., p. 205.

les graminées des steppes sèches ne se rencontrent çà et là que
sur la mince bande des bas territoires alluviaux de la côte, entre
la mer et les versants raides de la montagne ; d'ailleurs, ces
formations végétales sont sans doute aujourd'hui beaucoup
moins étendues que jadis ; Strabon nous apprend par exemple
que l'*esparto* était très abondant entre Sagonte (Sagunto et
aujourd'hui Murviedro) et Setabis (San Felipe de Játiva) ; il y
est presque rare aujourd'hui. Si la mise en culture d'une
grande partie de cette bande côtière a réduit le domaine des
steppes, du moins les îlots restreints d'esparto qui y subsistent[1]
nous autorisent à considérer cette étroite province littorale,
aujourd'hui très productive, comme étant à l'origine très aride ;
et nous avons le droit de la rattacher au groupe des vraies steppes hispaniques.

4. Continuons à remonter vers le Nord, et pénétrons vers
l'intérieur de la Péninsule : voilà qu'une forme topographique
bien nette et une grande région naturelle déterminée avec une
rigueur surprenante offrent aux steppes un nouveau domaine
admirablement préparé. Le bassin déprimé de l'Ebre entouré
d'une ceinture montagneuse de plus de 1 000 mètres, bordé en
plus d'un point de sommets de 2 000 mètres, est séparé de la
Méditerranée par la ligne continue du Massif de Catalogne :
il se voit donc confisquer au profit de ces chaînes les précipitations que pourraient lui apporter les courants atmosphériques
de l'Ouest ou du Sud, et répond d'une manière parfaite à ce
type topographique de dépression qui détermine le régime désertique[2]. A partir du Delta de l'Ebre et surtout au Nord de
Tarragone, à mesure qu'on avance vers les Pyrénées, la zone
côtière est de plus en plus resserrée entre la mer et les monta-

---

[1] M. Willkomm, Grundzuege der Pflanzenverbreitung auf der iberischen Halbinsel, p. 76.

[2] Voir A. de Lapparent, Dépressions et déserts, *Annales de géog.*, 15 octobre
1895.

gnes, et les dépressions ou les plaines voisines des côtes sont de plus en plus arrosées ; ce serait donc là le terme des steppes ibériques sud-orientales, si un nouveau département naturel n'offrait, dans l'arrière-pays, libre carrière à ce type spécial de formation végétale. La steppe d'Aragon est terrible d'aridité, de monotonie, de sécheresse ; elle est la plus vaste de toute l'Espagne : on peut y voyager plusieurs jours sans rencontrer un village ; seules, les rives immédiates de l'Ebre et de ses affluents portent quelques arbres, et c'est le long des cours d'eau que toute la vie humaine a été obligée de se concentrer en recourant à l'irrigation. Saragosse, la plus grande ville, ne s'est point aventurée en pleine steppe ; elle n'est point située en une région centrale, mais elle a été fondée sur l'Ebre à la naissance de la dépression aride. Là où par suite du voisinage des Pyrénées les steppes auraient dû s'arrêter, elles côtoient la ligne au delà de laquelle se pressent les forêts pyrénéennes, elles prennent par la force de la disposition structurale de cette partie de la Péninsule ibérique une extension plus grande que partout ailleurs, et elles dominent avec une continuité encore plus rigoureuse[1].

Telles sont les causes générales de structure et de climat qui permettent de « situer » les steppes hispaniques.

Autres causes d'aridité. — Il convient de ne pas oublier non plus que la prompte succession de grandes chaleurs et de grands froids, telle qu'elle se produit sur les plateaux castillans

---

[1] Certaines contrées de la dépression sont moins arides que d'autres, car les cours d'eau qui descendent soit des Pyrénées orientales (rive gauche de l'Ebre), soit de la zone côtière de la bande disloquée de terrains secondaires dont nous avons parlé précédemment (rive droite de l'Ebre, partie voisine de la côte), sont alimentés suffisamment pour permettre de belles cultures sur les premières terrasses tertiaires qu'ils traversent. Voir par exemple, A. DEREIMS, Nouv. observat. sur la géog. phys. du Plateau de Teruel, p. 323. Les cours d'eau qui vont se jeter dans l'Ebre sont assez fréquemment bordés d'arbres.

ou dans la dépression de l'Ebre n'est pas seulement préjudiciable
à la végétation d'une manière directe ; elle lui nuit encore indirectement en imposant au sol des extrêmes de température
qui sont très défavorables ; entre le moment où la surface du sol
est gelée et celui où elle est desséchée et craquelée, il n'y a
qu'une période de transition qui est beaucoup trop brève.

A ces causes diverses s'en ajoutent quelques autres qui contribuent à faire de l'Espagne sèche une Espagne aride. La plupart des dépressions, petites et grandes, c'est-à-dire la plupart
des points où la concentration des eaux et de la terre végétale
peut favoriser la culture ont été occupés par des sédiments tertiaires, au centre de la Meseta comme sur la périphérie : plaine
du Guadalquivir, plateaux des Castilles, haute plaine allongée
de Teruel, bassin de l'Ebre, etc. ; or tous ces dépôts contiennent beaucoup de gypse et de sel [1] ; partout où les pluies
et les eaux n'ont pas été assez puissantes pour laver les terres
en entraînant ces dépôt salins ou pour les recouvrir de plus
riches alluvions, les sels apparaissent à la surface ; et cette
abondance des sels est telle que les seuls très grands fleuves,
tels que l'Ebre, le Tage et le Guadalquivir, roulent assez d'eau
pour que cette eau soit vraiment de l'eau douce [2].

C'est ainsi que de vastes espaces dans la Manche et dans le
bassin de l'Ebre (provinces de Navarre, Huesca et Saragosse)
correspondent aux étages gypseux du miocène [3]. D'autre part,
les argiles gypseuses du trias sont aussi infertiles ; tels ces grands
espaces du cours moyen du Genil. Combien de fois rencon-
trons-nous dans le Sud de l'Espagne ce nom significatif et affli-
geant : Rio Salado, Laguna Salada, Rambla Salada ou Arroyo

---

[1] Voir d'ailleurs M. WILLKOMM, Grundzuoge, etc., p. 71.

[2] ID., *idem.*, p. 72.

[3] Dans les régions plissées de formation plus récente que la Meseta, telles que les
Pyrénées ou la Cordillère bétique, les principaux centres de culture (Ampurdán
dans les Pyrénées, bassin de Grenade, etc.) correspondent aussi le plus souvent à
des dépressions qui sont également occupées par des sédiments tertiaires.

Salado ! Considérons enfin que dans l'ensemble de la Péninsule le sol est souvent constitué par des roches anciennes qui se décomposent difficilement et donnent une couche de terre végétale mince et maigre, ou encore par des calcaires saccharoïdes très durs : nous comprendrons que cette terre hispanique revête souvent l'aspect morne de terre blanchâtre ou grisâtre, — qu'elle soit ici tout à fait pelée, rebelle à toute végétation ou du moins à toute culture, et qu'elle ait été là victorieusement envahie par des steppes analogues aux steppes africaines [1].

Aperçu général sur les steppes de la Péninsule ibérique [2].
— Les steppes hispaniques sont très différentes les unes des

---

[1] L'Espagne est un pays qui est par nature très peu favorisé ; il convient de lire un curieux chapitre, La pobreza de nuestro suelo, d'un livre très peu connu, mais instructif, écrit par l'un des meilleurs géologues de l'école espagnole : Los Males de la Patria : à la page 20 l'auteur, L. MALLADA, a dressé le petit tableau suivant de la répartition générale des terrains en Espagne :

« Roches entièrement dénudées. . . . . 10 pour 100.
« Terrains très peu productifs, soit à cause de l'altitude excessive, soit à cause de la sécheresse, soit à cause de leur mauvaise composition. . . . . . . 35 —
« Terrains moyennement productifs, manquant d'eau, ou situés d'une manière désavantageuse, ou d'une composition en quelque mesure défavorable. . . . 45 —
« Terrains qui nous font croire que nous sommes nés dans un pays privilégié. . . . . 10 — . »

Différents auteurs ont repris et développé la même thèse dans ces dernières années, notamment en 1899 RIBEYRO Y SOULÉS devant la Société de géographie de Madrid, dans sa conférence El Suelo de la Patria, où l'on s'étonne seulement qu'il n'ait pas une seule fois cité l'ouvrage, ni le nom de MALLADA. — Enfin, confirmant ces faits, un spécialiste allemand, E. RAMANN, vient de publier une très intéressante Carte schématique des sols de l'Espagne, sur laquelle il a figuré les territoires occupés par le « sol de steppes » ; et ces territoires comprennent à peu près tout ce que nous avons appelé l'Ibérie sèche ; ils sont de plus entourés par une large zone de terre rouge qui est aussi une zone très pauvre. La Schematische Karte der Bodenarten de RAMANN concorde bien avec notre carte IV ; voir *Zeitschr. der Ges. f. Erdk. zu Berlin*, 1902, 2, p. 166.

[2] Les steppes hispaniques ont été étudiées par de nombreux botanistes, BOISSIER, Miguel COLMEIRO, etc., et récemment par un savant espagnol très compétent Blas LÁZARO é IVIZA. Voir notamment Regiones botánicas de la Península Ibérica, p. 174. On trouvera encore un bon et bref exposé de la question dans la Reseña geográfica y estadística de España, Madrid, 1888, p. 188 et suiv. Mais c'est Moritz WILLKOMM qui

autres, très différentes de composition végétale encore plus que d'aspect : 28 espèces seulement sont communes à toutes les steppes hispaniques[1] ; et si chacun des territoires botaniques classés sous le nom général de *steppes* n'est pas très riche[2], l'ensemble des steppes, par la grande variété totale de leurs espèces[3], prouve une fois de plus qu'une grande pauvreté économique peut s'allier à une véritable richesse botanique.

Il ne nous appartient pas d'insister sur les caractères distinctifs de chacun de ces territoires, dont la parenté géographique est avant tout, au point de vue qui est le nôtre, le trait essentiel. Deux types de steppes se rencontrent plus fréquemment que les autres, un type de steppe saline à plantes halophytes et un type de steppe à *esparto*[4] ; encore faut-il remarquer que l'esparto se développe aussi, quoique moins dense et moins vigoureux, sur des terres salines[5]. Il semble enfin que très souvent ces deux types de steppes soient comme bordées par des

---

est le guide et reste le maître par excellence en une pareille étude. C'est une précieuse fortune pour la collection de MM. ENGLER et DRUDE : Die Vegetation der Erde, Sammlung pflanzengeographischer Monographien, d'avoir débuté avec un volume de Moritz WILLKOMM, et c'est une précieuse fortune pour tous ceux qui s'occuperont de la Péninsule ibérique que Moritz WILLKOMM ait pu mettre la dernière main à cet ouvrage, qui résume tout ce que lui-même avait publié sur la flore ou sur la géographie botanique de l'Espagne depuis ses Botanische Berichte aus Spanien qui ont paru dans la *Botanische Zeitung* de Halle de 1844 à 1846, jusqu'à cette réédition modifiée d'un travail de 1852 qu'il a publiée l'année avant sa mort en 1894, dans le *Botanisches Jahrbuch fuer Systematik, Pflanzengeschichte und Pflanzengeographie*, p. 279-320 : Statistik der Strand und Steppenvegetation der Iberischen Halbinsel. Le dernier ouvrage de WILLKOMM, Grundzüge der Pflanzenverbreitung auf der Iberischen Halbinsel, Leipzig, Engelmann 1896, in-8, XIV, 395 p., 23 fig., 2 cartes, donne une carte des steppes, qui, comparée à celle de Blas LÁZARO nous a fourni les éléments de la carte que nous avons nous-même dressée. — Voir dans ce dernier ouvrage de WILLKOMM une liste des principaux travaux concernant la flore et la végétation de la Péninsule ibérique, p. 23-27.

[1] WILLKOMM en donne la liste en note, Grundzuege..., p. 75.

[2] ID., *ibid.*, p. 75.

[3] Blas LÁZARO é IVIZA, Regiones botánicas..., p. 165.

[4] Composition de la steppe halophyte, WILLKOMM, Grundzuege..., p. 214 ; et composition de la steppe à *esparto*, ID., *ibid.*, p. 151.

[5] WILLKOMM, Grundzuege, p. 76.

franges plus ou moins larges de territoires occupés par des
thyms, des lavandes, etc. ; ainsi, dans la dépression si aride
de l'Ebre, les thyms et les lavandes enveloppent pour ainsi dire
la steppe saline [1].

D'après Blas Lázaro, les steppes proprement dites occupent
environ 35 000 kilomètres carrés, c'est-à-dire 7 pour 100
de la superficie totale de l'Espagne [2]. Et toutes les principales
régions de steppes sont comprises, comme on peut le voir sur la
carte IV, *Steppes et Irrigations,* dans la partie de l'Espagne qui
est à l'Est de la ligne Tarragone–León–Huelva.

Nous diviserons ces steppes en quelques groupes principaux :

1° Les steppes qui, du cap de la Nao au cap de Gata ou
mieux jusqu'à la plaine d'Almería, couvrent toute la zone accidentée, comprise entre la Meseta proprement dite et la mer :
elles s'étalent avec une continuité qui n'est généralement interrompue (exception faite des oasis) que par les aspérités chauves
des reliefs les plus élevés ;

2° Les steppes de la haute plaine de la Nouvelle-Castille ;

3° Les steppes de la dépression de l'Ebre ;

4° Les steppes, beaucoup moins continues, qui sont éparses
en îlots fragmentaires dans la Haute-Andalousie et sur le cours
moyen du Genil.

Une 5° zone qui nous intéressera au même titre que les steppes proprement dites — nous avons dit pourquoi — est constituée par l'étroite bande aride qui s'étend du cap de la Nao au
Delta de l'Ebre.

---

[1] WILLKOMM, *ibid.*, p. 82.
[2] Blas LÁZARO, Regiones botánicas..., p. 174.

CHAPITRE II

*Distribution sporadique des cultures, et cultures inten-
sives.* — C'est au point de vue économique que les steppes espagnoles doivent ici nous occuper ; c'est comme théâtre géographique spécial du travail humain qu'elles doivent retenir notre
attention.

Si nous envisageons dans son ensemble toute cette Espagne
sèche, pauvre et décharnée, Espagne par excellence des « ram-
blas » et des « barrancos », Espagne des versants ravinés et
des plateaux poussiéreux, nous y reconnaîtrons un caractère
dominant : les espaces cultivés n'y sont pas continus ; ce sont
des taches éparses ; ce n'est plus le type géographique des grandes surfaces fertiles, comme à l'Ouest de la ligne Tarragone-
León-Huelva ou même comme dans une partie de la vallée du
Guadalquivir ; c'est le type géographique de la culture discon-
tinue, le type auquel appartiennent les oasis des vrais déserts.
De là une distribution sporadique des centres de culture : il y
a de brefs espaces cultivés à toutes les altitudes, à tous les étages, parsemant ces territoires dénudés ; il y a surtout çà et là,
au milieu des steppes proprement dites, des espaces plus ou
moins vastes qui, profitant de l'arrosage artificiel, sont consacrés à une culture intensive ; ce sont ces espaces dont il s'agit
d'examiner les conditions économiques de développement et de
prospérité.

Le pays des steppes arides se trouve être ainsi le pays des
fertiles *vegas* et *huertas* ; c'est après avoir traversé de tristes
steppes inhospitalières et infertiles que l'on pénètre en de véritables jardins où les récoltes de légumes et de céréales se succèdent sans trêve, où poussent les orangers, les figuiers, les
amandiers, quelquefois même comme à Elche les grands palmiers-dattiers ; ainsi cette opposition dans le paysage semble
révéler une contradiction, mais qui n'est pas pour nous surpren-
dre : c'est là où les précipitations annuelles sont insuffisantes
que l'eau par la vertu du travail humain produit les effets les
plus merveilleux.

Toute zone arrosée porte le nom de *vega* ; la vega est cultivée en vignes, en oliviers, etc., ou bien elle est soumise à une
rotation telle que celle-ci (portant sur 6 ans) : 1, fèves ; 2, chanvre ; 3 et 4, froment ; 5, lin ou orge ; 6, froment. Dans la vega,
certaines portions de territoire peuvent disposer d'assez d'eau
pour produire deux récoltes par an (exemple : 1, fèves, puis
maïs ; 2, chanvre, puis scarole, haricots ou poivre ; 3 et 4, froment, puis maïs ; 5, lin ou orge, puis haricots ; 6, froment, puis
maïs) ; c'est à ces portions qu'on appliquera proprement l'ap-
pellation de *huerta*.

Enfin il est utile de noter une troisième expression spéciale
à la région de Grenade, celle de *carmen* ; en principe le *carmen*
est un petit ensemble, une propriété bâtie, entourée de quelque terre et correspondant à ce que nous pourrions appeler
une « campagne » ; pratiquement on appelle *carmen* les propriétés et les jardins où l'on cultive des fruits de luxe, oranges,
fraises, etc. [1].

**Les causes de la répartition des zones cultivées dans l'Es-
pagne aride ; la situation privilégiée des plaines littorales. —**
La répartition des *vegas* et des *huertas*, qui peut paraître au pre-

---

[1] M. Aymard, Irrigations du Midi de l'Espagne, p. 272, et Llaurado, Tratado
do Aguas y riegos, II, p. 127, 128.

mier abord quelque peu désordonnée et capricieuse, n'est-elle pas liée à certains faits géographiques ?

L'eau est par définition la cause déterminante, l'agent impérieux qui règle et explique la distribution des terres de culture. Or à quelles réserves d'eau l'homme a-t-il recours en cette zone de véritable sécheresse africaine pour créer des oasis ? Les pluies sont irrégulières et insuffisantes. Les sources proprement dites ne sont pas très abondantes [1]. Ce sont les cours d'eau qui dans la plupart des cas fournissent seuls l'eau nécessaire pour les irrigations.

Ils ont un débit très variable et capricieux, mais n'oublions pas qu'ils roulent par moments un volume si considérable qu'ils deviennent un danger. Quel profit l'homme pourrait tirer de ces crues s'il pouvait les régler ? Les cours d'eau du versant méditerranéen semblent par ailleurs bien disposés pour opérer un drainage abondant ; ils prennent leur source pour la plupart, nous l'avons vu, en dehors des plaines côtières, au delà des bourrelets montagneux qui terminent les plateaux du centre, et quelques-uns même comme le Júcar et le Segura en pleine Meseta ; ils peuvent ainsi recueillir les moindres effets des brusques précipitations qui se produisent sur tout le pourtour ou sur les premiers gradins du massif central : ils sont naturellement de vrais collecteurs. Enfin ils débouchent souvent dans les plaines périphériques par ces cañons encaissés et étroits, qui permettent de barrer aisément le cours et procurent des sites prédestinés pour l'établissement de digues ou de réservoirs.

Le remède est donc à côté du mal. Dans cette Espagne sèche les irrigations sont des entreprises plus indispensables que dans tout le reste de l'Europe ; mais grâce à la disposition ingénieuse des réseaux hydrographiques les quantités d'eau pourtant mé-

---

[1] On trouvera dans l'ouvrage récent d'Horacio BENTABOL Y URETA, Las Aguas de España, l'indication des principales sources de l'Espagne, p. 117.

diocres qui sont dues annuellement au régime général du climat pourront suffire à alimenter quelques beaux réseaux d'irrigation. Pour les irrigations espagnoles ce sont en effet les cours d'eau qui sont presque uniquement utilisés ; ce sont les cours d'eau qui sont barrés, dérivés, canalisés.

Puisque les eaux d'irrigation, — sauf de très rares exceptions que nous aurons l'occasion de signaler, — sont ainsi fournies par les cours d'eau, il est facile de comprendre quelles sont à l'intérieur même des steppes espagnoles la situation et la disposition des principales zones irriguées ; ou bien elles s'étendent en bandes de bordure le long des rivières, ou bien elles s'étalent plus largement aux points où la topographie aura pour ainsi dire préparé à proximité des rivières une dissémination et un rayonnement plus aisés. A ce point de vue, on le devine, la configuration topographique des plaines littorales présentera de grands avantages. Non seulement les eaux seront commodément concentrées à l'issue des gorges, au point où elles débouchent dans ces plaines que les riches alluvions résultant du travail antérieur des cours d'eau ont comblées ou remblayées, et qui sont le résultat de véritables deltas[1] ; mais elles seront encore d'autant plus commodément distribuées que ces plaines s'inclinent en général vers la mer par des pentes modérées et bien ménagées. De plus ce sont des régions abritées. Ouvertes vers la mer, elles sont proches de cette cause modératrice des températures, et elles en subissent l'influence : les gelées hivernales ou printanières y sont très rares, alors que sur les hauteurs ou les plateaux voisins il gèle fréquemment. Toutes ces causes coopèrent à en faire des emplacements privilégiés, des emplacements qui sont comme prédestinés à une épreuve victorieuse de la culture par irrigation.

---

[1] Th. Fischer, d'après Cavanilles et Cortázar, évalue à 2 700 kilomètres carrés la surface qui, dans la huerta de Valence, est recouverte par les formations du delta du Turia, Die Iberische Halbinsel, p. 615 ; sur d'autres deltas périphériques de l'Espagne, voir *Idem.*, p. 553.

Utiliser les fleuves et les rivières en vue des irrigations, tel était donc le programme général qui devait s'imposer à l'homme dans l'Espagne aride ; l'utilisation de ces eaux a été entreprise avec plus de succès sur les plaines littorales, tel a été l'une des conséquences naturelles de ce programme.

Premier groupe. — Les centres d'irrigation de la bande aride littorale du cap de la Nao au Delta de l'Ebre.

Assurément, beaucoup plus loin des côtes, sur les rives du Júcar supérieur ou du Segura supérieur, sur les bords de l'Ebre et de ses affluents, dans toute la grande dépression aride, des terres plus ou moins étendues sont aussi irriguées ; mais les « oasis » espagnoles les plus caractéristiques sont les « oasis » littorales et notamment celles qui se rattachent à cette bande aride côtière qui va du cap de la Nao au Delta de l'Ebre et dont nous avons fait un département spécial. Par cette première série d'oasis, échelonnées près de la mer, il sera naturel que nous commencions notre examen [1].

Nulle autre part, en Espagne, l'homme n'a plus heureusement combattu et réduit l'aridité naturelle par l'irrigation et par la culture ; si bien que de Gandía jusqu'à Valence par exemple, sur cent kilomètres de longueur, les jardins verdoyants se succèdent si nombreux et si proches qu'on est tenté d'oublier, — malgré les versants dénudés qui ferment l'horizon, — que ces oasis occupent un sol naturellement aride :

---

[1] Nous groupons ces oasis sous le nom d' « oasis littorales », tout en faisant remarquer que les bords *immédiats* de la mer dans cette région basse sont occupés tantôt par des marécages, tantôt par des sables avec ou sans dunes, et sont dans les deux cas peu ou point cultivés ; il est à noter que toutes les villes importantes sont situées à plusieurs kilomètres du rivage, le plus souvent à égale distance entre la bordure montagneuse et le rivage maritime ; exemples : Gandía, Sueca, Valence, Castellón de la Plana, etc.

jadis l'*esparto* était sans doute là comme chez lui, mais presque
tout l'*esparto* a dû être utilisé par l'homme et éliminé [1].

Le travail de l'irrigation a été rendu possible par le grand
nombre de cours d'eau, Turia ou Guadalaviar (Valence), Júcar,
Albaida, Serpis, Juanes, etc. : mais l'homme a su en vérité
profiter de toutes les eaux disponibles, ainsi que de tout le
sol cultivable. Il a même su tirer parti de quelques-uns des
terrains marécageux qui avoisinent la « mer » intérieure de
l'Albufera en y semant et plantant le riz. Bref c'est la province
naturelle de l'Espagne où l'industrie humaine a réalisé par un
effort persévérant la victoire la plus considérable, et où proportionnellement à la superficie aride totale l'on a mis la plus
grande surface en culture.

Sur le versant Nord du promontoire qui finit au cap de la
Nao les eaux ruissellent en filets nombreux ; et tout le long de
la mer, Denia, Oliva, Gandía étalent leurs jardins où dominent
tantôt et le plus souvent des orangers et des grenadiers, tantôt aussi des vignes dont les raisins fournissent de beaux raisins
secs (Denia), ou des mûriers et des oliviers (Oliva). Puis un
véritable fleuve, le Júcar, grossi de forts affluents comme le
Cabriel, vient se jeter à la mer près du petit cap crétacique
de Cullera : ainsi considéré de l'aval vers l'amont, à partir de
son embouchure, le Río est comme un tronc, et ses affluents
comme des branches qui vont se ramifiant à mesure qu'on
s'éloigne du rivage. Les centres arrosés se répartissent en suivant ces lignes d'eau ; les jardins de Cullera et de Sueca, voisins du Río près de la mer, sont peu étendus ; mais en se rapprochant de la montagne qui se dresse vers l'Ouest, stérile et
nue, la plaine de jardins s'étale en éventail et se ramifie en

---

[1] Voir plus haut, p. 49. — L'*esparto* recule partout devant l'homme qui l'exploite sans méthode ; autrefois, dans la province d'Oran, l'*esparto* se rencontrait
jusque près de la mer, près d'Arzew ; aujourd'hui on ne le trouve qu'à 100 kilomètres de la côte. L'alfa était par exemple très développé dans la plaine de Bel-
Abbès. Voir L. BASTIDE, Bel-Abbès, etc., p. 440.

remontant le long des affluents ; c'est ainsi qu'au pied même
de la montagne ce magnifique verger de grenadiers, d'orangers, de mûriers, dominés même parfois par les bouquets de quelques palmiers (Carcagente), n'a pas moins de 25 kilomètres de
longueur depuis Játiva près du Río Albaida, jusqu'à Alcudia et
Carlet près du Río Magro. L'ensemble de toutes les vegas du
Júcar inférieur porte le nom de *Ribera del Júcar* : l'irrigation

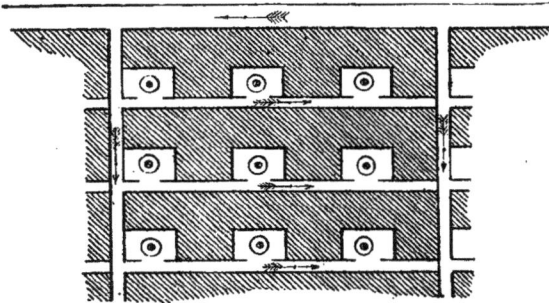

Fɪɢ. 4. — Disposition des rigoles d'arrosage dans les plantations d'orangers de la Ribera
del Júcar. 1 : 500.

y est partout pratiquée avec une remarquable méthode et avec
un minutieux souci du détail (fig. 4) : c'est une des plus admirables contrées plantées en arbres fruitiers [1].

Au delà de quelques terres non arrosées apparaît la nappe
d'eau de cette petite mer intérieure, l'Albufera de Valencia, que
bordent des broussailles et des roseaux, que borde surtout

---

[1] Nous signalons dès à présent quelle utile source de renseignements constituent
pour les régions cultivées de l'Espagne les volumes de l'enquête officielle suivante :
Dirección general de Agricultura, Industria y Comercio, Avance estadístico sobre el
cultivo cereal y de leguminosas asociadas en España formado por la Junta consultiva agronómica, 1890, Madrid, 1891, 3 vol. in-4. Les données sont exposées province par province, et les provinces sont classées par ordre alphabétique ; les rapports sur les diverses provinces sont de très inégale valeur ; mais dans l'ensemble
nous avons trouvé dans cette publication beaucoup de renseignements que l'on chercherait vainement ailleurs.

maintenant une ceinture de rizières d'une largeur de 2 à 3 kilomètres. Les rizières continuent, plus ou moins dispersées,
autour de Catarroja, d'Alfafar, et nous atteignons enfin à la
superbe huerta de Valence[1].

Ce sont les eaux du Turia ou Guadalaviar[2] qui servent à
l'irrigation de cette huerta qui couvre plus de dix mille hectares[3]. Par le moyen de simples digues, qui sont « conçues
dans les meilleures conditions pour résister aux affouillements »,
qui « sont plutôt des seuils invariables que des barrages »[4], se
détachent du fleuve huit canaux principaux (acequias) munis
d'écluses (fig. 5).

« Les cours du Turia ou Guadalaviar qui se jettent dans la
mer un peu au-dessous de Valence ont été soutenus par une
digue à deux lieues environ de son embouchure[5]; et sept coupures principales, dont trois sur une rive et quatre sur l'autre,
vont distribuer dans la plaine ces eaux qui s'étendent en éventail et fertilisent toute la huerta contenue et comme embrassée
entre leurs deux branches extérieures. Maintenant sur chacune
de ces sept artères principales le même système est répété en
petit, et une multitude innombrable de veines secondaires
viennent prendre l'eau et la porter au plus humble carré de
terre cachée au centre de la plaine. Ce système dont l'idée est
fort simple offrait néanmoins dans l'exécution une complica-

---

[1] Il semble qu'autrefois le riz qui est encore cultivé dans la huerta du Júcar était
cultivé sur une étendue beaucoup plus considérable, d'après ce qu'il est possible
d'inférer de M. AYMARD, Irrigations, p. 87 et suiv., — lequel a visité l'Espagne en
juillet, août et septembre 1862.

[2] On trouvera de très utiles et complets renseignements sur le Turia et sur le
Júcar dans le chapitre Nuestros Ríos dans Rafael TORRES CAMPOS, Estudios geográficos, Madrid, Fortanet, 1895, p. 393-397.

[3] 10 500 hectares, d'après les calculs de Xavier BORULL, Tratado de la distribución
de las aguas del rio Turia, 1831, lequel corrige les évaluations exagérées (19 357 hectares) qu'avait données JAUBERT DE PASSA, dans son Voyage en Espagne, 1819.

[4] M. AYMARD, p. 19.

[5] Il y a huit coupures, en y comprenant le canal du Moncada, c'est-à-dire quatre
sur chaque rive.

tion dont les difficultés n'ont pu être résolues que par la prévoyance la plus ingénieuse. Une de ces difficultés se trouvait
dans la nécessité d'observer partout une telle graduation de

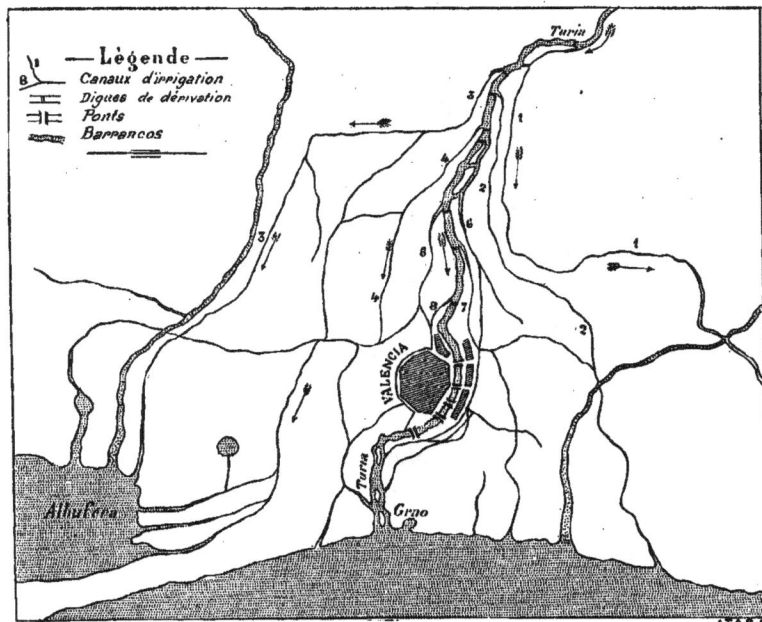

Fig. 5, — Le canal de Moncada et les Sept canaux de la huerta de Valence (Valencia).
1 : 160 000.

1	Acequia de	Moncada.	5	Acequia de	Favara.
2	—	Tormos.	6	—	Mestalla.
3	—	Cuarte.	7	—	Rascaña.
4	—	Mislata.	8	—	Rovella.

niveau que tous les terrains sans exception pussent jouir à leur
tour des bienfaits de l'irrigation. Or, la plaine, bien qu'assez
égale, ne présentait pas cependant ce nivellement parfait et
géométrique. On y a suppléé par de petits canaux et des ponts-

aqueducs. En se promenant dans la plaine, on voit à
chaque instant de petits canaux qui passent sur les grands, et
je ne sais combien d'aqueducs en miniature construits les uns
sur les autres pour porter à quelques perches de terre un volume
d'eau trois fois gros comme la cuisse. Ailleurs, vous voyez
au milieu d'un chemin tout plat le chemin s'élever tout à coup
de quatre pieds, et vous obliger de suspendre pendant douze
pas le trot de votre cheval. C'est un aqueduc souterrain qui
passe par là. Tout ce travail est peu apparent ; la plupart du
temps, il se cache sous la terre, mais il est plein de détails et
de prévoyance » [1].

Cette pittoresque description que donnait Adolphe Guéroult
il y a soixante ans est exacte encore aujourd'hui ; les petits
ponts ont été améliorés ; les voies de circulation agrandies et
perfectionnées, puisqu'elles sont sillonnées même par les rails
des tramways ; mais dans l'ensemble la physionomie de la
huerta est bien restée la même ; il s'agit là d'une répartition
des eaux et d'une organisation générale qui se présentent à nous
comme des phénomènes stables, bien adaptés aux conditions
naturelles, et ayant acquis depuis longtemps une fixité traditionnelle [2].

Les cultures de la huerta de Valence sont remarquablement
variées [3]. On cherche à obtenir toujours deux récoltes par an,

---

[1] Lettres sur l'Espagne par A. GUÉROULT, Paris, 1838, citées dans J. LAVALLÉE
et A. GUÉROULT, Espagne, p. 17.

[2] On aura une impression tout à fait semblable en se référant au bel ouvrage
d'Antonio José CABANILLES, Observaciones sobre la historia natural, geografía,
agricultura, población y frutos del Reino de Valencia, Madrid, Imprenta Real, 1795-
1797, 2 vol. in-fol.

[3] Dans la région de Valence, la huerta a chaque mois un aspect différent ; les
plantes sont arrachées peu de temps après avoir été semées, le fruit une fois cueilli ;
« aquellos bancales ofrecen, con sus *caballons*, sus *reguers*, sus *solaes*, y sus *for-
miguers*, graciosas tracerías constantemente renovadas ». R. TORRES CAMPOS, Estudios geográficos, p. 397.

sans épuiser la terre ; de là, le type suivant de rotation sur
deux ans qui est généralement adopté :

	ÉPOQUES DES SEMAILLES	ÉPOQUES DE LA RÉCOLTE
Chanvre. . . .	Mars.	Mi-juillet.
Haricots. . . .	Juillet.	Fin octobre.
Blé.	Novembre.	Mi-juin.
Maïs.	Juin.	Fin octobre.

Puis on travaille la terre jusqu'au mois de mars de l'année
suivante, et l'on recommence (fig. 6).

D'autres régions de la plaine de Valence sont consacrées à
diverses cultures maraîchères ; d'autres à la culture du riz,
qui a pris dans toutes les parties basses une très grande extension. Enfin les arbres fruitiers, orangers et grenadiers, poiriers
et pêchers, etc., couvrent, serrés, des jardins entiers. Le
mûrier est aussi cultivé, malgré la décadence actuelle de cette
vieille industrie de la soie qui a fait en grande partie la fortune
passée de Valence[1]. Toutefois les arbres sont ici dans la huerta
proprement dite moins nombreux qu'à Denia, à Gandía ou
qu'à la Ribera du Júcar : les vignes, les oliviers et les caroubiers sont surtout réservés pour les versants que n'atteignent
pas les eaux d'irrigation[2].

C'est ainsi qu'entre la plaine de Valence et le Delta de l'Ebre
les oliviers, les caroubiers, et les vignes s'étendent assez souvent sur les collines basses et parallèlement au rivage ; mais en

---

[1] Un des plus curieux monuments de Valence est la *Lonja de la Seda* (la
Bourse de la Soie), qui date de la fin du xv⁰ siècle.

[2] Un document très ancien, une sentence arbitrale du roi JAYME I⁰ʳ, laquelle
date du 4 avril 1268 et établit d'une manière invariable les droits de dîme, de pré-
mices et de paroisse à prélever sur les produits de la huerta de Valence, nous ren-
seigne indirectement sur les cultures alors pratiquées à Valence ; et l'on constate
ainsi que les cultures y étaient alors aussi nombreuses et aussi diverses qu'aujour-
d'hui ; quelques-unes même, comme la canne à sucre, ont aujourd'hui disparu. —
JAUBERT DE PASSA a donné la traduction de ce document valencien qui lui avait été
communiqué par Xavier BORULL : voir Voyage en Espagne, II, p. 289-294.

BRUNHES.   5

deux autres points seulement les irrigations sont développées
jusqu'à donner de vraies huertas : la huerta de Sagunto à
laquelle les eaux sont apportées par une dérivation du Río

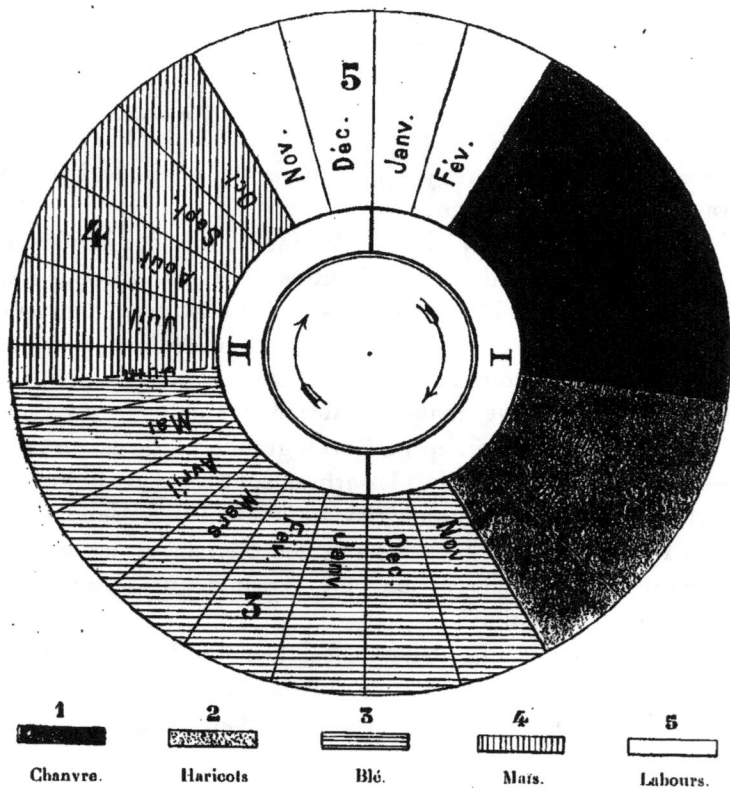

1	2	3	4	5
Chanvre.	Haricots	Blé.	Maïs.	Labours.

Fig. 6 — Assolement biennal dans la huerta de Valence.

Canales, affluent principal du Río Palancia, — et la « Plana »
de Castellón, magnifique plaine où sont récoltés fruits, céréales
et légumes, où sont cultivés le chanvre et le blé, le mûrier et
l'oranger, et qui utilise, par le moyen de simples dérivations,
les eaux du Río Mijares.

L'eau qui a été dans cette zone d'irrigations l'occasion de travaux si considérables et si coûteux a été aussi l'objet d'une réglementation et d'une administration spéciales. Nous voulons précisément connaître comment l'eau est envisagée et traitée aux points de vue économique et administratif dans les régions arides où l'homme organise l'irrigation. Si nous avons cherché jusqu'ici à déterminer les caractères exacts du cadre géographique de ces faits d'activité humaine, c'est afin de pouvoir répondre à cette question : est-il possible d'établir quelque rapport entre les caractères géographiques qui distinguent telle ou telle plaine irriguée et les formes diverses qu'ont prises en tel ou tel cas la réglementation et l'organisation administrative des eaux ?

Il importe donc, en la zone considérée, de choisir et d'étudier un type significatif d'organisation et de réglementation. La *huerta* qui nous fournira ce type, est tout indiquée, c'est la huerta de Valence : elle est celle dont les règlements — et nous dirions presque les lois — concernant l'usage et la police des eaux sont les plus fameux et les plus connus. C'est à bon droit que nous pourrons ensuite à cette plaine-type comparer les autres plaines, à cette organisation-type comparer les autres « communes hydrauliques »[1].

L'organisation économique de la huerta de Valence. — De quelle époque datent les irrigations de la plaine de Valence ? Les Arabes ont-ils été vraiment les créateurs de la *huerta* de Valence ? ou bien se sont-ils trouvés en présence d'essais antérieurs et imparfaits qu'ils se sont contentés de développer et de perfectionner ? Je suis convaincu que les Arabes n'ont pas été là plus qu'ailleurs des créateurs, mais je ne peux pas traiter ici ce problème historique qui doit rester en dehors de mon

---

[1] L'expression est de Maurice AYMARD dont le beau travail, que nous citons maintes fois, Irrigations du Midi de l'Espagne, Paris, 1862, est si justement classique.

travail présent. Je n'ai pas à remonter au delà de la *cédula de
1239* qui est en ce qui concerne Valence le document fondamental. Jaime I⁰ʳ, roi d'Aragon, ayant trouvé les irrigations
de la plaine de Valence nouvellement reconquise en pleine
prospérité et en pleine activité, voulut conserver à ses sujets
Valenciens le bénéfice des travaux antérieurement exécutés.
Par la *cédula de 1239*, il leur « donna et octroya » les eaux,
sans leur imposer aucune compensation, « ni servitude, ni service, ni tribut». Et il ne craignit pas de terminer cet acte en
manifestant la volonté que l'on observât et conservât « ce qui
était et avait été établi et accoutumé dans le temps des Sarra-
sins »[1]. Ainsi les Espagnols, qui ont en général tenté de ruiner ou de contredire tout ce qu'avaient fait les Arabes, sont
restés sur ce point fidèles à la tradition établie. Rien ne saurait
mieux indiquer dans quelle mesure et jusqu'à quel point s'imposent à l'activité de l'homme des traditions culturales et économiques, si celles-ci sont vraiment conformes aux exigences
des conditions naturelles.

Des huit canaux qui existaient au moment de la conquête,
Jaime I⁰ʳ réserva à la couronne l'un d'entre eux, celui de Moncada, et concéda la propriété des sept autres canaux aux habitants de la région de Valence, en leur donnant l'usage gratuit
des eaux. En 1268 le canal de Moncada fut pareillement cédé à
l'ensemble des propriétaires de la région, moyennant 5 000 sueldos.
dos. Toutefois le canal de Moncada resta toujours indépendant
des « Sept canaux ».

Le régime des « Sept canaux »[2]. — L'eau est inséparable

---

[1] Voir le texte de la Cédula aux **Notes et pièces justificatives, A.**

[2] « Le règlement des sept canaux inférieurs de la plaine de Valence qui sont
aujourd'hui en vigueur portent les dates suivantes : La Rovella, 1699-1778 ; Favara,
1701 ; Cuart, 1709 ; Mislata, 1751 ; Rascaña, 1765 ; Mestalla, 1771. Celui de Tormos... a été modifié en 1843... A ces sept règlements nous devons en ajouter deux
autres qui s'appliquent à des branches secondaires, ... le premier relatif aux territoires de Benacher et Faitanar porte la date de 1740. Le second, relatif au territoire
de Chirivella, porte la date de 1792. Ce sont ces neuf règlements que nous vou-

de la terre ; il est défendu de vendre la terre sans les eaux, et inversement ; cette interdiction s'étend même à la location d'un simple tour d'arrosage : l'observation de cette règle est si bien passée dans les habitudes qu'en très peu de cas seulement, en de très rares occasions, on a dû sévir contre des propriétaires qui l'avaient transgressée.

L'homme est propriétaire de sa terre et usager de l'eau ; car à la propriété de la terre est joint un droit d'usage sur une certaine quantité d'eau.

Tous les usagers des eaux d'un même canal constituent une *junta general* (assemblée générale) qui se réunit tous les deux ans. Cette assemblée élit une *junta de gobierno* (commission exécutive), vote elle-même les impôts, et résout les questions qui dépassent la compétence de la *junta de gobierno*. En outre, le plus souvent (chaque canal a sa junta, et sur quelques points secondaires comme sur celui-ci les règlements constitutifs varient) elle élit directement le *syndic*.

Les fonctions du syndic sont modestes en apparence : ce fonctionnaire doit s'occuper d'une foule de petites questions de détail ; mais d'autre part, comme mandataire de la collectivité, il joue un rôle capital. Il est l'administrateur délégué du canal, et l'administrateur délégué des fonds de la communauté ; il est enfin l'arbitre suprême de qui dépend, en temps de sécheresse, la répartition des eaux.

Le syndic (au moins pour la plupart des canaux) nomme un

---

drions faire connaître, mais nous ne devons pas dissimuler notre embarras. Ces neuf règlements occupent, dans le recueil que nous avons sous les yeux, 400 pages in-8. Le plus court, celui de Tormos, a 53 articles. Le plus long, celui de Benacher et Faitanar en a jusqu'à 183 ». Maurice AYMARD, *Irrigations*, etc., p. 35. On comprend qu'à notre tour nous nous soyons uniquement efforcé de dégager de toute cette masse confuse de règlements les principes essentiels. — On trouvera, à titre de spécimen, dans Maurice AYMARD, la traduction du règlement le plus récent, celui de l'Acequia de Tormos, appendice, p. 303-315. — On trouvera encore de curieux extraits de règlements encore plus anciens dans JAUBERT DE PASSA, *Voyage en Espagne*, I, p. 237-289.

certain nombre de fonctionnaires à lui subordonnés, et dont quelques-uns détiennent aussi une part du pouvoir exécutif arbitraire : les *atandores* (surveillants des arrosages) peuvent, lorsqu'un terrain est à leur avis suffisamment arrosé, faire passer les eaux sur un terrain voisin.

Le groupe des syndics des divers canaux de la huerta constitue dans toutes les questions qui se rattachent à l'organisation pratique de l'irrigation un conseil délibératif et exécutif dont les décisions sont sans appel.

La « *communauté des irrigants* » a son secrétaire et son avocat pour la défense de ses intérêts collectifs devant les tribunaux ordinaires.

Dans la zone d'irrigation de chaque canal, l'eau est répartie d'après un ordre de succession établi entre tous les ayants droit. Cette répartition est en outre caractérisée dans la huerta de Valence par l'intervention continuelle des agents de la communauté. Ceux-ci sont appelés à apprécier : d'abord l'état des cultures et des récoltes ; et ensuite la quantité d'eau dont chacune des cultures a besoin.

Orangers et mûriers, blé et riz, chanvre et maïs, légumes et melons, etc. : toutes ces plantes de tempérament si divers ont des besoins très inégaux au point de vue de l'irrigation. Et pourtant chaque propriétaire est libre d'établir sur sa terre la culture qu'il préfère ou qui lui convient. Il est manifeste que si tous les propriétaires faisaient en même temps la même culture l'eau pourrait manquer. Non seulement des habitudes traditionnelles établissent une variété qui maintient l'équilibre. Mais encore l'harmonie est sauvegardée, les conflits sont ou évités ou tranchés par l'intervention du pouvoir exécutif, qui a perpétuellement la liberté de donner des ordres, et qui a l'autorité nécessaire pour se faire obéir.

La durée de l'arrosage de chaque parcelle n'a pas d'autre limite que la limite assignée, selon les exigences de la culture, par l'*atanlador*. Il arrive souvent qu'un supplément d'eau (*agua de gracia*) est accordé à une récolte menacée, au détriment d'une autre récolte qui en a moins besoin, ou qui en a un besoin moins urgent.

Les grandes sécheresses ne sont pas rares ; lorsqu'elles surviennent, toutes les règles coutumières sont suspendues. Les syndics se réunissent et décrètent pour ainsi dire *l'état de sécheresse*, comme un commandant de place décrète l'état de siège [1].

Le syndic de chaque canal est alors *maître absolu* de l'irrigation dans sa zone. Son devoir est d'essayer de protéger et d'amener à bonne fin quelques-unes des récoltes, plutôt que de chercher à les traiter toutes pareillement. Il a le pouvoir discrétionnaire d'ouvrir et de fermer les écluses à son gré. Aux usagers de l'eau il est interdit de protester, à fortiori d'enfreindre les décisions, sous peine d'une très forte amende. C'est une vraie dictature.

Durant les époques d'extrême sécheresse, une suprême décision est possible dans l'intérêt de la collectivité ; les syndics peuvent obtenir qu'au lieu de distribuer les eaux entre les divers canaux de la huerta, on en réserve la totalité tantôt pour certaines cultures, tantôt pour d'autres [2], tantôt pour les canaux de la rive droite, tantôt pour ceux de la rive gauche, en établissant une alternance de 2 ou 3 jours. Bien plus, « l'état de sécheresse » confère à cette collectivité des « Sept canaux » non seulement des droits absolus et des pouvoirs coercitifs vis-

---

[1] Une mesure analogue est prise en temps de sécheresse dans le Roussillon : Voir aux **Notes et pièces justificatives, D,** Règlement du *Ruisseau de las Canals.*

[2] « Les chanvres passent en première ligne, c'est la culture réputée la plus riche. Il est à remarquer d'ailleurs que la récolte du chanvre se faisant au milieu de juillet, à une époque où la sécheresse ne se fait pas sentir depuis bien longtemps, il suffit toujours d'un seul arrosage, sous le régime du *tandeo*, pour sauver toutes les récoltes de chanvre. Quand le chanvre est arrosé, il y a pour chaque culture un ordre de préférence établi par l'usage. On donne l'eau aux cultures privilégiées, aux artichauts, par exemple ». M. AYMARD, Irrigations, etc., p. 50.

à-vis des membres de la collectivité, mais encore des droits vis-à-vis d'autres groupes, de groupes indépendants.

En temps ordinaire, les villages, situés en amont sur le Turia, dans la montagne, usent des eaux de ce cours d'eau pour quelques irrigations plus ou moins bien organisées. Quand « l'état de sécheresse » est proclamé, les syndics réunis peuvent aller trouver l'alcade (en espagnol *alcalde*), c'est-à-dire le maire de la ville de Valence ; et ils montent tous ensemble jusqu'à ces villages de la montagne pour leur signifier l'exécution de la clause suivante qui fait partie des privilèges concédés par Jaime el Conquistador aux cultivateurs de la huerta de Valence. « Les prises d'eau des villages de Pedralba, Villamarchante, Benaguacil et Ribarroja, situés dans la montagne, doivent être fermées durant quatre jours et quatre nuits consécutifs ; les eaux doivent être laissées aux sept canaux de la plaine inférieure. » Si une résistance se produit, il est fait appel au gouverneur civil de la province, qui doit intervenir[1]. De même les « Sept canaux » ont certains droits sur les eaux du canal de Moncada (voir plus loin).

Au reste ce ne sont là que des cas anormaux et extraordinaires ; ils témoignent du moins de la logique du système, et nous permettent d'en préciser avec plus de sûreté la conception directrice. Ils permettent aussi de mieux interpréter les mesures ordinaires et normales.

Car le principe même qui est adopté pour la division des eaux entre chacun des sept canaux révèle aussi, nous semble-t-il, cette conception fondamentale que les eaux appartiennent à la collectivité organisée. Nous abordons ici une question qui a

---

[1] C'est la conception de plus en plus précise de la connexion qui existe entre les intérêts de tous les irrigants utilisant les eaux d'une même rivière qui a amené en 1853 à la constitution d'un syndicat général d'irrigation pour tout le Turia et ses affluents. Voir Reglamento para el Sindicato general de riegos del Rio Turia y sus affluentes en la provincia de Valencia, 11 de Enero de 1853.

soulevé de longues discussions historiques et juridiques. L'unité admise pour la distribution de l'eau entre les divers canaux s'appelle à Valence la *fila* ; et nous retrouvons une unité analogue pour la distribution de l'eau soit entre les canaux soit entre les particuliers, dans toutes les régions de l'Espagne où les irrigations sont de date ancienne, à Grenade, à Alicante, à Elche, à Lorca, à Murcie, à Orihuela comme à Valence ; tantôt cette unité porte le nom de *fila*, tantôt celui de *hila* ou de *hilo* ; traduisons-le, si l'on veut, en français par le mot *fil* ou *filet* d'eau.

Or, que vaut cette unité ? Des hommes comme Tomas Villanueva, José Soto, Cervera, Azofra ont cherché à en déterminer au moins approximativement la valeur réelle [1]. Mais ils ne sont point tombés d'accord et ils ne pouvaient en effet s'accorder.

Éclairés par la conception générale de la propriété et de l'usage des eaux que nous avons déjà constatée, nous comprendrons aisément quel sens il faut accorder à cette unité : ce n'est pas une mesure déterminée, représentant un volume fixe, mais bien une quantité variable ; il ne peut être question que d'un volume d'eau variant proportionnellement avec le volume total ; on doit entendre la *fila* comme une vraie fraction déterminée de la quantité totale disponible [2]. De la sorte la répartition entre les divers canaux et les divers usagers particuliers est conforme à la plus rigoureuse justice. En cas d'abondance, tous sont également favorisés ; en cas de disette, tous souffrent également [3].

---

[1] « Les deux premiers définissent la *fila* le volume d'eau qui passe par un orifice carré ayant de côté 1 palmo valencien (0^m,226) et une vitesse de 4 palmos (0^m.904) par seconde. Cervera adopte la même section, mais il admet une vitesse de 6 palmos (1^m,356). Avec la première définition, la *fila* correspondrait à un débit de 46 litres par seconde ; avec la seconde ce serait un débit de 69 litres ». M. Aymard, *Irrigations*, etc., p. 23. — Voir aussi A. Llaurado, *ouv. cité*, II, p. 307.

[2] A ce point de vue les Ordemanzas de Riegos para las vegas de Almeria y siete pueblos de su Rio contiennent un article décisif, voir Cap. III, art. 8.

[3] Sur l'interprétation de la *fila* comme « partie aliquote du débit total », nous nous trouvons ainsi tout à fait d'accord avec Aymard, p. 24. — Dans la huerta de

Tels sont, dans leurs lignes essentielles, les règlements et principes qui fixent la répartition des eaux d'irrigation dans la plaine hispanique périphérique de Valence ; principes et règlements sont entre eux parfaitement cohérents, et s'expliquent les uns les autres.

Toute cette organisation est parachevée et complétée par le *Tribunal de aguas*, qui est un tribunal à la fois administratif et judiciaire. (Ce tribunal peut même avoir un rôle exécutif dans les cas de sécheresse).

Le tribunal se compose des syndics. En principe et en dehors des circonstances exceptionnelles, les syndics doivent se réunir tous les jeudis de 11 heures à midi devant la vieille porte de la cathédrale de Valence ; la foule s'assemble tout autour.

Le tribunal se trouve le plus ordinairement en présence de deux catégories de faits : ou bien un agent administratif dévoile une fraude dont l'auteur doit être puni ; ou bien un usager porte plainte contre un autre usager et le tribunal doit juger la plainte et imposer la réparation.

Dans les deux cas les parties sont interrogées par le syndic du canal auquel se rapporte l' « affaire » ; et ce syndic ne prend pas part au vote qui fixe la sentence.

La délibération se fait à voix basse ; et la sentence est immé-

---

Valence, ce n'est que lors de l'étiage qu'on applique la répartition par *filas* dans la proportion suivante ; le volume total étant égal à 138 filas :

48 sont accordées à l'acequia de Moncada		
14	—	Tormos
10	—	Mislata
10	—	Mestalla
14	—	Favara
14	—	Cuarte
14	—	Rascaña
14	—	Rovella

= les Sept canaux.

Par ailleurs et au contraire, pour les travaux nouveaux comme pour le canal de Henares qui arrose la petite vega de Alcalá, ou pour le canal Lozoya, les Espagnols paraissent avoir abandonné la tradition des partiteurs et modules fondés sur le partage proportionnel ; et ils ont établi des modules fixes. A. RONNA, Les irrigations, II, p. 289.

diatement proclamée en dialecte valencien. Cette sentence est sans appel. La sentence n'est écrite que lorsque les intéressés le demandent. Cette juridiction est absolument gratuite, si les amendes ou indemnités sont payées sur-le-champ [1].

Le tribunal a plein pouvoir sur les biens des parties condamnées qui n'accepteraient pas la sentence. Il peut requérir l'assistance des tribunaux ordinaires et demander aide aux pouvoirs civils.

Le tribunal n'est compétent que sur les affaires concernant l'eau et l'*usage* des eaux. Toute question ou contestation de *propriété*, concernant par là même la terre, est du ressort des tribunaux ordinaires.

C'est bien l'eau qui est la raison déterminante de cette organisation collective et c'est l'usage de l'eau qui maintient le lien social. Tout le système se fonde sur l'eau et se borne à l'eau.

Aussi bien, dans ces limites, la huerta de Valence nous offre un exemple parfait de copropriété des eaux entre tous les cultivateurs propriétaires de la terre. Tandis que le *cañon de riego* coûte annuellement, en certaines régions irriguées de la Péninsule ibérique, 100 pesetas ou même davantage, il est réduit parfois à Valence à 4 ou 6 pesetas : c'est dire que dans cette sorte d'abonnement si minime rien ne représente le prix de l'eau. *L'eau est gratuite* : cet impôt annuel représente seulement la participation de chacun aux frais généraux d'entretien, de réparation et de nettoyage [2].

Cette gratuité du droit à l'arrosage est d'autant plus caractéristique que l'eau accroît dans des proportions énormes la valeur

---

[1] On pourra lire une très vivante description d'une séance du *Tribunal des eaux* dans un roman récent de V. Blasco Ibañez, *La Barraca*, Madrid, Fernando Fé, 1899, dont l'action se passe dans la huerta de Valence, et qui pourrait en un sens être appelé « le roman de l'irrigation ». G. Hérelle a traduit ce roman sous le titre *Terres Maudites*, Paris, Calmann Lévy, 1902.

[2] Voir le détail des impôts suivant les canaux dans A. Llauradó, *ouv. cité*, II, p. 313 et aussi I, p. 61 et suiv.

de la terre et influe pareillement sur les prix courants des ventes :
à Valence, les terres non irriguées (*tierras de secano*) sont esti-
mées au maximum 4 000 réaux, c'est-à-dire environ 1 000 pesetas
l'hectare, tandis que l'hectare de terre irriguée (*tierras de riego*)[1]
se vend de 20 000 réaux au minimum (environ 5 000 pesetas)
à 45 000 réaux (environ 11 000 pesetas)[2]. La richesse exceptionnelle que procure l'eau dans ces régions sèches est ainsi indirectement estimée et même payée, si l'on veut ; et il ne saurait en
être autrement ; il n'en reste pas moins vrai que l'eau, la richesse
par excellence, est aussi indépendante que possible des fluctuations incessantes et capricieuses de l'offre et de la demande et
échappe à tout accaparement par les individus.

Nous avons dit plus haut que dans la huerta de Valence le
canal de Moncada avait eu une histoire et avait encore un régime
légèrement différents de l'histoire et du régime des *Sept canaux*.
La distribution de l'eau par exemple n'est pas seulement établie
d'après un ordre de succession entre les usagers ; mais des heures
d'arrosage sont encore assignées à chacun. L'arbitraire des
atandores est un peu moins étendu. Le *Tribunal de aguas* n'est
pas absolument identique à celui de Valence et il n'est pas aussi
indépendant de la justice civile ordinaire[3]. Mais ce ne sont là
que des variantes. L'organisation, dans ses principes et dans son
ensemble, est tout à fait analogue à celle des Sept canaux : ici
comme là l'usager ne peut en aucun cas disposer librement de
l'eau ou la vendre à ses voisins ; et là comme ici, quand vient la
sécheresse, tout ordre de distribution et tout tableau de répar-

---

[1] Sur ces deux expressions, voir dans REIN, Geographische und naturwissen-
schaftliche Abhandlungen, 1, Zur vierhundertjährigen Feier der Entdeckung Ame-
rikas : Columbus und seine vier Reisen nach dem Westen. Natur und hervorragende
Erzeugnisse Spaniens, Leipzig, 1892 : Campos secanos und Campos regadios, p. 181-
219. Voir aussi WEGENER, Herbsttage in Andalusien, Berlin, 1895, Fach. VI,
Spanische Besiedelungskunste, p. 281-289.

[2] A. LLAURADÓ, *ouv. cité*, II, p. 309. — En principe 1 peseta (argent) = 1 franc.

[3] Voir A. LLAURADÓ, *ouv. cité*, II, p. 319-321.

tition se trouvent momentanément supprimés ; les mandataires
élus de la collectivité ont des pouvoirs discrétionnaires.

On peut donc tirer dès maintenant de cet examen rapide
quelques conclusions générales. A Valence, la collectivité possède imprescriptiblement les eaux ; l'eau n'appartient à aucun
des particuliers ; et c'est la collectivité qui en garde toujours la
libre disposition[1]. Il y a là une organisation partiellement com-
munautaire, avec tous les rouages administratifs et judiciaires
indispensables. En outre cette organisation autonome est complétée par une organisation financière aussi simple que possible
mais suffisante : les travaux généraux sont exécutés sur l'ordre
des représentants de la communauté, aux frais de la communauté et grâce aux fonds qui sont prélevés en vue des intérêts
collectifs, prévus et déterminés.

Tel est ce que nous appellerons, dès maintenant et dans toute
la suite de ces études, le *type de Valencia*, le *type de Valence*.

*Autres vegas voisines de celle de Valence ; les huertas du
Júcar.* — Sans nous éloigner beaucoup de la huerta de Valence
et du cours du Turia, nous trouvons, pour ainsi dire encadrées
dans des conditions géographiques analogues, des formes analogues d'organisation : au Nord de Valence, à Sagunto (Río
Palancia) et à Castellón de la Plana (Río Mijares) aussi bien
qu'au Sud de Valence, à Alcira, Escalona, Gandía, etc.[2].

---

[1] Consulter une excellente note dans Joaquín Costa, Colectivismo Agrario en
España, p. 534-535.
[2] Voir la carte IV, Steppes et Systèmes d'irrigation. — Voir pour Sagunto :
A. Llauradó, *ouv. cité*, II, p. 328-330 ; pour Castellón de la Plana, *ibid.*, p. 331-
342 ; pour Alcira, etc., *ibid.*, p. 286-300 ; pour Gandía, *ibid.*, p. 278-279. —
M. Aymard a consacré tout un chapitre (VII) aux irrigations de Murviedro (Sagonte)
sur le Río Palancia : « Le règlement de Murviedro, disait-il, est le plus récent que
nous connaissions : il porte la date de 1853 et a été revisé en 1861 », p. 107. Or il
prescrit une organisation tout à fait conforme à celle qui est prescrite par les plus
vieux règlements : une *junta general*, représentant le principe du suffrage universel ;
une *junta de gobierno* ; un *acequiero mayor* ; et un *tribunal de aguas*.

N'oublions pas cependant que nous nous trouvons ici en face de faits de géographie humaine et que l'activité humaine peut toujours dans une certaine mesure soit varier ses propres manifestations soit réagir contre les conditions naturelles qui lui sont imposées. De plus il n'y a pas deux points du globe où tous les phénomènes de l'ordre physique se produisent et se combinent d'une manière identique : le monde que nous voyons est le théâtre de la vie et non le domaine de la formule. Aussi le type de Valence, qui garde dans tous les cas que nous avons cités la même physionomie, se révèle ici ou là avec quelques traits différentiels. Il sera curieux de noter quelques-unes de ces additions ou de ces variantes.

Dans la Plana de Castellón, les propriétaires sont cautions solidaires pour tous les dommages dont l'auteur n'est pas découvert[1].

Dans la huerta du Júcar inférieur, l'eau est comme à Valence très bien aménagée et l'irrigation très bien organisée. L'histoire de l'organisation n'est pas tout à fait la même ; elle varie pour les différents canaux ; pour le plus important de ces canaux, l'*Acequia Real* d'Antella, elle se trouve résumée dans une inscription : « Real Acequia. Je dois mon origine au Roi Jaime ; mon privilège au juste D. Martin et la gloire de me voir terminée au grand monarque Charles III[2]. » Les noms des fonctionnaires peuvent aussi varier : pour ce même canal, le syndic a le titre de *Acequiero mayor* (*acequia*, canal), etc. Mais cela ne doit pas nous faire perdre de vue les analogies des principes et les analogies du régime d'ensemble.

Aujourd'hui les eaux du Júcar se trouvent partagées entre quatre « Comunidades de Regantes » (communautés d'irrigants), trois anciennes, celle de la Real Acequia, celle d'Escalona et celle de Carcagente, et une plus récente qui a gardé le nom de

---

[1] Joaquín Costa, Colectivismo Agrario en España, p. 544-545.
[2] A. Llauradó, *ouv. cité*, II, p. 289.

Communauté *del Proyecto, du Projet.* Entre les quatre s'élevèrent autrefois de longs conflits auxquels a mis fin un décret royal du 9 janvier 1880 dont il faut lire in extenso tous les considérants et toutes les conclusions aux *Notes et pièces justificatives, B ;* nous en résumerons ici même les points principaux.

(6° *considérant).* — « Considérant que pour n'avoir pas déterminé dans les actes de concession la quantité d'eau dont la plus récente communauté était autorisée à se servir ni l'extension exacte de la superficie irrigable, il en est résulté comme conséquence inévitable que les irrigations de chaque canal ont pris un développement tel que toutes les eaux du cours d'eau ne peuvent plus suffire aux nécessités actuelles, etc. »

Les articles 1 et 2 établissent que les droits de préférence sont fondés sur l'ancienneté ; et l'article 3 pose le principe que l'eau appartient à tous et doit être répartie proportionnellement à la surface irriguée [1].

Nous avions indiqué comment la ramification des affluents du Júcar inférieur contribuait à l'extension de la vega ; de nombreuses petites villes, distinctes et parfois assez éloignées, vivent de la vega, c'est-à-dire en fin de compte de cette eau qui par des chemins divers si elle suivait son cours naturel aboutirait au même lit principal, au lit du Júcar. Les intérêts de ces villes sont donc en même temps solidaires et souvent contradictoires. Il est donc logique qu'à propos de la Ribera del Júcar nous ayons vu se présenter avec une particulière acuité ce cas qui est assez fréquent dans toute l'Espagne sèche ; *puisque ce sont les cours d'eau qui alimentent les canaux d'irrigation,* il faut bien qu'au-dessus et en outre du problème de distribution des eaux de chaque canal, on cherche à résoudre (comme nous l'avons vu pour Valence) un problème de distribution plus général concernant la répartition entre les divers canaux, et enfin qu'on ré-

---

[1] A. Llauradó, *ouv. cité,* II, p. 296-299.

solve — dernier terme encore plus complexe — le problème
de la distribution des eaux entre les diverses agglomérations, les
divers villages soit échelonnés le long d'un même cours d'eau,
soit situés dans un même bassin de drainage. Avant la distribution entre les propriétaires d'un même syndicat, avant même
la distribution entre les divers syndicats, il importe encore de
fixer un plan de distribution entre les diverses communes ; si on a
négligé de commencer par là on est contraint tôt ou tard de résoudre
les difficultés et les conflits inévitables : c'est une nécessité qui résulte des faits géographiques, et soit à propos des eaux du Turia
(cas d'extrême sécheresse, entente avec les villages de la montagne), soit à propos des eaux du Júcar inférieur (décret royal
de 1880) on peut constater que la réglementation générale
s'est pliée ou a dû finalement se plier à cette nécessité.

Un fait important qui résume toute l'organisation technique
des irrigations dans cette première province naturelle, c'est que
les cours d'eau sont partout dérivés à l'aide de simples digues
peu élevées ; il n'y a pas là de grands travaux de maçonnerie [1],
*il n'y a pas du cap de la Nao au Delta de l'Ebre un seul grand bar-
rage-réservoir.* — Les seuls barrages de la région étaient encore
en projet au moment où Llauradó écrivait son livre, c'est-à-dire
en 1884 [2]. A la suite d'une grande sécheresse exceptionnelle,
on avait agité vers 1880 la question de la construction d'un
« pantano » ; des études avaient été commencées, mais elles
n'ont jamais abouti : et même à Valence on ne parle presque
plus aujourd'hui d'une pareille entreprise. — Les cours d'eau
sont d'ordinaire en cette contrée assez régulièrement alimentés pour qu'il ait suffi de jeter en travers du lit quelques pilotis, quelques mètres cubes de terre ou de maçon-

---

[1] Il faut noter ici les grands travaux de Castellón de la Plana (réservoir et siphon), mais il ne s'agit pas là d'un barrage-réservoir, comme celui de Tibi ou celui
de Puentes.
[2] LLAURADÓ, *ouv. cité*, I, p. 212-213.

nerie, puis de créer à partir de ces « simples barrages en lits de rivière » des canaux de dérivation. Ces travaux sont peu coûteux, ils sont à l'occasion plus faciles à modifier, à réparer ou à multiplier ; la distribution des eaux est un problème que la configuration du terrain permet de résoudre avec plus de souplesse naturelle ; dès lors aussi la distribution générale et la répartition locale, étant liées à ces travaux, s'adaptent d'une manière plus simple aux besoins divers ; et elles sont à l'occasion plus aisées à transformer, sans que les principes de l'organisation d'ensemble risquent d'être compromis.

Deuxième groupe. — Les centres d'irrigation des steppes Sud-orientales, du cap de la Nao jusqu'à la vega d'Almeria.

Au Sud du cap de la Nao, éperon montagneux qui profite encore de précipitations assez abondantes pour alimenter un cours d'eau comme le Serpis [1], commence, nous l'avons vu, un territoire encore plus sec. Les oasis de cette région sont encore moins proches du littoral que dans la région valencienne. Seules quelques portions de la vega d'Alicante touchent à la mer, et le fait est assez exceptionnel pour qu'un cap porte le nom de Cabo de las Huertas ; mais à partir d'Alicante, les centres d'irrigation s'écartent franchement du rivage ; ce rivage lui-même finit par être bordé par une chaîne supplémentaire qui rejette les zones irriguées dans une sorte de dépression ; plus on avance vers le Sud, plus la dépression est fermée, et les oasis qui la jalonnent sur les cours d'eau qui la traversent, Elche, Orihuela, Murcie et enfin Lorca, sont peu nombreuses et de plus

---

[1] Le Serpis ou Alcoy est alimenté à son origine par une abondante source située à 5 kilomètres en amont de la petite ville industrielle d'Alcoy, centre actif de fabriques de drap : c'est un des rares cours d'eau de cette région dont les eaux servent à des usages industriels.

BRUNHES. 6

en plus distantes les unes des autres. Dans la zone précédemment étudiée les cultures se sont presque développées au point de former une bande ; il ne s'agit plus ici que d'oasis nettement isolées et dispersées.

Les cours d'eau sont encore moins régulièrement alimentés que dans la province de Valence ; leurs crues sont encore plus terribles [1], et leurs étiages encore plus bas. Aussi, pour profiter de leurs eaux a-t-on été conduit à construire des ouvrages plus importants que les chaussées de dérivation de la province de Valence ; à cause de cette insuffisance des cours d'eau en été on a cherché de nouveaux moyens pour subvenir à ces plus longues périodes de sécheresse. On a édifié, loin des plaines irriguées, et presque en pleine montagne, d'énormes barrages-réservoirs. C'est là qu'ont été construits tous les principaux travaux d'art qui ont fait en grande partie — à tort ou à raison — la réputation de l'Espagne en matière d'irrigation.

En montant un peu au Nord d'Alicante sur la butte rocheuse et escarpée qui porte la citadelle de Santa Bárbara, on voit se dérouler la magnifique vega d'Alicante, parsemée de gros villages, Villafranqueza, San Juan, Muchamiel et qui étend ses blés, ses chanvres et ses vignes jusqu'au lit du Río Monegre. Les eaux du Río Monegre ont de tout temps servi à l'arrosage de cette plaine cultivée, mais depuis la fin du xvi° siècle (1579-1594) on a fermé la haute vallée du Monegre par le grand et célèbre barrage de Tibi ; ce barrage a 9 mètres à la base et 58 mètres au sommet d'une rive à l'autre ; la digue de maçonnerie a 41 mètres de hauteur à l'amont et 42^m,60 à l'aval. Ce barrage a beaucoup augmenté le volume d'eau disponible pour la vega, mais non sans compliquer le problème de la répartition.

Au S.-W. d'Alicante, et séparé de la vega d'Alicante par des terres grises et salines coupées çà et là de quelques champs ou

---

[1] Voir ce que nous avons dit plus haut des inondations du Segura, dont Murcie a si souvent souffert.

de quelques groupes d'oliviers, apparaît le superbe bouquet des 80 000 palmiers d'Elche [1]. C'est une oasis véritable. Elche est le seul point de l'Europe où les palmiers-dattiers, portant normalement des fruits, constituent une vraie « forêt ». Au reste beaucoup des palmiers d'Elche ne sont pas tant cultivés pour les dattes que pour les palmes : pour faire blanchir ou jaunir ces belles palmes qui sont expédiées dans toute l'Espagne et en Europe au moment de la Fête des Rameaux, on ramasse toutes les branches de la palme, on les lie solidement, et on en fait ainsi une sorte de fuseau effilé, à l'intérieur duquel ne pénètre pas la lumière du soleil : ces espèces de grandes piques végétales qui terminent ainsi des troncs déjà minces et très élancés produisent une étrange impression. D'ailleurs quand on a vu de belles palmeraies africaines l'oasis d'Elche est moins saisissante ; les palmiers sont tous assez vieux et tordus. — D'autres cultures se mêlent au palmier : des fèves, des trèfles, des orges, du blé, et même quelques carrés d'avoine ; surtout çà et là, des grenadiers donnent à la palmeraie des nuances à la fois roses et rouges, oranges et jaunes : ce ne sont pas des feuilles, ce sont de petites flammes qui font comme un sous-bois embrasé. Les grenadiers s'étendent encore à côté des palmiers en champs continus, et de même les oliviers et les figuiers.

Elche est situé près du Vinalapó (fig. 7) : c'est le Vinalapó qui fournit à la vega les eaux d'arrosage ; il est coupé 5 kilomètres en amont de la petite ville par un barrage-réservoir plus récent que celui de Tibi [2].

---

[1] M. WILLKOMM évalue à plus de 80 000 le nombre des palmiers d'Elche (Grund züge, etc., p. 212) ; il énumère les autres points de la Péninsule où l'on rencontre de petits groupes de palmiers ou quelques palmiers isolés (p. 212, 213). Les terres de l'oasis contiennent une forte proportion de sel ; mais comme le notait déjà au XIIᵉ siècle IBN-EL-AWAN, le palmier « aime la terre saumâtre » (Livre de l'Agriculture, traduction CLÉMENT-MULLET, I, p. 324), ou du moins il ne la déteste pas ; V. aussi SCHWEINFURTH, Rev. des cult. coloniales, 5 fév. 1902, p. 86.

[2] Dimensions : 11 mètres d'épaisseur à la base, 8ᵐ,50 au sommet ; hauteur 21 mètres ; longueur de la chaussée supérieure en arc de cercle, 70 mètres.

La dépression dans laquelle le Vinalapó vient terminer son cours est séparée de la grande dépression où se trouvent Orihuela et Murcie par un dos de terrain miocène ; le Segura vient buter contre ce dos et le traverse péniblement en faisant un angle presque droit pour aller se jeter à la mer.

Cliché de l'auteur, avril 1900.

Fig. 7. — Les falaises du Vinalapó et les palmiers de l'oasis d'Elche.

A Albatera ou à Callosa, sur ce seuil qui sépare le Vinalapó du Segura, on aperçoit quelques groupes de palmiers se dressant sur une terre blanchâtre parsemée de touffes, et se détachant sur le fond des versants chauves : on se croirait tout à fait en Afrique.

En amont de ce coude, la disposition topographique du terrain est toute préparée pour un rayonnement des eaux. C'est là que débouche le plus grand fleuve de toute la zone Sud-orientale, le Segura que vient grossir un important affluent, le Sangonera.

À partir de là et jusqu'à Murcie, la zone de culture est

d'un seul tenant, zone admirable de culture modèle ; le sol est
nivelé et disposé pour l'arrosage avec une précision géométrique ;
à chaque culture particulière correspond un dessin et de petits
à-dos de forme spéciale ; aucune parcelle de terrain n'est perdue ; sur le sommet des à-dos par exemple sont plantés, régulièrement espacés, des batatas (pommes de terres douces) ; les
céréales, les légumes sont accompagnés de soins particuliers et
pour ainsi dire personnels ; les melons sont protégés par de petits
toits, etc.... Aussi faut-il admirer comme les blés, les orges et
les fèves poussent drus et réguliers, et comme les figuiers, les
oliviers, les orangers et les mûriers s'alignent avec régularité et
sont chargés de feuilles ou de fruits [1].

Les huertas de Murcie et d'Orihuela se touchent ainsi et se
confondent ; la huerta de Murcie a 25 kilomètres de longueur et
7 kilomètres environ de largeur moyenne ; elle couvre une superficie de 17 500 hectares. La disposition topographique faisait,
nous l'avons dit, de cette plaine un fond où se concentraient naturellement les eaux ; on n'a pas construit là de barrages-réservoirs ; un barrage de prise d'eau de 200 mètres de longueur,
et de $7^m,60$ de hauteur, a suffi ; et le travail essentiel a consisté à aménager et à améliorer peu à peu un très habile et très
ingénieux réseau de distribution. Ce qui frappe sur la figure 8,
c'est la coexistence d'un réseau de canaux d'irrigation et d'un
réseau de canaux de drainage ; l'irrigation est à Murcie con-

---

[1] Voir Pedro Díaz Cassou, La huerta de Murcia, Topografía, Geología y Clima-
tología, etc. Madrid, Fortanet, 1887, in-8. Les mûriers ont été plus nombreux dans
la huerta de Murcie qu'ils ne le sont aujourd'hui ; la soie espagnole, par suite de la
concurrence étrangère, a traversé une crise dont elle ne s'est pas relevée. Malgré la
création — un peu tardive — d'une bonne station séricicole à Murcie (en 1892),
l'élevage du ver à soie a été abandonné par beaucoup de cultivateurs et la culture du
mûrier remplacée par celle du piment rouge, le *pimiento*. Voir, pour la question
de la soie, Gabriel Baleriola, Estudios sobre sericultura, Murcia, Tip. de « Las
Provincias de Levante », 1894, in-4, 213 p. ; le chap. xxii contient une Bibliografía
sericola, qui est bonne.

stante et abondante ; il a fallu se préoccuper de ménager l'écoulement des eaux qui ont déjà séjourné sur les terres [1].

La vallée supérieure du Segura n'appartient qu'aux rebords de la Meseta (et non pas au plateau proprement dit) ; elle est en général très encaissée. Elle est jalonnée d'une série de petites oasis qui sont plus nombreuses et plus belles à mesure qu'on se rapproche du point où le cours d'eau débouche dans la dépression de Murcie. Ces oasis souvent minuscules, mais soigneusement cultivées, Cieza, Archena, Lorquí, etc., ressemblent en petit à l'oasis de Murcie ; leurs oliviers, leurs orangers et leurs vignes sont des îlots qu'encadrent de toutes parts des versants nus ou couverts d'esparto.

Il faut remonter la vallée du Sangonera et dépasser la huerta de Murcie vers le S.-W. pour apprécier à sa valeur le chef-d'œuvre de travail humain que représente cette huerta. Plus d'irrigation, plus de culture intensive. Des champs de céréales s'étendent qui ne peuvent compter que sur les apports très irréguliers des pluies, et nulle part l'opposition n'est plus saisissante entre les *tierras de riego* et les *tierras de secano*. Cette vallée du Sangonera est une vallée du Chéliff, dont la terre est plus blanche, enserrée entre des hauteurs encore plus arides, plus rocheuses et plus grisâtres ; il semble que les terres argileuses rouges et les montagnes rouges de la vallée du Chéliff soient moins désolées. Quelques petits ruisseaux irréguliers sur la rive

---

[1] Le plan que nous publions est, comme celui qu'a publié Theob. Fischer, la reproduction du plan publié par Botella dans sa Descripción geológico-minera, etc., lequel plan est lui-même dû à Joaquín Alvarez de Toledo. Déjà dans l'Atlas de ses Irrigations, etc. (1864), à la planche X, Aymard avait publié ce plan de Joaquín Alvarez de Toledo, et c'est à lui, d'après nos recherches, que revient le mérite de l'avoir mis en circulation. — On peut remarquer en outre que les efforts tentés pour emmagasiner l'eau des crues, pour régulariser le cours des fleuves, etc., ont servi du même coup à protéger ces régions contre les ravages des inondations ; en « organisant », par exemple, la *huerta* de Murcie, on a été amené à construire un canal de 20 mètres de large, qui porte en aval de la ville le confluent du terrible Segura et de son non moins terrible affluent le Sangonera.

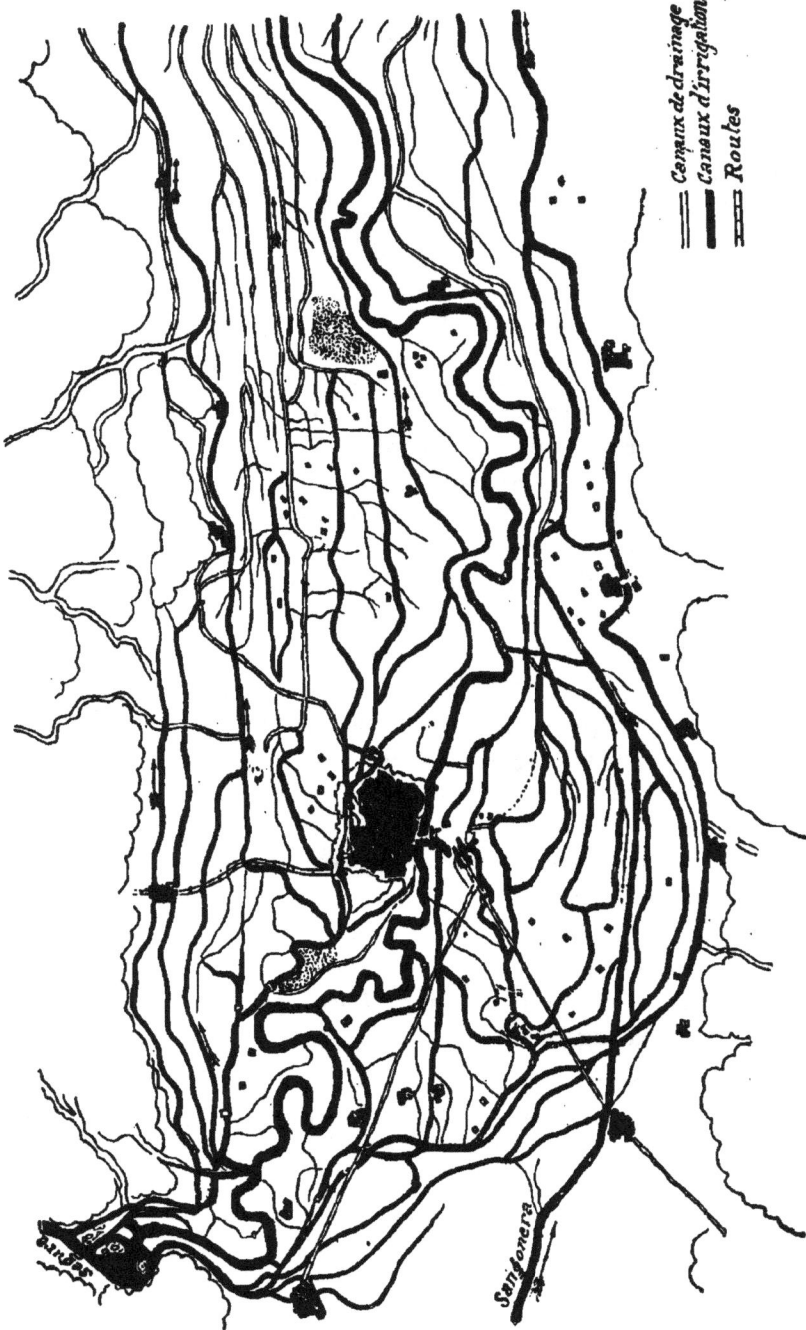

Fig. 8. — Les irrigations de la huerta de Murcie (Murcia) : principaux canaux d'irrigation et principaux canaux de drainage. 1 : 140 000.

gauche du Sangonera servent à l'alimentation des petites villes qui s'échelonnent toutes sur cette rive gauche au pied même des versants, Librilla, Alhama de Murcia, Totana.

On arrive enfin à Lorca, située au point où le Guadalentín [1], la principale tête du Sangonera, débouche dans la plaine. Lorca est à 350 mètres d'altitude tandis que Orihuela est à 22 mètres seulement. La huerta de Lorca est une simple vega où les cultures de céréales sont aidées par les irrigations ; il ne faut pas confondre deux types aussi différents que Murcie et Lorca ; à Murcie les arrosages et les cultures se succèdent toute l'année ; à Lorca trois ou quatre arrosages par an fertilisent suffisamment les terres à céréales qui constituent les 4/5 de la zone arrosée ; c'est presque une vega sans arbres. Il n'y a d'arbres fruitiers et de cultures maraîchères que sur les terrains tout proches de la ville ; plus loin on n'aperçoit que quelques figuiers disséminés. De même, qu'on se reporte à la figure 9 qui représente une partie du réseau d'irrigation de Lorca et qu'on la compare à la figure 8 : on constatera qu'à Lorca on n'a pas éprouvé le besoin de créer un réseau de canaux de drainage ; les eaux arrivent de loin en loin en un flot qui va se perdre dans les terres, et les rigoles d'irrigation, par le moyen de simples ramifications, sont destinées à assurer le plus possible cette dispersion.

Les deux branches supérieures du Río Guadalentín ont été coupées par d'énormes barrages-réservoirs, dont l'histoire n'est pas à la gloire de ce type de travaux d'art ; sur l'une des branches, l'on a construit de 1785 à 1791 le Pantano de Puentes, qui a été emporté dès le 30 avril 1802, causant cette terrible catastrophe dont tout le monde à Lorca parle encore aujourd'hui [2]. Le barrage de Puentes a été reconstruit dans ces der-

---

[1] Le Guadalentín ne prend ce nom qu'à 10 kilomètres en amont de Lorca, au point où se rencontrent le Río Vélez et le Río Luchena.

[2] Toute la partie basse de la ville de Lorca fut détruite : 608 personnes furent noyées. Voir la relation du désastre par un témoin oculaire, traduite dans M. AYMARD, Irrigations, etc., p. 257.

nières années (voir fig. 10). Sur l'autre branche on a bâti le Pantano de Valdeinferno, qui s'est si rapidement et si complètement envasé qu'il n'a pas aujourd'hui d'autre effet que de déterminer au moment des hautes eaux une superbe chute d'eau.

Fig. 9. — Irrigations de Lorca : les canaux et les rigoles d'arrosage de l'heredamiento d'Albacete.

La vallée supérieure de l'Almanzora qui continue en s'infléchissant vers l'W. la direction du Sangonera et qui suit le flanc Nord de la Sierra de los Filabres est assez encaissée, et ses fonds sont assez protégés pour que des oliviers, des orangers, et des céréales s'allongent en une ligne presque continue [1];

1 Grâce à l'encaissement de la vallée, certains points sont bien abrités ; et de 1880 à 1890, feu le marquis d'ALMANZORA y avait même tenté la culture de la canne à

Fig. 10. — Le nouveau barrage-réservoir de Puentes.

à cette ligne correspond une ligne continue de villages et de petites villes ; le chemin de fer qui d'Huércal-Overa conduit à Baza (et doit se poursuivre de là jusqu'à Guadix et Grenade) remonte la vallée de l'Almanzora. Les riverains de ce cours d'eau pratiquent avec habileté les endiguements et les irrigations, mais l'Almanzora est à sec durant l'été.

Au Sud de la Sierra de los Filabres et sur tout le pourtour de cet îlot de schistes cristallins qui constitue la Sierra Alhamilla, les irrigations sont peu développées : les seules cultures sont des cultures de céréales qui donnent même en certains lieux quelques belles récoltes, comme à Sorbas. A Níjar, on a construit de 1843 à 1850 un barrage dans la gorge du Carrizal, mais les eaux de ce barrage sont uniquement destinées à fournir deux arrosages par an à des champs de céréales.

Une dernière vega marque le terme de cette zone sud-orientale, la vega d'Almería, vega de bordure littorale qui participe au caractère des vegas du Sud de l'Andalousie, mais qui, plus sèche qu'elles, se rattache encore aux vegas que nous venons d'étudier. Jusque dans sa physionomie extérieure elle porte un cachet d'originalité ; de toutes parts, entre les villages aux maisons blanches à terrasses, on aperçoit outre les cultures des autres vegas (surtout blé, orge et maïs, orangers, citronniers et mandariniers) de grandes vignes sur treilles (voir fig. 11) : ce sont ces vignes qui produisent les *parras*, ces fameux raisins aux grains allongés qu'on conserve dans la sciure de liège et qu'on embarque en si grande quantité par petits barils de 25 kilogrammes, principalement à destination de l'Angleterre [1].

_____

sucre ; il ne faut pas s'étonner pourtant que ces tentatives aient abouti à des échecs, car les vents violents de cette région déjà élevée sont aussi froids en certaines saisons que brûlants en d'autres et ils produisent assez souvent durant l'hiver des gelées désastreuses.

[1] Ces *parras* sont issues d'une vigne sauvage dont il faut tous les ans féconder artificiellement tous les plants : c'est un travail qui demande du temps et du soin, presque autant que la fécondation des palmiers dans les oasis à palmiers. — Quant

A Almería, il y a deux modes d'arrosage ; on use des « eaux claires » que procurent les Fuentes, les sources, et des « eaux troubles » que l'on dérive du cours d'eau au moment des pluies ; le Río Almería a une pente très rapide et entraîne beaucoup de matières solides si bien que les eaux de ses crues

Cliché de l'auteur, avril 1900.

Fig. 11. — Village-type du Rio Almeria : Santa Fé.

déposent une couche fertilisante de limon que les habitants d'Almería comparent au limon du Nil.

Il semble bien qu'en cette zone, l'eau plus parcimonieusement distribuée ne pouvait permettre que des réseaux d'irrigation assez limités ; il semble bien qu'on ne pouvait y développer les cultures d'une manière aussi large que dans la plaine litto-

à la culture du mûrier et à la sériciculture, elles furent autrefois florissantes à Almería ; à l'époque des Almoravides, « on y comptait 800 métiers à tisser la soie » (Édrisi, Description de l'Afrique et de l'Espagne, trad. Dozy et de Goeje, p. 240) ; mais elles ont aujourd'hui presque complètement disparu.

rale Denia-Valence, arrosée par plus de cours d'eau et par des cours d'eau moins irréguliers. En réalité n'a-t-on pas observé la mesure voulue ? A-t-on été conduit à étendre à l'excès les zones cultivées ?

En tout cas l'on a cherché presque partout à augmenter le volume d'eau disponible par des moyens divers, ici par des puits, là par des barrages. Quel a été l'effet de ces innovations sur l'organisation économique et administrative des eaux ?

a) Puits. — Si nous consultons les *Ordenanzas para el régimen y gobierno de la huerta de Murcia* [1], nous y reconnaissons dans les traits essentiels le régime collectif que nous avons constaté à Valence. Le *Tribunal de aguas* est représenté par un Conseil de prudhommes, *Consejo de hombres buenos*. Il faut noter spécialement l'article 152, dans lequel il est déclaré que tout usager de l'eau qui n'en use pas aux heures qui lui sont assignées n'a même pas le droit de la céder bénévolement à un autre ; il doit l'abandonner comme excédent pour tous les autres. Comme dans la constitution de la propriété de la terre irriguée l'eau ne va jamais sans la terre, lorsque l'usager néglige de tirer profit de l'eau en temps opportun, cette eau qui lui revenait doit être attribuée à l'ensemble de la terre, c'est-à-dire retourner à la masse commune.

Mais le régime s'est moins précieusement conservé qu'à Valence : il a dû être de nouveau fixé à une date récente. C'est en 1849 que ces *Ordenanzas* qui constituent un vrai code rural ont été votées par le conseil communal et promulguées par l'alcade.

Dans la huerta de Murcie, comme dans presque toutes les vegas de cette zone sèche et aride par excellence, le manque

---

[1] Voir surtout Pedro Díaz Cassou, Ordenanzas y costumbres de la huerta de Murcia, compiladas y comentadas, Madrid, Fortanet, 1889, in-8, 158 p. ; excellent commentaire détaillé, précédé d'un Estudio preliminar (p. 5-12) par l'ancien ministre de l'Intérieur et de la Justice, Francisco Silvela.

d'eau s'est fait sentir ; il devait se faire sentir à mesure que se développaient, se perfectionnaient et s'étendaient — peut-être à l'excès — les cultures irriguées [1] ; aussi avait-on depuis long-temps creusé des puits et l'eau était amenée au niveau du sol par des *norias*. De plus çà et là quelques petits filets d'eau jaillissante, appelés *fontanillas*, étaient utilisés ; s'appuyant sur ces faits et sur d'autres considérations géologiques Botella y Hornos avait préconisé le creusement de puits artésiens dans son travail *Descripción geológico-minera de las provincias de Murcia y Albacete* (Madrid, 1868). En 1870 l'idée fut mise à exécution ; et aujourd'hui près de cent puits artésiens, d'une profondeur moyenne de 35 mètres, fournissent pour l'arrosage de la vega un supplément très appréciable. — Il est certain, nous le verrons plus tard, que les puits ordinaires ou les puits artésiens, loin d'exiger une organisation collective comme un cours d'eau, constituent au contraire une richesse qui devient tout naturellement propriété individuelle. La multiplication des puits dans une zone où les eaux sont soumises à une dis-tribution et à une réglementation collectives, doit produire fatalement l'effet d'embrouiller les conceptions et les idées, d'altérer le régime d'ensemble. Ainsi doit s'expliquer à notre avis ce fait manifeste que le régime des irrigations n'est à Murcie ni aussi rigoureux ni aussi rigoureusement appliqué et observé qu'à Valence ; l'organisation économique tend à s'al-térer, et l'organisation administrative à se relâcher.

De même à Almería, la multiplication des puits et des *norias* a modéré la rigueur de l'organisation collective. Toute-

---

[1] M. AYMARD écrivait en 1864 : « Les zones de culture se sont étendues... et quelquefois, malheureusement, la limite a été dépassée, ce qui rend insuffisante la dotation de certains canaux » (p. 204) et d'après la Memoria sobre los riegos de la huerta de Murcia de Rafael DE MANCHA, il dit en note à la même page : « L'impor-tance de cette augmentation des cultures est constatée d'une manière authentique par un acte du 22 juin 1510, en ce qui concerne la rive droite. A cette époque, les arrosages de cette rive comprenaient 2 900 hectares. Ils sont aujourd'hui de 5 150. »

fois les principes valenciens se reconnaissent encore sans peine.
C'est ainsi que le droit à l'usage d'une certaine quantité d'eau
est lié à la propriété de la terre ; et les propriétaires qui ont
bâti sur leurs terrains ont perdu le droit à l'eau correspondant
à cette surface enlevée à la culture ; cette part d'eau a fait retour
à la communauté[1].

De plus le Río Almería, dont les crues sont utilisées pour
l'irrigation, crée une véritable solidarité économique entre la
ville d'Almería et les 7 villages qui sont situés sur son cours.
Depuis 1853, ces huits agglomérations se sont unies en une
seule organisation sous une Direction unique ; cette organisation très complète est régie par les *Ordenanzas de riegos* que
nous avons déjà citées ; et l'exécution des règlements est garantie par un *Tribunal de aguas* qui joue vis-à-vis des cultivateurs de toute une vallée le même rôle que joue ·vis-à-vis des
cultivateurs d'un même huerta le *Tribunal de aguas* des « Sept
canaux » de Valence[2].

b) Barrages-réservoirs. — Il n'est pas insignifiant de constater qu'encore aujourd'hui les plus grands et les plus anciens
travaux d'art se trouvent *tous* en cette zone Sud-orientale ; et
c'est là que les premiers ont été construits.

D'ailleurs les plus anciens sont assez récents puisqu'ils datent
au maximum d'un peu plus de trois siècles[3]. Or dans toutes les
vegas où l'irrigation était déjà pratiquée avant la construction
du barrage, il en est résulté après la construction une superposition d'intérêts nouveaux aux intérêts anciens ; de là des intérêts doubles qui ont été non seulement des causes de confusion,

---

[1] Voir d'ailleurs dans les Ordenanzas de riegos para las vegas de Almería y siete
pueblos de su Río, cap. X, art. 98.

[2] Ordenanzas, etc., voir notamment : capítulo XXII, Del Tribunal de aguas y
de las disposiciones penales, art. 169-181.

[3] Voir aux *Notes et pièces justificatives, C,* le Tableau récapitulatif
des barrages-réservoirs de l'Espagne (barrages actuels et barrages détruits).

mais qui ont fini en plus d'un cas par compromettre l'organisation primitive, laquelle était conforme au type de Valence, au moins en ses traits généraux [1].

Alicante nous offre un cas déjà sensiblement plus complexe que les cas précédents. Ici les eaux qui servent à l'irrigation se divisent en deux catégories, qui ont eu chacune une origine et une histoire distinctes.

Les unes sont tout simplement les eaux du Río Monegre, qui furent cédées par Alphonse le Sage aux propriétaires de la huerta et distribuées proportionnellement à la surface cultivée : ces eaux s'appellent, *la vieille eau, agua vieja*. Les autres sont les eaux qu'a servi à recueillir le fameux barrage de Tibi depuis la fin du xvie siècle [2] ; ainsi le Río Monegre s'est trouvé pouvoir livrer à l'irrigation deux fois plus d'eau : la moitié du total final est regardée comme représentant l'*agua vieja*, et appartient aux anciens propriétaires, l'autre moitié, *eau nouvelle, agua nueva*, appartient à ceux qui ont fait les frais de la construction du barrage et à ceux qui ont hérité de leurs droits.

Autrefois les propriétaires de l'*agua vieja* pouvaient vendre l'eau à laquelle ils avaient droit ; ils pouvaient la vendre avec ou sans la terre. Lorsque le gouvernement approuva les conventions faites entre les parties au moment de la construction du barrage de Tibi, il imposa des restrictions concernant ce droit de propriété sur les eaux. L'accroissement de la zone

---

[1] Il est inutile d'insister ici sur les organisations qui sont de simples entreprises au profit d'un individu ou d'un groupe : à Níjar, par exemple, c'est une Compagnie qui a construit le barrage et qui vend les eaux de gré à gré ; elle a fait établir à l'aval du barrage deux grands bassins qui se remplissent successivement et elle vend l'eau à tant le bassin.

[2] Commencé en 1579, terminé en 1594. « Il a été édifié par les usagers, à l'aide d'emprunts remboursables par annuités » (M. Aymard, Irrigations du Midi de l'Espagne, p. 8). Le même auteur est assez porté à en attribuer la direction à Herreras, le fameux constructeur du palais de l'*Escorial* (*idem*, p. 150, 151). En tout cas, c'est le plus important des ouvrages de cette nature anciennement construits en Espagne et qui existent encore. Ce barrage a 41 mètres de hauteur à l'amont et 42m,70 à l'aval.

irrigable imposait une distribution plus parcimonieuse de l'eau. Il fut déclaré que pour le territoire de l'*eau nouvelle*, l'eau serait inséparable de la terre, et par conséquent incessible. Quant aux propriétaires du territoire de la *vieille eau*, ils ne pouvaient céder et vendre leur eau qu'à ceux auxquels il était impossible de se procurer de l'*eau nouvelle*, restriction tout à fait importante du droit absolu dont ils avaient joui jusqu'alors [1].

Cependant une telle organisation n'était pas encore assez précise et surtout assez une. Les conflits se multiplièrent ; et le syndicat des irrigants de la huerta d'Alicante dut prendre des mesures contre lesquelles certains protestèrent, en discutant sa compétence, son autorité, et en interjetant appel auprès des autorités administratives de la province. En fin de compte la situation dut être réglée par un décret royal du 21 décembre 1877, dont les décisions capitales sont les suivantes :

Art. 1er. — Les eaux du barrage de Tibi sont du domaine public.

Art. 4. — La résolution du syndicat de la huerta d'Alicante, *juste ou injuste*, a eu pour objet de régler l'organisation des eaux destinées à l'irrigation, ce qui rentre dans ses attributions, et ce qui ne souffre pas exception ; par ailleurs les mesures prises par le syndicat peuvent toujours être attaquées devant les tribunaux ordinaires si elles portent atteinte à des droits d'usage, de domaine plein et de propriété, prouvés par des pièces authentiques [2].

---

[1] Cependant l'habitude s'introduisit peu à peu de vendre sinon l'eau, du moins les tours d'arrosage ; ces ventes à l'amiable avaient lieu surtout une fois par semaine, aux marchés de Muchamiel et de San Juan. On verra, à propos d'Elche et de Lorca, s'exagérer encore bien davantage le principe déplorable de la vente.

[2] Voir et comparer : Reglamento para el sindicato de riegos de la huerta de Alicante, aprobado por S. M. en 24 de Enero de 1865, Alicante, 1865. in-8, 25 p., et Reglamento para el aprovechamiento de las aguas del riego de la huerta de Alicante, aprobado por el Sr. Jefe superior politico, en 30 de Abril de 1849, y puesto en ejecucion desde el 1º de Junio en virtud de circular de su Señoria fecha 18 Mayo inserta en el *Boletín Oficial* del 21 del mismo, Alicante, 1887, in-8, 30 p. avec un Plano de las Acequias del Riego de la huerta de Alicante.

Les interventions de l'autorité royale, même les plus récentes, s'appuient toujours sur la conception traditionnelle de la propriété et de l'usage des eaux, telle qu'elle nous est apparue, avec le maximum de netteté, dans la huerta de Valence ; mais nous voyons comment la conquête supplémentaire d'une grande quantité d'eau nouvelle par la construction du barrage de Tibi a compromis l'unité des intérêts collectifs de la vega [1].

La vente quotidienne aux enchères à Elche et à Lorca. — Une altération beaucoup plus profonde des usages coutumiers a été déterminée à Elche et à Lorca par la construction des barrages-réservoirs [2]. L'altération a été si grave que les habitants de ces huertas, impuissants à refondre complètement comme il l'aurait fallu l'organisation totale pour la répartition des eaux, ont abouti à un système qui est la négation même de toute organisation, la vente aux enchères, la vente quotidienne aux enchères des eaux disponibles. Ce sont, à ma connaissance, les deux seuls points du monde où pareils faits se produisent ; j'ai tenu à les visiter tous les deux à deux reprises, et dans ces deux localités à assister moi-même aux enchères des eaux.

A Elche, les membres du Syndicat des propriétaires de terres se réunissent tous les matins (à une heure qui varie suivant les saisons) dans une salle qui ressemble à une salle de Conseil municipal ou à une salle de Commission. Tous sont assis sur

---

. [1] Il faut ajouter enfin que les eaux sont si insuffisantes dans cette zone que les cultivateurs de la huerta d'Alicante ont eu recours également à des *norias* et aussi à des mares artificielles, mares maçonnées, appelées *balsas* : M. AYMARD a longuement décrit au point de vue technique quelques-unes de ces *balsas*, p. 130-133, et il en a donné des plans exacts (planche VIII de son Atlas). — Dans la huerta d'Alicante, il existe aussi deux barrages de dérivation assez importants, barrage de Muchamiel et barrage de San Juan.

[2] Ordenanzas de la Comunidad de regantes de las aguas del Pantano de Elche, Elche, 1891, in-8, 40 p. ; — Copia de la Real Orden de 18 de Noviembre de 1831, aprobando S. M. la Real Ordenanza de Riegos, Lorca, 1875, in-4, 73 p., et Reglamento del Sindicato de Riegos de Lorca, aprobado por R. O. de 2 Febrero de 1859 (con todas las modificaciones introducidas posteriormente en el mismo), Lorca, 1898, in-8, 40 p.

des bancs à dossiers qui suivent les murs de la salle ; on voit
qu'ils se sentent chez eux ; ils restent couverts, quelques-uns
fument ; la mise aux enchères se fait normalement, doucement,
galamment, comme entre gens bien mis : et, de fait, pas mal
des assistants portent la capa et le chapeau rond.

A Elche, depuis la construction du barrage, les eaux appartiennent à ceux qui ont participé aux frais de la construction.
Le principe qui unit la propriété de l'eau à la propriété de la
terre se trouve aboli ; de là cet antagonisme forcé entre le syndicat des propriétaires des eaux et le syndicat des propriétaires
des terres. En fait, heureusement, plusieurs possèdent à la fois
quelque terre et quelque part d'eau ; cela atténue la concurrence
des enchères ; d'autant plus qu'à la « subasta » les eaux sont
divisées en un petit nombre de grosses parts (11 parts ou *hilos
de agua* pour les 12 heures de jour et 11 parts ou *hilos de agua*
pour les 12 heures de nuit), si bien que les gros propriétaires
seuls (c'est-à-dire ceux qui souvent aussi possèdent des parts
d'eau) sont là pour les acheter [1].

D'autre part, les principales cultures d'Elche sont les palmiers ; les palmiers ont besoin de puiser de l'eau dans le sol,
dans lequel ils plongent profondément leurs racines ; mais il
leur importe moins qu'à d'autres plantes, légumes ou oranges,
d'avoir leur pied même directement arrosé ; les palmiers peuvent aussi attendre l'eau nécessaire quelques jours de plus ou
de moins sans peine. Or, l'eau répandue dans les canaux et sur
les terres voisines s'infiltre et profite plus ou moins à tous. Aux
conditions spéciales de la culture des palmiers s'adapte donc

---

[1] L'inconvénient de ce système des enchères quotidiennes est de mettre l'eau à la
merci des plus riches ; un autre inconvénient très logique de ce système de la libre
concurrence substituée à celui de l'organisation a été de faire apparaître des intermédiaires qui, sans posséder de terres, achètent en gros des parts d'eau pour les
revendre en détail aux petits cultivateurs : ces courtiers en eau dont l'intervention a
pour résultat d'augmenter le prix de l'eau pour tous les petits cultivateurs sont déjà
assez nombreux : on les désigne couramment sous le nom de *comerciantes de
agua*.

plus aisément le régime irrégulier et anarchique des enchères. Et tout contribue, on le voit, à atténuer la fièvre de concurrence qui pourrait résulter de cette anarchie[1].

A Lorca, la « subasta » des eaux comporte une mise en scène bien plus pittoresque et dramatique. Elle a lieu non plus dans une salle de commission aux boiseries vernies et bien entretenues, mais dans une grande salle, mal éclairée, aux murs nus, de plain-pied avec la rue, et qui s'ouvre par une immense porte à double battant d'une largeur presque égale à celle de la salle ; la porte reste ouverte durant les enchères ; et les hommes, debout, se serrent et se pressent jusque dans la rue ; la salle n'a pas de plancher : on est sur la terre même. Dans le fond, en face de la porte, se trouve une estrade qui est séparée du reste de la salle par une balustrade en fer ; la balustrade n'a pas de porte ; on entre sur l'estrade par une porte de côté : il y a séparation complète entre l'estrade et la salle. Sur l'estrade, une grande table recouverte d'un vieux tapis vert ; les secrétaires y prennent place. Derrière la table, et sur une marche encore un peu plus élevée, cinq fauteuils : le Président des enchères (l'ingénieur ou son adjudant)[2] occupe le fauteuil du milieu. Je suis dans un fauteuil à la droite du Président, et je domine toute la scène. A ma droite, sur un escabeau, se tient l'homme qui criera les enchères.

A huit heures sonnant (à huit heures du matin), sur un signe du Président, le crieur prononce en espagnol les paroles sui-

---

[1] Même dans l'état actuel il est facile de reconnaître des traces de l'ancienne organisation, des témoignages de cette communauté des intérêts que l'eau d'une rivière détermine entre tous ceux qui veulent s'en servir. Le « juge arbitre » qui préside les enchères devient dans tous les cas de conflits « juge du marché » et ses décisions sont sans appel. De même il y a des règles coutumières qui empêchent les accaparements de l'eau en proscrivant un certain intervalle de temps entre deux tours d'arrosage du même hilo de agua, attribué à la même terre.

[2] L'ingénieur est un ingénieur des ponts et chaussées spécialement chargé du service des irrigations de Lorca : l'ingénieur qui est à ce poste doit n'avoir aucune propriété dans la vega de Lorca.

vantes, d'une voix monotone et chantante, comme on dit des patenôtres récitées tous les jours, et sans mettre aucun intervalle entre les deux phrases : « En l'honneur du Saint-Sacrement de l'autel. Qui achète la première *hila* de Sotellana ? [1]. » Et immédiatement les cris se font entendre : « Ocho, nueve, diez reales. » Les voix se couvrent les unes les autres, les bouches s'ouvrent et vociferent, les cous se tendent, les têtes se raidissent en criant. Contre la balustrade de fer on se presse, on s'écrase presque ; car celui qui est le plus près a plus de chance d'être entendu. Le Président écoute et suit cette vocifération avec un calme souverain. Puis, tout à coup, il désigne d'un geste vif celui qui a dit le prix le plus élevé. Subitement, tous les cris cessent. Et, dans un silence absolu, celui qui a été désigné donne à haute voix son nom, et les secrétaires l'inscrivent.

Ainsi, dès que le Président a décidé, le tumulte violent s'est apaisé, et la salle est redevenue tout entière muette, attendant l'enchère suivante. Comment le Président a-t-il fait pour reconnaître celui qui disait le plus haut prix ? Je ne sais... A supposer même qu'il se soit trompé, sa décision est définitive et sans appel, et tous s'inclinent. Il n'y a pas d'exemple qu'on ait protesté.

Tous les hommes sont découverts, quelques-uns ont le mouchoir de couleur noire ou sombre noué sur la tête, mais tous tiennent à la main leur grand chapeau à larges bords ; aucun ne fume, aucun ne parle, et même ceux qui sont là-bas dans la rue sont silencieux et tête nue. Il est facile de voir qu'il n'y a là que des paysans, car tous sont rasés ; ni barbe, ni moustache : tous portent la chemise sans cravate ; la plupart ont sur l'épaule ou sur le bras ou sur le dos la couverture (et non la capa). C'est un spectacle très imposant que celui de toutes ces têtes noires ainsi

---

[1] Le territoire à arroser est divisé en trois quartiers ou *heredamientos*, celui de Sotellana, y Alberquilla, celui de Tercia et celui de Albacete (Voir plus haut, fig. 9, le plan de l'heredamiento d'Albacete).

massées, ainsi tendues, ainsi attentives qui ne pensent toutes qu'à l'acquisition, au meilleur compte, du bien par excellence, l'eau.

N'est-il pas curieux de le constater : c'est la même année que fut terminé le premier barrage de Puentes et que fut introduit l'usage de la vente aux enchères (1791) ? Je n'ai trouvé dans les archives de l'ayuntamiento de Lorca aucun document traitant directement de la question ; mais tout ce que j'ai observé me permet de conclure que c'est la construction des barrages et les conditions nouvelles en résultant qui ont été la cause directe de l'altération de l'ancien système.

Il est certain en tout cas que, jusqu'en 1790 inclusivement, les eaux de Lorca étaient administrées par l'ayuntamiento (conseil municipal) ; un conseiller portait le titre d'*Alcalde de aguas* (maire des eaux) ; toutes les charges étaient supportées par la commune et tous les bénéfices rentraient dans sa caisse : c'était une des formes du régime collectif normal.

Il importe d'entrer ici dans quelques détails. Ce n'est pas le syndicat des eaux, c'est-à-dire ce ne sont pas les propriétaires des eaux fournies jadis naturellement par le Guadalentín qui ont fait les frais du nouveau barrage de Puentes, — ni d'ailleurs les propriétaires des terres[1]. C'est une « Empresa », — une Entreprise particulière qui a fait les frais et qui, naturellement, a voulu s'en réserver quelque bénéfice. Elle s'est donc engagée à fournir quotidiennement 500 litres à la seconde aux anciens propriétaires des eaux (volume représentant le débit dont ils jouissaient anciennement) : et elle s'est adjugé le droit (que le

---

[1] Lors de la construction du premier barrage de Puentes, de 1785 à 1791, c'était le trésor public qui avait fait tous les frais (décret de CHARLES III, du 11 février 1785). — Sur le nouveau barrage de Puentes, dont la construction a été autorisée par un décret du 13 juin 1879, puis par un nouveau décret du 12 janvier 1885, voir le n° du 3 juin 1897 de la *Revista de Obras públicas*. Voir la fig. 10. Voir enfin aux **Notes et pièces justificatives, C,** le Tableau récapitulatif des barrages-réservoirs de l'Espagne (barrages actuels et barrages détruits).

gouvernement lui a reconnu) de vendre à son profit le volume supplémentaire dont elle dispose grâce à son barrage. Elle doit donc livrer tous les jours aux propriétaires des eaux ces 500 litres qu'on appelle du nom significatif de *agua de la casa (eau de la maison)*. Or, ce sont ces 500 premiers litres qui sont d'abord vendus aux enchères. Puis l'Entreprise vend le volume dont elle dispose à un prix qu'elle fixe elle-même, et qui varie suivant les exigences de la demande.

Il y a là deux parts à faire dans le flot quotidien du Guadalentín, deux parts qui sont différemment traitées au point de vue administratif ; les « eaux de la maison » et les eaux de l'Entreprise. Dans les années où les pluies de la fin du printemps ou du commencement de l'été sont assez abondantes, les irrigations sont utiles, mais non indispensables. En ces années-là, les propriétaires de la terre sont pour ainsi dire indépendants des propriétaires des eaux (de ceux qui possèdent ces premiers 500 litres par seconde que l'on appelle *agua de la casa* et qui sont vendus en premier lieu), à fortiori de l'Entreprise dont les eaux risquent même souvent de ne pas être achetées. Au contraire, les propriétaires de la terre sont à la discrétion des propriétaires des eaux dans les années de grande sécheresse : c'est alors qu'on peut apprécier les graves inconvénients qui résultent des enchères. Au moment où une récolte est menacée, les prix s'élèvent d'une manière exorbitante, et les seuls propriétaires qui essaient d'éviter la ruine en acquérant de l'eau, se ruinent d'avance par les frais que représente ce marché [1]. De son côté, l'Entreprise ne peut rendre des services qui soient pour elle rémunérateurs que dans ces cas d'extrême sécheresse, et elle

---

[1] On a adopté une règle destinée à pallier dans une petite mesure aux excès des surenchères ; celui qui a obtenu par surenchère une *hila* a le droit d'acheter au même prix toutes les *hilas* suivantes sans concurrents ; on ne recommence ainsi la mise aux enchères que lorsque cet acheteur estime qu'il a suffisamment d'eau pour la journée.

en profite pour les faire payer en conséquence ; elle contribue,
pour sa part, à la ruine financière des propriétaires qui s'achar- ·
nent à sauver leurs récoltes[1].

On le voit, cette situation établit un antagonisme perpétuel
entre les propriétaires des terres et les propriétaires des eaux, et
encore plus entre les propriétaires des terres et l'Entreprise de
Puentes ; et c'est la contradiction pratique du principe que
l'eau ne peut être séparée de la terre.

L'Entreprise de Puentes peut paraître au premier abord la
maîtresse de la situation. Mais elle ne l'est que dans les périodes très sèches, et elle l'est nécessairement au détriment des
intérêts généraux de la vega.

Aussi, par un juste retour, la collectivité des cultivateurs de
Lorca travaille, plus ou moins consciemment, à conquérir des
avantages de plus en plus grands vis-à-vis de l'Entreprise.

Déjà les intérêts de la collectivité trouvent une précieuse sauvegarde dans un fait consacré par la coutume. — Du bras principal du Guadalentín, de celui qui va à l'*heredamiento* d'Albacete
un petit canal amène les eaux jusqu'aux vannes d'un partiteur
antique dont les *hileras* de bois mesurent les *hilas* (voir fig. 12).
Or, au point où le canal d'irrigation se détache du Guadalentín,
le lit naturel est barré par une petite, digue de sable et de
roseaux qui, construite et tassée avec les pieds, se trouve pétrie
comme du pain et s'appelle la *torta* (la tourte) ; cette digue,
et à dessein, est fort peu résistante : toutes les fois qu'une
averse brusque (*avenida*) se produit et emporte cette digue
fragile, le syndicat et à plus forte raison l'Entreprise perdent
leurs droits ; toutes les eaux coulent alors par le lit commun et
se répandent en aval dans les terres de tous. Dès que la petite

---

[1] Dans l'année 1861 qui fut particulièrement sèche, le prix total de la vente jour-
nalière des eaux s'éleva à 2 540 243 réaux, soit plus de 600 000 pesetas ; encore
faut-il noter que ce fait est antérieur à la reconstruction du barrage de Puentes, et
par suite à la constitution de la nouvelle Entreprise.

crue est passée, le syndicat des eaux s'empresse de reconstruire
la digue, mais il ne peut la reconstruire que telle qu'elle était :
et il ne lui est permis de la reconstruire que lorsque toute la
petite crue est finie. Cet événement se produit au moins 5 ou 6

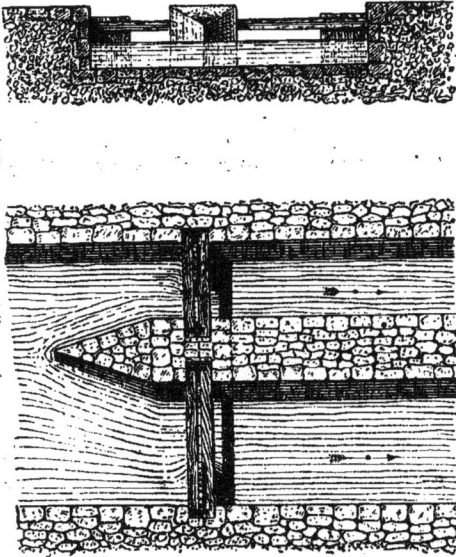

Fig. 12. — Partiteur de Lorca, coupe et plan.
Les *hilas* sont mesurées par les planchettes verticales appelées *hiteras*.

fois par an. Dans ces conditions, le syndicat des eaux et l'Entreprise ont un privilège beaucoup moins tyrannique qu'il ne
semblait : en somme, en temps normal, les eaux du barrage
servent pour les cultures de choix, mais les cultures ordinaires profitent de l'eau des crues qui ne coûte rien.

Ainsi cette situation est en relation directe avec les conditions géographico-économiques de la vega : comme nous l'avons
dit plus haut, cette vega est surtout consacrée à la culture des

, céréales ; et les céréales n'ont besoin que d'un petit nombre d'arrosages et à de longs intervalles.

Enfin depuis 1899 les propriétaires de Lorca ont fait imposer à l'Entreprise de Puentes une dernière condition : lorsque les eaux sont troubles à la suite d'averses, les vannes du barrage doivent être ouvertes ; sous le prétexte de ne pas priver la plaine du limon fertilisant, on rétablit en somme sans s'en douter la situation telle qu'elle était avant l'édification du barrage. On dirait que tous s'efforcent — inconsciemment — d'annihiler le rôle du réservoir. — Il faut encore noter qu'en ce dernier cas le débit du Guadalentín est toujours assez fort ; le cours d'eau roule 30 à 40 mètres cubes à la seconde ; or il suffit d'un débit de 12 mètres cubes pour que la *torta* soit rompue, c'est-à-dire en somme pour que le flot s'échappe librement dans la plaine à la disposition de tous, à la disposition de ceux mêmes qui n'achètent jamais de tour d'arrosage. — Dès que l'eau est un peu abondante et dès qu'elle est limoneuse, elle se répand donc au profit de *toute la collectivité*. — Et quant à l'Entreprise de Puentes, ses affaires n'ont jamais été brillantes, mais elles le sont de moins en moins [1].

Tâchons de résumer une situation aussi complexe. Si la vega de Lorca, qui est cultivée en céréales, utilisait simplement les eaux du Guadalentín grâce à un système de distribution élémentaire, elle serait enrichie les années pluvieuses et perdue sans remède les années sèches. Or malgré l'établissement de réservoirs coûteux, malgré la complication d'une réglementation de plus en plus embrouillée, malgré le branle-bas quotidien des enchères, les conditions géographiques sont plus fortes que les hommes ; et tout se passe à peu près comme si l'on n'avait pas fait une telle dépense de peine et d'argent :

---

[1] Consulter par exemple : Sociedad del Pantano de Puentes, Memoria presentada por el Consejo de Administración á la Junta General ordinaria de Sres accionistas que se ha de celebrar el 4 de Abril de 1900, Madrid, Rodríguez Ojeda, 1900, in-8, 39 p.

A. Lorsque les eaux sont abondantes, on cherche, nous l'avons vu, à supprimer tout l'effet du barrage-réservoir, et on exige même de l'Entreprise qu'elle ouvre toutes les vannes.

B. Lorsque vient la sécheresse, le barrage fournit de l'eau, mais les enchères font monter les *hilas* d'eau à un tel prix que très peu parmi les cultivateurs peuvent en acheter et que ceux-là qui en achètent courent presque toujours le risque de n'être pas payés de leurs sacrifices par leur récolte. — Quel est donc le résultat? Le barrage est presque complètement inutile lors des années normales. — Il ne joue pas un rôle salutaire et efficace, il n'évite pas la ruine lors des années anormales. — Je sais bien qu'entre les deux extrêmes, il est des années moyennes où il rend effectivement quelques services ; mais combien plus de services rendraient à Lorca quelques simples digues, sans grands barrages, moyennant une organisation collective du type Valence, une organisation semblable à celle que Lorca possédait jadis avant la *désastreuse* construction de ses réservoirs [1] !

Ce sont, en fin de compte, à Elche comme à Lorca, des faits nouveaux et des intérêts particuliers qui ont déterminé la perturbation ; et le régime anormal et anarchique de l'heure présente n'est pas le régime originel. Toutefois il est intéressant de constater, — sans prétendre nullement d'ailleurs à systématiser ces considérations et à les présenter sous forme de

---

[1] On se prend à regretter l'organisation qu'avait imposée au xiii* siècle Alphonse X de Castille. Après s'être emparé de Lorca sur les Maures en 1242, il fit, selon l'usage, le partage des terres, puis le partage des eaux entre les habitants. Voici un extrait de l'ordre royal de partage des eaux de 1268, d'après la traduction qu'en donne M. Aymard (*ouv. cité*, p. 222, et cet auteur cite lui-même le texte fourni par Musso y Fontes dans son Historia de los riegos de Lorca, 1847) : « Sachez que l'ayuntamiento s'est plaint à moi (ceci est adressé au gouverneur de Lorca) que les possesseurs de fiefs retiennent toute l'eau, qu'ils ne la laissent sortir de leurs huertas ni pour le blé, ni pour autre chose, et que pour ce motif les blés se perdent chaque année. Je vous prie et vous ordonne d'aller voir ce qui en est et de répartir les eaux également entre tous par jour et par époque, de manière que dorénavant il n'y ait plus aucune plainte à ce sujet. »

raisonnements rigoureux, — que les cultures de palmiers d'Elche et surtout les cultures de céréales de la huerta de Lorca dans leurs rapports avec les conditions géographiques naturelles peuvent, jusqu'à un certain point, supporter l'épreuve d'un pareil régime, tandis que les cultures multiples et diverses de Valence ou de Murcie ne pourraient y résister. Même dans l'état présent que nous qualifions volontiers d'état de désordre, une certaine adaptation entre les faits de géographie culturale et les modes de l'activité humaine explique sinon que cette situation se soit établie, du moins qu'elle ait pu durer.

Troisième groupe. — Les centres d'irrigation des steppes de la Meseta.

Les eaux destinées à l'irrigation sont encore ici fournies par les cours d'eau. Mais quels misérables et irréguliers cours d'eau traversent ces plaines désolées de la Nouvelle-Castille, on le devine. Les irrigations se ressentent de cette pauvreté de l'hydrologie fluviale.

Le Tage supérieur et ses affluents. — Le Tage dans la première partie de son cours, et jusqu'au superbe défilé de Bolarque où il est resserré entre deux rives escarpées de calcaire crétacique, coule dans un lit étroit. A partir de ce défilé et jusqu'à Tolède il promène ses eaux au milieu d'une vallée de 2 ou 3 kilomètres qu'ont recouverte les alluvions de ses plus grandes crues : mais dans cette grande vallée alluviale il s'est frayé un lit aux rives hautes et raides[1] ; et cependant la plus grande par-

---

[1] En de rares points seulement, comme à Colmenar, Aranjuez et Talavera, les rives sont basses et l'on y peut craindre les inondations ; mais l'on y peut en revanche utiliser avec très grand profit les eaux et le limon que les crues apportent. « Partout ailleurs, le lit est si profond, les rives sont si abruptes que le cours d'eau coule presque inutile pour les riverains... » (Rafael Torres Campos, Estudios Geográficos, p. 348).

tie de l'année, cette vallée sèche et déserte rappelle tout à fait les lits vides des oueds africains. Ses affluents, et surtout son affluent principal le Río Jarama qui vient le rejoindre un peu en aval d'Aranjuez en lui apportant le contingent médiocre et irrégulier du Río Henares, du Río Manzanares et du Río Tajuña, se présentent sous le même aspect.

Les irrigations se bornent à fertiliser quelques parcelles de ces grands lits arides au moyen de simples dérivations ; et les Ríos sont ainsi bordés çà et là de quelques bandes verdoyantes : le Río Jarama, du confluent du Manzanares jusqu'à Aranjuez, et surtout les deux affluents du Jarama, le Río Henares avec la belle *campiña de Alcalá de Henares*, et le Río Tajuña[1].

Il faut noter à part les parcs d'Aranjuez qui entourent l'une des résidences royales, et qui ont été créés et sont entretenus à grands frais ; tout autour d'Aranjuez se manifeste le désir d'utiliser les eaux par quelques canaux, ou par quelques digues ; il y a eu là, non seulement à Aranjuez même, mais dans les environs, jusqu'à Colmenar de Oreja, par exemple (à 20 kilomètres en amont), une certaine émulation pour l'utilisation des eaux. Prise d'eau de *Valdajos*, prise d'eau *del Embocador* datent, comme le palais même d'Aranjuez, du xvie siècle. Et pareillement c'est Philippe II, le constructeur du terrible et lugubre palais de granite de l'Escorial (*en français* Escurial), qui après avoir commencé le palais d'Aranjuez a tenté un effort contre nature pour peupler les parcs des beaux arbres que nous y voyons encore, ormes, frênes, bouleaux, trembles... ; il a barré par exemple le rio de Ontígola par un mur de 280 mètres de long, formant ce lac artificiel qui est souvent à sec, mais qui retient les eaux durant une partie de l'année, la « mar de *Ontígola* ». Ce sont là des tentatives ruineuses que le caprice

---

[1] On sait que le *canal del Lozoya*, qui devait être dans le principe partiellement utilisé pour les irrigations, ne sert plus qu'à l'approvisionnement en eau potable de Madrid (V. A. Llauradó, II, p. 54-57).

d'un souverain peut se permettre mais qui ne sont pas en rapport avec les résultats obtenus. Et tout ce que l'on a essayé de faire depuis lors a échoué : en 1790 on a voulu construire un autre lac artificiel la « *mar de la Cabina* » ; mais dès 1801 le mur était emporté, et l'on n'en voit plus aujourd'hui que les ruines.

Versant méditerranéen. — Les irrigations du cours supérieur des cours d'eau de la Meseta qui vont se jeter à la Méditerranée sont analogues à celles du Tage supérieur.

Sur les bords du haut Júcar et du haut Cabriel et de leurs affluents s'étendent quelques étroites vegas (notamment entre Villargordo et Valdeganga, puis plus bas dans les petites vallées du Regajillo de Canales et du Regajo de Cantaban).

Bassins sans écoulement. — Les bassins sans écoulement vers la mer sont rares, nous l'avons dit, dans la Péninsule ibérique. Toutefois on en rencontre quelques-uns d'exigus. Dans les environs d'Albacete et sur la rive droite du Júcar, quelques misérables « oueds », souvent appelés « cañadas », s'achèvent dans des marécages, « lagunas » ; ils avaient pour principal effet de transformer cette région en une contrée pestilentielle, et l'on a dû, pour assainir le pays, exécuter de grands travaux de drainage, en particulier le canal d'Albacete qui amène ces eaux plus pernicieuses que bienfaisantes jusqu'au Júcar. Les irrigations se réduisent à de très petits espaces.

Le Guadiana supérieur et ses affluents. — La partie du Guadiana antérieure à cette disparition qu'on appelle les *Ojos* (yeux) du Guadiana paraîtrait devoir être un peu plus riche en eau ; le Guadiana commence dans ce sillon de Ruidera qui est occupé par 7 lagunes échelonnées du Sud au Nord. On a beaucoup parlé d'utiliser ces lagunes pour l'irrigation, mais ce ne sont encore que des projets ; et l'on ne pourrait entreprendre la construction de canaux de dérivation qu'après avoir exécuté de coûteux travaux de régularisation et d'amélioration des réservoirs naturels.

En aval de la dernière lagune, deux canaux, le canal del Infante et le canal del Príncipe Alfonso, ne servent qu'à des usages industriels, et surtout à quelques moulins. L'histoire récente du second de ces canaux prouve surabondamment qu'une distribution rigoureuse des eaux et une organisation administrative normale devraient précéder toute entreprise de cet ordre si l'on veut aboutir à quelques résultats durables au point de vue de l'irrigation [1].

Au delà des Ojos du Guadiana, nous ne pouvons citer que la huerta de Daimiel, dont les chênevières et les jardins maraîchers sont arrosés à l'aide de plusieurs centaines de nôrias.

Dans toute cette province de Ciudad-Real, — Manche monotone, aride, à peine peuplée, — les irrigations sont chose négligeable.

Quelle est l'organisation qui régit les irrigations de cette zone ? Nous devons d'abord éliminer le cas spécial de Daimiel (nórias), ou celui d'Aranjuez (grande propriété d'État), qui, pour des raisons très différentes excluent également tout problème et toute difficulté de répartition des eaux.

Quant aux autres vegas en bordure des cours d'eau, elles ne comportent, en général, qu'une organisation rudimentaire, un simple tableau de distribution entre les différents riverains. Et rien n'est plus facile à expliquer.

Les conditions naturelles dans ces régions arides, soumises à un climat très sec, imposent une hydrologie tellement pauvre que même là où il existe un réseau d'irrigations on ne peut songer à faire aucun arrosage de juillet à septembre.

Les seules cultures rémunératrices auxquelles on puisse se livrer sont des cultures qui ont besoin d'arrosages rares et qui

---

[1] Voir le résumé de l'histoire de ce canal dans A. LLAURADÓ, II, note des pages 83-84.

n'ont besoin d'arrosages qu'en automne, en hiver et au printemps (céréales, vignes, oliviers). C'est le cas-limite de l'irrigation dans la région sèche : l'homme peut encore recueillir pendant une partie de l'année une quantité d'eau suffisante pour qu'il en puisse disposer en vue de quelques arrosages restreints et peu fréquents ; mais il se trouve au-dessous du minimum nécessaire pour qu'il soit entraîné à développer une organisation compliquée[1].

Le réservoir d'Almansa.

On peut indistinctement rattacher au groupe des vegas Sud-orientales, ou à celui de la Meseta la toute petite vega d'Almansa ; on doit encore avec plus de raison, nous semble-t-il, l'étudier à part à titre de cas spécial. Cette vega occupe une petite plaine recouverte de dépôts pliocènes, et encastrée au milieu du bourrelet crétacique qui borde, à l'Est et au delà d'Albacete, les compartiments miocènes de la Meseta.

Au xvie siècle[2], a été construit à Almansa un barrage (de 20^m,69 de hauteur, et de 89 mètres de long, à la partie supérieure) qui est destiné à recueillir les eaux de 5 sources régulières et continues ainsi que les eaux accidentelles des pluies. Une fois par an, les eaux ramassées et accumulées dans ce réservoir artificiel, sont lâchées et répandues sur les terres (elles peuvent irriguer 350 hectares au minimum, 850 au maximum lorsque les pluies ont été abondantes). Ainsi le barrage d'Almansa présente ce caractère exceptionnel en Espagne, d'être

---

[1] En aval d'Aranjuez, il arrive très souvent que l'eau manque pour les arrosages durant plus de la moitié de l'année.

[2] Dans le rapport de l'inspecteur général Lebasteur qui précède le livre de M. Aymard, Irrigations du Midi de l'Espagne, il est dit : « Le réservoir d'Almansa fonctionnait déjà en 1586, mais la construction doit en être reportée à un temps beaucoup plus éloigné » (p. 111). Dans le corps de l'ouvrage, p. 123, M. Aymard cite la traduction d'un document qu'il a entre les mains, mais dont il n'indique pas la provenance, et qui paraît en effet confirmer cette opinion.

consacré non pas à la régularisation du débit d'un cours d'eau, mais à la mise en réserve d'eau fournie par des sources. Ces sources, laissées libres, seraient d'une efficacité insignifiante ; précieusement recueillies elles servent une fois par an à l'arrosage de quelques champs de céréales. — Avons-nous besoin de noter la disproportion entre les moyens employés et les résultats poursuivis ?

A Almansa, l'organisation est du même type qu'à Valence : élection de 3 syndics par l'assemblée générale, surveillance de chacun des six canaux qui partent du réservoir, confiée à deux « regadores públicos », etc. Mais elle ne peut avoir ni la même ampleur ni la même précision dans le détail, puisque, en dehors des travaux ordinaires d'entretien et de nettoyage du barrage, elle n'a à faire ses preuves qu'une fois par an ; c'est par exemple la veille du jour désigné pour l'arrosage que les 3 syndics prélèvent la contribution fixée pour chaque hectare ; et tous ceux qui le lendemain ne peuvent pas présenter leur quittance sont privés d'eau. Le régime collectif est complet, mais simple, et même réduit à sa plus simple expression.

Quatrième groupe. — Les centres d'irrigation des steppes de l'Ebre.

« La sécheresse périodique de l'Aragon, disait en 1890 Emilio Castelar, est un malheur plus grand que les inondations des provinces orientales et que les tremblements de terre d'Andalousie ; les pouvoirs publics ont l'obligation d'y porter remède en construisant aux frais de l'État les barrages et les canaux projetés. » L'éminent homme d'État, aujourd'hui disparu résumait ainsi la situation actuelle de la vallée de l'Ebre.

La vallée de l'Ebre est un département de steppes assez différent en un sens de ceux que nous avons étudiés précédemment. Il a ce caractère d'être sillonné par de très nombreux

BRUNHES. 8

cours d'eau aboutissant au lit principal ; et plusieurs de ces cours d'eau ont un assez fort débit : le Río Aragón par exemple en 1863, à l'étiage, avait encore, à son confluent avec l'Ebre, un débit de 8ᵐᶜ,478 ; et si l'on veut quelques chiffres plus récents, concernant différentes époques de l'année, on peut consulter le tableau qui suit :

DÉBIT DU RIO ARAGON DURANT L'ANNÉE 1881

Observations faites à 439 mètres au-dessous du confluent du Río Onsella et du Río Aragón.

MOIS DE L'ANNÉE 1881	MÈTRES CUBES PAR SECONDE		
	DÉBIT MINIMUM	DÉBIT MOYEN	DÉBIT MAXIMUM
Janvier.	23ᵐᶜ,856	232ᵐᶜ,32	1 234ᵐᶜ,87
Février.	79 455	173 20	599 71
Mars.	40 268	92 40	237 21
Avril.	69 227	138 20	362 35
Mai.	29 145	63 45	231 05
Juin.	28 136	52 66	146 85
Juillet.	8 401	20 16	61 19
Août.	7 030	8 74	14 09
Septembre.	6 584	8 13	20 80
Octobre.	2 357	13 32	47 16
Novembre.	6 279	8 06	14 09
Décembre.	5 197	26 22	246 87

Il est facile de constater que durant les mois d'avril, mai et juin le Río Aragón roule un volume d'eau considérable.

D'autres affluents de la rive droite de l'Ebre, comme le Gállego, le Río Cinca, les Nogueras et le Segre, recueillant les eaux des plus hauts sommets pyrénéens que couvrent des neiges éternelles, roulent un fort volume d'eau encore un peu plus tard dans l'année, jusqu'aux mois de juillet et d'août.

Il ne sera donc pas surprenant de trouver de beaux centres

d'irrigation là où l'homme a fait les travaux nécessaires pour utiliser les eaux des rivières.

Tout le haut bassin de l'Ebre, qui correspond au cours supérieur jusqu'à Logroño, n'appartient pas proprement à la dépression sèche qui doit nous occuper et il ne comprend à peine que 500 hectares de terres irriguées.

De Logroño à Saragosse, et jusqu'à quelques kilomètres en aval de Saragosse, les zones irriguées, voisines du fleuve et de ses affluents, sont nombreuses et étendues : A. Llauradó en évalue la superficie à 148 000 hectares [1]. La superficie drainée par l'Ebre et ses affluents dans cette portion du cours étant évaluée à 32 475 kilomètres carrés, les surfaces irriguées représentent environ la 22ᵉ partie de la surface totale, ce qui est une assez forte proportion pour une steppe. De simples digues en pierres sèches, ou parfois même de grandes norias puisant dans le lit du fleuve (comme à Lodosa) servent à alimenter de nombreux canaux d'irrigation ; et les cultures qui usent en général des arrosages sont des oliviers, des vignes, des céréales, et sur des territoires restreints des cultures maraîchères.

Il convient de faire une mention particulière de deux grands canaux qui partent tous deux de Tudela, l'un le canal de Tauste suivant l'Ebre sur sa rive gauche, et l'autre le canal Impérial d'Aragon sur la rive droite. Le premier a 45 kilomètres de longueur ; et le second 85 kilomètres jusqu'au Torrero, à 2 kilomètres en aval de Saragosse (on peut même compter 12 kilomètres de plus jusqu'au point où les eaux qu'il porte rejoignent l'Ebre après s'être dispersées en de multiples canaux d'irrigation).

L'histoire de ces deux canaux n'est pas dénuée d'intérêt : nous en rappellerons les principaux épisodes.

Canal de Tauste. — Au XIIIᵉ siècle, deux petits villages, Fus-

---

[1] A. LLAURADÓ, *ouv. cité*, II, p. 385.

tiñana et Cabanillas, situés en amont de Tauste, avaient à l'aide
d'une simple digue, construit un petit canal de dérivation des
eaux du fleuve. Au xvi⁰ siècle, la ville de Tauste eut l'idée de
continuer jusque sur ses terres le canal qui servait à l'irrigation de Fustiñana et de Cabanillas ; le canal nouveau devait
avoir 59 kilomètres de longueur. Tauste avait fait avec les autres villages une convention qui assurait un plan de répartition
des eaux. Et l'on se mit à l'ouvrage. Mais l'entreprise était trop
grande et dépassait les ressources et les moyens d'une simple
petite ville : Tauste accumula dettes sur dettes, et le canal n'aurait jamais été achevé si l'État n'était venu à son aide, et si à
la fin du xviii⁰ siècle on n'avait mis le canal en régie, en liant
son sort à celui du canal Impérial d'Aragon.

Canal Impérial d'Aragon. — C'est aussi au xvi⁰ siècle que la
municipalité de Saragosse supplia l'Empereur Charles-Quint de
lui accorder le droit de dériver à son profit les eaux de l'Ebre.
Ce droit fut concédé par un acte royal du 22 juin 1529. Le canal devait avoir son point de départ au point dit el Bocal, un
peu en aval de la prise d'eau du canal de Tauste, mais encore
sur le territoire du Royaume de Navarre ; de là des difficultés
premières, qui, jointes à bien d'autres, reculèrent l'exécution
du projet jusqu'au xviii⁰ siècle. La ville seule était encore incapable de mener à bonne fin une telle entreprise... Par un acte
royal du 28 février 1768 les travaux furent confiés à une compagnie concessionnaire à la tête de laquelle se trouvait un Français, Augustin Badin ; la compagnie devait fournir un cautionnement de 200 000 *duros* en métal, moyennant quoi elle
devait entrer en possession de tous les travaux antérieurement
exécutés. Il était en outre stipulé que durant 40 ans elle aurait
droit aux bénéfices de l'entreprise. Mais ce nouveau projet dif-
férait du projet primitif en un point très important : le canal
devait servir en même temps à l'irrigation et à la navigation :
nous voyons ainsi apparaître une double préoccupation qui a
été à notre avis tout à fait préjudiciable. La compagnie Badin

géra très mal ses affaires, et la concession qui lui avait été faite
fut déclarée caduque en 1772 ; en 1778, la compagnie fut même
dissoute. L'État dut se charger d'exécuter les travaux, et nous
constatons encore ici cet inévitable recours à l'intervention effective de l'État. Dans cette nouvelle période de l'histoire tourmentée du canal d'Aragon, un homme d'une rare énergie fut
heureusement mis à la tête de l'entreprise, Ramon Pignatelli,
chanoine de la cathédrale de Saragosse. C'est à son infatigable
activité et à sa loyale administration que les Aragonais doivent
en vérité l'achèvement du canal[1]. Nous n'avons pas à entrer
ici dans le détail des opérations financières qui permirent le
succès final ; nous devons du moins remarquer que ce fut
seulement grâce à l'appui de l'État qu'on put aboutir. L'État
sert encore aux capitaux engagés dans l'affaire une rente de
5 796 715 réaux, ce qui fait avec les frais d'administration et
d'entretien une dépense annuelle d'environ 6 millions de réaux
(un million et demi de francs). Grâce à ces travaux, une bande
de 31 000 hectares se trouve ainsi prise entre le canal d'Aragon et l'Ebre, et 27 966 hectares sont irrigués. Encore faut-il
ajouter que l'État est obligé de faire payer l'irrigation, il vend
par exemple aux particuliers la *muela* (soit 260 litres par seconde
durant un jour) au prix de 800 réaux (200 francs). — La navigation n'est pas très active sur le canal d'Aragon, et les principaux services que le canal rend aujourd'hui sont ceux de l'irrigation.

Au delà de la très prospère huerta de Saragosse, l'Ebre
coule entre des rives élevées, à travers des terres accidentées ;
et seulement au delà des gorges par lesquelles il traverse le
massif de Catalogne, au sommet du Delta, à partir des jardins
de Cherta, les cultures irriguées s'étalent de nouveau sur de
vastes étendues à peu près continues. Ces vegas du cours infé-

---

[1] Une statue de PIGNATELLI s'élève sur une des places de Saragosse, la plaza de
Aragón.

rieur sont encore arrosées par un canal, le Canal de Navigation
de l'Ebre, commencé en 1851 et terminé en 1858 de l'embouchure jusqu'à Escatrón. Ce canal de navigation ne put soutenir la concurrence que lui firent pour les transports les voies
ferrées ; et la Compagnie fut obligée de chercher quelque compensation dans l'irrigation ; c'est ainsi que se développèrent les
huertas de Cherta, Aldover, Tortosa, Roquetas, Amposta et
San Carlos de la Rápita, sur la droite de l'Ebre dans le Delta.
Ce fut là une véritable création en une plaine dépeuplée et insa-
lubre.

Les affluents de la rive droite et de la rive gauche sont également exploités en divers points en vue de l'irrigation. Le plus
beau travail qui ait été exécuté est encore un canal, le canal
d'Urgel, qui prend les eaux du Río Segre [1] : il les conduit sur
un parcours de 145 kilomètres jusqu'en cette steppe désolée que
l'on connaît sous le nom de *Llanos de Urgel* et il y apporte la
fertilité et la vie ; ce canal est une superbe œuvre technique, il
passe littéralement par monts et par vaux, traversant les chaînes par des tunnels dont l'un, celui de Monclar, a 4 197 mètres
de long, et les vallées par des ponts-aqueducs, tels que celui
du Río Sio. L'histoire de la construction de ce canal nous mon-
trerait, comme l'histoire des autres, une imprévoyance singulière, qui tourne au détriment de ceux qui ont généreusement
et hardiment tenté l'entreprise. Une Compagnie particulière
commence en 1852 avec un capital de 32 millions de réaux
des travaux qui devaient lui coûter, jusqu'à l'achèvement du
canal en 1861, 113 millions de réaux ; sans l'appui de l'État,
elle n'aurait pu aller jusqu'au bout. De plus la Compagnie, trop
confiante dans l'avenir, avait négligé de s'entendre avec les fu-

---

[1] Nous pourrions encore mentionner le réservoir de la gorge de l'Isuela qui
sert à l'irrigation de la huerta de Huesca. Voir aux **Notes et pièces justificatives, C,** le Tableau récapitulatif des barrages-réservoirs de l'Espagne (barrages
actuels et barrages détruits).

turs usagers de l'eau, ou même de s'assurer une clientèle. Le canal resta une année, roulant les eaux du Segre, et les reversant à son extrémité au même cours d'eau, sans que personne en tirât profit.

On peut dire que dans le bassin de l'Ebre l'eau ne manque point : mais les cours d'eau coulent avec des pentes rapides entre des rives aux versants raides. La topographie ne se prête pas à la dissémination facile des eaux sur les terres ; nous ne trouvons ici rien d'analogue à ces plaines de bordure qui paraissent naturellement préparées pour la distribution des eaux : ici les gros œuvres techniques sont *indispensables*.

Dans l'Aragon les travaux de distribution doivent être très considérables, ou ne pas être ; ils doivent en conséquence, pour mériter qu'on les construise, répondre aux intérêts de plus vastes étendues. Et c'est effectivement par l'exécution de grands projets, presque exclusivement de grands canaux, qu'on est arrivé en ce siècle à développer l'irrigation en cette contrée naturellement si aride[1]. Mais ces canaux ont été le plus souvent des entreprises ruineuses ; elles sont au bout du compte

---

[1] Dans le bassin de l'Ebre, on a fait aussi quelques réservoirs, non pas la plupart du temps des réservoirs en maçonnerie, mais de simples digues en terre et — fait intéressant — on les a jetées sur d'anciens canaux d'irrigation : c'est ainsi qu'on a construit dans ces 20 dernières années le réservoir de Logroño, alimenté par les eaux d'un ancien canal d'irrigation appelé « Rio Somero », dérivé de la rivière Irégua, affluent de l'Ebre. (Capacité : 1 500 000 mètres cubes. Digue en terre de 10 mètres de hauteur. L'eau se vend au prix de 12 fr. 50 l'arrosage de 500 mètres cubes par hectare, soit 0 fr. 025 par mètre cube.) — Le barrage-réservoir d'Egea de los Caballeros, dans la province de Saragosse, prend aussi les eaux d'un ancien canal d'arrosage, dérivé de la rivière Arba de Suésia. (Capacité : 2 200 000 mètres cubes. Digue en terre de 14 mètres de hauteur. Ce réservoir est destiné à l'arrosage de 2 000 hectares.) (A. DE LLAURADÓ, Réservoirs établis en Espagne, 1892, p. 11.) Il convient enfin de mentionner deux réservoirs en maçonnerie, construits depuis moins de 20 ans sur le Rio Martin, affluent de droite de l'Ebre, à quelques kilomètres de Híjar, dans la province de Teruel (voir *Revista de Obras públicas*, 27 mai 1897, et *Annales des ponts et chaussées*, 3e trimestre 1897, p. 433 ; voir aussi aux **Notes et pièces justificatives**, C, le Tableau récapitulatif des barrages-réservoirs de l'Espagne ; barrages actuels et barrages détruits).

tombées directement ou indirectement à la charge de l'État.
Quelle économie de temps, d'énergie et d'argent l'on aurait pu
faire, si l'État comprenant ces nécessités spéciales avait été non
pas le sauveur, mais l'initiateur !

C'est encore par l'exécution de grands projets qu'on pourra
poursuivre la rénovation de ce pays.

Il semble qu'une ère nouvelle doive s'ouvrir pour l'Aragon.
Grâce à l'initiative et à l'infatigable activité de Joaquín Costa,
la chambre agricole du Haut-Aragon ayant son siège à Barbas-
tro a commencé une campagne d'opinion pour le développement des canaux, utile campagne qui a éveillé l'attention
publique non seulement dans le bassin de l'Ebre mais dans
toute l'Espagne. La chambre du Haut-Aragon préconise avant
tout la construction de deux canaux, le canal de Sobrarbe et le
canal de Tamarite, qui seraient respectivement consacrés à l'irrigation et à la mise en culture des terres de la rive droite et
de la rive gauche du Cinca ; il serait en effet assez naturel de
commencer par une contrée dont les cours d'eau s'alimentent
aux réserves de neige les plus considérables ; et les éloquents
avocats du projet prétendent que ces deux canaux suffiraient à
cause de l'abondance des eaux à fertiliser 200000 hectares
c'est-à-dire à la fois « deux vegas de Grenade, deux vegas de
Murcie, deux huertas de Valence, et deux planas de Castellón » [1].

Mais les promoteurs de ce mouvement ne s'attardent pas à
défendre exclusivement les intérêts de leur province : ils con-
çoivent avec justesse et défendent avec vigueur les intérêts
généraux de l'Aragon d'abord et de toute l'Espagne sèche en-

---

[1] Primera Campaña de la Cámara Agrícola del Alto-Aragón (1892-1893), segunda
edición, Madrid, 1894, Discurso del Sr. Costa, p. 45. — Il semble que la campagne en faveur des canaux soit comme traditionnelle dans la Catalogne comme dans
l'Aragon, si l'on s'en rapporte à l'état d'esprit général que révèlent les notes de
JAUBERT DE PASSA pour le commencement de ce siècle (Voyage en Espagne, I,
p. 91-112).

suite. Ils posent le problème sous sa forme générale et défendent les principes fondamentaux. Ils réclament que l'État se charge de ces grands travaux, et la phrase de Castelar que nous citions plus haut n'était qu'un écho des discours souvent prononcés dans le Haut-Aragon. En ce qui regarde au moins la vallée de l'Ebre, il semble bien que les dimensions des travaux à exécuter et la complexité des intérêts à servir impliquent cette intervention effective de l'État. Malgré de très grandes différences nous ne pouvons nous empêcher de rapprocher ce bassin de l'Ebre de la vallée du Nil : à coup sûr l'eau est apportée ici par une multitude de cours d'eau séparés tandis qu'elle est apportée là par le flot périodique d'un seul cours d'eau ; mais comme tous les cours d'eau qui vont se jeter à l'Ebre dépendent d'un régime climatologique analogue sinon uniforme et que tous aboutissent à un même chenal, il est logique de constater que toutes les parties du bassin de l'Ebre sont solidaires les unes des autres, et il n'est pas illogique d'établir entre les deux ensembles du Nil et de l'Ebre quelque comparaison. Nous croyons fermement qu'étant donnée cette unité géographique, ici comme là doivent prévaloir une unité de conception et des vues d'ensemble, desquelles doivent dériver les projets à exécuter ; et l'État comme représentant de la collectivité est appelé à en prendre la responsabilité et la charge.

Quelle est cependant l'organisation actuelle dans les zones irriguées de la vallée de l'Ebre ? Les syndicats anciennement constitués ont souvent subsisté, tels ceux de la huerta de Saragosse ; ils s'abonnent même en ce cas à l'eau du canal en tant que syndicats et ils ont l'eau à meilleur compte. Là où les irrigations n'existaient pas du tout, de nouveaux syndicats se sont créés. Mais ces syndicats n'ont rien de bien original ; récemment organisés ou réorganisés, ils sont régis les uns et les autres par les lois nouvelles sur les eaux, principalement par la loi du 13 juin 1879.

Il serait certes à propos d'étudier l'influence des types d'organisation traditionnelle sur la législation actuelle des eaux en Espagne[1]. Mais en légiférant pour la totalité du pays, on a dû forcément négliger les différences géographiques, et c'est pourquoi le sujet dépasse les limites du présent travail. Nous nous réservons de reprendre ailleurs cette question qui est d'un caractère plus exclusivement économique[2].

On a malgré tout subi l'influence des faits existants, et on peut en reconnaître la trace visible dans les lois comme dans la jurisprudence. Par exemple toute la section II du chapitre XIII (titre V) de la loi des eaux du 13 juin 1879 concerne les *Jurados de Riego*, « jurys d'irrigation », qui sont manifestement copiés sur les organisations judiciaires spéciales des vieilles huertas, *Tribunal de aguas* de Valence, ou *Concejo de hombres buenos* de Murcie.

Mais les syndicats nouveaux n'ont pas l'activité, la discipline et la vitalité des organismes anciens. Il y a d'ailleurs entre les premiers et les seconds cette différence que ceux-ci ont été sauvegardés (sinon créés) par des conditions géographiques précises, tandis que ceux-là sont parfois constitués même en dehors des cadres naturels qui peuvent assurer la marche nor-

---

[1] Les principaux documents législatifs qui permettent de suivre l'évolution des conceptions juridiques concernant les eaux et dont les plus récents fixent la matière sont Ley de Aguas de 3 de Agosto de 1866, — Ley sobre canales de riego y pantanos de 20 de Febrero de 1870, et Reglamento para la aplicación de esta ley (20 décembre 1870), — Ley de aguas de 13 de Junio 1879, et Ley de 27 de Julio de 1883.

[2] On trouvera les documents essentiels dans Mariano CALVO Y PEREYRA, De las aguas tratadas bajo el punto de vista legal, Madrid, 1862, in-8, 497 p. (toute la 1re partie, p. 12-288, contient les textes des documents législatifs); — Aurelio BENTABÓL Y URETA y Pablo MARTÍNEZ PARDO, Legislación de Aguas, Madrid, Manuel G. Hernandez, 1879 ; et dans Aurelio BENTABÓL Y URETA, Repertorio de la novísima legislación de Aguas, Madrid, Alvarez Hermanos, 1884. — L'étude dont nous parlons ici est ébauchée dans Joaquín COSTA, Colectivismo Agrario, p. 546-554. — Maurice AYMARD avait déjà indiqué l'intérêt de cette question (Irrigations, etc., chapitre XXIV) et il avait commenté dans cet esprit les deux décrets qui étaient tout récents au moment où il écrivait, celui du 27 octobre 1848 et celui du 29 avril 1860 : mais son chapitre devrait aujourd'hui naturellement être refait de fond en comble.

male et parfaite de ces mécanismes compliqués. Pour nous en tenir à la dépression de l'Ebre, beaucoup des syndicats ne sauraient observer et pratiquer les règles sévères et rigoureuses de Valence, alors que souvent dans les régions parcourues par les grands canaux d'irrigation les eaux sont loin d'être complètement utilisées ; ces entreprises telles qu'elles sont pourraient servir à des cultures beaucoup plus étendues, et nous n'avons qu'à recopier ici à titre de témoignage le tableau qu'a dressé Llauradó en une page de son livre[1]. Ces chiffres remontent à quelques années, mais des renseignements personnels me permettent d'affirmer qu'ils sont encore à peu près exacts.

CANAUX DU BASSIN DE L'EBRE	SURFACE		DIFFÉRENCE
	IRRIGABLE	EFFECTIVEMENT irriguée	
	Hectares	Hectares	Hectares
Canal de Tauste..	9 900	6 000	3 900
— Impérial.	26 368	14 605	11 763
— de la rive droite du Delta. .	11 780	6 000	5 780
— d'Urgel.	90 000	52 000	38 000
Totaux.	138 138	78 605	59 533

Enfin en certaines vegas les conditions naturelles qui tendent à faire disparaître les fortes organisations collectives sont encore d'un autre ordre. Dans la huerta de Tortosa (à la tête du delta de l'Ebre) presque toutes les eaux destinées à l'irrigation sont obtenues à l'aide de norias qui puisent *dans un sous-sol gorgé d'eau*[2]. Il est loisible aux cultivateurs d'établir autant de norias qu'il leur est nécessaire, et la noria n'est jamais à sec ;

---

[1] A. Llauradó, *ouv. cité*, II, p. 437.
[2] La nappe d'eau se trouve à une profondeur qui varie entre 5 et 7 mètres. Voir A. Llauradó, *ouv. cité*, II, p. 403.

chaque propriétaire a sa ou même ses norias. A quoi servirait
dès lors une organisation collective de la propriété et de la
répartition de l'eau ?

Littoral méditerranéen, du Delta de l'Ebre
au cap de Creus.

Si nous suivons la côte méditerranéenne vers le Nord au
delà du Delta de l'Ebre, nous rencontrons des cours d'eau qui
sont d'autant plus abondants qu'ils viennent de plus loin et de
plus haut, de la chaîne même des Pyrénées. Et peu à peu les
irrigations comportent une organisation de moins en moins
compliquée : elles finissent même par ne plus être organisées
par les soins des hommes, tant les pluies et les eaux de ruissellement suffisent au développement de la végétation naturelle
et des cultures !

Campo de Tarragona. — Les importantes et belles huertas
dont l'ensemble porte le nom de Campo de Tarragona sont
arrosées par une série de petits cours d'eau dont les plus
importants sont le Francolí et le Gayá ; les eaux sont abondantes et permettent des cultures très variées : oliviers, arbres
fruitiers de toute espèce, vigne, blé, avoine, maïs, chanvre,
légumes, et chacune de ces cultures jouit d'arrosages multiples ;
les arbres reçoivent un arrosage tous les quinze jours de mars
à août, les haricots sont arrosés tous les huit jours de mars à
juin (première récolte) et de juillet à septembre (seconde
récolte) : le chanvre reçoit sept arrosages de mai à juillet... et
tout est à l'avenant. On sent ici qu'on n'a pas à compter avec
l'eau ; la distribution s'opère sans difficulté, et la réglementation
est réduite au minimum.

Llobregat. — Le Llobregat est un cours d'eau de 190 kilomètres qui jusqu'à Molins de Rey, à 17 kilomètres de son

embouchure, coule dans une vallée étroite laquelle ramasse et économise toutes les eaux.

Depuis le xiv° siècle, une chaussée en pierres sèches et un canal d'une quarantaine de kilomètres détournent les eaux nécessaires à l'alimentation et aux irrigations de Manresa : on estime à 1192 hectares la surface irriguée : mais ce ne sont pas les eaux qui manquent ; on accorde aux terres au minimum un tour d'arrosage par semaine : et une partie des eaux après avoir traversé la ville ou en la traversant font marcher des fabriques : faut-il s'étonner qu'il n'y ait pas là pour les eaux une organisation spéciale et indépendante ? C'est l'*ayuntamiento* lui-même (conseil municipal) qui est en grande partie chargé de l'administration du canal.

Au point où le Llobregat débouche sur le littoral, il est utilisé par les fabriques et par les moulins très anciens de Papiol et de Molins de Rey. Au commencement de ce siècle, quelques propriétaires habitant Barcelone (à 5 kilomètres au Nord de l'embouchure du Llobregat) ou les villages de la banlieue eurent l'idée de construire un canal qui utiliserait les eaux à leur sortie des moulins et des fabriques : ainsi fut construit le canal de la rive gauche du Llobregat appelé *canal de la Infanta*. Ce canal peut avoir au maximum un débit de 4200 litres par seconde, alors que le débit d'étiage du Llobregat est toujours supérieur à ce volume ; c'est dire que la saison sèche n'a aucune influence sur le débit du canal de la Infanta ; les cultures et les fabriques qui dépendent de ce canal ont à toute époque de l'année l'eau qui leur est nécessaire. Ici encore l'organisation des irrigations se réduira à un tableau de distribution et à une administration rudimentaire ; le règlement du 8 janvier 1852 ne comporte effectivement ni tribunal ni jury des eaux [1].

---

[1] Nous n'avons pas à raconter l'histoire ridicule du canal de la rive droite du Llobregat ; cette histoire est un témoignage de l'insigne méconnaissance des condi-

Le cas spécial du Canal de Moncada. — A peu de distance
du Llobregat, le Río Besós débouche dans la mer (à environ
5 kilomètres au Nord-Est de Barcelone). Une des principales et
des plus anciennes dérivations du Besós est le canal qui alimente Moncada. Pour des raisons diverses, filtration des eaux
ou remblaiement du lit, le volume d'eau du canal avait considérablement diminué à la fin du siècle dernier ; on commença
alors à creuser ces galeries souterraines, connues sous le nom
de *las minas de Moncada* et qui étaient destinées à retrouver en
faveur du canal le débit nécessaire. Aujourd'hui les eaux fournies par les *minas* sont divisées en deux parts, l'une qui alimente toujours la ville et les irrigations de Moncada, l'autre
qui assure l'alimentation de Barcelone. Ces diverses péri-
péties ont réduit les eaux de Moncada au strict nécessaire, et,
par une conséquence naturelle, nous trouvons en vigueur à
Moncada des Ordonnances du 22 mars 1842 qui reproduisent
dans toute sa rigueur le régime de Valence ; il y a jusqu'à un
Tribunal conservador qui est destiné à juger sommairement et
verbalement tous les conflits et délits se rapportant au régime
ou à la police des irrigations. — C'est là comme une contre-
épreuve, qui manifeste clairement en cette zone plus arrosée,
que tous ces faits économiques dépendent avant tout des conditions naturelles.

Divers cours d'eau pyrénéens. — Plus au Nord encore, le
Ter, qui arrose le petit Ampurdán, le Fluviá, qui arrose le
grand Ampurdán et le Río Muga servent beaucoup plus à faire
marcher des fabriques et des moulins qu'à alimenter des canaux

---

tions naturelles initiales dont peut être capable une Administration ; on a creusé un
canal et toutes ses ramifications sans s'être préoccupé des eaux qui devaient l'alimenter : l'État a dû racheter à l'entreprise particulière les travaux exécutés, puis
chercher après coup quelles eaux pourraient être amenées jusqu'à ces travaux afin
que ceux-ci aient au bout du compte quelque utilité. (Voir A. LLAURADÓ, II, p.
460-475.)

d'irrigation[1] ; les cultures les plus importantes, vignes, oliviers et céréales, sont d'ordinaire suffisamment arrosées par les eaux de pluie, et surtout par les eaux des très nombreuses et grandes norias.

Comme pour marquer au pied même des Pyrénées que les irrigations sont là chose superflue, les petites plaines de Figueras, de Vilabertran et de Vilasacra sont situées au-dessus d'une nappe abondante qui se rencontre à peu près partout à une profondeur de 1 à 3 mètres ; de toutes parts s'aperçoivent les longues perches de ces appareils élémentaires de puisage que l'on appelle les *puarancas* (et qui ressemblent aux *cigognes* des jardiniers de Gênes ou aux *chadoufs* des Égyptiens). A Vilasacra, l'eau de la nappe filtre et sourd même à la surface, assurant l'irrigation sans aucun secours, sans aucune intervention du travail humain.

Au delà des Pyrénées, dans cette dépression encaissée entre la grande chaîne et les Corbières, reparaît le type caractérisé de steppe : c'est la plaine du Roussillon[2]. Là de très ancienne date aussi se sont développés, dans les petits bassins du Tech et de la Tet, de magnifiques systèmes d'irrigation avec organisations originales et autonomes[3]. Et nous pourrions suivre

---

[1] Les environs de Gérone sont arrosés au moyen d'un petit canal qui est la propriété de la ville ; mais les eaux sont prises par les moulins et déjà dans le premier quart de ce siècle JAUBERT DE PASSA écrivait : « Ainsi donc un fleuve et un canal d'arrosage traversent inutilement la plaine de Gérone » (I, p. 40) ; car « en 1808, les fermages des seuls moulins ont, dit-on, produit à la ville 26 000 livres catalanes, ou plus de 69 000 francs » (I, p. 41). On voit que nous n'avons pas à insister ici sur ces petits bassins secondaires, où l'irrigation proprement dite est insignifiante ou nulle.

[2] Voir Dr FINES, Climatologie du Roussillon, *Ann. Bureau central Météorologique*, I, p. B.93 — B.202.

[3] Alfred PICARD et C. COLSON, résumant dans le t. IV de leur Traité des Eaux les données d'une statistique des Associations syndicales existant en France au 1er janvier 1887 (statistique publiée dans le *Bulletin de l'Hydraulique agricole*), constatent que sur 200 Associations remontant à l'ancien régime, il y en a 160 qui appartiennent aux Pyrénées-Orientales (p. 89).

au delà des Pyrénées et dans toute la France méditerranéenne jusqu'aux vallées des Hautes-Alpes la distribution *géographique* de ces types d'organisation comme nous l'avons fait dans l'Espagne sèche. Mais nous réservons cette étude : car ces territoires ont subi de telles vicissitudes historiques que les faits géographiques y ont été trop souvent altérés et déformés.

Pour ne parler ici que du Roussillon, si voisin de l'Espagne, et dont le sort a été si souvent lié à celui des pays transpyrénéens, nous pourrions, en invoquant l'exemple du célèbre canal de Perpignan, appelé *Ruisseau de las Canals*, montrer à quel point les perturbations politiques ont modifié une vieille organisation économique (Voir aux **Notes et Pièces justificatives, D,** *Note sur le « Ruisseau de las Canals » de Perpignan*).

Cinquième groupe. — Les centres d'irrigation des provinces méridionales.

Au point de vue des irrigations, nous devons examiner les trois régions que nous avons précédemment distinguées : la dépression même du Guadalquivir, le chapelet des hautes plaines de la montagne, la frange des plaines littorales méridionales.

Bassin du Guadalquivir. — Les steppes s'avancent, nous l'avons dit, jusque dans le haut bassin du Guadalquivir ; et l'esparto couvre une partie des versants septentrionaux de la Cordillère Bétique. Mais il n'y a insuffisance de pluies dans ce fond d'entonnoir de la dépression du Guadalquivir que durant l'été et seulement sur la rive gauche du fleuve; il convient d'ajouter qu'au pied des chaînes calcaires comme la Sierra de Cazorla (Jurassique) ou la Sierra Jabalcuz (Crétacique) les sources sont nombreuses, et quelques-unes ont un fort débit.

Descendre la vallée du Guadalquivir, c'est rencontrer des

territoires de plus en plus faciles à cultiver, qui exigent de moins en moins le travail humain. Et dès Andújar on s'en aperçoit vite : la terre dite *para sembrar* (pour semer) rapporte beaucoup moins que les olivettes ; elle demande plus de travail et donne moins de profit ; on l'appelle couramment *tierra calma* et on ne se donne plus grand'peine pour l'arroser et pour rendre intensive la culture des céréales.

Dans le haut bassin du Guadalquivir, quelques réseaux d'irrigation sont encore organisés, à Cazorla, à Úbeda, etc., c'est-à-dire dans le voisinage des dernières steppes. Et ces réseaux sont régis par des syndicats qu'élisent tous les propriétaires ; ces syndicats qui sont en temps ordinaire peu actifs recouvrent en temps de sécheresse une efficace autorité ; ils attestent d'une manière intermittente le caractère collectif des intérêts qui là encore dérivent de l'eau.

Ailleurs l'organisation spéciale des irrigations a disparu complètement ; les eaux ont un débit assez constant pour qu'il importe uniquement d'en assurer la distribution. Dans la province de Jaén à Alcaudete, dont les environs sont très fertiles [1], les eaux sont fournies par des sources. L'ayuntamiento (conseil municipal) possède la Fuente Almúnia, et fait lui-même la distribution des eaux. Les eaux de source sont ainsi fréquemment propriété communale, et l'eau est administrée selon le même mode que toutes les autres propriétés communales.

Enfin plus bas dans la vallée et plus loin vers l'Ouest, les précipitations sont assez fortes et assez heureusement réparties de l'automne au printemps, pour que les habitants ne se soucient même plus d'organiser des irrigations : toute la plaine de Carmona, riche plaine de céréales, à l'Est de Séville, est une plaine sans irrigation ; les norias à manège sont nombreuses et suffisent à tous les besoins.

---

[1] M. WILLKOMM signale très justement le contraste qui existe entre les environs immédiats de Jaén, bien cultivés et fertiles, et la *steppe de Jaén* qui s'étend plus à l'Est (Grundzüge, etc., p. 277).

A Palma del Río, sur le Genil, la huerta est arrosée non plus par le moyen de norias ordinaires, mais par le moyen de grandes roues verticales à palettes et à pots, dont les palettes sont mues par le cours d'eau lui-même, et dont les pots déversent leur eau à un niveau sensiblement supérieur à celui du cours d'eau. A Palma del Río on compte 20 de ces grandes roues dont plusieurs ont 9 mètres de diamètre. En dehors de Palma, nous ne connaissons en Espagne qu'une roue semblable, près de Palma, à Ecija. Et nous n'en avons vu d'autres du même type que bien loin de là, dans le Fayoum (voir p. 344 et fig. 48 et 49).

Le courant naturel de la rivière ne suffisant pas à mettre les roues en mouvement, la rivière est coupée par de petits barrages simples qui créent des chutes de 1 mètre ; à chaque roue correspond un petit barrage ; et à chaque roue et à chaque barrage correspond une petite zone d'irrigation assez peu étendue. Dès lors le petit nombre de propriétaires de chacune de ces zones s'entend aisément pour l'entretien de cette curieuse installation hydraulique. Et il n'est pas besoin à Palma del Río d'une entente plus générale entre tous les cultivateurs de la huerta.

Hautes plaines de la montagne. — La plus importante et la plus célèbre de ces hautes plaines est sans contredit celle de Grenade, dont les irrigations sont aussi fameuses que celles de Valence. Il subsiste, en fait, quelques traits de ressemblance entre Valence et Grenade ; mais, en dépit des apparences, en dépit des opinions traditionnelles, un examen sérieux, approfondi, révèle qu'on aurait tort d'assimiler le régime de ces deux grandes vegas historiques.

A Grenade, il n'y a pas à proprement parler de régime, parce qu'il y a plusieurs régimes et plusieurs systèmes qui se mêlent et se contredisent. Une partie des eaux d'irrigation sont *aguas públicas* (eaux publiques), elles s'appellent encore *aguas comu-*

nes, ou *aguas de zona* : celles-ci sont inséparables de la terre ; mais une autre partie des eaux est *aguas privadas* (eaux privées) : c'est dire que ces eaux peuvent être vendues librement avec ou sans la terre. — L'ordre de distribution des eaux, le roulement est irrégulier : tantôt il est fixe pour chaque terre, quelle que soit la culture ; tantôt il dépend de la culture. — La périodicité des arrosages pour une même terre varie selon les saisons. — En somme pour la distribution des eaux dans la vega de Grenade, on trouve juxtaposées toutes les combinaisons imaginables.

Ce désordre, et nous pouvons dire cette anarchie, ne date pas d'aujourd'hui ; elle existait déjà au xv° et au xvi° siècles. En 1571, moins d'un siècle après la conquête de Grenade par Isabelle et Ferdinand (1492), Philippe II ne crut devoir mieux faire que de confier au licencié Loaysa la mission de fixer sur le papier l'ensemble bizarre des coutumes, des droits et des usages : c'est l'origine de ce document qu'on appelle l'*Apeo* (arpentage) de Loaysa, et qui par sa composition était bien fait lui-même pour donner une juste idée du désordre qui régnait dans l'organisation de la vega de Grenade[1].

Ce document était destiné à noter et à rassembler toutes les conventions, tous les faits et toutes les servitudes se rapportant aux irrigations. Il devait constituer une sorte de fondement autorisé pour l'interprétation des faits à venir. Mais ce volumineux manuscrit n'a guère contribué à régulariser la situation embrouillée. De plus le seul et unique exemplaire de l'Apeo, lequel appartient à l'Ayuntamiento de Grenade et est déposé dans les archives de ce corps municipal, n'a pas été intégralement conservé ; des gens intéressés ont fait disparaître un certain nombre de feuilles... Des recherches que j'ai faites à Grenade en avril 1900[2], il résulte qu'il n'existe effectivement qu'un

---

[1] On trouvera quelques extraits de l'*Apeo de Loaysa* dans A. Llaurador, *ouv. cité*, II, p. 131-138.

[2] Je tiens à remercier M. l'ingénieur Pérals qui m'a si obligeamment aidé dans mes recherches.

exemplaire du document : cet exemplaire, je l'ai eu entre les
mains, et j'ai pu vérifier moi-même qu'il n'était pas complet.

Au point de vue administratif, il n'y a pour les eaux, à
Grenade, presque rien de spécial. Il n'y a pas de *tribunal des
eaux*, il n'y a pas de police répressive, il n'y a pas d'amendes.
La cloche de la tour de la Vela à l'Alhambra continue à faire
entendre au loin ses coups sonores, qui donnent le signal de
l'ouverture des canaux d'irrigation : mais il serait téméraire de
conclure de cette tradition symbolique que les irrigations de
Grenade sont subordonnées et astreintes à une organisation
proprement dite.

Et pourtant la vega de Grenade ne le cède en rien pour sa
beauté et sa richesse à la huerta de Valence [1] (fig. 13) : les cultures y sont plus prospères que jamais, et elles se développent,
multiples et soignées, jusque sur les hauts versants fortement
ravinés de cet incomparable amphithéâtre (fig. 14). La culture
de la betterave, qui a été récemment introduite dans le bassin
de Grenade, s'y propage avec grand succès. Or les discussions ou les conflits sont très rares. Quelle est la raison profonde de cette apparente contradiction entre l'anarchie administrative et la prospérité économique ? Une cause géographique.

A l'époque de l'année où le débit des eaux s'amoindrit à Valence et à Murcie, c'est-à-dire à l'époque où surviennent les
chaleurs estivales, les eaux sont abondantes et surabondantes à
Grenade. La vega de Grenade est située au pied de la Sierra
Nevada, au pied des neiges éternelles : le Genil et ses affluents
puisent à des sources intarissables. L'eau vive ne cesse jamais
de couler dans la grande *acequia* du Generalife (fig. 15). Les
chaleurs de mai, de juin et de juillet fondent les neiges, et les
canaux de la vega coulent alors à pleins bords : au moment où

---

[1] M. AYMARD (p. 271) évalue la superficie de la vega de Grenade à 360 000 mar-
jales, c'est-à-dire 19 000 hectares (longueur maxima = 28 kilomètres ; largeur
maxima = 11 kilomètres).

Fig. 13. — La ville et la vega de Grenade ; à gauche, le palais de l'Alhambra ; au premier plan, cultures irriguées des jardins du Generalife.

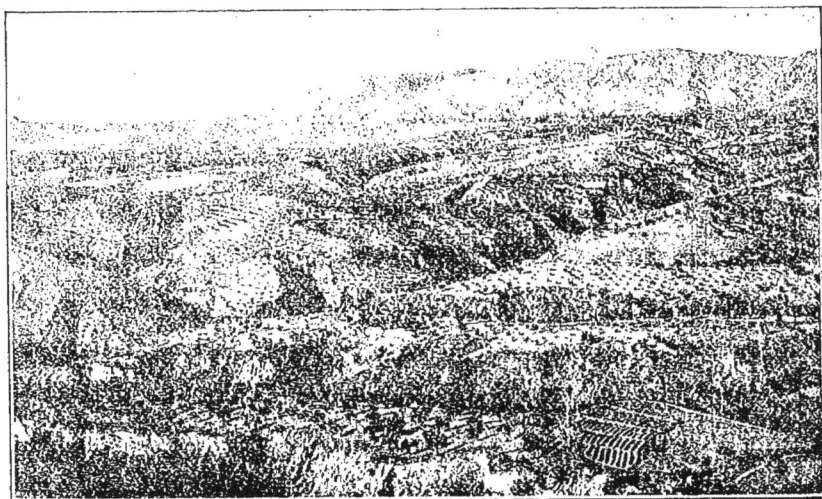

Fig. 14. — Vega de Grenade. Les cultures sur les hauts versants de la vega. Vue prise de Huetor Santillan.

les cultures ont le plus besoin d'eau, l'eau ne manque pour ainsi dire jamais[1]. Pourquoi s'efforcer de préciser les droits de la collectivité vis-à-vis de chacun et les devoirs de chacun vis-à-vis de la collectivité, puisque l'intérêt individuel de chacun

Cliché de l'auteur, avril 1900.

Fig. 15. — La grande acequia centrale dans un des jardins du Generalife, près de Grenade.

échappe à toute crise, et que l'ensemble collectif de ces intérêts individuels est nécessairement satisfait[2]?

---

[1] Lorsque les eaux néanmoins manquent en quelques points de la vega de Grenade, notamment à Santa-Fé, il subsiste une coutume traditionnelle qui est encore pratiquée ; on fait passer un mulet dans le Genil à Grenade, et si l'eau ne dépasse pas le sabot de l'âne, on doit la laisser couler tout entière dans la rivière à destination de Santa-Fé. C'est ce curieux droit qui est connu sous le nom spécial de l'Alquezare de Santa-Fé. Voir Miguel GARRIDO ATIENZA, Los Alquezares de Santa-Fé, Granada, imprenta de Francisco Reyes, 1893, in-8, 71 p.

Et de même si nous parcourons les autres centres d'irrigation de cette zone, ou les hautes vallées si riches et si bien
cultivées des Alpujarras, nous ne trouvons que des exceptions
au point de vue de l'organisation. Ou plutôt le régime est
normalement autre, parce que les conditions géographiques
sont réellement différentes[1].

Plaines littorales du versant méridional. — Que les neiges
fondues alimentent les cours d'eau ou que le climat soit plus
humide comme dans le bassin du Guadalquivir, le résultat est
le même : il n'existe pas de véritable organisation des eaux ; la
même cause explique les mêmes effets. Les plaines littorales qui
bordent vers le sud la Sierra Nevada profitent également des

---

l'introduction et du développement de la culture de la betterave. Depuis l'extension
de cette culture, l'eau se fait de plus en plus rare en été ; et en corrélation directe
avec ce fait, on constate que différents villages de la vega commencent à s'entendre
pour préciser les dispositions trop vagues des *Ordenanzas* concernant les irrigations.

[1] La haute *vega* de la si curieuse ville de Guadix, la ville des troglodytes, peut
nous offrir un exemple caractéristique. D'après les documents *manuscrits* que j'ai
pu parvenir à consulter à Guadix même (Ordenanzas y reglamento aprobados por la
Comunidad en Junta general el 27 de Enero de 1878), la répartition des eaux paraît
avoir été un peu plus compliquée à partir de cette date, parce que la cité a acheté
pour « 13 000 ducados » le droit d'user des eaux de l'Acequia de Chirivaile ; de plus
il semble que le développement considérable des cultures de chanvre ait à un même
moment créé quelque concurrence entre les différents propriétaires, qui désiraient
tous avoir de l'eau pour cette plante regardée comme une des principales richesses
de la vega. Bref, on avait organisé un système de répartition d'ailleurs assez général
et qui ne commençait que « le 25 mars de chaque année depuis le lever du soleil »
pour finir au 15 août ou au plus tard au 31 août. « Art. 5. Après cette époque,
tout est laissé à la disposition du Syndicat jusqu'au 25 mars de l'année suivante. »
Profitant d'ailleurs de ce temps d'abondance, une sucrerie, traitant les betteraves,
vient d'acheter 100 litres par seconde du mois de septembre jusqu'au mois de janvier, c'est-à-dire pour la durée de sa campagne de fabrication. Il faut en effet constater que les anciennes cultures de la *vega* tendent à être remplacées de plus en plus
par la betterave. Et depuis 5 ans, tous les cultivateurs ont de l'eau autant qu'ils en
ont besoin. L'organisation, qui n'a jamais été très serrée, paraît s'être relâchée.
Guadix est en effet située au pied des versants neigeux de la Sierra Nevada, et comme
le notait avec justesse il y a déjà plusieurs siècles Ebdīsī : « Wadi Ach, ville de
médiocre grandeur, ceinte de murailles, *est abondamment pourvue d'eau*, car il
y a une petite rivière qui ne tarit jamais » (Ebdīsī, Description de l'Afrique et de
l'Espagne, trad. Dozy et de Goeje, p. 240).

eaux abondantes de la montagne, et là non plus les irrigations n'entraînent pas ces types spéciaux d'organisation que nous avons ailleurs constatés.

Il n'y a pas de plaine irriguée où se fasse sentir mieux qu'à Motril l'influence des conditions géographiques. Motril est au centre d'une petite plaine littorale qu'arrose le cours inférieur du Guadalfeo ; elle est encadrée par des montagnes calcaires, et la chaleur y est particulièrement ardente ; d'autre part le Guadalfeo qui prend sa source au pied du fameux Mulhacén y apporte durant tout le printemps et tout l'été un flot d'eau vive abondant ; ainsi se trouvent réunies deux conditions naturelles qui ne vont pas nécessairement ensemble : une grande chaleur et une grande humidité. Ce sont les caractères essentiels du climat tropical, et voilà comment dans cette région où le climat est exceptionnellement sec et méditerranéen, les cultures sont celles des régions tropicales : la petite plaine arrosée de Motril était autrefois consacrée au coton ; et même depuis le commencement de ce siècle on substitue au coton la canne à sucre.

Bien plus, cette culture tropicale a introduit dans ce coin de terre hispanique des habitudes et des usages qui viennent des pays tropicaux : les cultivateurs partent le matin à 8 heures quand la cloche sonne, et rentrent au coucher du soleil ; de midi à 2 heures ils mangent puis ils font la sieste ; enfin durant les heures de travail, ils ont droit le matin à 3 cigares et le soir à 4 cigares, c'est-à-dire à des repos équivalents au temps qui est nécessaire pour fumer ce nombre de cigares ; on se croirait transporté à Cuba. — L'accent même est un peu chantant et rappelle l'accent américain. — Le costume employé pour le travail agricole rappelle le costume de l'Amérique tropicale.

A côté de Motril, et dans le même groupe nous devons placer les vegas littorales voisines, celles d'Almuñécar, de Vélez Málaga (Río Vélez), de Málaga (Río Guadalhorce) : des eaux abondantes y sont pareillement procurées par la fonte directe

des neiges ou par de nombreuses sources, telles que les sources
de la Sierra de Mijas ; beaucoup de norias donnent aussi de très
importants suppléments d'eau. Bref, dans toutes ces vegas on
a tenté et on pratique avec plus ou moins de succès les mêmes
cultures qu'à Motril : le coton (surtout autrefois), la canne à
sucre, la pomme de terre douce (*batata*), etc. Dans les jardins
de Málaga, on aperçoit des bambous, des bananiers, voire
même quelques pieds de caféier ou quelques grands figuiers
gommiers (*Ficus elastica, Ficus religiosa*, etc.). — Et certaines
régions du littoral, comme les terres du bas Guadalhorce, sont
sont si marécageuses que l'on y a planté des eucalyptus.

Partout, ici et là, nous trouvons des irrigations ; nous pouvons même noter qu'il existe entre les propriétaires une certaine entente plus ou moins vague au sujet de ces irrigations ;
mais ici non plus que là, il n'existe aucune organisation qui
puisse être comparée à celle de Valence.

RÉSUMÉ ET CONSÉQUENCES

En Espagne, les eaux destinées à l'irrigation sont dans la presque totalité des cas (nous avons mentionné avec soin les exceptions) empruntées aux cours d'eau ; elles sont donc fournies par des causes naturelles très variables, et presque toujours le débit des eaux utilisées pour l'irrigation est soumis à de très grandes variations. Le volume de l'eau disponible n'est pour ainsi dire jamais constant. — Il ne conviendrait point de diviser les oasis espagnoles en deux types : les oasis à volume d'eau constant et les oasis à volume d'eau variable ; mais puisqu'elles ont presque toutes recours à des eaux dont le débit est essentiellement variable, il importe seulement de considérer dans quels cas les eaux sont surabondantes et dans quels cas elles sont insuffisantes.

Si nous voulons résumer ce que nous a appris l'étude précise et minutieuse des régions à irrigations de l'Espagne, nous constatons que dans les régions humides septentrionales et occidentales les irrigations proprement dites sont rarement pratiquées ; que dans les régions humides méridionales elles sont pratiquées, mais sans entraîner, comme conséquence de leur existence, une rigoureuse coordination collective des efforts et des intérêts individuels ; de même dans les régions dont le climat est sec, mais où l'eau est abondante, nous trouvons des systèmes d'irrigation, mais sans une véritable organisation économique et administrative de l'eau. Enfin dans les régions

arides, où l'eau, tout en étant en quantité restreinte, peut suffire à alimenter un bon système d'irrigations sinon régulières
du moins périodiques, subsiste encore aujourd'hui un type admirable d'organisation collective de l'eau avec ses rouages complets. Beaucoup d'autres avant nous, et avec une parfaite compétence, ont étudié, au point de vue économique et juridique,
ces « communautés d'eau ». Mais si nous consultons même
une des plus récentes et des meilleures de ces études, le livre
si riche de Joaquín Costa, *Colectivismo agrario en España*[1],
nous constatons que ces *comunidades de aguas* sont exami-
nées d'une manière générale et abstraite sans préoccupation du
lieu où elles sont encore en vigueur.

Nous avons essayé, pour notre part, de déterminer géographiquement l'extension de cette organisation que nous avons
appelée le type de Valence, et nous avons démontré que cette
extension dans l'espace n'était pas sans rapport avec l'ensemble
des conditions naturelles, avec le cadre géographique.

A mesure que nous nous sommes écartés et éloignés du cadre géographique typique correspondant à l'organisation-type,
nous avons en effet constaté comme une dégradation progressive
de l'organisation.

Même alors que nous considérions seul un groupe de zones
irriguées, tel que celui de la frange littorale valencienne, nous
n'avons jamais oublié qu'il existe des différences locales, parfois
très sensibles : mais dans l'ensemble, ces vegas, ainsi épar-
pillées au pied des mêmes versants de la massive Péninsule,
subissent toutes, au point de vue du climat, les effets d'un ré-

---

[1] Madrid, 1898, in-8, 606 p. Voir le chapitre v, Comunidades de aguas, p.
532-554. De même M. AYMARD, dans ses études si remarquables sur les irrigations
du Midi de l'Espagne, déclare à tort que « les irrigations dans presque toutes les
localités forment une véritable commune hydraulique » (p. 5). *A fortiori*, dans les
livres purement scientifiques, comme celui de Horacio BENTABOL Y URETA, Las
Aguas de España, les problèmes des eaux sont envisagés à un point de vue mathématique qui ne tient pas assez compte des combinaisons variées et complexes de la
réalité.

gime à peu près équivalent et se trouvent dans des conditions
géographiques sinon identiques du moins analogues. Telle est
la raison géographique qui légitime la manière dont nous avons
groupé les plaines de cette première série, et pareillement les
zones arrosées des autres groupes.

Nous fondant sur ces affinités naturelles et réelles, nous avons
essayé de localiser exactement tous les faits se rapportant à
l'irrigation (voir d'ailleurs la carte IV) ; et nous avons observé
que les grands barrages-réservoirs appartenaient en propre aux
provinces Sud-orientales, de même que les grands canaux étaient
bien la « spécialité » de la dépression de l'Ebre. De ces faits
nous avons aisément constaté l'influence sur l'ensemble de
l'organisation économique de l'eau ; et en ces deux « départements » naturels, où les hommes par la construction de grands
travaux techniques — barrages-réservoirs et canaux — ont considérablement modifié les conditions originelles, il s'en est suivi
que l'organisation-type a été parfois altérée.

Si le débit naturel des eaux exploitées est aussi irrégulier
qu'il l'est en Espagne, l'homme doit désespérer de vaincre complètement cette irrégularité. En fait, lorsqu'il a tâché, par le
moyen de réservoirs, d'en transformer le débit perpétuellement
changeant en un débit régulier, il n'a pas pu parvenir à se garantir efficacement contre les périodes de sécheresse. Accepter
le fait de la sécheresse, et le prévoir, et prendre les précises
mesures nécessaires en vue de cette éventualité (comme à Valence), vaut mieux le plus souvent que de vouloir résoudre et
supprimer la difficulté par une grosse œuvre de maçonnerie
(comme à Lorca). Une réglementation minutieuse et une administration des intérêts collectifs munie des pouvoirs nécessaires constituent la meilleure méthode pour assurer aux cultivateurs d'une zone irriguée en pays aride un régime normal,
et pour prévenir les surprises comme pour éviter les catastrophes. — L'Espagne possède de nombreux spécimens, parfaits
et complets, d'organisations syndicales fondées sur le principe

de la propriété collective des eaux ; tel est bien le principal bénéfice dont elle jouisse encore maintenant ; et de telles organisations seraient précieuses et désirables, *même* et *surtout* lorsque l'irrigation *exige*, comme dans la vallée de l'Ebre, de colossales entreprises.

Il y a là un fait d'observation dont on n'a pas tiré, croyons-nous, toutes les conséquences pratiques et actuelles, qu'il est utile d'en dégager. Aujourd'hui, en Espagne, l'opinion publique se tourne de plus en plus vers les questions économiques et principalement vers les questions d'irrigation. Des hommes de grande valeur, tels que Joaquín Costa, ont créé un courant politique nouveau qu'ils ont même appelé la « *politica hidráulica* ». Et certes, non seulement leurs tendances pratiques en matière économique, mais même les grandes lignes de leur programme sont tout à fait dignes d'approbation [1].

Nous nous réjouissons pour l'Espagne qu'en concordance avec ce mouvement dû à l'initiative privée la presse politique ait commencé une campagne dans le même sens [2], et que surtout le Ministère des travaux publics ait mis à l'étude tout un vaste plan de grandes entreprises d'irrigation [3].

---

[1] Consulter la collection de la revue mensuelle, la *Revista Nacional*, organo de la Liga nacional de Productores, qui paraît à Madrid depuis 1899. Voir aussi El « directorio » de la Liga nacional de Productores, Reconstitución y Europeización de España, Programa para un partido nacional (Madrid, 1900, in-8, 366 p.), p. 20-22, 87-88, 201, 219-220, etc. Est-il besoin d'ajouter que nous n'entendons parler ici que de la partie de ce programme qui se rapporte aux irrigations ? Il faut rappeler que par ses conférences au Fomento de las Artes sur l'hydrographie de l'Espagne, Rafael TORRES CAMPOS a apporté à ce mouvement l'appui de sa compétence scientifique : voir Nuestros Ríos dans R. TORRES CAMPOS, Estudios geográficos. Madrid, Fortanet, 1895, xvi 475 p., 331-415. — Et de même Horacio BENTABOL Y URETA, dans les deux années qui ont précédé la publication de son livre, Las Aguas de España, a multiplié conférences et articles sur les mêmes sujets (voir p. xli-xliv).

[2] Nous faisons surtout allusion ici à la brillante campagne menée par *El Imparcial* et aux nombreux articles publiés dans ce journal d'avril à juillet 1899.

[3] Nous avons entre les mains un document officiel, mais non publié, qui résume le plan du Ministère des Travaux publics : Avance de un plan general de Pantanos y Canales de riego redactado por el Cuerpo de Ingenieros de Caminos, Canales y Puertos. Año de 1899, Madrid, 1899, in-4, 30 p.

Mais en tous ces programmes et en tous ces plans ne fait-on pas trop grande ou du moins trop exclusive la part des ouvrages techniques, énormes et coûteux, barrages ou canaux ? Ne perd-on pas de vue les faits essentiels concernant l'histoire des travaux déjà exécutés [1] ? Aperçoit-on clairement l'adaptation nécessaire de tous ces ouvrages aux conditions géographiques variées des diverses provinces de la Péninsule ? Enfin attache-t-on toute l'attention désirable aux résultats qu'on pourrait espérer soit d'une plus stricte utilisation des eaux en certaines zones déjà irriguées, soit d'une plus heureuse réglementation et organisation en d'autres oasis [2] ?

Ceux qui veulent servir les vrais intérêts de l'Espagne ne doivent jamais oublier que les conditions géographiques la condamnent en une partie de sa surface à une presque irrémé-

---

[1] Je serais beaucoup moins affirmatif et optimiste que A. Llauradó, par exemple, qui préconise à l'excès, me semble-t-il, les barrages-réservoirs (voir Aguas y riegos, I, p. 178). Il est juste toutefois d'ajouter qu'à la p. 184 du même ouvrage, il énumère les graves inconvénients que présentent les barrages-réservoirs de dimensions par trop grandes et conseille d'en construire plusieurs de dimensions réduites au lieu d'un seul énorme. Et il a renouvelé ces avis très sages en 1892, à Paris, dans une communication faite au *V⁰ Congrès international de Navigation intérieure* (Réservoirs établis en Espagne, p. 3). — En ce qui concerne, d'autre part, les grands canaux, je me trouve tout à fait d'accord avec l'ingénieur espagnol Horacio Bentabol qui a publié le 4 mai 1899 dans la *Época* un article excellent : *Menos Canales y mas aguas*, Moins de canaux et plus d'eau ; l'article commençait ainsi : « Ce n'est pas avec des canaux, mais avec de l'eau qu'on arrose les terres. » — Ces pages étaient rédigées lorsque a paru l'ouvrage du même auteur que j'ai cité plus d'une fois : tout le 1er chap. de la 2e part., p. 155 et suiv., correspond exactement aux craintes que j'exprimais ici.

[2] Les problèmes de réglementation et de législation des eaux devraient d'autant plus préoccuper les pouvoirs publics que le développement rapide des usines hydrauliques en vue des installations électriques va contribuer à créer en bien des points une situation encore plus compliquée et multiplier les cas de conflit. Pour ne parler que de la région que j'ai le plus récemment visitée, voici plus de dix villes qui sont déjà éclairées à l'électricité : Lorca, Huescar, Baza, Guadix, Dúrcal, Almuñécar, Motril, Lanjarón, Grenade, Loja, Alhama, etc. — Sur la création de nouvelles Sociétés électriques utilisant des forces hydrauliques à Alicante, à Saragosse, etc., voir D. Aubry, Progrès industriels de l'Espagne, Réforme économique, 3 novembre 1901, p. 1280.

diable pauvreté agricole ; elle est en ce sens mal façonnée, et l'on ne pourra la transformer complètement[1]. Dans ce domaine, les oasis d'irrigation marquent d'admirables centres d'activité et de fertilité ; mais je me suis précisément efforcé d'indiquer en quelle étroite mesure même les plus industrieuses et les plus ingénieuses formes de l'activité humaine sont en Espagne liées et partant limitées à certaines conditions orographiques et topographiques, climatiques et hydrographiques ; et il serait en vérité puéril de prétendre, et chimérique de souhaiter que de pareils centres pussent être *indéfiniment* développés et multipliés. — Un peuple qui est passé maître en l'art de l'irrigation n'abdiquera pas la prudence que cet art exige, et restera fidèle aux méthodes éprouvées qui ont maintenu, durant des siècles et malgré tous les changements politiques, la prospérité féconde et paisible de ses vegas et de ses huertas.

---

[1] Nous trouvons encore exagéré l'optimisme dont fait preuve l'Introducción des Aguas de España d'Horacio BENTABOL (voir notamment p. xvi), malgré toutes les judicieuses et courageuses réserves critiques qui y sont formulées.

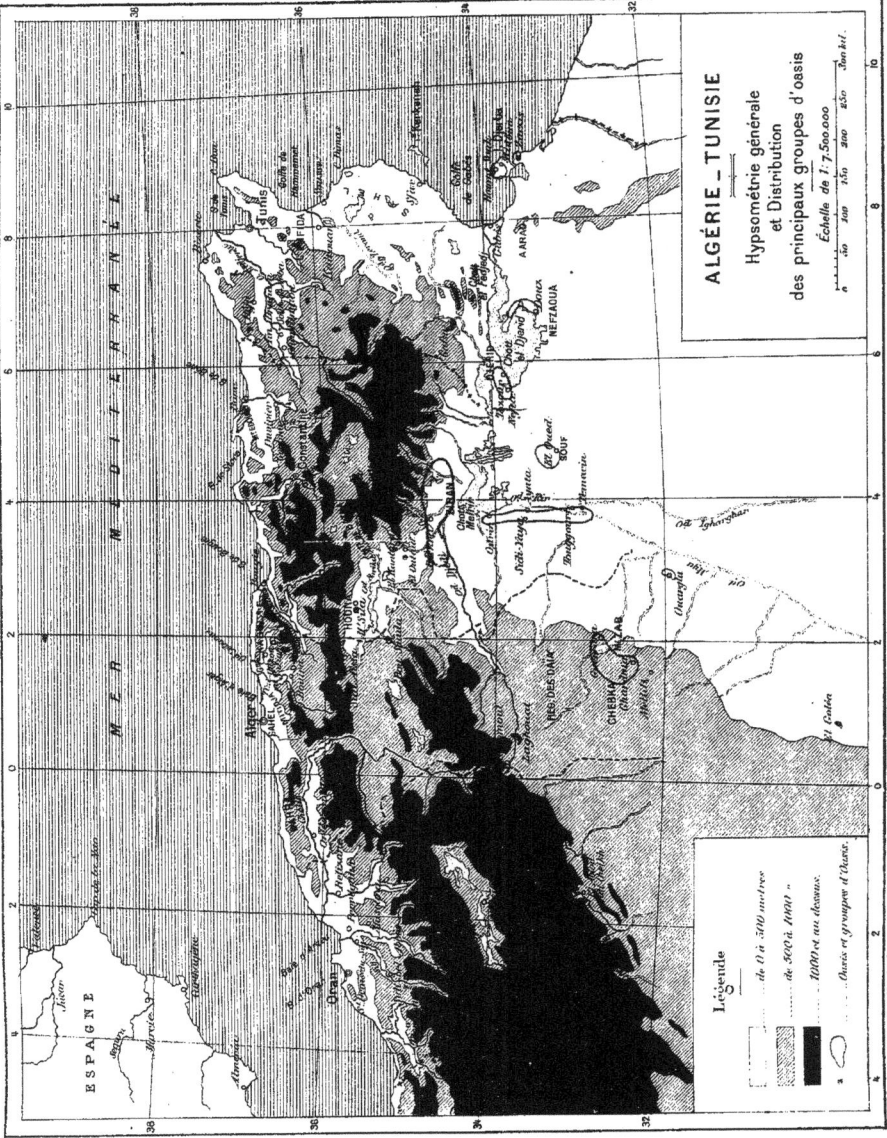

ALGÉRIE — TUNISIE
——
Hypsométrie générale
et Distribution
des principaux groupes d'oasis

Échelle de 1:7.500.000

50   100   150   200   250   300 kil.

Légende
_____ de 0 à 300 mètres
▨▨▨▨▨ de 300 à 1000 "
███████ 1000 et au dessus
⬯ Oasis et groupes d'Oasis

ESPAGNE

M E R   M É D I T E R R A N É E

Oran

Alger

Tunis

Gr. Kabylie

El Golea

OUED R'IR'

OUED DJELMA

Touggourt

NEFZAOUA

Gafsa

Golfe de Gabès

Gravé par A. Simon, 24, Rue Meslée, Paris

DEUXIEME PARTIE

L'IRRIGATION EN ALGÉRIE-TUNISIE

CHAPITRE I

LES CARACTÈRES GÉNÉRAUX DU RELIEF ET DU CLIMAT DE L'ALGÉRIE-TUNISIE

En quittant l'Europe et en abordant les terres africaines qui bordent le bassin occidental de la Méditerranée, nous pénétrons en une région qui appartient encore à l'Europe par sa structure et par sa formation géologique. C'est un lambeau de cette grande zone des plissements alpins qui ont affecté si fortement l'Europe méridionale, et un lambeau qui pour être séparé de l'Europe n'en est pas moins resté indépendant du reste du continent africain. Région plissée, elle se distingue de toute la vieille plate-forme africaine, rebelle aux plissements, et constitue une sorte de hors-d'œuvre, relativement récent, qui se rattache nettement par l'ensemble de ses caractères à l'Europe méridionale, à l'Europe méditerranéenne[1]. Ce fort bourrelet montagneux est constitué par l'Atlas ou mieux par les Atlas ; il s'étend

---

[1] « Considérée en masse, l'Afrique du Nord est, comme la Péninsule ibérique, une *haute-terre*. L'altitude moyenne de l'Ibérie est évaluée à 700 mètres environ, hauteur que n'atteint aucune région de l'Europe. Celle de la Berbérie est sans doute encore supérieure, bien qu'il soit impossible de l'évaluer avec les documents dont nous disposons actuellement. Comme en Espagne, les plaines basses ne se rencontrent qu'à la périphérie et n'occupent qu'une étendue médiocre ; ce sont des plaines longues et étroites, dont la plaine du Chélif est le type. » Augustin BERNARD, Hautes-plaines et steppes de la Berbérie, p. 22.

depuis le Maroc jusqu'à la Tunisie, et, de tout temps, il a
constitué une unité visible pour tous, très nettement apparente. Les Arabes ont appelé toute cette région l'Ile du Couchant,
Djezirat el Maghreb, ou d'une manière abrégée, le *Maghreb*[1].

    Esquisse géologique et aspect général du relief (voir la
carte V). — Une terre, analogue à la « Tyrrhénide », et qui
devait plus tard s'effondrer comme elle, s'élevait au Nord de
l'actuelle Berbérie[2] ; c'est contre ce massif archéen qu'est venue
buter la vague des Atlas, et que se sont formées les rides qui
constituent aujourd'hui presque toute la partie montagneuse
du Maroc et de l'Algérie-Tunisie. De l'ancien massif de « Berbéride » des lambeaux discontinus ont subsisté en bordure des
plis plus récents le long de la côte méditerranéenne. Ainsi le
dessin général de la Berbérie actuelle est fort simple à saisir :
de vieux massifs sont égrenés vers le Nord, massif d'Arzew,
Bouzaréa, Kabylie, mont Edough, etc., où les micaschistes et
les gneiss, parfois si développés comme en Kabylie, témoignent de l'ancienneté de ces formations[3]. Sur le littoral de la
Berbérie actuelle se rencontrent aussi des terrains éruptifs
récents, tels ces andésites miocènes du volcan de Tifarouïne
sur la côte occidentale de la province d'Oran[4] ; et ce trait
rappelle le jalonnement de terrains éruptifs qui accompagne

---

    [1] Sur le nom de *Maghreb*, voir IBN KHALDOUN, Histoire des Berbères, traduc-
tion DE SLANE, I, p. 186, et sur les différentes acceptions géographiques du mot,
voir IDEM, *ib.*, p. 193, 194.
    [2] Le nom général de *Berbérie* paraît très heureusement choisi pour désigner
tout le Maghreb ; il a été remis en honneur dans ces dernières années par Augustin
BERNARD. POMEL l'avait aussi préconisé, voir Le Sahara (Géologie, Géographie et
Biologie), dans *Bull. de la Soc. de Climatologie algérienne*, 1871, p. 260. Il est également proposé par P. FONCIN, L'Algérie, dans *La France coloniale* d'Alfred RAM-
BAUD, 6ᵉ édit. Paris, 1893, p. 41.
    [3] Sur les poudingues et les schistes rouges permiens du Djebel Kahar (mon-
tagne des Lions) dans le massif d'Arzew, voir E. FICHEUR, Note sur la constitution
géologique du massif d'Arzeu, *Afas*, Nantes 1898, 1ʳᵉ partie, p. 146, 147. Sur
l'Edough, voir D'ARMAN DE POUYDRAGUIN, L'Edough, *Revue Soc. archéol. de
Constantine*, XXXII, 1898.
    [4] L. GENTIL., Le volcan andésitique de Tifarouïne, *C. R. Ac. Sc.*, 1900.

la côte orientale de l'Ibérie depuis Alboran jusqu'aux Colombrettes, ou le littoral occidental de l'Italie.

Contre le *horst* aujourd'hui effondré se sont formés et figés des séries de plis et de chaînes encadrés et comme enserrés entre deux plis particulièrement saillants : l'Atlas tellien et l'Atlas saharien. Ces deux chaînes sont les vraies limites Nord et Sud du massif plissé ; elles continuent toutes deux les Atlas marocains, mais elles ont été beaucoup mieux étudiées que ceux-ci, et nous pouvons aujourd'hui les suivre avec une réelle précision jusqu'à la Tunisie. Ces deux Atlas qui, dans la province d'Oran, sont séparés l'un de l'autre par des distances de 200 à 250 kilomètres, ne sont point parallèles et vont se rapprochant vers l'Est jusqu'à devenir voisins en Tunisie et presque à s'accoler[1]. De là, ces plis vont rejoindre non pas ceux de la Sicile, mais beaucoup plutôt ceux de l'Apennin central[2]. Les rides comprises entre ces deux chaînes étaient, semble-t-il par leur origine tectonique, d'une importance moindre ; elles étaient aussi sans doute moins saillantes ; voilà que les conditions spéciales d'un climat semi-désertique succédant au climat très humide des premiers temps quaternaires les ont pour ainsi dire démolies sur place, comblant les dépressions avec les débris arrachés aux saillies, et travaillant à égaliser ainsi — à une altitude forcément élevée — les espaces bordés par les deux chaînes. Ces dernières conditions climatiques réduisant à une puissante accumulation sur place le travail de l'érosion pluviale ont maintenu dans un état indécis, dans un état d'enfance le modelé topographique ; et cet ensemble de la région plissée bornée par les deux Atlas a pris l'aspect d'un épais massif méritant même d'être appelé par certains

---

[1] Ou plutôt l'Atlas tellien proprement dit disparaît complètement à partir d'une ligne Batna-Guelma-Bône, d'après E. Haug, Sur quelques points théoriques relatifs à la géologie de la Tunisie, dans *Afas*, 1897, 2e partie, p. 366.

[2] Voir Idem, *ibid.*, p. 375, fig. 2, Carte schématique des lignes directrices des chaînes entourant la Méditerranée occidentale.

un *haut-plateau*. Cependant, sur ces larges étendues ainsi comblées et que les débris accumulés ont faites horizontales se dressent, exactement comme des îles au-dessus de la mer, les arêtes qui n'ont pas été noyées et qui sont les preuves manifestes de la véritable histoire de cette région plissée. Tantôt ce sont des chaînes toujours dirigées entre S.-W.-N.-E. et W.-E., tantôt — et de plus en plus à mesure que l'on avance vers la Tunisie — ce sont de simples dômes, tel ce dôme très élevé du Djebel Sidi-Rgheiss (1 628 mètres) qui dans la région des chotts du Nord de l'Aurès domine de 700 mètres la grande plaine des Harectas [1]. D'autre part, puisque les deux cordons Nord et Sud de cette masse, dite plateau, vont se rapprochant vers la Tunisie jusqu'à se toucher, il s'ensuit manifestement que la forme intermédiaire des pseudo-plateaux, fort étendue dans la province d'Oran, va s'amincissant aussi vers l'Est jusqu'à disparaître complètement en Tunisie. En réalité même, la prétendue zone des *Hauts-Plateaux* est interrompue par une véritable dépression, le bassin du Hodna (Voir la carte V) [2].

Si le dessin général est très simple, la réalité se présente sous un aspect naturellement plus complexe. D'abord ces jalons derniers de l'ancienne « Berbéride » qui bordent la Berbérie d'aujourd'hui n'ont pas partout la même physionomie, ni partout la même altitude, ni surtout la même structure. Tantôt ils se présentent comme l'Edough, isolés, en avant du système plissé dont ils sont même séparés par de larges dépressions

---

[1] J. BLAYAC, Sur le dôme du Sidi-Rgheiss (province de Constantine), dans *Bull. Soc. géol. de France*, 1897, p. 664-665.

[2] E. HAUG, Sur quelques points théoriques relatifs à la géologie de la Tunisie, *Afas*, Saint-Étienne, 1897, 2e partie, p. 366, et Aug. BERNARD, voir *Revue bibliographique*, etc., dans *Bull. Soc. géogr. d'Alger*, 1899, p. 102, estiment que la vraie zone dite des Hauts-Plateaux doit être regardée comme finissant à l'E. de la dépression du Hodna. Sur la carte V, *qui est avant tout une carte schématique*, j'ai voulu, en choisissant les deux courbes de 500 et de 1000 mètres, exprimer clairement dans quelle mesure le Hodna est une dépression qui brise la continuité des Hauts-Plateaux.

comblées de débris et de dépôts récents (ex. : plaine de Bône) ; leur relief est en général plus adouci, arrondi, vermoulu, s'opposant surtout aux raides versants calcaires des crêtes liasiques de l'Atlas. Tantôt ils ont été serrés de près par la première ride de l'Atlas ; des dépressions longitudinales plus ou moins profondes, plus ou moins discontinues, marquent la limite, mais les roches anciennes subsistantes et les roches plissées plus récentes forment parfois un ensemble si cohérent, si habilement détaché du reste de la masse plissée par les caprices d l'érosion que l'orographie actuelle joint intimement ensemble des masses d'origine géologique très différente : un massif comme la Grande-Kabylie, composé de morceaux hétérogènes, la Kabylie gneissique et le Djurjura gréseux et calcaire, constitue néanmoins un vrai département géographique, une province naturelle.

Ainsi, tantôt les plissements tertiaires se terminent vers le N. par des talus assez raides dominant des dépressions, tantôt le passage se fait pour ainsi dire insensiblement et nous n'apercevons guère dans l'orographie présente le front du système.

On conçoit d'autre part que le rétrécissement progressif de la masse plissée vers l'Est en change tout-à-fait la physionomie, et que les chaînes tunisiennes soient très dissemblables des plateaux oranais. Là dominent, en effet, non plus des « chaînes », mais des séries de dômes et de cuvettes : et cette orographie fragmentaire, qui commence dès la province de Constantine et dès le pays des Nemenchas, mérite bien d'être regardée comme un des caractères physiques les plus distinctifs de la Tunisie centrale [1]. — Ajoutons qu'à l'Est du massif de l'Aurès, dont M. Ficheur a noté la symétrie [2], apparaissent des chaî-

---

[1] Voir J. BLAYAC, Le pays des Nemenchas à l'Est des Monts Aurès (Algérie), *Ann. de géogr.*, VIII, 1899, p. 141-159 et pl. V, et L. PERVINQUIÈRE, La Tunisie. Esquisse de géographie physique, *Ann. de géogr.*, IX, 1900, p. 434-455 et pl. XI.

[2] E. FICHEUR, Le massif du Chettaba et les îlots triasiques de la région de Constantine, *Bull. Soc. géol. France*, 1899, p. 85.

nons W.-E., fait vraiment nouveau qui caractérise la Tunisie méridionale jusqu'au Nord des chotts, et qui se poursuit même par place jusqu'au Sud de certains chotts comme le chott El Fedjedj [1].

Enfin, la mer, qui suit les plis du système selon une direction qui n'est pas parallèle au plissement, interrompt ces plis complètement vers l'Est ; un rivage de direction générale Nord-Sud commence au cap Bon, et la mer s'avance de la sorte le long de la côte tunisienne de trois à quatre degrés plus au Sud, bien au delà des dernières ramifications des Atlas [2].

Sur son versant Sud, — sur son versant saharien, — le massif plissé se termine avec une moins grande complication : au Sud-Est, dominant une large dépression pliocène, les calcaires du système plissé disparaissent brusquement sous un angle très fort, en formant une véritable muraille dont la paroi se montre très raide surtout au pied de l'Aurès. Plus loin, vers l'Ouest, la chute est moins rude ; toute cette province Sud-Ouest du Sahara s'élève en effet à plus de 500 mètres au-dessus du niveau de la mer. (Voir la carte V: *Algérie-Tunisie, Hypsométrie générale* : si je me suis efforcé par le choix des 2 courbes de niveau de 500 mètres et de 1000 mètres de faire ressortir d'abord et d'une part l'interruption que constitue dans l'hypsométrie des hautes terres la dépression du Hodna, située au-dessous de 500 mètres, j'ai voulu d'autre part exprimer l'opposition entre la basse

---

[1] L. Dru, dans Roudaire, Rapport sur la dernière expédition des Chotts, in-8. Paris, 1881, p. 45-60, résumé dans Ed. Suess, La face de la terre, trad. de Margerie, 1, p. 457. Voir aussi L. Pervinquière, art. cité, p. 436-438.

[2] Pour tout ce qui précède, on doit se reporter aux quatre feuilles de la Carte géologique provisoire de l'Algérie, 2ᵉ édition (Directeurs du service : Pomel et Pouyanne) à 1 : 800 000, et à la Carte géologique provisoire de la région de Tunis dressée par F. Aubert à 1 : 800 000. On doit se reporter aussi à A. Pomel, Explication de la deuxième édition de la carte géologique provisoire de l'Algérie à 1 : 800 000, suivie d'une étude succincte sur les roches éruptives de cette région par J. Curie et G. Flamand. Alger, Fontana, 1890, in-4, 217 + 101 p., et à F. Aubert, Explication de la carte géologique provisoire de la Tunisie. Paris, H. Barrère (s. d.), in-8, VII + 91 p.

province orientale du Sahara et le Haut-Sahara occidental ; le relief se relève en effet d'une manière très nette au delà de cette dépression Nord-Sud de l'Oued-Rir' qui est d'ailleurs dans le prolongement de la dépression du Hodna). Mais les couches de l'Atlas plongent toujours à l'W. aussi bien qu'à l'E. avec une grande brusquerie sous d'énormes dépôts quaternaires : les couches du rocher de Laghouat ont une inclinaison de 45°. Bref, de la Méditerranée jusqu'au Maroc, le système plissé fait front vers le Sud aux espaces horizontaux du Bas-Sahara des Chotts ou du Haut-Sahara des Daïa sous des aspects variés mais qui présentent une certaine analogie.

Si, maintenant, faisant intervenir les causes atmosphériques qui déterminent le climat de cette province septentrionale de l'Afrique, nous reconnaissons que les courants les plus humides, c'est-à-dire les plus agissants et les plus importants, viennent exclusivement du Nord (Nord, Nord-Est ou Nord-Ouest), la relative régularité du front méridional devra se traduire dans la géographie générale par des phénomènes d'un moindre intérêt que l'extrême diversité du front septentrional.

Mécanisme général du climat. — S'il est vrai que le climat méditerranéen soit essentiellement caractérisé par ce fait que les pluies se produisent surtout en hiver, et en hiver d'une manière presque exclusive (exactement de novembre à avril), le climat de l'Algérie-Tunisie mérite bien d'être regardé comme type du climat méditerranéen [1]. Les masses d'air chargées de la vapeur d'eau qui est due à l'évaporation méditerranéenne se refroidissent, soit parce qu'elles heurtent, en allant vers le Sud, le front du système montagneux des Atlas, soit parce qu'elles rencontrent, au-dessus de l'Algérie-Tunisie, des couches d'air à une température plus basse que la leur. En hiver, soit l'ascension

---

[1] Voir le tableau : Jæhrliche Regenverteilung in Prozenten, dans Julius HANN, *Handbuch der Klimatologie*, III, p. 28.

des pentes qui font face à la mer vers le Nord, soit une légère différence de température entre les couches qui s'entremêlent, suffisent à déterminer la condensation ; car la température est assez basse, et l'humidité relative est assez grande. Mais en été, la température est trop élevée pour que les conditions favorables à la condensation soient aisément réalisées [1]. Alors même que l'évaporation est très forte au-dessus de la Méditerranée, alors même que les masses atmosphériques sont violemment entraînées vers le Sud, elles rencontrent des couches atmosphériques en contact avec des régions de plus en plus surchauffées, et comme sur les premiers gradins de l'Espagne méditerranéenne, la condensation a des chances de se produire de plus en plus faibles et de plus en plus rares (voir la carte VI) [2].

Comme en Espagne, il arrive que les pluies sont plus vio-

---

[1] Les températures, principalement sur les parties élevées du relief de la Berbérie, sont naturellement caractérisées par de forts écarts entre l'hiver et l'été, entre le jour et la nuit. Voici quelques observations faites dans la province d'Oran, à El Aricha, tout près de la frontière marocaine :

En 1891.	Minima :	Janvier. .	— 15°	En 1893.	Minima :	Janvier. .	— 1°
		Mars.. .	— 9°			Février. .	— 9°
		Avril. .	— 3°		Maxima :	Juin.. .	43°
	Maxima :	Mai. . .	30°			Juillet. .	38°
		Juin.. .	36°			Août.. .	39°
		Juillet. .	40°				
		Août.. .	39°				
		Octobre..	31°				

V. Le pays du mouton, p. 359. Quant aux très hautes températures souvent signalées à propos du Sahara, il convient de les accepter avec les sages réserves critiques de A. ANGOT : « Les chiffres [de températures observées au Sahara] supérieurs à 50°, que l'on cite quelquefois, sont possibles ; mais ils ne peuvent avoir été observés que dans des conditions tout à fait spéciales, ce qui leur fait perdre toute signification générale. En effet, le sol exposé au soleil atteint probablement parfois dans le Sahara, en été et au milieu du jour, une température de 70° ; une observation de M. Duveyrier, faite dans des conditions qui n'avaient rien d'exceptionnel, a donné 66°,4 ». A. ANGOT. Étude sur le climat de l'Algérie, dans *Ann. Bur. centr. météorol.*, 1881, I, p. B. 20 et B. 21. — On comprend du moins quelles doivent être les conséquences de cet échauffement du sol au point de vue de la végétation.

[2] Voir Th. FISCHER, Studien über das Klima der Mittelmeerlaender, *Pet. Mit. Erg.*, n° 58, avec cartes des pluies, etc., montrant les rapports entre l'Algérie-Tunisie et l'Espagne orientale.

ALGÉRIE _ TUNISIE

Hauteurs moyennes
annuelles
des Pluies.

Échelle de 1:7.500.000

ESPAGNE

MER MÉDITERRANÉE

Légende

1000ᵐᵐ et au-dessus.
de 800 à 1000.
de 600 à 800.
de 400 à 600.
de 300 à 400.
au-dessous de 300ᵐᵐ.

Gravé par A.Simon .12 Rue Nicole, Paris.

lentes que bienfaisantes ; il tombe parfois en 24 heures 20 ou 25 millimètres d'eau ; et comme en Espagne les désastres produits par les inondations surviennent très fréquemment [1]. Même en éliminant de tels cas exceptionnels, les pluies ont toujours une tendance à se présenter sous forme d'averses [2].

En dehors des orages et de quelques chutes anormales de pluie, les pluies sont régulièrement produites en Algérie par les causes que nous avons indiquées. C'est dire que ce sont toujours les couches d'air qui se sont enrichies de vapeur d'eau au contact de la Mer qui seront les dispensatrices de la pluie comme de la neige ; et elles ne le seront jamais bien loin de leur origine, c'est-à-dire de la mer elle-même.

Quand, durant l'hiver 1899-1900 au mois de janvier, les chutes de neige furent près de la côte assez abondantes pour interrompre pendant plusieurs jours les communications du chemin de fer de Constantine à Alger, la ligne de Constantine à Biskra ne fut pas interrompue, car, au delà de Sétif, par exemple, et en descendant vers le Sud, la neige si abondante entre Bouira et Bordj-Bou-Arreridj avait été se raréfiant de plus en plus. Or, sur tous ces hauts plateaux il avait fait très froid, plus froid même que là où les accumulations de neige avaient

---

[1] Dans la première quinzaine du mois de novembre 1900, les inondations ont été terribles en Algérie, spécialement dans la province d'Oran ; dans la plaine du Sig, la pluie est tombée pendant 19 heures consécutives (11 novembre) ; plusieurs voies ferrées ont été coupées par les pluies ; les remparts de Mascara ont été démolis sur 15 mètres de longueur.

[2] Le 11 janvier 1900, dans la matinée, à Alger, j'ai vu tomber, à deux reprises, une averse de grêle ; rien ne pourrait mieux indiquer ce régime d'averses fortes et irrégulières, finissant brusquement, que ce qu'on appelle dans nos climats tempérés : les *giboulées de mars ou d'avril* ; et les conditions atmosphériques ont des analogies réelles : grande quantité de vapeur d'eau en suspension dans l'air, et causes faciles et nombreuses de brusque refroidissement. — On peut avoir à redouter jusqu'en plein été de violents orages de grêle qui détruisent toutes les récoltes, témoin l'orage de grêle du 7 juin 1895 qui a détruit complètement la première récolte de tous les colons d'un nouveau centre de colonisation : Richelieu, à 80 kilomètres à l'Ouest de Constantine.

été très fortes, mais la vapeur d'eau n'avait guère dépassé la limite des monts du Hodna et des monts de Batna [1].

Puisqu'il en est ainsi, nous n'aurons qu'à prendre la carte du relief pour nous expliquer les cartes de la répartition des précipitations (pluies ou neige).

Les massifs les plus proéminents, les plus raides et qui avancent le plus vers le Nord dans la mer doivent être les plus arrosés. Le massif de la Grande-Kabylie est en effet privilégié. On n'a qu'à regarder une carte des pluies (carte VI), et l'on constate que ce système, porté en avant vers la mer, est la région où la hauteur annuelle des pluies en Algérie atteint le maximum (moyennes annuelles : Fort National, à 916 mètres d'altitude, 1121^{mm},2 ; Bougie, à 75 mètres d'altitude, 1036^{mm},2). Tout le littoral algérien reçoit dans l'année autant de pluie que la plupart des régions françaises : Alger, où les précipitations dépassent toujours 700 millimètres par an, semble, au point de vue pluviométrique, comparable avec Paris ; mais nous avons dit, à propos du climat de l'Espagne, combien la seule considération des hauteurs annuelles de pluie pouvait entraîner de comparaisons erronées et de confusions ! Il n'en est pas moins vrai

---

[1] Nous insistons sur ce fait ; car il paraît au premier abord en contradiction avec la carte de la Neige qu'a publiée A. THÉVENET, Essai de climatologie algérienne, pl. XXVII ; mais cette carte de la Neige ne représente que le *nombre de jours* de chute de neige, ce qui est beaucoup moins important que la quantité de neige tombée. Et certes, dans quelques cas particuliers, la neige peut tomber en abondance assez loin de la côte méditerranéenne ; non seulement nous pourrions citer ici nous-même les chutes de neige qui à la fin de l'année dernière (20 et 22 décembre 1901) ont causé des désastres à Bou-Saâda et à Ed-dis, mais invoquer même le vieil et exact témoignage de DUVEYRIER pour prouver que la neige peut être observée jusqu'au M'zab : « Il y a deux hivers, 1857-1858, que la neige est tombée en assez grande abondance pour couvrir tout le pays ; jamais, de mémoire d'homme, pareil fait ne s'était produit. A la vérité, il neige quelquefois, mais la neige disparaît à mesure qu'elle tombe. » DUVEYRIER, Coup d'œil sur le pays des Beni-Mezâb et sur celui des Chaanbā occidentaux, dans *Bull. de la Soc. de géogr.* [Paris], 4e série, XVIII, 1859, p. 220. Il n'en est pas moins vrai que ce sont là des faits extraordinaires et exceptionnels, et nous croyons devoir maintenir les conclusions que nous avons tirées de nos observations de janvier 1900, ainsi que des constatations collationnées depuis 1898.

que la bande littorale est loin d'être dépourvue de précipitations, tandis qu'à moins de 2 degrés de latitude plus au Sud, la chute annuelle est inférieure à 400 millimètres, — et c'est un climat de steppes sèches, — et tandis même qu'avec un seul degré de plus la chute est réduite à moins de 200 millimètres, — et c'est un climat de vrai désert.

D'autre part le relief de la Tunisie plus atténué, offrant moins de contrastes, et qui entre beaucoup plus en contact avec la mer, reçoit sur une superficie plus étendue une assez grande quantité de précipitations. Dans la région montagneuse de la Kroumirie, à Aïn Draham, il tombe d'après les chiffres fournis par le Service forestier de la Tunisie une moyenne annuelle de 1ᵐ,725 [1]. Il faut considérer en effet que la Tunisie est directement abordée par des vents de direction variée, et que les causes de précipitation doivent y être nécessairement plus nombreuses. En quelques stations qui sont entourées d'un cercle de montagnes boisées, la pluie est un phénomène fréquent et continu ; elle tombe souvent à Bizerte par exemple sous la forme fine et régulière où on la voit tomber sur les rivages européens de l'Atlantique.

Mais dès qu'on avance vers le Sud, les vents d'Est, Nord-Est et Sud-Est ont beau souffler de la mer vers le Sud, les précipitations n'ayant plus grande raison de se produire sont de plus en plus réduites : à Sousse, la moyenne annuelle est de 463 millimètres, à Sfax de 355 et à Gabès de 230 millimètres [2].

---

[1] Aïn Draham, situé à 805 mètres d'altitude, reçoit annuellement plus d'un mètre de précipitations (quelquefois même de la neige ; en 1886, il est tombé 0ᵐ,550 de neige en 7 fois) ; en certaines années, la hauteur annuelle a dépassé 2 mètres (1889 : 2ᵐ,106 ; 1891 : 2ᵐ,258) et le climat y est très humide durant six mois de l'année avec des pluies fines et des brouillards : on y compte en moyenne 131 jours de pluie. Voir Cyprien Péradon, Étude climatologique d'Aïn-Draham de 1884 à 1895, *Revue tunisienne*, III, 1896, p. 293-300.

[2] A Gabès, les vents Nord-Est, Est et Sud-Est soufflent 83 jours sur 100 (*Annales du Bur. central météorologique*, moyennes de 1887 à 1889) ; on comprend qu'il n'y ait quelques rares chutes de pluie qu'à l'époque du changement des saisons, souvent

Ainsi, dans toute l'Algérie-Tunisie, plus on s'éloigne de la mer d'une part vers le Sud et d'autre part vers l'Ouest, moins les précipitations sont régulières, et moins elles sont abondantes. Et plus aussi se fait sentir l'influence desséchante du *sirocco*[1].

Si l'on veut se rendre compte de l'irrégularité des pluies dans toute la région voisine du Sahara, on peut choisir comme exemple une région de haute altitude située en une zone montagneuse, le Djebel Amour, qui est *relativement* riche en eaux courantes et continues : voici les hauteurs de pluies en millimètres mesurées à Aflou (1 350 mètres d'altitude) de 1878 à 1886[2] :

	mm.		mm.
1878	182,1	1883	261,7
1879	302,7	1884	856,9
1880	234,8	1885	527,6
1881	687,8	1886	537
1882	238,4		

---

marqué par quelques conflits de courants atmosphériques ; en effet, à Gabès, où la saison d'hiver proprement dite se réduit à un petit nombre de semaines, fin du mois de décembre et mois de janvier, les pluies tombent surtout en novembre-décembre (153mm,5 en 1889) et aussi en février (43mm,5). Voir J. BRUNHES, Le nouvel aspect des questions tunisiennes, *Rev. gén. des Sciences*, 1894, p. 853.

[1] Sur le sirocco, voir KOBELT, *Algerien und Tunis*. Frankfurt-a.-M., 1885, cité dans J. HANN. *Handbuch der Klimatologie*, III, p. 71. Même « dans toute la Tunisie, au Nord comme au Sud, le sirocco est un ennemi redoutable, il peut détruire en un jour toute l'espérance d'une année ». E. LEVASSEUR, Ce qu'on peut faire en Tunisie, dans *Revue tunisienne*, IV, 1897, p. 148.

[2] Nous avons trouvé ces chiffres dans Le pays du mouton, p. 271. On a calculé que la moyenne de ces neuf années = 425mm,66 ; mais c'est ici le cas de faire observer combien une moyenne peut être trompeuse, et combien il est plus intéressant de constater tout au contraire l'écart considérable entre l'année de grande sécheresse 1878 (182mm,1) et l'année 1884 (856mm,9). — Sur l'irrégularité générale de la répartition mensuelle des pluies en Algérie, voir des faits typiques exposés par Ch. Rivière, dans Météorologie et Agrologie, La Famine de 1866-1867. *Algérie Nouvelle*, I, 1896, p. 139-141. « Cette année même [1896], au moment où les récoltes pendantes étaient languissantes et altérées par une dessiccation sans exemple du sol et de l'atmosphère, puisque le 15 avril la tranche d'eau atteignait à peine 387 millimètres, le mois de mai, par une heureuse anomalie, a donné 96 millimètres d'eau, ce qui n'avait été observé qu'une seule fois depuis 30 ans » (p. 139). — De pareils phénomènes s'observent en Tunisie. De 1883 à 1897, on a fait des mesures pluviométriques à Enfi-

Dans le désert surtout, où les précipitations sont si médiocres, elles sont très irrégulières : les pluies ont cette brusquerie qui a été bien des fois notée par les voyageurs sahariens [1]. L'atmosphère surchauffée du Sahara est aussi mobile et agitée que celle de la froide Transbaïkalie sibérienne est immobile ; et tous les phénomènes de précipitation y sont presque aussi violents qu'intermittents, en un mot capricieux.

Il est un autre élément du climat du Nord de l'Afrique (ou plus exactement de la zone montagneuse du Maghreb) dont on n'a pas tenu assez compte et qui paraît devoir jouer au point de vue de la végétation un rôle important : les rosées. « Fort heureusement, disent les auteurs du *Pays du Mouton*, le rayonnement nocturne, très intense dans ces immenses plaines, détermine des rosées et gelées blanches qui, longtemps après les pluies, donnent encore la vie aux plantes aqueuses dont les moutons font leur nourriture, ce qui permet à ces animaux de ne point boire et même de n'en pas éprouver le besoin » [2].

---

daville : la hauteur annuelle qui a été en 1887 de 226 millimètres, avait été 3 ans plus tôt, en 1884, de 672 millimètres. Bien mieux, le 15 novembre 1898, le pluviomètre reçut en 5 heures 173 millimètres. Paul GAUCKLER, Enquête sur les installations hydrauliques romaines en Tunisie, III, 1899, p. 124. Voir par ailleurs les cartes du Régime des pluies (moyennes de 1860 à 1879), mois par mois, dans A. ANGOT, Étude sur le climat de l'Algérie, *Ann. du Bur. centr. météorol.*, 1881, I, pl. B. 5-B. 7 ; ainsi que les cartes des pluies mensuelles, dans A. THÉVENET, Essai de climatologie algérienne, p. 61 et suiv., pl. XVII et XVIII.

[1] Voir TCHIHATCHEF, Espagne, Algérie, Tunisie, p. 313-315. Voir les exemples cités dans H. SCHIRMER, Le Sahara, p. 78, 79 et p. 90 et suiv. — «Par un ciel pur et bleu, on voit un nuage gris jaunâtre se former dans le lointain, au Nord-Ouest, grossir rapidement, envahir l'horizon et s'élancer vers le Sud-Est avec une vitesse vertigineuse, soulevant et projetant les sables et graviers du sol, qui hachent les jeunes plantes ou les recouvrent d'une croûte rendue adhérente par la pluie : tel fut l'orage du 20 février 1889. » G. ROLLAND. Hydrologie du Sahara, p. 407. Voir encore ce qu'Erwin DE BARY avait observé dans l'Aïr au mois de juin 1877 : « 3 juin. — Cette nuit nous avons entendu un bruit de cascade dans la montagne, et ce matin, le premier torrent descend en bouillonnant dans l'oued à l'Est du village. Tout est enveloppé de brouillard, comme en hiver. Le soleil ne se montre pas. » Erwin DE BARY, traduit par SCHIRMER, p. 165. BARTH avait observé une crue semblable à la date du 1er septembre, Reisen, I, p. 356.

[2] Le pays du mouton, p. 113.

Et ils ajoutent, parlant spécialement des steppes algériennes :
« Un détail aussi intéressant semble n'avoir été relaté dans
aucune monographie» [1]. De mon côté, en Tunisie j'ai été frappé
de l'importance de phénomènes de condensation, dont les effets
sont analogues à ceux-ci. En allant, le 25 février 1900, de
Sousse à Kairouan, j'ai noté l'opacité de ces brouillards du
matin qui se produisent facilement à une aussi grande proximité de la mer : tout paraissait mouillé, le sol, les maisons, les
arbres, comme s'il avait plu. Et j'ai ramassé des narcisses en
fleurs, preuves de l'humidité de l'atmosphère au moins en ces
premiers mois de l'année [2].

L'Algérie-Tunisie constitue un territoire qui est prédestiné
par son relief à de vigoureux contrastes. Les faits climatiques
et notamment ces faits essentiels au point de vue de nos études
présentes, les phénomènes de précipitation, sont subordonnés
à ce relief ; aussi, dès à présent, devons-nous en tirer cette
double conclusion : les contrastes sont très fortement marqués entre le Nord et le Sud ; et ils vont s'exagérant de l'Est
vers l'Ouest.

---

[1] Depuis lors, Ch. Rivière s'est occupé spécialement d'étudier les « refroidissements sous zéro » « dans la couche d'air inférieure près du sol », et il a montré
combien les thermomètres abrités et situés à 2ᵐ,60 du sol sont impuissants à constater
les réels refroidissements nocturnes de la surface, lesquels sont si intenses et si fréquents sur les Hauts-Plateaux ; voir Géothermie et refroidissements nocturnes en
Algérie, Congrès national des soc. franç. de géog., XXᵉ session, p. 128-155.

[2] De son côté, sur le versant Atlantique de l'Atlas marocain, à l'autre extrémité
du Maghreb, Theob. Fischer a signalé récemment l'importance de la rosée appelée
minsla, Klimatologie von Marokko, dans Zeitschr. der Gesellschaft f. Erdkunde zu
Berlin, 1901, nᵉ 6, p. 365. — Au désert, dans le Sahara proprement dit, la rosée
paraît au contraire un phénomène rare et négligeable. H. Schirmer, Le Sahara,
p. 66.

CHAPITRE II

L'irrigation en Grande-Kabylie.

La Grande-Kabylie mérite à tous les points de vue d'être examinée à part. C'est un massif saillant, indépendant, qui se distingue nettement de tout ce qui l'entoure, sorte de môle enveloppé par la mer de l'embouchure de l'oued Boudouaou au golfe de Bougie. Il s'élève jusqu'à une altitude (Lella Khedidja, 2 308 mètres) que nous retrouvons seulement au Sud, dans l'Aurès. L'érosion a été, en Kabylie, plus active que partout ailleurs ; la topographie se présente sous des aspects plus accidentés, plus tourmentés, plus raides ; ici les eaux ont été des agents plus puissants qu'ailleurs du modelé.

Ce massif, comme nous l'avons vu, se trouve être la région la plus arrosée de toute l'Algérie ; les eaux sont partout très abondantes. Les neiges couvrent durant l'hiver les cimes du Djurjura que les Kabyles appellent *Adrar Boudfel* (la montagne de la neige), et constituent une réserve précieuse pour les mois qui suivent l'hiver. Enfin la topographie qui fait couler les eaux sur des pentes raides en permet une facile et heureuse distribution.

La population est, en Grande-Kabylie, plus dense qu'ailleurs, et elle est, moins qu'ailleurs, mélangée d'éléments euro-

péens [1]. On sait que les Kabyles ont été parmi les indigènes de
l'Algérie septentrionale les derniers à accepter notre domination ; et ce sera pour nous un précieux avantage en ce qui
regarde les irrigations que de pouvoir étudier en Kabylie une
province naturelle qui a gardé une réelle originalité ethnique et
une réelle indépendance sociale. De toute la zone littorale, c'est
le seul point où les eaux aient presque complètement échappé
à l'influence dominatrice du vainqueur [2].

Comment donc dans cette région à tant d'égards particulière
les eaux sont-elles utilisées et distribuées en vue de la culture ?

Et d'abord, remarquons-le, les cultures de la Kabylie sont
très soignées ; elles sont poussées avec persévérance jusqu'à la
limite supérieure extrême des arbres fruitiers. Les villages sont
situés sur les crêtes, sur les dos des collines : les petites maisons
de pierres aux toits couverts de tuiles sont serrées les unes
contre les autres et forment des lignes harmonieuses qui suivent
et soulignent les ondulations des crêtes. Or, c'est de ces villages
haut perchés que descendent tous les jours jusqu'aux fonds des
vallées ces populations sédentaires et laborieuses qui ne laissent
pas un pouce de terre inutilisé [3] ; partout la terre est retournée

---

[1] D'après le recensement de 1896, l'arrondissement de Tizi-Ouzou avait plus de
100 habitants par kilomètre (103,6). Voir la carte Densité de la population par
arrondissement à 1 : 4 000 000, dans *Questions diplomatiques et coloniales*, 1ᵉʳ septembre 1900, carte 1. — Les Kabyles, on le sait, sont des Berbères : quand on
parle des Berbères, il faut toujours renvoyer à l'Histoire des Berbères d'IBN KHAL-
DOUN, et il convient de relire le chapitre : « Des talents que la race berbère a dé-
ployés, etc. » — pages éloquentes que l'auteur a ajoutées à son ouvrage terminé et
qui ont tout à la fois le ton d'un panégyrique et d'une oraison funèbre ; dans la
traduction DE SLANE, voir I, p. 198 et suiv.

[2] Les eaux ont d'autant plus échappé aux lois françaises que même la propriété
foncière n'a pas été soumise en Kabylie à la loi de 1873, et que les immeubles continuent à être « régis par la loi musulmane et les coutumes locales ». Voir M. LAY-
NAUD, Notice sur la propriété foncière en Algérie, p. 128.

[3] Sur les inconvénients économiques de cette position des villages kabyles situés
loin des sources, et sur la nécessité de déplacer certains villages, voir un très curieux
document rédigé par des indigènes (ou du moins présenté par eux à la session de
1901 des Délégations financières algériennes), dans les *Procès-verbaux des délibéra-*

et labourée ; dans les fonds, des cultures d'orge ; partout des potagers, et principalement beaucoup d'arbres espacés auxquels sont apportés, on le devine, de multiples soins particuliers et si l'on peut dire individuels[1] ; les caroubiers, les chênes à glands doux, les chênes verts, et surtout les oliviers et les figuiers montent jusqu'à 900 et 1 000 mètres d'altitude sur les versants qui environnent Michelet (1 200 mètres). Rien n'est perdu de ce que produit la terre : les grands frênes sont ébran-

---

tions, p. 1377-1381. — Il importe encore de mentionner que surtout sur le versant Sud du Djurjura, les Kabyles s'éloignent des villages pour plusieurs semaines, afin d'assurer la nourriture des animaux qu'ils élèvent (qu'ils élèvent soit en vue de leurs travaux agricoles, soit pour leur propre alimentation) ; ils quittent donc leurs propriétés durant l'hiver et le printemps lorsque leur présence est moins strictement exigée par la culture. Il y a là un phénomène de migration régulière et générale qui prouve combien est complexe, variée et active la vie de certains Kabyles. Voir art. 83 du Kanoun de la tribu de Sebkha, dans E. MASQUERAY. Formation des cités chez les populations sédentaires de l'Algérie (Kabyles du Djurdjura, Chaouïa de l'Aourâs, Béni Mezâb), Paris, E. Leroux, 1886, in-8, XLVIII + 326 p., p. 288 ; ou encore art. 5 du Kanoun des Achel el Oçar. ID., *ibid.*, p. 318.

[1] Voir ce qu'il est dit du travail à la pioche dans A. HANOTEAU et A. LETOURNEUX, La Kabylie et les coutumes kabyles, Paris, Imprimerie Nationale, et chez Challamel aîné. Alger, Fontana, 1873, 3 vol. in-8, II + 515 p., 560 p. et 464 p., avec une Carte de la Kabylie du Jurjura, subdivision de Dellys, faite et dessinée par M. MAN, capitaine, sous la direction du général HANOTEAU, à 1 : 170 000, I, p. 413. La lecture des Kanoun reproduits en *Appendices*, soit dans HANOTEAU et LETOURNEUX, soit dans E. MASQUERAY, Formation des cités, etc., est intéressante à faire rien qu'au point de vue des travaux agricoles et des usages culturaux ; on peut juger par exemple indirectement du rôle de la pioche par le nombre de fois où il est question de coups donnés avec cet instrument ; art. 101 du Kanoun de la tribu des Béni-Mansour : « Quiconque a frappé avec la pioche dite *gadoum* paie 50 francs d'amende et quiconque a menacé du même instrument deux douros d'amende. » E. MASQUERAY, *ouvr. cité*, p. 272, etc. Les Kanoun révèlent distinctement qu'en Kabylie il y a deux modes très différents de procédés culturaux : la culture à la charrue pour les champs (céréales) et la culture à la petite pioche pour les jardins potagers (« melons, oignons, citrouilles et autres légumes », d'après art. 17 du Kanoun de la tribu des Chourfa, v. E. MASQUERAY, p. 277). Pour les cultures arbustives, si développées, on se sert tantôt de la charrue (on laboure par exemple les terres plantées en oliviers) et tantôt de la pioche. Tout cela démontre la coexistence, avec une presque égalité d'importance de ces deux modes d'activité culturale : *Ackerbau* (culture à la charrue) et *Hackbau* (culture à la bêche), dont on a souvent à coup sûr faussé les rapports et exagéré l'opposition. Voir ce que nous avons dit nous-même dans L'homme et la terre cultivée, Bilan d'un siècle, p. 33, 34.

chés pour fournir le bois nécessaire ; les feuilles des figuiers sont recueillies avec économie pour servir durant l'hiver à la nourriture du bétail[1].

Toute la Kabylie située en avant du Djurjura avec ses collines enchevêtrées et riantes, avec ses versants fertiles, avec ses fonds humides et parfois marécageux, est une Galilée, mais une Galilée admirablement travaillée et cultivée.

Les Kabyles ont un vif sentiment des intérêts collectifs ; on doit en revenir toujours à l'ouvrage précieux de Masqueray et au magnifique dossier de Hanoteau et Letourneux pour se rendre compte de la belle et solide organisation de la djemâa Kabyle. Dans la société Kabyle « partout on retrouve, à ses divers degrés, l'association solidaire, aussi bien dans les moindres intérêts de la vie privée que dans les relations de la famille, du village et de la tribu »[2]. « Il n'est pas d'industrie, si infime qu'elle soit, qui ne donne lieu à une société. Les enfants s'associent pour chasser aux gluaux, les femmes pour élever des canards et des poules. Autrefois des frères achetaient un esclave et le louaient pour se partager son salaire. Les musiciens sont toujours associés ; on voit des sociétés se former entre les marchands d'amulettes, les fabricants de nattes, et, qui le croirait ? entre des médecins »[3]. « L'association est l'âme et la vie de la Kabylie »[4]. Et la djemâa (qui correspond d'ordinaire à un village), assemblée « virtuellement composée de tous les adultes capables de porter les armes, mais dirigée le plus sou-

---

[1] On a dit spirituellement que les arbres et spécialement les figuiers constituaient les « luzernières kabyles ».

[2] Hanoteau et Letourneux, *ouvr. cité*, II, p. 2. E. Masqueray, dans son ouvrage sur la Formation des cités, etc., donne en *Appendice* 9 Kanoun des tribus de l'oued Sahel. Dans l'un d'eux, nous lisons un article qui caractérise bien cette solidarité effective des habitants d'un même village : « Tous les habitants d'un village doivent assistance au constructeur d'une maison, en ce qui concerne le toit, les traverses et le mortier. » (Kanoun de la tribu des Béni-Mansour, dans Masqueray, p. 273).

[3] Hanoteau et Letourneux, II, p. 483.

[4] Hanoteau et Letourneux, II, p. 468.

vent par un groupe de citoyens notables, et comme réduite, dans la pratique, à ce qu'elle a de meilleur »[1], est l'expression politique et économique de la communauté de village : la djemâa se réunit au moins une fois par semaine[2]. Les kanoun qu'ont publiés Hanoteau et Letourneux et les nombreux documents qu'ils citent nous permettent de juger nous-mêmes à quel degré la communauté surveille les actes des individus[3]. La principale richesse en Kabylie est l'arbre[4]. Aussi l'arbre est-il l'objet d'une réglementation extraordinairement sévère ; dans presque toutes les tribus de la montagne, le propriétaire est obligé de planter un certain nombre d'arbres : « Celui qui ne plante pas chaque année au moins dix figuiers paye 10 réaux d'amende » (Kanoun des Cheurfa)[5].

On devine sans peine que les arbres sont protégés contre les entreprises des voisins mal intentionnés par de fortes amendes. Bien plus le propriétaire est prémuni lui-même contre la tentation qu'il pourrait avoir d'arracher un arbre fruitier lui appartenant. « Un grand nombre de tribus ne permettent pas au maître d'un arbre fruitier de le mutiler, ni de l'abattre : il est sacré pour tous »[6].

Parmi des populations ainsi traditionnellement façonnées à la

---

[1] E. MASQUERAY, *ouvr. cité*, p. 50.

[2] HANOTEAU et LETOURNEUX, II, p. 20.

[3] Est-il besoin de noter que la propriété individuelle est très développée chez les Kabyles, que partout la propriété est divisée en une infinité de parcelles, et qu'il importe de ne pas confondre l'organisation collective et la propriété indivise ?

[4] Voici un article de Kanoun qui le prouve péremptoirement : « Si la djemâa a résolu de faire ouvrir un chemin sur la propriété d'un particulier, ce dernier a droit au remboursement de la valeur des arbres fruitiers, mais ne reçoit pas d'indemnité pour la terre. » Art. 41 du Kanoun de la tribu des Cheurfa, dans E. MASQUERAY, Formation des cités, p. 275.

[5] Cité dans HANOTEAU et LETOURNEUX, III, p. 280. La djemâa s'occupe avec détail de tout ce qui se rapporte aux arbres fruitiers : « Au moment de la maturité des olives et des figues, si la djemâa a fait proclamer que nul ne pourra commencer la cueillette avant qu'elle n'en ait donné l'autorisation, quiconque contrevient à cette défense paye 4 francs. » Kanoun de la tribu des Beni Kani, dans E. MASQUERAY, *ouvr. cité*, p. 311.

[6] Voir HANOTEAU et LETOURNEUX, III, p. 279 et 280.

compréhension et à la pratique des intérêts collectifs, les eaux seront-elles l'objet d'une réglementation serrée et compliquée ? Il semblerait tout naturel de le supposer si l'on ne tenait compte que de l'organisation sociale générale et des influences ethniques.

Mais si l'on tient compte des conditions géographiques, l'on se rappellera que les eaux sont ici presque surabondantes et que le ruissellement s'en fait d'une manière si naturelle sur ces versants rapides, qu'il équivaut à une sorte de distribution normale entre tous les propriétaires individuels de la terre. De fait, en Kabylie nous ne trouvons aucune organisation spéciale concernant l'eau ; très souvent les kanoun ne font même pas mention de l'eau ; on en pourrait citer, comme celui des villages de Taourirt Abdallah et d'Adr'ar'Amellal, qui se préoccupent de l'ordre qui doit être observé par les femmes allant puiser de l'eau à la fontaine (art. 3), et qui sur 138 articles n'en ont pas un seul se rapportant à l'irrigation. En général, les kanoun ne contiennent aucune prescription sur ce sujet. Partout où se rencontre une fontaine l'eau en est heureusement distribuée, et lorsque cette eau doit servir à plusieurs propriétaires, une simple alternance en assure la distribution [1]. En principe, celui qui a dans son fonds une source a la libre disposition des eaux qui s'y trouvent amassées ou qui en découlent [2]. Cette absence de règlements qui est uniquement explicable par les conditions géographiques, loin de constituer une « lacune », doit être au contraire regardée comme une conséquence logique [3].

---

[1] « Si les eaux retenues par un barrage arrosent deux propriétés, l'eau est partagée également entre les propriétaires inférieur et supérieur (on arrose à tour de rôle). » Kanoun de la tribu des Aït Kani, art. 69, cité dans HANOTEAU et LETOURNEUX, III, p. 425.

[2] HANOTEAU et LETOURNEUX, II, p. 249 et suiv.

[3] Hanoteau et Letourneux énumèrent en de longues pages quelques-uns des très nombreux types de contrats agricoles ou de contrats temporaires en vue de la culture (II, p. 450-468). Voir aussi les contrats en vue de l'élevage que mentionnent plusieurs des Kanoun publiés par MASQUERAY, *Appendice* de la Formation de

Les Kabyles sont des hommes qui savent apprécier l'eau comme richesse première ; ils savent l'utiliser ; ils savent habilement la conduire en des rigoles dont la pente est habilement ménagée [1]. Comment leurs djemâa vigilantes et prévoyantes auraient-elles négligé de réglementer l'eau si le besoin s'en était fait sentir ? Tout au contraire les Kabyles sont si peu préparés à la réglementation pour les eaux qu'ils se montrent rebelles à toute tentative dans cette voie [2]. Il faut en conclure que ce sont bien le relief, la topographie, et par-dessus tout l'abondance relative des pluies qui ont rendu cette réglementation superflue et partant inutile.

---

cités, etc., notamment l'art. 49 du Kanoun de la tribu des Mechedalah : « Les contrats en vue de l'élevage en commun des moutons, chèvres, bœufs et chevaux, sont limités à trois années » (*Ouvr. cité*, p. 293). Dans aucun de ces contrats, tels du moins qu'ils sont rapportés ou résumés par ces hommes compétents, nous ne voyons mentionner l'eau.

[1] J'ai recueilli de précieuses informations : M. Boissier, colon et agriculteur à Maillot, sur le revers méridional du Djurjura, m'a raconté qu'il avait essayé de conduire sur ses terres des eaux de l'oued Sahel, dont ces terres se trouvaient assez éloignées ; un expert géomètre lui avait proposé un réseau de rigoles très compliqué ; il s'adressa alors à des Kabyles, qui, sans arpentage, sans mesurage précis et sans plan d'ensemble, mais avec un remarquable sens des déclivités et une ingénieuse perception de la manière dont la pente doit être ménagée, exécutèrent promptement un réseau d'arrosage qui au bout de deux ans n'avait eu encore à subir ni modification ni réparation.

[2] Voici un fait caractéristique, inédit et authentique : Dans la vallée de l'oued Sahel, à Ighzer-Amokran, des colons avaient obtenu une réglementation officielle des eaux qui avaient été jusque-là exclusivement utilisées par les Kabyles. Les Kabyles ont refusé de se soumettre à cette réglementation ; ils ont même pris les armes, et on a dû céder. L'affaire a été étouffée. — D'autre part, nous lisons à propos de la Kabylie dans les *Études sur l'aménagement et l'utilisation des eaux en Algérie*, 1890 : « Les indigènes gaspillent souvent les eaux au lieu de chercher à en tirer le plus grand profit. Diverses tentatives faites pour en réglementer l'usage n'ont pas abouti par suite de l'opposition extrêmement vive des indigènes. » (P. 25). De tels témoignages sont concordants. Il convient d'ajouter, pour être strictement et scrupuleusement exact, que sur le versant méridional du Djurjura l'eau semble pourtant être l'objet de plus de règles (mais non de règlements) que sur le versant septentrional, et cela serait encore conforme aux conditions géographiques, puisque l'eau y est un peu moins abondante. Toutefois, nous n'osons sur ce point être trop affirmatif, car nous n'avons pu faire une enquête personnelle ; nous renvoyons aux *Notes et pièces justificatives, E,* Extraits de Kanoun Kabyles du versant méridional du Djurjura.

L'irrigation dans les plaines et hautes plaines du Tell.

La Grande-Kabylie est la seule des régions montagneuses voisines dela mer qui réunis se ces trois caractères, de comprendre une population très dense, d'être habitée par des sédentaires agriculteurs, et d'avoir encore échappé dans une grande mesure à l'influence sociale des conquérants.

Les autres régions montagneuses, voisines du littoral, sont couvertes de forêts peu peuplées et surtout de broussailles habitées seulement par des nomades ou des demi-nomades [1] ; quant aux anciens nids de pirates de tout le rivage occidental, ils ne sont pas encore devenus d'importants centres d'agriculteurs.

Notre sujet ne comprenant que les centres d'irrigation, c'est-à-dire de culture soignée, nous devons uniquement étudier dans la région du Tell les plaines et les vallées cultivées qui comprennent d'ordinaire des plateaux plus ou moins accidentés ou des dépressions avec leurs versants : plaines basses comme la Mitidja, les bassins alluviaux de la Medjerda, les Dakhlas, etc. [2], ou plaines élevées comme les « plateaux » de Sétif ; — plaines ouvertes

---

[1] Dans un article sur Les événements de Margueritte (*Questions diplomatiques et coloniales*, 15 mai 1901, p. 617-621), Augustin BERNARD rappelait très heureusement les caractères spéciaux de cette « brousse » des territoires forestiers du Dahra et du Zaccar, et les conditions de vie à demi-nomades des indigènes ; il citait aussi quelques lignes «définitives » de Jules FERRY sur cette question. — «Nous avons, cédant à la manie assimilatrice, transporté en Algérie notre Code forestier de 1827... L'habitation en forêts, le labourage en forêt même dans les espaces vides, le pâturage en forêt, souvent indispensables à l'existence du troupeau, sont devenus délits. » (M. WAHL, L'Algérie, 3ᵉ édition, p. 371). Aussi a-t-on dû dresser de 1883 à 1890, en 7 ans, 96 000 procès-verbaux. — Sur la question forestière, voir la déposition de M. Bizern et celle de M. Joly de Brésillon, dans : Chambre des députés, nᵒ 1840. Session de 1900. Procès-verbaux de la sous-commission d'étude de la législation civile en Algérie présentés par POURQUERY DE BOISSERIN. Paris, 1901, p. 709-712.

[2] En Tunisie, le nom de *Dakhla* est appliqué aux plaines cultivées et fertiles situées soit dans les vallées (Dakhla de Souk-el-Arba, dans la vallée de la Medjerda), soit sur le bord de la mer (Dakhla el Mahouina, ou Dakhla du cap Bon).

vers le Nord et vers la mer comme la plaine du Sig et la plaine de Bône, ou dépressions fermées comme la vallée du Chéliff et les bassins de Bel-Abbès ou de Tlemcen.

Aussi bien le Tell n'est-il pour les Arabes comme pour les Berbères que la région cultivée ; nous, Européens, nous avons pris ce mot de Tell et nous l'avons appliqué à une sorte de région continue, limitée et d'un seul tenant comme le sont nos divisions administratives. Le Tell, comme nos anciens « pays » de France, est une expression avant tout géographique.

Au cours de mon voyage, j'ai interrogé méthodiquement tous les indigènes avec lesquels je me suis trouvé, leur demandant avec insistance : Qu'appelles-tu le Tell ? Où commence le Tell ? Ce village ou cet autre fait-il partie du Tell ? et l'on peut affirmer que pour eux tous le Tell n'est autre chose que les régions de culture des céréales, par opposition aux terrains de pâture qui sont le Sahara [1].

En général, ces terres, où les céréales poussent en assez

---

[1] Mentionnons ici une note intéressante d'un travail de M. Augustin BERNARD, auquel nous recourons plus d'une fois : « *Tell* signifie la colline (plur. *Tilal*). *Sahara* signifie primitivement blanc mêlé de rouge, fauve (fém. *d'ashar*), puis le mot a signifié plaine, pays non cultivé, enfin plaine déserte : nous devons ces indications à l'obligeance de M. René BASSET, directeur de l'École des lettres d'Alger. Cf. PARMENTIER, Vocabulaire arabe-français des termes de géographie. *Congr. de l'Afas*, Alger, 1881. » (Hautes plaines et steppes de la Berbérie, p. 19, note 1.) Il faudrait encore remarquer qu'en certains points de l'Algérie-Tunisie le mot de *tell* sert à désigner non pas seulement la région cultivée, mais la terre elle-même ; un ingénieur agronome de Tunisie, F. VERRY, parle ainsi de la terre de la Dakhla du cap Bon : « La terre végétale est partout très épaisse ; sa profondeur dépasse toujours 50 à 60 centimètres et atteint souvent 1m,50, 2 mètres et même davantage Les terres franches sont abondantes, les Arabes les dénomment *tell*. Ils reconnaissent deux sortes de tell : le tell noir, qui est une terre riche en matières organiques, retenant facilement l'eau, est particulièrement recherché et se trouve toujours dans les bas-fonds ; le tell jaune est plus sablonneux, moins fertile. » (De Hammamet à Kélibia, aperçu agricole, dans Régence de Tunis, *Bulletin de la Direction de l'Agriculture et du Commerce*, V, 1900, n° 16, p. 46.) Le mot de *tell* s'appliquerait ainsi tout à la fois à la terre elle-même et d'une manière beaucoup plus générale à la zone recouverte par cette terre — comme ailleurs; par exemple en pays russe, le mot de *tchernoziom*.

grande abondance pour dépasser les besoins de la consommation
locale, et où se sont installés par tradition des marchés de grains,
centres d'approvisionnement pour les nomades, sont les terres
qui reçoivent des pluies suffisantes et qui sont par conséquent
voisines du littoral. En fait, ce sont aussi les terres qui ont été
d'abord et qui sont encore entre toutes le domaine privilégié
des colons européens[1]. De là, de notre part, une extension très
naturelle de ce nom de *Tell* à toute la zone littorale ; de là aussi,
de la part des indigènes, une confusion qui parfois se manifeste
entre le Tell et cette zone qui est devenue le lieu principal de
l'installation des Européens. Ces trois idées se sont ainsi mêlées
sous l'étiquette générale de *Tell,* et non sans quelque raison[2].
Tout en retenant le sens premier, le sens vrai du Tell, nous
verrons dans cette étude que le Tell mérite d'être séparé du
reste de l'Algérie à ce triple point de vue : comme zone littorale,
plus arrosée dans son ensemble que la zone des steppes, —
comme zone des cultures et des marchés de céréales, — et comme

---

[1] Au sujet de la colonisation en Algérie, voir : Gouvernement général de l'Algérie, Coup d'œil sur l'histoire de la colonisation en Algérie. Alger, Bouyer, 1878,
et *Id.* La colonisation en Algérie. Alger, Giralt, 1889. Nous renvoyons par-dessus
tout à l'étude si consciencieuse et entendue d'une manière si géographique : H.
Busson, Le développement géographique de la colonisation agricole en Algérie,
Annales de Géographie, VII, 1898, p. 34-54 et pl. II. Voir aussi les excellents articles
de G. Mandeville et V. Demontès, Études de démographie algérienne. Les populations européennes : leur accroissement, leur densité et leurs origines, *Questions
diplomatiques et coloniales,* 15 août 1900, p. 193-211, et 1ᵉʳ septembre 1900,
p. 281-292 ; ces articles sont accompagnés de 11 cartes. « Dans le Tell cultivable,
disent ces auteurs, les Européens se trouvent donc à peu près partout. En 1856, les
régions telliennes où on les rencontrait étaient des îlots épars çà et là, sans étendue,
les environs d'Alger et d'Oran exceptés ; en 1896, ce sont les pays où il n'y a pas
de population européenne qui sont l'exception. » (P. 210.)

[2] Voici un passage extrait d'une étude consciencieuse et où l'on reconnaîtra le
mélange trop confus de ces diverses idées : « On donne le nom de Tell à la région
tourmentée, montagneuse, accidentée, mais labourable, fertile, arrosée par d'importants cours d'eau et colonisée par l'élément européen ; celle où le colon trouve à
différentes altitudes des terres exceptionnellement productives, des richesses naturelles considérables et des conditions climatériques analogues à celles de son pays
natal. » J. Canal, Monographie de l'arrondissement de Tlemcen, dans *Soc. géogr.
et arch.* Oran, IX, 1889, p. 52.

zone ayant subi l'influence européenne d'une manière plus directe et spéciale.

Dans presque toute la région du Tell aucun fait d'organisation et de réglementation n'a échappé à l'influence des conquérants ; les faits économiques se sont trouvés modifiés par des intérêts et par les idées « importées » qui ont envahi l'Algérie en même temps que les armées françaises. Tout ce que nous pouvons étudier dans cette région n'est donc pas un retentissement authentique des causes géographiques. Si l'on avait davantage tenu compte des conditions géographiques, sans doute quelques tâtonnements et quelques erreurs eussent pu être évitées. Mais n'est-ce pas une nécessité de conquérir un pays avant de pouvoir en dresser la carte et l'étudier ?

Il nous faudra suivre ici pas à pas avec une prudence critique les curieux effets de la superposition de causes historiques générales, c'est-à-dire de mesures administratives uniformes à des conditions géographiques diverses.

Les différences entre l'Algérie et la Tunisie considérées au point de vue des irrigations. — C'est ici qu'il conviendrait, semble-t-il, d'établir une grande différence entre l'Algérie et la Tunisie. La Tunisie a dû subir notre influence depuis beaucoup moins de temps, depuis moins d'un quart de siècle. Et surtout on a profité en Tunisie de l'expérience acquise sur la terre voisine ; on n'a pas essayé de façonner et de transformer cette partie extrême du Maghreb selon les mêmes conceptions politiques qui ont présidé à la prise de possession de l'Algérie.

Même au point de vue de la géographie physique, la région tunisienne ne doit-elle pas être légitimement détachée de l'ensemble de l'Algérie ? Il n'y a pas entre les deux pays une simple distinction arbitraire[1]. Que l'on consulte par exemple dans

---

[1] « Bien que la frontière entre l'Algérie et la Tunisie soit presque partout incertaine, la séparation politique des deux États, loin d'être le fait du hasard, est fondée sur une différence physique très réelle et très profonde. » TOUTAIN, Les

l'*Atlas des Colonies françaises* de Paul Pelet les belles cartes de l'Algérie (3 cartes) et de la Tunisie (1 carte) à 1 : 1 000 000 ; les forêts sont figurées en vert ; qu'on en considère la répartition. Dans la province d'Oran les forêts existent uniquement sur les parties élevées des massifs littoraux et de l'Atlas tellien ; puis, dans la province d'Alger, outre cette première zone boisée, un modeste et unique îlot apparaît isolé vers le Sud, par delà les dépressions des chotts et les hautes steppes, au Djebel Senalba (près de Djelfa) [1] ; dans la province de Constantine, grâce à l'altitude de l'Aurès, une seconde zone boisée se développe vers le Sud [2] ; mais elle est nettement séparée de la bande forestière du

---

Cités romaines de la Tunisie, p. 22. — La vraie limite entre l'Algérie et la Tunisie, « c'est la bande de territoire, au seuil de laquelle s'arrêtent les voies de pénétration naturelles qui viennent de la côte orientale, et à l'Ouest de laquelle les relations et les grandes routes se dirigent non plus de l'Est à l'Ouest, mais du Nord au Sud. » *Id.*, p. 24.

[1] On évalue à 1 400 000 hectares la superficie dite des Hauts-Plateaux dans le seul cercle de Djelfa, à 33 910 hectares la superficie des cultures et à 110 000 hectares celle des forêts. Le pays du mouton, p. 118. — D'ailleurs, il faut tenir compte de la marche rapide du déboisement : sur les effets dévastateurs du grand nombre d'incendies en Algérie, voir : TCHIHATCHEF. Espagne, Algérie, Tunisie, p. 444 et suiv. ; voir surtout l'excellent volume que Henri LEFEBVRE, inspecteur des eaux et forêts, a consacré aux Forêts de l'Algérie (Alger-Mustapha, 1900) : « Les exploitations désordonnées d'écorces à tan pour l'exportation, de bois pour l'approvisionnement des centres et des services militaires, l'extension des cultures, le pâturage ininterrompu et effréné après les incendies et les coupes ont continué à faire disparaître les forêts. Il ne faut pas se le dissimuler, leur destruction suit une progression effrayante, même dans le Tell constantinois où la végétation est si puissamment favorisée par le régime des pluies. » (P. 104.) Tout le chapitre qui suit est à lire : Causes de destruction des forêts (p. 106-116). Et si H. LEFEBVRE ne s'était pas arrêté aux frontières de l'Algérie, il aurait pu également attirer notre attention sur l'importance du déboisement en Tunisie. Le déboisement a marché si vite « que les endroits signalés comme encore boisés par BRUCE il y a un siècle environ, n'offraient plus un seul arbre quand le colonel PLAYFAIR les visita récemment. » TCHIHATCHEF. Espagne, Algérie, Tunisie, p. 553. — L'extension actuelle des forêts en Algérie non plus qu'en Tunisie ne peut donc être regardée comme une expression *précise* des conditions climatiques ; néanmoins, dans l'ensemble, les forêts subsistantes, soit par leur position, soit par leur étendue, expriment encore très nettement les différences entre le climat de la Berbérie orientale et celui de la Berbérie occidentale.

[2] « C'est probablement dans l'Aurès qu'existent les plus belles forêts de cèdres du continent africain. » Dr Henri MALBOT et Dr R. VERNEAU, Les Chaouïas et la trépanation du crâne dans l'Aurès, dans l'*Anthropologie*, VIII, 1897, p. 6. — Djebel Aurès ou Aouras, c'est-à-dire Montagne des Cèdres.

Nord par la série ininterrompue des dépressions centrales. Ces dépressions, comprises entre l'Atlas saharien et l'Atlas tellien vont se resserrant vers l'Est, et l'on peut dire que la frontière tunisienne en marque le terme : depuis les sources de l'oued Medjerda et de l'oued Mellègue, les eaux de la région centrale se sont assuré un écoulement vers la mer ; et c'en est presque fini des eaux stagnantes s'étalant en *chott*, en *zahrez*, ou en *gueraa*. Or c'est là que le groupe des forêts du Sud vient rejoindre le groupe septentrional. A Ghardimaou, avant qu'on débouche dans la plaine assez humide d'alluvions récentes que traverse la Medjerda, on aperçoit au Nord comme au Sud des reliefs boisés, et la forêt est en ce point continue du Sud au Nord sur une longueur d'à peu près 100 kilomètres.

Voilà bien la Tunisie du Nord, portant les heureuses conséquences de conditions climatiques plus favorables ; étant arrosée, elle est plus vêtue, parsemée d'arbres jusqu'au 35° de latitude ; son Sahara commence beaucoup plus au Sud du littoral septentrional ; et elle ne comprend pas une zone de steppes continues de haute altitude analogue à la zone des hautes steppes de l'Algérie [1].

Mais au point de vue de l'irrigation dans le Tell, nous n'avons aucun intérêt à séparer la Tunisie de l'Algérie ; c'est par des transitions insensibles qu'on passe de la vallée de la Seybouse dans la vallée de la Medjerda, et de la province de Constantine à la Tunisie ; puisque nous étudions l'Algérie-Tunisie en la décomposant en régions naturelles et en groupant ces régions d'après leurs caractères d'ensemble, nous joindrons tout simplement aux vallées arrosées du littoral constantinois les vallées arrosées de la Tunisie, de même que nous rattacherons plus tard au Sahara Sud-algérien le Sahara Sud-tunisien.

Et cette méthode sera d'autant plus légitime que malgré la

---

[1] Voir plus bas : La transition entre la zone cultivée et la zone aride, p. 213 et suiv.

différence des destinées politiques des deux territoires, le régime économique tunisien, en ce qui touche aux problèmes des eaux et de l'irrigation, est beaucoup moins différent du régime algérien qu'on ne le pourrait d'abord supposer.

L'histoire ne doit intervenir que dans la mesure où elle se traduit encore par des effets actuels ; c'est toujours l'état présent que nous étudions, mais il est des causes agissantes qui remontent à une époque précise et dont l'action dure encore : il convient de les rappeler.

Après avoir indiqué les mesures administratives *générales* qui dominent la conception théorique de la propriété de l'eau et l'utilisation pratique de l'eau dans toute la zone appelée Tell ou Sahel, nous examinerons les particularités de l'irrigation dans les diverses provinces naturelles de cette zone en commençant par les plus arrosées pour finir par les plus sèches.

Le principe de la loi de 1851 (Algérie). — A l'arrivée des Français en Algérie les eaux des plaines côtières étaient très médiocrement utilisées. L'eau qui était la condition de la colonisation agricole ne paraissait pas être l'objet d'appropriation. Cela tend à expliquer et à rendre même très légitimes les mesures qui furent prises alors et qui eurent plus tard pour conséquence la loi de 1851 [1].

Les travaux considérables, exécutés en Algérie depuis l'occupation française, ont été soumis en général au droit français, régis par le droit français. Il est peu de peuples ayant au même degré que nous l'esprit de généralisation absolue, et légiférant « in

---

[1] Voir Alfred Picard et C. Colson, Traité des eaux, droit et administration, IV, p. 30. — On trouvera le texte des articles de la loi du 16 juin 1851 se rapportant aux eaux dans le Répertoire utile de H. de Lalande, Législation annotée du régime des eaux. Paris, Rousseau, 1896, p. 109. Sur la même loi, voir le commentaire qu'en ont donné Dareste et la Jurisprudence, dans Lamairesse, Du régime légal des eaux en Algérie. Alger, 1882, p. 15 et suiv.

abstracto » non pas pour tel ou tel individu, pour tel ou tel peuple, mais pour « l'homme » en soi. C'est ainsi que suivant la pittoresque expression de Burdeau on a cru pouvoir, sur la terre algérienne, « franciser la propriété avant de franciser les hommes »[1]. Il est d'autant plus curieux de constater qu'une modification importante a été apportée aux lois françaises, au droit

---

[1] A. Burdeau. L'Algérie en 1891, p. 175. — Nous ne pouvons ici traiter la question de la propriété foncière. Tout le mal est venu d'une inintelligence complète de la légitimité et des conditions de la propriété collective : l'individualisme des principes de 1789 a empêché le législateur de comprendre les faits sociaux répondant à d'autres cadres géographiques que les nôtres. On a dépensé 20 millions pour les opérations du sénatus-consulte et des lois qui ont suivi, et cela en pure perte. La loi du 26 juillet 1873 devait rechercher les droits de chaque indigène dans les territoires de sa tribu ! Mais les commissaires enquêteurs trouvèrent tant de copropriétés qu'ils se résolurent à attribuer seulement à chaque indigène une quote-part de la propriété collective de la tribu, un centième, un deux-centième, etc. La propriété collective, avec les obligations qu'elle impose à tous les membres de la communauté, paraissant « contraire à la raison », on voulut tout simplement la supprimer ; et le rationalisme juridique aboutit à l'échec que l'on sait. — On trouvera un bon exposé juridique des intentions et des résultats du sénatus-consulte du 22 avril 1863 et de la loi du 26 juillet 1873, modifiée plus tard par la loi du 28 avril 1887, dans M. Colin, Quelques questions algériennes, Paris, 1899. Un projet de loi sur la propriété foncière en Algérie. « Transporté en Algérie, dit M. Colin, le régime du Code civil devait nécessairement y constituer une détestable législation foncière. » (P. 194.) — Voir encore Eugène Rouk, Origines, formation et état actuel de la propriété immobilière en Algérie avec la préface de Rodolphe Dareste. Voir enfin comme documents de très haute valeur les dépositions si nombreuses rassemblées dans l'Enquête parlementaire de 1900 (Chambre des députés, n° 1840, session de 1900. Procès-verbaux de la sous-commission d'étude de la législation civile en Algérie, présentés par Pourquery de Boisserin, Paris, 1901) ; voir notamment la déposition de M. Ducroux, premier président de la Cour d'appel d'Alger, p. 3, et le Rapport de M. le Procureur général Haffner, Sur la propriété en Algérie, p. 9-12. — Enfin, une loi du 16 février 1897 a définitivement mis fin à la constitution de la propriété individuelle, selon les prescriptions de la loi de 1873 ; lire, sur ce sujet, l'étude de Robert de Caix de Saint-Aymour, Le régime foncier de l'Algérie et la loi du 16 février 1897, dans Bull. du Comité de l'Afrique française, VII, 1897, Supplément, p. 17-32. — Mais cette loi de 1897, malgré ses tendances louables, ne paraît pas avoir amélioré sensiblement la situation foncière de l'Algérie. — A l'occasion de l'Exposition, sous le patronage du gouvernement général de l'Algérie, une série de brochures et d'études ont été publiées, dont : M. Laynaud, Notice sur la propriété foncière en Algérie, 131 p. ; il ne s'agit là, bien entendu, que de la propriété foncière et non pas des eaux ; le résumé de cette histoire était à faire ; et avec sobriété, sans bibliographie, sans discussion, il est exactement fait. — V. enfin p. 305, note 1.

français en faveur des irrigations algériennes. En France, la législation protectrice du domaine public ne s'applique pas aux canaux d'irrigation : c'est dans le droit civil que les propriétaires d'un canal d'irrigation peuvent trouver les moyens de faire respecter leur propriété. Le décret qui prescrirait d'office l'élargissement, la modification d'un canal d'irrigation serait entaché d'excès de pouvoir.

Voilà bien l'esprit et la lettre du droit français. Pourtant l'article 2 de la loi du 16 juin 1851 a su adapter la loi française à l'Algérie ; et c'était d'ailleurs le seul moyen d'assurer l'avenir de la grande œuvre de transformation qui s'appelle la colonisation.

Aujourd'hui, en Algérie, tous les canaux d'irrigation sont exécutés par l'État, et font partie du domaine public [1]. Il en résulte que tout empiètement sur ces canaux constitue une contravention de grande voirie : le fait d'avoir arrosé en dehors des époques prescrites constitue un prélèvement illicite d'eau domaniale, et entraîne une contravention.

En conséquence de cette loi dont les effets subsistent encore, on peut dire qu'au point de vue général on doit distinguer en Algérie le régime des eaux dans le Tell et le régime des eaux au Sahara.

Dans le Tell toute l'eau appartient à l'État ; c'est l'État qui la distribue ; et l'État s'efforce, en la distribuant, d'en faire, avec plus ou moins de succès, une propriété privée et d'attacher l'eau à la terre.

---

[1] Louis HAMEL, sous-chef de bureau au Gouvernement général de l'Algérie, résumait ainsi la situation en 1888 : « En Algérie, les eaux, sous quelque forme qu'elles se présentent, sont, en principe, du domaine public. » Et il ajoutait : « On sait qu'en France la question est plus complexe et qu'il faut distinguer entre les cours d'eau navigables et flottables ceux qui ne le sont pas, les sources et les eaux pluviales. » Du régime des eaux en Algérie, p. 8. — Articles du Code civil français sur les eaux : Articles 538, indication des dépendances du domaine public ; 556, 557, 558, alluvions et relais ; 559, déplacement du lit d'un cours d'eau ; 560, 561, 562, 563, atterrissements ; 640, libre écoulement des eaux sur les fonds intérieurs ; 641, 642, 643, sources ; 644, 645, eaux courantes ; 2226, 2227, prescription.

Nous verrons au contraire qu'au Sahara l'État ne possède pas l'eau ; il ne possède dans les oasis que les eaux dont il s'est emparé par séquestre (c'est ainsi que l'État a séquestré lors de la conquête 1/10 des eaux de Biskra comme appartenant à des familles hostiles ou révoltées). D'ailleurs l'eau au Sahara est soumise à des régimes différents suivant les oasis. Elle est susceptible d'appropriation privée. Elle est devenue en certain cas une sorte de valeur tout à fait indépendante : on peut vendre l'eau sans la terre et la terre sans l'eau [1].

Il ne faudrait pas croire cependant que le régime du Tell et

---

[1] Ce sont ces solutions différentes qui nous occuperont surtout ; elles devront bien plus nous occuper que les principes *généraux* du droit musulman en matière d'eaux. Toutefois, comme ce sont les principes musulmans qui sont en vigueur dans toutes les régions de l'Algérie-Tunisie qui ne sont pas soumises aux idées françaises, il importe de les rappeler brièvement. — Nous renvoyons spécialement à un article d'une revue (qui a disparu, mais qui était fort utile), E. Mojon, Du régime légal des eaux en Algérie, dans *Annales du régime des eaux*, Paris, Rousseau, VIII, 1894, p. 87-93 : « La doctrine Hanéfite, telle qu'elle est exposée dans la Multequa, *Recueil de jurisprudence*, composé en arabe par Ibrahim-el-Halebry, mort à Constantinople en 906 (1549) et commenté en turc par Mehammed-el-meeqonfati. Édit. de Boulaq, 3 vol. in-fol., 1256 (1840), révèle pour l'époque antérieure à la promulgation en Turquie du nouveau Code sur la propriété foncière, des données utiles sur l'état de droit de la propriété en pays musulman. On y trouve l'application curieuse aux règles qui régissent le droit de propriété de l'eau d'une situation de fait : En Orient, comme dans le Sahara algérien, sans eau la terre n'a pas de valeur... (p. 88). On retrouve cette idée dans cette règle que toute terre morte dite par assimilation « *aadiïé* » appartient à celui qui la revivifie par l'eau... (p. 89). [Cf. *Journal Asiatique*, t. XIX, février-mars 1862, n° 74, p. 172, note 2] ... Dans le propre du prophète : « Les hommes sont co-associés à trois choses : l'eau, l'herbe et le feu... » C'est le développement naturel et logique de cette règle de Sidi Khelil : « A droits « égaux, les eaux seront partagées comme celles du Nil. » (Code Seignette, *loco citato*, n° 1227.) » ... (p. 90). — Voir Sidi Khelil, traduction Seignette, tit. XXI, chap. ii, sect. II, Du régime des eaux. — Lamairesse, Du régime légal des eaux en Algérie. Alger, 1882, dit de même : « D'après le Coran, l'eau est comme l'herbe et le feu, elle appartient à la grande communauté humaine... Aux yeux des jurisconsultes de l'Islam [Cf. *Journal Asiatique*, années 1848 et 1849, Ducauroy, Propriété en droit musulman], tous les hommes ont un droit égal à la jouissance des eaux. L'eau n'est appropriée que quand elle est renfermée dans des vases ou des outres ; et alors même celui qui en manque peut en exiger, fût-ce à main armée, dans la limite de ses besoins. » Lamairesse, p. 4. — Voir enfin une discussion beaucoup plus détaillée, dans Louis Hamel, Du régime des eaux en Algérie, 1888, p. 11 et suiv.

le régime du Sahara eussent pour limite exacte la limite des territoires militaires et des territoires civils ; plusieurs des véritables
oasis, telles par exemple que l'oasis de M'sila dans le Hodna,
quoique appartenant au territoire civil, ont conservé le régime
général du Sahara.

Cette réserve, une fois faite, si nous voulions étudier les
moindres détails de l'administration des eaux en Algérie, nous
devrions évidemment attribuer une grande importance à la limite
entre territoires civils et territoires militaires ; l'administration
militaire conserve à l'élément indigène et aux traditions indigènes bien plus d'indépendance et d'originalité que l'administration civile : et une certaine uniformité administrative s'arrête
aux limites de l'administration civile.

Ainsi nous trouverions limitée aux territoires civils cette
charge des *ayguadiers* que nous pourrions appeler des « can-
tonniers d'eau ». Les ayguadiers ont la mission de faire la
police des canaux ; ils sont payés à l'aide des fonds prélevés
sur le budget des usagers de l'eau, et en ce sens ils peuvent
ressembler aux « gardiens des eaux » dans les oasis ; mais
ces fonctionnaires qui sont presque toujours des Européens
sont nommés par les préfets, et leurs traitements sont déterminés par l'Administration des Ponts et Chaussées [1].

Quels que soient les détails, le grand fait qui domine l'organisation des eaux dans la région soumise depuis la plus ancienne
date à la domination européenne, c'est-à-dire la région du Tell,
c'est que le législateur semble avoir inconsciemment obéi à une
nécessité naturelle en chargeant l'État de tous les travaux
hydrauliques agricoles qui sont en effet les indispensables et essen-

---

[1] En 1875, la surveillance des vannes de bifurcation et des barrages n'était pas
encore toujours confiée à des *gardes des eaux* ; souvent c'était le propriétaire de la
parcelle voisine de la vanne de bifurcation qui se chargeait volontairement de la
manœuvre, si l'on en juge d'après Léon Pochet, Mémoire sur la mise en valeur
de la plaine de l'Habra, Paris, 1875, p. 93. — On devine les inconvénients et les
abus d'un pareil système.

tielles conditions de toute culture. La collectivité est ici représentée par l'État ; c'est une forme adaptée à nos lois françaises, mais qui manifeste la tendance économique et sociale que nous avons déjà signalée en des cadres géographiques analogues.

Il convient d'ajouter, pour ne pas exagérer la portée de cette adaptation géographique, que cette décision législative n'est pas tant résultée d'une conception juridique que d'une méthode générale de conquête et d'intervention militaires.

Si la loi de 1851 a modifié le régime des eaux en Algérie, ce n'est pas en effet qu'on ait eu une conception très profonde du rôle de l'eau ; mais l'autorité militaire a pourtant senti et compris que l'eau était tout : elle tenait à se réserver la libre disposition de cette richesse, tantôt en faveur des colons, tantôt en faveur des indigènes, toujours comme moyen de domination et de gouvernement.

Pratiques administratives en Algérie. — Un principe avait été modifié, mais les pratiques administratives restèrent les mêmes qu'en France. Jusqu'au commencement de l'année 1898 toutes les questions concernant les eaux et les irrigations étaient traitées dans les ministères à Paris. Or les principes législatifs sont moins importants dans une question d'ordre essentiellement pratique comme les irrigations que les règlements administratifs et que l'état d'esprit de ceux qui sont chargés d'appliquer ces règlements. Malgré la surprenante décision législative de 1851, on peut donc affirmer que jusqu'en 1898 les eaux en Algérie ont été traitées comme les eaux en France : pour citer un seul fait précis mais significatif, les usagers de l'eau étaient obligés de payer en certains cas jusqu'à 40 francs le litre-seconde, tout comme les habitants du Pas-de-Calais. Faut-il s'étonner que tant de colons aient hésité à s'abonner pour l'irrigation, et que d'autres n'aient jamais pu compenser par des bénéfices réels la dépense ruineuse de cet abonnement ? Dans un pays où l'eau est tout et où toutes les cultures sont à

créer, il est absurde que l'État vende l'eau à un prix aussi exorbitant.

Depuis plus de quatre ans les « rattachements » au Ministère
de l'agriculture ont été supprimés, et une ère tout à fait nouvelle s'annonce déjà[1]. Sous l'influence prédominante de
M. Flamant, inspecteur général des Ponts et Chaussées[2], une
tactique nouvelle est en honneur qui repose sur deux principes :
l'État se charge de faire la plus grande partie de tous les travaux,
à ses frais ; d'autre part il n'entreprend ces travaux que
lorsque les colons intéressés ont démontré par la constitution
d'une Association syndicale qu'ils ont pris conscience de leurs
intérêts collectifs et qu'ils s'assureront les moyens de les servir[3].

---

[1] Depuis le 26 avril 1881, les travaux exécutés en Algérie étaient exécutés sous
l'autorité immédiate du gouverneur général, mais le gouverneur général ne pouvait
agir que sous la direction et le contrôle des différents ministres. Voir : Aucoc,
Conférences sur l'Administration et le Droit administratif, 3ᵉ édit., 1885, tome I,
nᵘ 388, p. 697 ; et par ailleurs tout le chapitre 1ᵉʳ du Livre IV. Organisation des
pouvoirs publics, spéciale à l'Algérie et aux colonies. — On doit consulter les Procès-
verbaux des délibérations du Conseil supérieur de gouvernement ; nous y renvoyons :
Algérie, Conseil supérieur de gouvernement, etc. Session de mars 1898. Alger,
Giralt, 1898, p. 3. « Un décret du 31 décembre 1896 a supprimé le système dit des
rattachements et a organisé sur de nouvelles bases le gouvernement et la haute
administration de l'Algérie. » (P. 4.) « Dans le courant de l'année 1897, il a été
rendu, pour l'exécution du décret organique du 31 décembre 1896, plusieurs autres
décrets ou arrêtés ministériels » ... dont, « le 30 décembre 1897 : Décret plaçant
sous l'autorité du gouverneur général le service de l'hydraulique agricole ». Et voici
les conséquences effectives immédiates de cette transformation en ce qui concerne
l'hydraulique agricole : dès que l'Algérie devient un peu plus maîtresse de ses
destinées, elle augmente tout aussitôt le budget de l'eau ; le Conseil supérieur
de gouvernement dans sa séance du 24 janvier 1899 relève le crédit prévu pour les
travaux d'hydraulique agricole et le porte de 680 000 francs à 1 million. — Nous
n'avons pas tort de parler d'une ère nouvelle.

[2] M. JONNART, étant gouverneur de l'Algérie, a développé l'autonomie et l'indépendance des divers services par la création des grandes directions (1901) ; nous
avons appris avec une vive satisfaction que M. A. FLAMANT, inspecteur général des
ponts et chaussées, était chargé du service de l'hydraulique agricole. — Le successeur de M. Jonnart, M. REVOIL, a cette longue expérience des choses du Maghreb
qui assure à l'Algérie une politique sage, efficace et *appropriée*.

[3] Il ne nous appartient pas d'établir ici une comparaison entre les Associations
syndicales françaises et les Associations algériennes ; si l'on veut faire une comparaison des règlements, on trouvera dans Léon Aucoc, Conférences sur l'Administration et le Droit administratif, faites à l'École des ponts et chaussées, tome II,

L'État demande à cette Association syndicale de coopérer pour une part, plus ou moins grande suivant les cas, aux premiers frais d'installation des barrages, canaux, etc..., et il consent à faire lui-même jusqu'aux 4/5 des dépenses. En revanche il demande toujours aux syndiqués de se charger pour l'avenir des frais d'entretien. — Veut-on un exemple datant d'hier : Les Délégations financières algériennes, dans leur session de juin 1901, ont voté un vœu favorable à la construction du barrage-réservoir des Zardézas, dans la vallée du Saf-Saf, région de Philippeville, (barrage qui doit avoir une capacité de 22 millions de mètres cubes), « mais sous réserve que les intéressés se syndiqueront de façon à déterminer leur part contributive à la dépense » (*Procès-verbaux des délibérations*, p. 441). — Cette nouvelle méthode, que nous pourrions appeler *la méthode des Associations syndicales*, nous fait bien augurer de l'avenir ; car elle repose sur une intelligence raisonnée des conditions géographiques de l'irrigation en Algérie. Elle permettra d'assurer aux travaux techniques déjà effectués et à ceux qui seront plus tard exécutés une efficacité pratique qu'ils n'ont jamais eue. Et des exemples tout récents démontrent en effet cette efficace puissance des Associations syndicales. Plusieurs syndicats ont entrepris depuis trois ans de planter en vigne le cône de déjection de l'oued Djemmaa ; en 1899, on a dépensé

Appendices III et IV, le texte du décret relatif à l'Association syndicale constituée sous le nom de Société du canal d'irrigation du Pont-du-Fossé (7 avril 1866), et un long Extrait de l'acte d'association syndicale du canal d'irrigation de Gignac (Hérault), approuvé par décision ministérielle du 14 mars 1883. — Sur le rôle des « Syndicats autorisés » regardés comme « des espèces de communes spéciales » et considérés par certains comme « des établissements publics » ayant « pour l'exécution de leurs travaux et le recouvrement de leurs recettes, les mêmes privilèges que l'administration » ... privilèges « justifiés, parce que leur œuvre est une œuvre d'utilité collective que l'administration, dans la plupart des cas devrait accomplir si les particuliers intéressés n'en prenaient pas l'initiative », voir Aucoc, *ouvr. cité*, livre II, titre III, § 1, Des Établissements publics, tome I, p. 360. Voir aussi Alfred Picard et C. Colson, Traité des eaux, t. IV, p. 101 et suiv.

pour régulariser et endiguer le cours d'eau plus de 100 000 francs dont la plus grande partie a été payée par les syndiqués. Dans la vallée inférieure de la Seybouse une Association syndicale est en train d'achever d'énormes travaux de canalisation qui constituent à coup sûr l'un des projets les mieux conçus de toute l'Algérie ; cette entreprise, qui est destinée à l'irrigation de près de 30 000 hectares, coûtera 900 000 francs, peut-être un million de francs : les 5/8 de cette somme sont versés par l'État, mais les 3/8 sont fournis par les intéressés.

Travaux techniques en Algérie. — On a construit en Algérie de nombreux barrages. Il existe à l'heure qu'il est sept grands barrages-réservoirs, tous construits depuis la conquête : le barrage du Tlélat (oued Tlélat), le barrage de l'oued Magoun, le barrage des Cheurfas (Sig), le barrage de l'oued Fergoug ou barrage de l'Habra, le barrage de la Djidiouïa, le barrage de Meurad et le barrage du Hamiz [1].

On sait que ces barrages-réservoirs n'ont pas donné les résultats qu'on en attendait. Même au point de vue technique plusieurs paraissent ne pas avoir été construits conformément aux exigences spéciales du climat de l'Algérie. Presque tous ont eu à souffrir des crues très brusques, de ces véritables « coups d'eau » qui exigent des fondations sur des roches très dures comme celles sur lesquelles reposent en général les barrages

---

[1] Voir aux **Notes et pièces justificatives, F,** le Tableau récapitulatif des barrages-réservoirs de l'Algérie (barrages actuels et barrages détruits). On trouvera un court résumé de leur histoire et une brève description des travaux dans : Algérie, Exposition universelle de 1900, Notice sur l'hydraulique agricole en Algérie. Alger-Mustapha, 1900, p. 24-38. Voir aussi Giuseppe Zoppi e Giacomo Torricelli, Laghi artificiali dell'Algeria, della Francia e del Belgio, *Annali di agricoltura*, 1886 ; et Irrigazioni a laghi artificiali della Spagna, *Id.*, 1888. On en trouvera un remarquable résumé par W. Willcocks, dans : Gouvernement égyptien. Ministère des travaux publics. Projet d'irrigation pérenne et de protection contre l'inondation en Égypte, Le Caire, Imp. Nat., 1894, in-4. Voir Appendice I, Description des réservoirs existants, 14 p.

d'Espagne. Les accidents survenus aux barrages algériens, et les déboires qu'ils ont causés seraient longs à énumérer. — On songeait à construire le barrage de l'Habra en terre ; ce projet avait été approuvé par le Conseil général des Ponts et Chaussées, puis par le Gouverneur de l'Algérie (10 sept. 1862), lorsque se produisirent les catastrophes qui emportèrent les deux barrages en terre établis l'un sur la Mekerra à Tabia, en amont de Sibi-bel-Abbès, et l'autre sur le Tlélat à 30 kilomètres d'Oran[1]. On décida de construire alors sur l'Habra une digue de maçonnerie. Les travaux furent achevés en août 1871. Survint la crue du 10 mars 1872 qui emporta le déversoir du barrage sur plus de 50 mètres[2]. Ce barrage de l'Habra sur l'oued Fergoug semble voué à une véritable fatalité ; emporté de nouveau dans la nuit du 14 au 15 décembre 1881, puis reconstruit, il a failli être détruit une fois de plus au mois de novembre 1900. Et il n'est malheureusement pas le seul des grands barrages-réservoirs en maçonnerie qui ait subi d'aussi terribles vicissitudes ; le barrage des Grands Cheurfas a été, lui aussi, emporté le 8 février 1885[3].

En Algérie il a fallu également se préoccuper de prémunir les grands réservoirs contre l'envasement si rapide ; et l'on a dû tenter de nombreuses et coûteuses expériences[4]. D'après Lévy-Salvador, le nouveau réservoir du Sig dont la capacité est de 8 millions de mètres cubes reçoit annuellement 100 000 mètres

---

[1] De même, un violent orage d'été avait brisé 12 ans plus tôt, le 3 septembre 1850, le barrage mobile de l'Oued-el-Kébir. M. AYMARD, Étude sur les irrigations de la Métidja, etc., p. 129.

[2] Léon POCHET, Mémoire sur la mise en valeur de la plaine de l'Habra. Paris, 1875, p. 54.

[3] Voir par ailleurs aux **Notes et pièces justificatives, F,** le Tableau récapitulatif des barrages-réservoirs de l'Algérie (barrages actuels et barrages détruits).

[4] Voir en particulier Martin CALMELS, Les barrages-réservoirs en Algérie. Le dévasement. Compte rendu des expériences faites au Sig du 22 au 31 octobre 1879, Alger, 1879 ; — et sur les différents modes adoptés en Algérie pour chasser les vases : FRICK (P.), Appareils de chasse des réservoirs, *Génie civil*, 2 janvier 1897, et Paul LÉVY-SALVADOR, Hydraulique agricole, II, p. 253 et suiv.

cubes d'apports solides ; et le barrage de la Djidiouïa, qui avait une capacité initiale de 2 millions de mètres cubes, s'envase tous les ans de 250 000 mètres cubes [1]. Aussi bien le dévasement de ce barrage a déjà coûté 400 000 francs [2].

En fin de compte, les conditions climatologiques de l'Algérie, et les conditions générales du sol des vallées irrigables qui se composent d'ordinaire de terrains d'apport, de terrains de remplissage, sont-elles propices à la construction de ces grands barrages ? Nous ne voulons pas ici discuter plus longuement le problème technique ; on conviendra du moins que la réponse ne saurait être affirmative sans de fortes réserves. Et l'idée se fait jour de plus en plus qu'il vaudrait mieux remplacer ces énormes et coûteux travaux de maçonnerie, toujours susceptibles d'une destruction inattendue, par ces petits « barrages de dérivation », barrages de pierres et de fascines, tels que nous en voyons construire, même par des colons européens, dans certaines vallées comme la vallée de la Mina : ces petits barrages sont simples et peu coûteux ; lorsqu'ils sont détruits on les reconstruit ; on les restaure ou on les renouvelle tous les ans ; ils sont semblables, quoique plus solides et plus réguliers, à ceux que construisent les indigènes : n'y a-t-il pas là une garantie expérimentale qu'ils répondent mieux à l'économie géographique de l'Algérie ?

Un réel mouvement d'opinion se dessine donc qui tend à modérer la confiance enthousiaste qu'on avait jadis dans l'efficacité des barrages-réservoirs.

Pour le Bas-Chéliff par exemple, on ne parle en ce moment que d'un « barrage-déversoir » (à Inkermann) [3]. Il ne faudrait

---

[1] Hydraulique agricole, II, p. 270.

[2] Gouv. gén. de l'Algérie. Délégations financières algériennes. Session de juin 1901. Procès-verbaux des délibérations, p. 295. Sur l'envasement et les différents procédés de dévasement, voir M. WAHL. L'Algérie, 3ᵉ édition, p. 30, 31.

[3] Gouvernement général de l'Algérie. Délégations financières algériennes. Session de juin 1901. Procès-verbaux des délibérations, p. 480.

pas croire pourtant que tout le monde fût conquis à la nouvelle manière de voir[1]. Le prestige des barrages-réservoirs a été trop grand et a duré trop longtemps pour qu'il ne soit pas encore indispensable de revenir sur cette question et de détourner énergiquement et des barrages-réservoirs, et aussi, nous allons en parler, de l'utopie connexe des irrigations d'été en Algérie. Notre exposé des inconvénients déterminés même en Espagne par les barrages-réservoirs sera de quelque utilité, nous l'espérons, aux Algériens qui pensent comme nous.

En construisant les grands barrages algériens, on a certainement copié les barrages de l'Espagne. Mais comme il est regrettable qu'on ait imité de l'Espagne les travaux techniques sans en étudier aussi et sans en copier les types de réglementation ! Quand les ingénieurs discutent (ou plutôt discutaient autrefois) des conditions favorables à l'établissement d'un barrage-réservoir, ils ne s'appuyaient que sur des considérations techniques[2]. Aussi bien, dans nos pays à nous, on apprend malaisément à connaître les conditions spéciales qui s'imposent pour l'appropriation et l'utilisation de l'eau dans les régions arides et désertiques ; et comment faire un crime de cette ignorance aux premiers organisateurs du service des eaux en Algérie,

---

[1] Qu'on consulte un des documents les plus récents, ce même compte rendu de la session de *juin* 1901 des Délégations financières algériennes ; aux pages 295 et suiv., on lit le procès-verbal d'une discussion intéressante : tandis que M. Garau combat avec beaucoup de sens la construction des barrages-réservoirs et préconise les barrages de dérivation, certains de ses nombreux contradicteurs prennent la défense des barrages-réservoirs, et ils invoquent même en faveur de ceux-ci cet argument qu'on croyait suranné : « Seuls ils peuvent être utilisés pour les irrigations d'été » (p. 296). Voir aussi le rapport sur le barrage-réservoir des Zardézas, p. 1174 et suiv. Il y est dit : « L'Espagne possède plusieurs barrages-réservoirs fonctionnant à merveille depuis des siècles » (p. 1180)!

[2] A ce point de vue, l'excellent mémoire qu'a publié Léon POCHET, dans les *Annales des ponts et chaussées*, et qu'il a ensuite édité à part (Mémoire sur la mise en valeur de la plaine de l'Habra, Paris, Dunod, 1875), est tout à fait significatif. Voir notamment p. 6.

lorsque tant d'hommes durant ces dernières années et encore aujourd'hui ne songent à se préoccuper que du problème technique [1]?

Cette imitation partielle et incomplète des irrigations espagnoles, je veux dire la construction des barrages, a eu parfois une conséquence que nous considérons comme un avantage, celle d'attirer de plus en plus les Espagnols sur la terre d'Algérie [2]: lorsque le barrage d'Orléansville fut achevé, en 1886, 250 Espagnols sont venus s'établir à Orléansville : ils y sont encore aujourd'hui comme locataires des colons ; c'est eux qui cultivent les jardins ; ils constituent un élément excellent pour la culture et qu'il serait bien difficile de remplacer. Loin d'avoir jamais risqué d'être un danger, l'immigration espagnole a été, à notre sens, et d'après les résultats de notre propre enquête, un fait très heureux ; leur influence laborieuse a été bienfai-

---

[1] Pour se rendre compte de la petite importance que les cultivateurs attachaient il y a peu d'années à l'irrigation elle-même, on n'a qu'à consulter un livre peu ancien, consciencieux, qui est dû à un propriétaire d'Aïn n'Sara (Algérie) et qui a été couronné par la Société d'encouragement pour l'industrie nationale et par le Conseil municipal d'Alger-Mustapha : Ch. MILLOT, Manuel du colon algérien. Traité pratique d'agriculture algérienne. Paris, Augustin Challamel, 1891, in-8, 562 p. Voir notamment p. 174. Si nous prenons maintenant une publication officielle de la même époque : Études sur l'aménagement et l'utilisation des eaux en Algérie, 1890, nous verrons que l'irrigation est préconisée et étudiée ; mais on ne s'occupe que de la question technique; on ne parle ni de la distribution ni de la réglementation des eaux. On consacre d'ailleurs 10 lignes seulement à la région du Sahara, p. 85 (et quelques mots à la p. 73) ; et on déclare qu'au Sahara le seul moyen à employer est celui des forages, et qu'un service spécial a été créé à cet effet. L'ingénieur ordinaire de Mostaganem, E. KERRIEN, est le seul qui parle un peu de la réglementation des eaux et qui paraisse s'en préoccuper (p. 127 et suiv.). Encore d'autres exemples qui nous prouveront qu'en France on ne songe qu'à l'œuvre technique : Voir la communication de Jules MAISTRE, au *Congrès de l'Association française pour l'avancement des Sciences*, Carthage, 25ᵉ année, I, p. 159 ; et de même la communication de FERET, sur la nécessité de l'aménagement des eaux, (juste comme idée, mais incomplète), I, p. 240, et surtout II, p. 640-641 (résumé revu par l'auteur).

[2] Nous n'oublions pas d'ailleurs que les Andalous ont passé la mer pour s'établir dans le Maghreb depuis de longs siècles. Voir notamment EL BEKRI, Description de l'Afrique septentrionale, traduction DE SLANE, p. 162.

sante, et ils ont apporté en Algérie une tradition de culture
patiente et opiniâtre ; avec les insulaires de la Méditerranée,
mahonnais ou maltais, ils étaient presque les seuls à connaître
pratiquement la culture de jardin, la culture des oasis d'irrigation. Les régions sèches et arides du Tell algérien qui ont
été jusqu'ici le plus complètement transformées sont les plaines
irriguées de la province d'Oran qui ont bénéficié de la main-
d'œuvre espagnole.

Si l'on veut s'en remettre pour cette question au jugement
d'un homme compétent, on doit consulter les Procès-
verbaux des séances et des délibérations du premier congrès
des agriculteurs d'Algérie, en décembre 1897[1] ; on y trouvera
le rapport sur l'utilisation des eaux d'irrigation présenté par
M. Roger Marès : il fait l'éloge des Espagnols de la province
d'Oran : ce sont des Valenciens, ajoute-t-il, qui sont venus
s'établir particulièrement dans les villages de Saint-Denis-du-
Sig, de Perrégaux, de Relizane (p. 195) ; il dit même plus
loin que ce sont des Maures d'Andalousie qui font en Tunisie
les belles cultures d'arbres à l'aide de l'irrigation (p. 198-199).
« Comme ouvriers agricoles, affirme de son côté V. Demontès,
les Espagnols ont été des auxiliaires utiles, nécessaires de la
colonisation française »[2].

Les Espagnols, formés traditionnellement à l'intelligence
instinctive d'aussi spéciales conditions géographiques, se sont
toujours défiés de ces innovations, de ces essais, qui ont en
pure perte causé tant de déboires et coûté tant d'argent aux
colons, trop pressés ou trop ambitieux, et toujours inexpéri-

---

[1] Algérie. Société d'agriculture d'Alger. 1er *Congrès des agriculteurs d'Algérie*
tenu à Alger les 15, 16, 17 et 18 décembre 1897. Procès-verbaux des séances et des
délibérations (Rapports, mémoires, discussions et vœux). Alger, Pierre Fontana,
1898. 1 vol. in-8, XII + 618 p.

[2] V. DEMONTÈS, La colonie espagnole en Algérie, dans *Bull. de la Soc. de géogr.
d'Alger*, 1899, p. 179. Voir aussi Augustin BERNARD, En Oranie. Extrait du *Bull.
de la Soc. de géogr. d'Oran*, 1901, p. 40.

mentés : on sait en particulier avec quel entrain les colons se
sont adonnés à un moment à la culture du cotonnier. La concession du domaine de l'Habra, avant 1870, avait été faite spécialement en vue de la culture du coton[1]. Tout le monde au
début voulait faire du coton[2]. On sait aussi qu'après une période
assez longue d'expérience et d'espoir on a dû y renoncer complètement, et qu'aujourd'hui cette culture est abandonnée. Or
les Espagnols n'ont jamais voulu se mettre aux cultures d'été
telles que celle du coton ; ils ont même parfois à cause de leur
résistance encouru le déplaisir des colons ; qui oserait aujour-
d'hui prétendre qu'ils avaient tort ?

Les hommes les plus expérimentés préconisent énergiquement les seules cultures d'hiver[3]. Et dans la province d'Oran

---

[1] Léon POCHET, Mémoire sur la mise en valeur de la plaine de l'Habra. Paris,
1875, p. 87.

[2] ID., *ibid.*, p. 97. Sur les nombreuses petites plantations de coton dans le Sahel
de 1860 à 1865, voir BOYER, Le Sahel d'Alger. *L'Algérie nouvelle*, V, 1900, p. 604,
605. — Le 26 novembre 1877, P. de Tchihatchef passe à Saint-Denis-du-Sig ; il
signale de nombreuses cultures du tabac, et dit au contraire que les cultures de coton
qui ont été autrefois assez développées en cette plaine de Saint-Denis sont presque
complètement abandonnées. Espagne, Algérie, Tunisie, p. 68.

[3] Par exemple, R. MARÈS; voir son rapport Des eaux d'irrigation et des eaux
de ruissellement, p. 61-66, dans Gouv. général de l'Algérie. Commission d'études
des améliorations à apporter dans la situation agricole de la vallée du Chéliff, Alger,
1899. De même, RIVIÈRE et LECQ, Manuel pratique de l'agriculteur algérien, condamnent les cultures tropicales et préconisent les cultures méditerranéennes. —
Il y a longtemps d'ailleurs que des voix autorisées se sont fait entendre pour prémunir d'une manière tout à fait générale les cultivateurs et les administrations
publiques contre les dangers des irrigations d'été. Dans un Rapport sur les divers
emplois agricoles des eaux courantes (qui n'a jamais été publié mais que j'ai trouvé
lithographié à la Bibliothèque des Ponts et Chaussées), NADAULT DE BUFFON écrivait
déjà en 1868 : « L'irrigation d'été est un outil puissant, mais dangereux à mettre
dans des mains inhabiles » (p. 2), etc. — Si nous nous occupions des entreprises
d'irrigation qui ont été tentées sur le territoire de la France, nous arriverions sans
doute à cette conclusion que, dans le Roussillon comme en Provence, on a beaucoup
trop compté sur les irrigations d'été, et pas assez pratiqué les irrigations d'hiver et
de printemps. — En ce qui regarde l'Algérie, l'ingénieur DORMOY, avec une pers-
picacité très clairvoyante, manifestait, dès 1883, peu de confiance à l'égard des cultures d'été, non plus qu'à l'égard des barrages-réservoirs. Voir Gouv. gén. de l'Algérie,
Hydraulique agricole, Études sur l'aménagement, etc., 1883, p. 20.

qui est comme nous l'avons dit celle où les Espagnols sont le
plus nombreux, presque toutes les eaux des barrages-réservoirs
ou des barrages de dérivation sont uniquement consacrées aux
cultures d'hiver.

Les règles et les pratiques administratives en Tunisie. —
En Tunisie comme en Algérie, le domaine public comprend,
non seulement les cours d'eau, les sources, les aqueducs, les
puits, mais encore les canaux d'irrigation et de dessèchement;
en ce qui regarde ces canaux le décret du 24 septembre 1885
sur le domaine public en Tunisie ajoute pourtant une détermination qui est en principe restrictive : « Les canaux exécutés
dans un but d'utilité publique » (art. 1er). Mais en fait tous les
travaux importants d'aménagement des eaux sont déclarés d'utilité publique. Le domaine public est naturellement « inaliénable
et imprescriptible » (art. 3) [1].

En second lieu, le Service de l'hydraulique agricole de Tunisie
paraît avoir adopté et suivre de plus en plus ce que nous avons
appelé à propos de l'Algérie la tactique des Associations syndicales. L'État veut bien se charger de contribuer pour une part
importante aux frais d'adduction d'eaux et de canalisation,
mais à la condition que des Associations syndicales régulièrement organisées supportent l'autre partie des frais [2].

L'État consent même d'après le décret du 15 septembre 1897
à faire tous les frais de premier établissement, mais à la condition que le « syndicat ait souscrit l'engagement cautionné de
rembourser le montant des avances par annuités égales dans un
délai maximum de 25 ans » [3].

---

[1] Voir aux *Notes et pièces justificatives, G,* Décrets de la Régence de
Tunis : le décret du 24 septembre 1885.

[2] Voir aux *Notes et pièces justificatives, G,* Décrets de la Régence de
Tunis : l'art. 1er du décret du 25 janvier 1897.

[3] Voir aux *Notes et pièces justificatives, G,* Décrets de la Régence de
Tunis : l'art. 1er du décret sur les dépenses de l'hydraulique agricole, du 15 septembre 1897, et la note de M. Boulle qui suit l'extrait de ce décret.

Ainsi les règles et pratiques administratives en Algérie et en Tunisie tendent à s'inspirer de plus en plus des mêmes principes et aboutissent aujourd'hui à des résultats analogues.

Les plaines et vallées de la région du Tell en Algérie-Tunisie ainsi que le Sahel tunisien ont donc à des degrés divers supporté les conséquences de causes historiques, administratives et économiques qui à l'origine n'étaient point adaptées aux conditions géographiques de cette zone. Le temps et l'expérience agissant souvent à l'insu des hommes responsables, il semble qu'une orientation nouvelle se manifeste qui se rapproche de plus en plus d'une conception vraiment rationnelle de ces conditions géographiques. La marche des idées et des faits a été lente, tâtonnante. Mais n'est-il pas curieux que la prédominance des nécessités géographiques finisse tôt ou tard par s'imposer ?

Cependant, le groupe des plaines du Tell et le Sahel tunisien comprennent des provinces très différentes ; et suivant les conditions naturelles celles-ci ont souffert ou bénéficié plus ou moins des vicissitudes historiques et administratives.

A. La basse Mitidja, type de plaine surabondamment arrosée. — Il y a dans la Mitidja deux parties, deux Mitidja. La haute plaine est située au pied de l'Atlas : les torrents la traversent pour aller porter leurs eaux dans la dépression humide, et le tracé général des cours d'eau nous indique dès le premier coup d'œil cette disposition topographique : or cette haute plaine de la Mitidja, non seulement n'est pas trop humide, mais elle est soumise à de grandes sécheresses durant l'été : « D'une part, absence complète de pluies pendant les mois d'été ; d'autre part, un volume de 9 à 1 200 litres par seconde fourni par les ravins de l'Atlas ; tel est le bilan des richesses hydrauliques de la plaine de la Mitidja, depuis Souma jusqu'à Marengo » [1].

---

[1] Voir les jaugeages faits par Maurice AYMARD en 1849, Étude sur les irrigations

Des centres aujourd'hui florissants, dont le plus important est Blida, se sont échelonnés entre la plaine et les premiers versants de l'Atlas, près du débouché des torrents. Pour cette « Crau » algérienne, le principal problème économique a été et reste la captation des eaux nécessaires à l'irrigation par le moyen de barrages, et la distribution de ces eaux sur les terres arides [1].

Tout autre est la basse plaine de la Mitidja, celle qui longe le Sahel d'Alger ; les eaux s'y accumulent et s'y étalent ; marécageuse et pestilentielle, la basse Mitidja est ici choisie comme type de ces plaines algériennes, voisines du littoral, et surabondamment arrosées, telles que la plaine de l'Habra (Oran) ou la plaine de Bône (Constantine).

La description la meilleure et la plus exacte de la Mitidja a été donnée dans le mémoire déjà ancien, à peu près oublié, et pourtant très précieux que nous venons de citer. Voici comment Maurice Aymard oppose avec justesse les deux parties de la Mitidja : « D'un côté, sécheresse absolue ; de l'autre, marécages non interrompus. Ici, disette d'eau ; là, surabondance : partout excès, tantôt en plus, tantôt en moins... La manière dont s'opère la transition est digne d'être remarquée. Qu'on se figure une ligne passant, à peu près, par Boufarick, Sidi Kliffa, Oued-el-Halleg, le camp de la Chiffa, et qui se prolonge sur la rive gauche de la Chiffa, de manière à rester à peu près

---

de la Métidja et les cours d'eau de l'Atlas, *Annales des ponts et chaussées*, 1853, 2ᵉ sem., p. 49 et suiv. — Certaines gorges par lesquelles les cours d'eau s'échappent des plateaux sont assez humides pour être très boisées. Les gorges de la Chiffa sont occupées par une végétation abondante ; le *ravin des Singes* (petit affluent de la Chiffa) a été signalé par Tchihatchef comme particulièrement riche au point de vue végétal. Voir Tchihatchef, Espagne, Algérie, Tunisie, p. 190.

[1] Voir H. Busson, Le développement géographique de la colonisation en Algérie, p. 37-43. H. Busson étudie en même temps la zone montueuse du Sahel et la plaine de la Mitidja ; il les réunit sous la dénomination de *plaine littorale d'Alger*. Voir aussi A. Haxaire, Travaux d'hydraulique agricole en Algérie. Irrigations de la partie Est de la plaine de la Mitidja. Barrage-réservoir du Hamiz. Alger, Torrent et Miaux, 1894, in-8, 271 p.

concentrique aux pieds de l'Atlas et du Sahel ; cette ligne
forme le point de passage entre l'extrême sécheresse et l'extrême
humidité... Je l'appellerai la *ligne des sources*. En effet, dans la
région située au-dessus de cette ligne on chercherait en vain
une source. On n'y rencontre que les eaux dérivées de la montagne, et là où ces eaux ne peuvent arriver, des puits profonds
et peu abondants... Lorsqu'au contraire on arrive à cette ligne,
l'aspect de la plaine change brusquement sans transition. On
aperçoit d'abord une source ; il en foisonne immédiatement à
côté une infinité d'autres ; toutes ces eaux réunies forment de
petits marécages alimentés eux-mêmes par de nouvelles sources
qui surgissent et se multiplient plus loin. En un mot, depuis
cette ligne jusqu'aux parties les plus basses de la plaine, qui
forment cuvette, l'eau est à fleur de sol ; on marche sur une
terre détrempée. Ce phénomène est général sur toute la longueur de la plaine, etc. »[1]. Une description aussi précise datant
d'un demi-siècle a d'autant plus de valeur que la Mitidja a subi
une transformation complète[2].

Ce territoire de la basse Mitidja, couvert jadis d'asphodèles
et de palmiers-nains, a été conquis à la culture ; c'est aujour-
d'hui un vrai jardin de culture très soignée, un jardin de primeurs. La Mitidja est un grand chef-d'œuvre de transformation
agricole ; elle constitue l'un des témoignages les plus certains
de la bienfaisante influence de la colonisation française en
Algérie. Voisine d'Alger, elle a été le théâtre des premiers
efforts, et déjà en 1878, un savant étranger bien connu pouvait
écrire ces lignes :

« La plaine de la Mitidja est une de ces nombreuses localités
de l'Algérie qui me frappèrent par le contraste entre ce qu'elles

---

[1] IDEM, *ibid.*, p. 78.

[2] Au même point de vue, on consultera la carte qui est adjointe au mémoire
comme un document fort utile : Carte de la partie occidentale de la plaine de la
Métidja, à l'échelle de 0^m,006 par kilomètre, planche 50.

sont aujourd'hui et ce qu'elles étaient lors de ma première visite à Alger... remontant à trente ans... Quelle métamorphose!.. Aujourd'hui la plaine que je parcourais seul, sans armes, est sillonnée en tous sens par des routes carrossables ; au lieu de tentes nomades, on voit des villages florissants ; des champs cultivés et des taillis ont remplacé les marais, les déserts déboisés ; les cours d'eau refoulés dans leur lit sont traversés par de solides et élégants ponts en pierre »[1].

Pour mettre en culture la Mitidja humide, on a dû l'assécher par des canaux de drainage, et l'assainir par des plantations d'eucalyptus. Des syndicats se sont aussi constitués ; et les cultivateurs de la Mitidja comprennent de mieux en mieux l'utilité du groupement des intérêts en vue de l'assèchement de même que d'autres en comprennent ailleurs et notamment dans la Mitidja sèche l'utilité en vue de l'irrigation.

La basse Mitidja reste le modèle des transformations qui sont

---

[1] TCHIHATCHEF. Espagne, Algérie, Tunisie, lettre IX, datée d'Alger le 20 mars 1878, p. 135. — On ne saurait trop rappeler par des documents précis ce qu'était la Mitidja à l'époque de la conquête : « C'est le 23 juillet 1830, en marchant sur Blida que l'armée française passa pour la première fois à Bou-Farik ; ce lieu, où se tenait le marché du district, n'était alors marqué que par deux puits à dôme grisâtre, une blanche Koubba dédiée à Sidi-Abd-el-Kader-el-Djilani ; quatre trembles, qui longtemps servirent de gibets sous le régime turc ; à l'ouest du second, deux figuiers et un palmier se dressaient sur le point où fut établi plus tard le cimetière. » Dr BARTHÉLÉMY, Bou-Farik et son marché. Histoire de la colonisation algérienne, par C.-T. DE FALLON, *Bull. de la Société de climatologie algérienne*, 1872, p. 55. Puis l'auteur fournit des détails intéressants sur la progression de la population durant cette première période de la transformation. Et voici comment C. DE VALIGNY décrit maintenant les environs d'Alger, Sahel et Mitidja : « Rien de plus intéressant à visiter que ces champs de primeurs conquis sur les landes ou les sables soigneusement épierrés, aisément et à peu de frais engraissés par les déchets des fabriques avoisinantes ou par les détritus d'Alger, cultivés par un art savant qui règle presque à jour fixe la maturation et la récolte des produits irrigués au moyen d'écluses qui limitent à une intelligente surveillance le pénible travail de l'arrosage. Toute une population française, mahonnaise, maltaise, espagnole, vit de ces champs dont pas un pied de terre ne demeure improductif, non plus dans les grandes exploitations que dans celles des petits maraîchers cultivant un ou deux hectares. » *Le Temps*, 20 février 1896, cité dans VIDAL DE LA BLACHE et CAMÉNA D'ALMEIDA, *La France*, Paris, Colin, 1900, p. 458 et 459.

commencées et poursuivies en d'autres plaines littorales également trop humides, et parsemées de sebkas.

Pour la plaine de l'Habra (province d'Oran), la question a été mixte, ou plus exactement elle a été double (à peu près comme pour la haute et la basse Mitidja) ; la partie basse de la plaine de l'Habra était encombrée de marécages, les marais de la Macta, elle était une basse Mitidja qu'il a fallu drainer et assainir. En second lieu on a dû construire le trop fameux barrage-réservoir de 3o millions de mètres cubes pour fournir et assurer les eaux nécessaires à l'irrigation.

Quant à la plaine de Bône, elle est tout entière marécageuse ; et il ne s'y pose qu'un problème capital, celui du dessèchement [1]. Elle est très propice au développement des prairies naturelles [2].

B. Centres de culture du Tell dans les régions orientales de l'Algérie. Petites plaines et vallées d'irrigation. Hautes plaines de Sétif.

Les deux centres les plus importants sont la vallée de l'oued Sahel-oued Soummam et la vallée de la Seybouse qui aboutit à la grande plaine de Bône, dont il vient d'être question. Ces deux cours d'eau, le Sahel-Soummam et la Seybouse, comme la Medjerda qui traverse de part en part la Tunisie, sont relativement puissants par rapport au Chéliff et aux cours d'eau de l'Ouest-Algérien ; leurs bassins de drainage sont plus arrosés par les pluies ; il pleut en général entre octobre et mars ;

---

[1] « La plaine de Bône (Hippone), écrivait en 1847 JAUBERT DE PASSA, a 15 lieues de longueur sur 9 lieues de largeur. Les hautes herbes ont envahi, depuis longtemps, les meilleures terres ; mais il y a toujours des champs arrosés sur les rives de la Seybouse et celles de la Boudjemah. Les jardins de Bône sont arrosés par des sources ou par l'eau des norias. » Recherches sur les arrosages chez les peuples anciens, IV, p. 216.

[2] Gouvernement général de l'Algérie, Hydraulique agricole, Études sur l'aménagement, etc., 1883, p. 49.

des pluies se produisant même en mai ont en certaines années sauvé les récoltes. — Dans des régions toutes proches de la côte le relief est élevé et ce relief détermine des précipitations que recueillent tous ces cours d'eau : le Bou-Merzoug roule encore en septembre comme débit moyen d'étiage 500 litres par seconde, tandis qu'il en roule au printemps 700 et 800 litres, et que le débit n'a jamais été inférieur au minimum de 150 litres. L'oued Sahel qui est le plus occidental contourne le Djurjura et a le bénéfice des neiges abondantes que tous les hivers accumulent sur ces sommets, les plus élevés de la bordure septentrionale de l'Atlas.

L'union de ces conditions topographiques et climatiques a pour conséquence de fournir des eaux en quantité suffisante au moins au printemps, c'est-à-dire suffisantes pour les cultures d'hiver. Et certaines régions topographiquement disposées pour servir de point de convergence aux eaux courantes, et sans pente appréciable pour l'écoulement de ces eaux sont même en partie, nous l'avons vu, occupées par des marécages. Il ne faut donc pas s'étonner que dans cette zone orientale du Tell algérien on n'ait construit jusqu'ici aucun grand barrage, je veux dire aucun barrage-réservoir. Dans cette région les colons ont eu à leur disposition des eaux pour irriguer sans que cela nécessitât comme dans l'Ouest algérien d'énormes ouvrages techniques[1]. En vue de l'irrigation le vrai et presque unique

---

[1] Il faut cependant mentionner le projet de création d'un barrage-réservoir sur l'oued Atménia. Mais si l'on connaît les raisons qui ont conduit à l'élaboration de ce projet (qui n'est encore aujourd'hui qu'un projet), on constate que les conditions hydrologiques n'y sont pour rien, et que ce barrage est un palliatif destiné à atténuer les conséquences ruineuses pour l'Algérie d'une erreur originelle ; en deux mots, il y a un demi-siècle, on a concédé et assuré à un M. Lavie, propriétaire d'un moulin arabe situé dans les gorges du Rummel un volume d'eau de 660 litres par seconde ; or le Rummel à l'étiage ne roule pas plus de 400 litres par seconde. Le sieur Lavie a fait un procès ; le Conseil d'État lui a donné raison, et a obligé le Gouvernement à lui payer 1 million et demi à titre d'indemnité, sans déclarer d'ailleurs caduques les prétentions du sieur Lavie, qui peut commencer un nouveau procès. On propose donc la construction d'un barrage, afin d'avoir assez d'eau pour

travail est un travail de distribution, par conséquent de dérivation et de canalisation. Ce travail est très développé : le seul
groupe d'irrigants du Bou-Merzoug use de 18 petits barrages
et de 85 kilomètres de canaux. D'ailleurs le plus souvent, le
long des vallées, la distribution est facilitée par les pentes considérables et du lit de la rivière et des versants.

L'ensemble de cette région se présente avec un caractère de
prospérité et de richesse qui ne se rencontre ailleurs qu'en îlots
isolés : les pentes sont couvertes de magnifiques cultures d'oliviers ; les chênes-lièges sont industriellement exploités : le beau
cirque de Duvivier, tel qu'on le découvre en montant les rampes
raides de la voie ferrée jusqu'au col de Fedj-Makta, est comparable aux plus belles régions de coteaux cultivés de tout le bassin
méditerranéen. Dans les environs immédiats de Bône, de riches
cultures sont dominées par les forêts de chênes-lièges du mont
Edough. La vallée inférieure de l'oued Soummam, suite de
l'oued Sahel, présente deux rives d'alluvions très habilement
cultivées. Par endroits l'aspect de ce pays est si verdoyant
qu'il n'est presque plus méditerranéen.

Dans la plupart des centres d'irrigation de cette zone, l'irrigation était pratiquée et « organisée » avant la colonisation
française. De la source du Bou-Merzoug jusqu'au Kroub, par
exemple, les canaux sont encore administrés par les intéressés
conformément à d'anciens usages locaux. Et il semble bien que
ce soient d'anciens usages qui se retrouvent aujourd'hui dans
les règlements administratifs dont les Ponts et Chaussées surveillent l'application. Mais il est probable que par suite de la
conquête et de l'arrivée des colons les traditions avaient été
rompues sur plus d'un point, et nous voyons en plus d'un cas
d'une manière très nette l'Administration supprimer « l'irriga-

---

M. Lavie, et n'être pas obligé de lui payer une nouvelle indemnité ! Voir vœu de
JOLY DE BRÉSILLON, dans Gouv. général de l'Algérie. Délégations financières algériennes. Session de juin 1901. Procès-verbaux des délibérations, p. 424 et suiv.

tion à discrétion » et introduire de son chef de véritables tableaux
de distribution[1]. Au reste, ces tableaux de distribution rappellent la vieille table romaine de Lamasba, qui est aujourd'hui
au musée d'Alger[2] ; les Romains, semble-t-il, ne se sont
également avisés que d'organisations très simples pour la distribution des eaux[3]. En tout cas « les travaux hydrauliques [de
toute cette zone] furent faits par des communes, des associations privées et non pas par le gouvernement impérial »[4].
Tout nous laisse supposer qu'alors comme aujourd'hui il
s'agissait non pas d'une organisation générale, mais bien
de faits indépendants les uns des autres et nettement localisés.

De nos jours, l'Administration a pris l'initiative de déterminer la constitution de « groupes d'irrigation », de vrais syndicats d'irrigants, comme celui du Bou-Merzoug qui comprend
80 irrigants. Elle « conserve d'une façon absolue la propriété
de l'eau dont elle concède seulement la jouissance à titre précaire et révocable », mais elle stipule en même temps que « les
eaux d'arrosage sont une dépendance de la terre, sans qu'il
soit loisible à un propriétaire de vendre la terre en conservant
la jouissance des eaux »[5]. Et l'eau est gratuite, pourvu que les
irrigants assurent l'entretien des canaux. Au reste, si l'Administration régit certains canaux, il en est qui sont directement
régis par des syndicats libres ; dans la vallée du Bou-Merzoug,

---

[1] Voir aux *Notes et pièces justificatives, H,* Extraits des arrêtés concernant les eaux du Bou-Merzoug et du Hamma, notamment Arrêté du 3 juillet 1880
concernant le Bou-Merzoug : « ARTICLE PREMIER. Les irrigations à discrétion sont
supprimées dans la vallée du Bou-Merzoug. » Suit un règlement très détaillé. Des
tableaux détaillés suivent aussi l'arrêté de la vallée du Hamma du 3 juillet 1880.

[2] A Lamasba, MASQUERAY a découvert une curieuse table de distribution des eaux
entre les jardins. Il en a publié les trois principaux fragments dans l'*Ephemeris
Epigraphica*, VII, n° 788, p. 250-255 ; et Stéphane GSELL en a publié deux autres
fragments dans ses Recherches archéologiques en Algérie, p. 83-85.

[3] PROCOPE donne un exemple de distribution (au Nord de Kenchela) : De bello
vandalico, II, 19.

[4] Stéphane GSELL, Les monuments antiques de l'Algérie, liv. II, chap. XII.

[5] Voir aux *Notes et pièces justificatives, H,* Vallée du Hamma, arrêté
du 3 juillet 1880, art. 31.

du Kroub jusqu'à Constantine, 3 des canaux sont régis par des syndicats libres et un seul par l'Administration.

L'Administration des Ponts et Chaussées proportionne l'eau accordée pour les arrosages aux surfaces cultivées, mais aussi aux cultures diverses suivant leurs exigences culturales : c'est ainsi qu'on accorde o l., 90 ou 1 litre à la seconde par hectare pour les jardins ; o l., 3o pour les vergers, et de o l., 20 à o l., 16 pour les vignes, les prairies et les céréales [1].

On doit reconnaître que dans leur ensemble des règlements tels que ceux du Hamma et du Bou-Merzoug sont bien adaptés aux conditions géographiques.

Les « plateaux » plus secs mais cultivés en céréales. — La quantité d'eau nécessaire pour les arrosages varie, avons-nous dit, suivant les cultures qu'on se résout à faire. Les conditions géographiques qui seraient défavorables à des cultures de jardins peuvent être excellentes pour des cultures de céréales : c'est à l'homme de savoir modérer et mesurer ses exigences d'après les conditions naturelles. Si l'on passe les grands talus des chaînes littorales, et si l'on arrive aux plateaux plus ou moins légèrement inclinés qui s'étendent sur le revers de l'Atlas tellien, descendant vers l'intérieur de cette zone de steppes qu'on a longtemps appelée les Hauts-Plateaux, on pénètre en une zone qui reçoit une certaine quantité de pluie, insuffisante pour des vergers ou des légumes, mais suffisante pour des céréales (carte VI). De très ancienne date, des indigènes semblent avoir pratiqué la culture du blé et de l'orge sur ces hautes plaines dont l'une des plus typiques est constituée par ces grands espaces doucement ondulés qu'on appelle les plateaux de Sétif : c'est là un vrai grenier d'approvisionnement en céréales et tel est le sens de l'importance économique

---

[1] Voir aux **Notes et pièces justificatives, H,** Vallée du Hamma, arrêté du 3 juillet 1880, art. 3.

de Sétif. — Sur ces vastes espaces complètement dépourvus d'arbres, les pluies sont assez abondantes et fréquentes dans les années moyennes à la fin de l'hiver et au printemps pour que les indigènes puissent labourer, semer et récolter[1]. Rien n'est plus curieux que de traverser ces hautes plaines à différents moments de l'année : là où dans les bonnes années s'étendent à perte de vue en mars et avril de magnifiques champs d'orge, une steppe terne et grise reconquiert toute la zone dès que l'été revient, et jusqu'à la fin de l'hiver suivant[2].

En ces territoires, les plus méridionaux du Tell, il n'y a pas de grands barrages ; mais les indigènes construisent de petits barrages de distribution pour utiliser le mieux possible les eaux apportées par les pluies. Ici les eaux disponibles sont moins abondantes que dans les régions plus voisines de la côte, mais les cultures traditionnelles et générales sont aussi moins exigeantes ; somme toute, le problème de la répartition de l'eau se pose ici comme là.

C. Régions sèches occidentales : haute plaine de Bel-Abbès et vallée moyenne du Chéliff.

A mesure que nous nous éloignons du littoral[3], — et surtout

---

[1] La culture des céréales sur ces plateaux ne peut être qu'extensive ; une année sur deux le cultivateur même européen est obligé de laisser la terre en jachère. Voir d'ailleurs RIVIÈRE et LECQ, Manuel pratique de l'agriculteur algérien, p. 586. Les Arabes comptent uniquement sur la pluie pour leurs récoltes. EL BEKRI, dans sa Description de l'Afrique septentrionale, rapporte le dicton suivant : « Dans les dépendances de Tripoli se trouve une plaine appelée Soubidjin, qui [étant ensemencée] rend, en certaines années, cent grains pour un ; de là vient un dicton des Tripolitains : *La plaine de Soubidjin produit en une année pour plusieurs années.* » (Traduction DE SLANE, 1859, p. 25.) Le mot des Tripolitains indique bien quelle irrégularité est celle des pluies et des récoltes, et aussi quel est le fatalisme optimiste avec lequel les Arabes espèrent toujours qu'une année pluvieuse les dispensera de labourer pour plusieurs années.

[2] On peut rapprocher des hautes plaines de Sétif les hautes plaines plus occidentales du Sersou, sur le revers Sud de l'Ouarsenis, et qui sont aussi cultivées en céréales.

[3] Les hauteurs voisines du littoral, même dans la province d'Oran, ont des sources assez abondantes et les cours d'eau suffisent pour l'irrigation des jardins généralement « resserrés dans le lit et sur les berges de la rivière ». Voir J, CANAL,

dans la région la plus sèche de l'Algérie, c'est-à-dire dans la
région occidentale, — la chute annuelle de pluie devient souvent insuffisante même pour des cultures de céréales en pleine
terre sans irrigation. Le sol peut être de riche qualité, mais
pour exploiter ce sol, l'irrigation doit être bien plus sérieusement et minutieusement organisée que dans les plaines ou
vallées orientales.

A cette catégorie appartiennent ces bassins complètement
cernés de hauteurs et qu'on appelle la plaine de Tlemcen, la
plaine de Bel-Abbès, la haute plaine d'Egris ou de Mascara, et
enfin la dépression si bien fermée de la moyenne vallée du Chéliff.

Ces plaines intérieures, dans leur ensemble parallèles à la
côte, mais séparées de la côte par des reliefs assez saillants, monts
des Traras, chaîne du Tessala, Dahra, etc., sont dans la même
situation que certaines régions sèches de la Péninsule ibérique
comme la vallée du Segura et la plaine de Lorca ; entre la
plaine du Chéliff et la plaine de Lorca, on l'a vu, le rappro-
chement s'impose : même disposition topographique et même
sécheresse ; même pauvreté de végétation et même physionomie
de steppe [1].

Pour cette catégorie de dépressions l'irrigation est une
condition indispensable de prospérité agricole ; lorsque la
hauteur de pluie annuelle ne dépasse pas 320 millimètres par
an (comme à Bel-Abbès), toutes les cultures, en général, ont
besoin d'arrosages artificiels. C'est la région naturellement la
plus déshéritée, et par une conséquence qui est logique c'est la

---

Monographie de l'arrondissement de Tlemcen, *Soc. de géographie et d'archéologie de
la province d'Oran*, VI, 1886, p. 108 ; dans cette étude minutieuse et consciencieuse,
on trouvera beaucoup de petits faits précis, malheureusement un peu perdus au
milieu de développements oiseux. *Soc. de géogr. et d'archéol. de la province d'Oran*,
VI, 1886, p. 3-22, 89-111, 171-202 ; VII, 1887, p. 1-9, 79-102, 159-178, 300-
319 ; VIII, 1888, p. 49-66, 207-217, 257-269 ; X, 1890, p. 59-79, 325-345 ; XI,
1891, p. 389-407.

[1] Voir plus haut, p. 86.

région où l'homme a su le mieux apprécier l'eau comme
richesse. Les conditions géographiques étaient telles que l'homme
devait fournir un travail considérable et très méthodique pour
arriver à un résultat satisfaisant : là où le colon a fait cet effort
nécessaire, il a pris l'habitude du travail le plus persévérant, et
il est parvenu à constituer des centres de culture modèles ; là
où le colon ne s'est pas livré à ce labeur d'une exigence exceptionnelle, il n'a pu aboutir, en cette zone aride, qu'à des résultats misérables : ainsi trouvons-nous, côte à côte, pour ainsi
parler, la très riche plaine de Bel-Abbès, à coup sûr l'un des
territoires le mieux exploités de toute l'Algérie, et la steppe grise
de la vallée du Chéliff.

L'effort humain et l'initiative humaine jouant dans ces cas
divers un rôle de premier ordre, on devine que les conditions
spéciales de la colonisation, l'origine et le caractère des colons,
la disposition et la nature des ouvrages techniques exécutés, etc..,
ont contribué à faire les différences très grandes entre ces différentes contrées, et doivent être appelés à les expliquer. Cherchant, comme toujours, non pas à passer en revue tous les
types d'un même cas géographique, mais à étudier de près et
d'une manière critique les types les plus expressifs, nous examinerons le type le plus prospère, Sidi-bel-Abbès, et le type dont
la situation actuelle est le plus médiocre, la vallée du Chéliff.

Bel-Abbès a été très bien installé sur les bords de l'oued
Mekerra (qui prend plus loin le nom de Sig). Ce centre a
été fondé durant la période dite du cantonnement : le cantonnement était une œuvre autoritaire qui reléguait les tribus sur
des emplacements déterminés et qui réservait les meilleures
situations aux futurs centres de colonisation européenne. A
Bel-Abbès, c'est le Génie qui a fait les premières canalisations
et les premières installations [1] ; puis le Génie les a cédées aux

---

[1] Sur le rôle qu'a joué le capitaine PRUDON, chef du génie à Bel-Abbès, et

Ponts et Chaussées, qui les ont ensuite remises au syndicat constitué sur les bases de la loi de 1865. (Voir aux *Notes et pièces justificatives, I,* le texte des statuts actuels de ce syndicat).

Tout a contribué à la prospérité de Bel-Abbès, mais la constitution du syndicat a assuré la mise en valeur de cette haute plaine. Le territoire arrosé depuis Palissy jusqu'à Zélifa est soumis à une organisation centralisée ; il est divisé en 7 zones (ou même en 8 en comptant séparément Bel-Abbès rive droite et Bel-Abbès rive gauche). Chaque zone reçoit une quantité d'eau proportionnelle à la surface cultivée ; en outre pour le calcul de cette surface on donne le coefficient 10 aux jardins maraîchers.

Il est très important de remarquer que Bel-Abbès ne possède pas plus de barrage-réservoir que Murcie en Espagne ; toutes les prises d'eau se font directement sur la rivière au moyen de simples digues de dérivation.

Un sage groupement des intérêts et une prudente distribution des eaux ont fait de Bel-Abbès un centre de culture soignée, où les cultivateurs européens (surtout espagnols il est vrai) ont pris l'habitude d'un travail persévérant et régulier ; et voilà que ce travail a porté la fertilité même au delà de la zone qu'atteignent les eaux ; on fait à Bel-Abbès beaucoup de cultures extensives de céréales ; et les récoltes y sont toujours belles, du moins toujours plus belles qu'ailleurs en Algérie : on a en effet la coutume de travailler sans cesse la terre, de la retourner, même lorsqu'elle doit être laissée en jachère, a fortiori quand elle doit être semée ; si bien que les moindres gouttes de pluie trouvent toujours un sol bien préparé à les recevoir et sont assurées de produire le maximum d'effet.

Il convient d'ajouter qu'une autre condition géographique a

---

président de la Commission chargée de déterminer les points favorables à l'établissement d'un centre de population civile, voir L. BASTIDE, Bel-Abbès et son arrondissement, p. 25 et suiv.

contribué au développement méthodique et normal de la culture
en une zone qui ne reçoit guère plus de 320 millimètres de
pluie comme moyenne annuelle et qui devrait donc être comme
par le passé une simple steppe [1] : au-dessous du thalweg de la
Mekerra et d'une assez large bande de part et d'autre de la
rivière on rencontre à une assez faible profondeur une très riche
nappe d'eau ; les cultivateurs tirent partie de cette eau souterraine au moyen de *norias* (qui élèvent l'eau non par des chaînes
à godets comme en Espagne, mais par des tubes à tampons de
caoutchouc).

Perfection de la culture et précision de la réglementation ont
marché de pair à Bel-Abbès [2]. Toutefois, si les eaux sont réglementées par le syndicat pour toute la plaine de Bel-Abbès, la
réglementation générale présente encore des lacunes. L'oued
Mekerra devient en quittant la plaine de Bel-Abbès l'oued Sig
et ses eaux sont utilisées par le syndicat de Saint-Denis-du-Sig.
Comment en temps de sécheresse les eaux doivent-elles être
réparties ? C'est un cas qui est plus d'une fois prévu et résolu
dans l'Espagne sèche [3].

Les luttes longues et encore toutes prêtes à se réveiller entre
le syndicat de Bel-Abbès et celui de Saint-Denis-du-Sig ont
prouvé qu'il aurait fallu établir un *modus vivendi* entre ces deux
syndicats ; car le Sig profite des eaux qui restent dans la Mekerra ;
et comme à certains moments les habitants du Sig n'avaient pas
d'eau potable, on est allé jusqu'à supprimer les irrigations de
Bel-Abbès durant 8 et 15 jours : c'était la ruine pour toutes les

---

[1] Voir les observations notées dans L. Bastide, Bel-Abbès et son arrondissement,
p. 382.

[2] Il ne nous appartient pas de parler ici du métayage en usage à Bel-Abbès et
dont les effets ont été naturellement excellents ; mais nous voulons du moins renvoyer à L. Bastide, Bel-Abbès et son arrondissement, p. 412.

[3] Voir notamment la répartition des eaux du Turia en ce qui regarde la huerta
de Valence, p. 72 ; la répartition des eaux du Júcar, p. 79-80 ; voir surtout la répartition des eaux du Río Almería entre Almería et les Sept villages, p. 95.

cultures maraîchères. De plus c'était le Préfet (lequel avait d'ailleurs des terres dans la plaine du Sig) qui était obligé de prendre des mesures arbitraires par voie d'arrêtés. Rien ne prouve mieux les inconvénients qui résultent de ces lacunes de la réglementation,

Toutefois nous devons faire abstraction de ces desiderata pour apprécier en toute justice et à sa vraie valeur l'œuvre accomplie dans la plaine de Bel-Abbès. Au cours de ce travail, nous usons de la critique avec assez d'impartialité et parfois de sévérité pour qu'il nous soit permis de faire ressortir la portée objective de ce fait de colonisation. Bel-Abbès a été créé de toutes pièces, *ex nihilo*, il y a un demi-siècle ; les conditions géographiques étaient loin d'être toutes favorables ; et nous n'aurions qu'à rappeler les épreuves et les désastres qui faillirent ruiner et décourager à tout jamais les premiers colons, la désastreuse gelée du printemps 1857, les inondations de 1865, la sécheresse de 1866 et l'invasion de sauterelles qui en fut la conséquence, le choléra de 1867, la rigueur de l'hiver et les neiges abondantes de 1867-1868, pour indiquer à quels malheurs répétés et à quels maux extrêmes ont été soumis et peuvent être encore exposés les habitants de cette région : la prospérité actuelle de Bel-Abbès est en vérité une conquête de l'effort persévérant des colons et qui peut être revendiqué à bon droit comme une des belles œuvres de la colonisation officielle française en Berbérie [1].

En quittant la plaine magnifique de Bel-Abbès, il est triste de porter ses regards sur la vallée qu'arrose le plus grand fleuve, ou, pour mieux dire, le plus long oued de toute l'Algérie, le Chéliff [2]. Malgré toutes les dépenses déjà faites et les efforts déjà

[1] Voir au même point de vue la courte monographie d'une petite colonie savoisienne dans l'arrondissement de Sidi-bel-Abbès. V. RENAUD, Tassin, Histoire d'un village algérien, 1890-1900. Alger-Mustapha, 1900.

[2] Il a l'irrégularité d'un véritable oued : son volume passe de 1 mᶜ,5 à l'étiage à 1 450 mètres cubes en temps de crue.

tentés, la dépression déshéritée est encore sur la plus grande
partie de sa superficie pauvre et nue.

On serait tenté de juger très sévèrement l'œuvre de colonisation par villages en certaines régions de l'Algérie : il faut du
moins se rappeler les circonstances historiques qui ont été la
cause, sinon l'excuse des erreurs commises.

Après 1870, et exactement en 1872, lorsque l'œuvre de colonisation interrompue sous l'Empire fut reprise, on se trouvait
en face d'une situation particulièrement pressante. On recevait
les Alsaciens-Lorrains qu'on voulait établir sur la terre d'Algérie, et d'autre part on avait des terrains qui venaient d'être mis
à la disposition du Gouvernement à la suite des insurrections.
On n'avait pas à choisir. On installa les nouveaux colons qui
arrivaient par flots sur les terres libres. Et la colonisation faite
alors, comme celle de la vallée du Chéliff, fut évidemment artificielle et trop hâtive.

Orléansville, qui est une ville plus ancienne, occupe une situation logique sur le seuil qui sépare les deux plaines du Chéliff ;
c'est l'emplacement d'un camp et non pas d'un centre agricole ;
et comme l'on y sent bien que la colonisation militaire a précédé
l'œuvre d'irrigation [1] ! Le barrage est à 22 kilomètres ; les canaux
sont longs ; en été il se produit des crevasses dans lesquelles
l'eau s'engouffre et qui font perdre soudain le bénéfice de toute
l'irrigation : il conviendrait de bétonner le fond du canal, entreprise qui est déjà commencée mais qui sera longue et coûteuse ; pourtant l'on ne pourra être garanti contre de pareils
désagréments que le jour où le plafond du canal sera tout entier

---

[1] On a dû nécessairement tenir compte de la situation pourtant factice de la ville
quand on a fait le barrage : « La hauteur de la prise d'eau était déterminée par la
condition d'amener le canal dans le haut d'Orléansville avec une pente uniforme de
0ᵐ,00033 par mètre. » LAMAIRESSE, Notice sur le barrage du Chéliff, p. 5. — Le
barrage a été construit de 1861 à 1871 ; c'est un barrage de dérivation dont les dimensions sont considérables ; à l'aval il a une hauteur de 19 mètres ; il est en arc
de cercle : à son couronnement il a un développement de 85ᵐ,25.

bétonné : des terres argileuses et fortes, qui se fissurent si profondément par suite de la dessiccation, sont presque plus terribles que des sables qui déterminent sur tout leur parcours
une infiltration constante.

La vallée du Chéliff nous montre bien les difficultés presque
insurmontables qui résultent de la construction d'un barrage
mal placé : il y a plus de 20 ans que les travaux sont terminés ;
d'autre part il existe des syndicats sur les deux rives du Chéliff.
Mais on a oublié de travailler à établir pour ainsi dire le contact
entre l'œuvre technique et l'organisation économique ; bien
plus, en forçant les usagers de l'eau à payer une taxe beaucoup
trop forte, on les éloignait fatalement de l'irrigation. Bref, un
barrage qui avec les travaux annexes a coûté jusqu'au mois de
décembre 1898 3 164 000 francs n'a jamais servi à l'arrosage
de plus de 650 hectares. Heureusement des temps meilleurs
s'annoncent depuis la suppression des « rattachements ». En
mars 1899, on a autorisé les deux syndicats de la rive gauche
et de la rive droite à se constituer en un seul syndicat, qui,
groupant plus de membres, aura sans doute plus d'autorité,
plus d'influence, et aussi plus d'activité.

Par ailleurs, le Gouvernement général a fait étudier « les
améliorations à apporter dans la situation agricole de la vallée
du Chéliff » par une Commission composée d'hommes compétents et dont les rapports ont été publiés en 1899 [1] : ces

---

[1] Gouvernement général de l'Algérie. Commission d'études des améliorations à
apporter dans la situation agricole de la vallée du Chéliff, rapport, etc. Contient
quelques excellents rapports au sujet des eaux. Voir notamment : R. MARÈS, Des
eaux d'irrigation et des eaux de ruissellement, p. 61-66, qui insiste beaucoup sur
le rôle des barrages de dérivation faciles à construire et très utiles (p. 66). J. CASA-
NOVA, De la sécheresse dans la vallée du Chéliff et des moyens d'y remédier, p. 49-
60, qui proteste contre les taxes énormes dont sont frappés les usagers de l'eau,
environ 100 francs par litre (p. 57) et qui, parlant des travaux à faire pour l'irrigation, préconise aussi les barrages de dérivation (p. 54), mais qui, au sujet de la
réglementation, dit uniquement et simplement (p. 54) : « Les usagers, constitués
en Syndicat, réglementent eux-mêmes la distribution des eaux. » Or, il conviendrait

rapports préconisent la construction de petits barrages de dérivation, et protestent contre les taxes énormes dont sont frappés les usagers de l'eau. On attend beaucoup de la plantation d'arbres et notamment d'oliviers et de caroubiers [1]. Il faudrait enfin renoncer à tout espoir de cultures d'été [2] ; mais en revanche tenir les terres toujours prêtes à profiter des moindres pluies fût-ce des pluies d'automne [3].

Quand verra-t-on la vallée du Chéliff vraiment prospère ? L'oubli de toute mesure et de tout principe d'organisation a jusqu'aujourd'hui frappé de stérilité (l'expression ici n'est pas impropre) tous les grands projets agricoles. Souhaitons que l'on tire enfin parti des expériences faites en d'autres plaines de la même zone.

---

de s'occuper davantage de cette question essentielle et de poser les principes d'une pareille réglementation. Voir aussi pour la question de l'irrigation dans la vallée de Chéliff les articles que J. Rouanet a publiés dans la Dépêche algérienne (Pour le Chéliff, juillet-août et septembre 1898), et qu'Augustin Bernard loue sans réserve dans sa Revue bibliographique de l'Afrique septentrionale, 1899, p. 15.

[1] Les plantations d'arbres faites dans la partie inférieure de la vallée du Chéliff, d'Inkermann jusqu'à la mer, ont admirablement réussi et rendent déjà de grands services. C'est à la commune d'Aïn-Tédelès qu'on doit l'initiative de ces plantations ; elle a été administrée 15 ou 20 ans par un maire qui avait la passion des arbres, et qui a couvert tous les terrains communaux et bordé tous les chemins d'oliviers ; cette commune est aujourd'hui très riche ; et l'exemple donné a fait des prosélytes ; depuis 3 ou 4 ans des oliviers ont été plantés jusque dans les environs d'Inkermann.

[2] Les cultures d'été ont été au début la principale fin des irrigations du Chéliff; qu'on se reporte à l'étude publiée en 1874 par l'ingénieur Lamairesse, dans les Annales des ponts et chaussées (à part, Notice sur le barrage du Chéliff. Paris, Dumont, 1874, 1 broch. in-8, 56 p. et 1 planche) et on y lit : « De cette sorte, 20 000 hectares, tant à l'amont qu'à l'aval du barrage, deviendront propres aux cultures coloniales, grâce au climat de la plaine du Chéliff qui est le plus chaud de toute l'Algérie » (p. 6).

[3] Ces habitudes espagnoles et oranaises peu à peu pénètrent dans le département d'Alger en remontant la vallée du Chéliff. En 1897, dans la plaine du Chéliff, il n'y a pas eu du tout de pluie de janvier à la fin d'avril ; les cultures de céréales ont été ruinées ; mais il est tombé des pluies abondantes en automne ; et ceux qui avaient fait des labours d'été ont eu de belles récoltes ; il y avait seulement un an ou deux que ces labours d'été se pratiquaient dans la région d'Affreville ; l'expérience de 1897 a stimulé un certain nombre de cultivateurs à suivre un pareil exemple.

D. Tell et Sahel tunisiens[1]. — La Tunisie a aussi deux régions qui correspondent respectivement au Tell algérien plus arrosé et au Tell algérien plus sec.

Une grande partie de la vallée de la Medjerda et les territoires qui sont situés au Nord de cette vallée sont encore plus arrosés que le Tell constantinois ; souvent, ici comme là, le dessèchement est la première et indispensable condition de toute entreprise culturale ; ici comme là, sur beaucoup de terres fertiles comme celles qui entourent Béja, l'eau est un facteur précieux, mais fournie par des sources en quantité suffisante et surtout en quantité *constante* ; et il s'agit uniquement de savoir la distribuer. S'il y a une différence sensible entre l'ensemble de ces deux régions au point de vue de l'humidité générale du climat et des ressources naturelles en eau, c'est, on le sait, en faveur de la Tunisie. Aussi la Tunisie du Nord ne compte-t-elle encore aucun grand barrage[2] ; et nous n'y trouvons même pas ces solides groupes d'irrigants, ces fortes organisations syndicales qui sont prospères dans plusieurs vallées irriguées du Tell constantinois.

Dès que l'on franchit vers le Sud les crêtes de cette grande ligne plissée qui va finir au cap Bon, et dès que l'on atteint le

---

[1] Le mot de *Sahel* semble bien désigner avant tout la zone littorale : par exemple, dans un texte d'un vieux géographe arabe, El Fezari (vie siècle de l'hégire), traduit par René Basset, on lit : « Dans le Sahel, on voit les villes de Tripoli, de Sfax, de Mahadia, de Sousse, de Tunis, de Bougie après Bône, d'Alger ». Documents géographiques sur l'Afrique septentrionale, p. 16.

[2] Grâce aux articles d'Assereto, dans le *Moniteur industriel de la Régence de Tunis*, « on va aboutir à la création d'un barrage-réservoir sur la Medjerdah, près de Tebourba, et à la construction d'un canal de dérivation permettant d'irriguer les plaines qui s'étendent entre Tebourba et Tunis. Enfin, un autre projet, exposé par MM. Assereto et Magler, permettra la création d'un vaste réservoir de 3oo 000 mètres cubes dans l'oued Miliane. » *Compte rendu bibliographique*, dans la *Revue tunisienne*, I, 1894, p. 5o8. — Que sont devenus ces projets? En serait-il de ces barrages de la Medjerda comme des barrages de la huerta de Valence? On en parle souvent, mais on ne les construit jamais, car ils ne sont pas *exigés* par les conditions géographiques.

versant dont les eaux s'écoulent vers le golfe de Hammamet, on entre dans la zone sèche du Sahel, qu'on a tous les droits de comparer aux plaines sèches du Tell oranais[1]. Sur la côte qui s'étend de Nabeul jusqu'à Sousse, et à plus forte raison au delà de Sousse, aucun cours d'eau n'atteint la mer d'une manière permanente[2]. D'autre part les céréales et la vigne sont des cultures aléatoires, si l'on ne peut compter que sur les pluies ; et les pâturages eux-mêmes ne peuvent se prêter à une exploitation productive que s'ils sont irrigués.

C'est dans le Sahel que se sont constituées ces vastes exploitations telles que l'Enfida. On comprend que les Sociétés comme celle de l'Enfida n'aient pas besoin de s'associer à

---

[1] Dans la basse vallée de la Medjerda, on passe presque sans transition des terrains marécageux aux terrains secs ; si le relief dépasse tant soit peu le plafond de la vallée fiévreuse et malsaine, comme il arrive à Sidi-Tablet, à 21 kilomètres de Tunis, l'irrigation est nécessaire. Voir *Société agricole immobilière franco-africaine. L'Enfida et Sidi-Tablet*, p. 25 et suiv.

[2] Voici comment L. PERVINQUIÈRE, *La Tunisie centrale, Esquisse de géographie physique*, parle des oueds de cette zone : « Tant qu'ils sont dans un pays un peu accidenté, ils ont un lit bien indiqué, quoique absolument disproportionné avec la quantité d'eau qu'ils roulent actuellement, mais dès qu'ils arrivent dans la plaine, ce lit prend des proportions colossales ; ainsi à quelque distance d'El Aouareb, le Merguellil a plus de 600 mètres de largeur, le Zéroud atteint 1 kilomètre en certains points, leurs berges sont encore élevées de 2 à 3 mètres, ce qui rend leur traversée pénible même aux gués ; mais quelques kilomètres en aval, les rives s'effacent et ces deux fleuves se perdent dans la plaine, à tel point qu'un voyageur non prévenu peut traverser leur lit sans s'en douter ; il constate seulement que sur une certaine surface, le sol est plus sableux et les Tamarix abondants. Mais vienne un orage, et en quelques heures une plaine large de plusieurs kilomètres sera transformée en un lac dont l'eau sera du reste bientôt bue, et après un jour ou deux le fleuve ne sera plus marqué que par une légère couche de limon formant glaçage. Si la pluie persiste, l'inondation gagne de proche en proche et la vaste nappe d'eau fournie par le Merguellil et le Zéroud atteint la Sebkha Kelbia. Quelques digues en fascines et en terre, faites par les indigènes, retiennent une partie de l'eau, et maintiennent une bienfaisante humidité, grâce à laquelle la récolte est assurée. Divers oueds tunisiens de la région orientale présentent, mais à un degré moindre, ce caractère de se perdre dans la plaine avant d'atteindre la mer. » *Annales de géographie*, IX, 1900, p. 449-450. — Déjà, au XIIᵉ siècle, EDRISI disait de la ville sainte de Kairouan : « A Al-Cairawân, l'eau n'est pas abondante ; celle que boivent les habitants provient de la grande citerne qui s'y trouve et qui est d'une construction remarquable. » EDRISI, Description de l'Afrique et de l'Espagne, traduction DOZY et DE GOEJE, p. 129.

d'autres pour former des syndicats d'irrigation ; elles peuvent se suffire à elles-mêmes[1]. Mais si les colons modestes et isolés peuplaient eux-mêmes cette région, ils ne pourraient rien faire de sérieux et de durable qu'en suivant l'exemple des cultivateurs de Sidi-bel-Abbès.

Quant aux procédés d'utilisation des eaux qui sont actuellement préconisés en vue de la culture, ils sont tout à fait analogues à ceux qui sont réputés à l'autre extrémité du Tell algérien comme étant le mieux adaptés aux conditions géographiques et aux besoins agricoles. A coup sûr les barrages-réservoirs du type algérien ont trouvé en Tunisie quelques chauds partisans[2] ; mais ils inspirent en général de justes défiances aux Tunisiens bien informés[3]. On veut renoncer à tout projet de grand barrage[4] ; on ne veut même pas songer à restaurer les grands barrages romains, qui paraissent d'ailleurs avoir été uniquement destinés à l'alimentation en eau potable des centres urbains ou

---

[1] Le domaine de l'Enfida appartient à la Société agricole et immobilière franco-africaine ; il est le plus vaste qu'exploitent des Français en Tunisie ; il a une superficie de 100000 hectares (plus de deux fois la superficie du département de la Seine). Les propriétaires ont complètement transformé cette région : ils ont planté la vigne, semé le blé, amélioré l'olivier par le greffage, reboisé le flanc des montagnes ; ils y ont introduit des conifères comme le pin d'Alep et le pin maritime ; ils y ont développé le thuya, si précieux pour l'ébénisterie ; ils y ont creusé des puits et multiplié les norias ; ils y ont inauguré la grande culture maraîchère ; et par un exemple restreint, ils ont montré tout le parti qu'on pourrait tirer avec de la persévérance et de la méthode d'une grande part du sol de la Tunisie, et surtout de la zone orientale. Le mot d'*enfidal*, d'après L. PERVINQUIÈRE, sert généralement à désigner un emplacement occupé en temps de crue par un oued. La Tunisie centrale, Esquisse de géographie physique, *Annales de géographie*, 15 novembre 1900, p. 439 ; ainsi le nom même du domaine de l'Enfida, qui appartient à cette zone arrosée au moment des crues et desséchée le reste de l'année, serait tout à fait expressif au point de vue de la géographie physique.

[2] A.-F., *colon*, Réflexions d'un colon, etc., dans *Revue tunisienne*, III, 1896, p. 127.

[3] Voir Dr CARTON, Note sur la diminution des pluies en Algérie. *Revue tunisienne*, III, 1896, p. 94.

[4] D. ZOLLA, La colonisation agricole en Tunisie. Paris, 1899, p. 50. Tout le chapitre v, La question de l'eau, p. 51-60, est à lire.

à l'abreuvage des troupeaux [1]. Mais on veut s'efforcer de profiter méthodiquement des moindres crues des oueds et de leurs affluents en coupant leurs vallées par des barrages de dimensions modestes, et en disposant sur leurs rives des réseaux de rigoles qui apportent le plus loin possible le bénéfice de leurs crues passagères [2]. C'est ainsi que sur le domaine de l'Enfida on a construit des barrages qui retiennent les eaux et arrêtent le limon charrié ; et l'on a pu créer de vastes prairies produisant un foin d'excellente qualité [3]. On s'est spécialement efforcé d'aménager selon ces principes l'oued Boul [4].

En tout cas, soit pour les cultures de jardins, soit pour les cultures de céréales, l'on doit se résoudre de plus en plus à n'espérer des résultats sérieux que dans les fonds et les parties planes, et à la condition d'y amener, par tous les moyens ingénieux et simples que pourra inventer l'esprit de parcimonieuse épargne, les eaux qui tombent sur les hauteurs [5].

---

[1] Sur le fait que les travaux hydrauliques romains servaient à l'alimentation des villes, « mais rarement à l'arrosage des jardins », voir P. Bourde, Rapport sur les cultures fruitières et en particulier sur la culture de l'olivier dans le centre de la Tunisie, Tunis, 1893, p. 9. Sur les travaux d'adduction d'eaux (de sources surtout) exécutés par les Romains en Tunisie, voir diverses communications dans Congrès de l'Association française pour l'avancement des Sciences, Carthage, 25e année, I, p. 276 et suiv. Voir p. 278, Communication de Gauckler. Voir naturellement le rapport de Paul Blanchet, dans la publication : Enquête sur les installations hydrauliques romaines en Tunisie, sous la direction de Paul Gauckler. « Les colons romains conservaient l'eau de pluie pour leur usage personnel ; ils construisaient de grands réservoirs où ils pussent abreuver les animaux qui les aidaient à labourer leurs terres ; c'est la seule utilisation de l'eau pluviale qu'ils aient tentée ; c'était la seule nécessaire... Le centre de la Tunisie n'a jamais été couvert de cultures irriguées, les seuls travaux hydrauliques qu'on y relève sont destinés à l'utilisation alimentaire des eaux de pluie. » I, La Byzacène orientale, p. 49).

[2] Voir D. Zolla, La colonisation agricole en Tunisie, p. 54, un petit plan d'irrigation donnant le dessin de ces systèmes de rigoles ; et E. Foex, L'avenir agricole de la Tunisie, Revue tunisienne, I, 1894, p. 162.

[3] Société agricole et immobilière franco-africaine, L'Enfida et Sidi-Tablet. Paris et Marseille, in-4, 30 p. Voir p. 8 et 9.

[4] Voir tout ce qui est dit de l'Enfida et de l'oued Boul, dans M. Du Coudray de la Blanchère, L'aménagement de l'eau et l'installation rurale dans l'Afrique ancienne. Paris, Imp. Nat., 1895, p. 35-75.

[5] Voir Régence de Tunis, Direction générale des travaux publics, Rapport sur l'aménagement des eaux dans la régence de Tunis, Tunis, 1896, p. 18 et 19.

Il importe avant tout de se garder de toute illusion ; l'irrigation ne sera jamais en de pareils territoires qu'une entreprise très limitée, médiocre et coûteuse. La culture de certains arbres fruitiers, et entre tous de l'olivier, pourra seule assurer, — ou plutôt rendre — au Sahel tunisien une situation économique prospère[1]. Paul Bourde appelle avec raison toute la région comprise entre l'Enfida et Gabès ainsi que l'arrière-pays de steppes jusqu'au Nord de Gafsa, c'est-à-dire en somme la zone sèche qui s'étend vers le Sud jusqu'aux oasis de palmiers, la « Région des cultures fruitières »[2]. Ce pays a été jadis couvert de « forêts d'oliviers »[3] ; il faut reconstituer le passé, tenter partout et accroître ces plantations méthodiques qu'ont faites et que poursuivent les habiles cultivateurs de Sfax : ce sera le vrai moyen de rendre à la Byzacène sa fertilité renommée, et de relever la Tunisie centrale de sa « décadence profonde »[4].

Conclusion sur l'irrigation dans la région du Tell et du Sahel tunisien. — Ainsi dans cette zone du Tell qui est la zone des grands barrages et des Associations syndicales, il est à souhaiter qu'au lieu de construire de grands et très coûteux

---

[1] « Toutes les espèces fruitières qui se plaisent dans les climats secs réussissent dans ces jardins et réussiraient dans les autres parties du centre de la Tunisie, puisque le climat et le sol y sont semblables. L'olivier y est plus beau (à Sfax) et plus productif qu'en aucun autre endroit de la Méditerranée ; la vigne, l'amandier, le figuier, le pistachier, le caroubier, le grenadier, le prunier, le pêcher et l'abricotier, même le poirier et le pommier, y donnent, sans arrosage, en grande quantité, des fruits très sains dont la saveur est renommée parmi les Arabes. Et à quoi les Sfaxiens attribuent-ils cette qualité supérieure de leurs fruits ? Justement à ce qu'ils sont des fruits de terre sèche, poussés avec le moins d'eau possible. » Paul Bourde, Rapport sur les cultures fruitières, etc., p. 17. Voir sur la culture de l'olivier à Sfax, p. 33-40.

[2] Voir la carte qui accompagne le Rapport.

[3] Voir Cagnat et Saladin, Voyage en Tunisie, *Tour du monde*, LIII, p. 225-272 ; Toutain, Les cités romaines de la Tunisie, p. 40 et 41 ; Paul Bourde, Rapport, etc., p. 17 ; E. Masqueray, Les arbres fruitiers en Tunisie, *Bulletin du Comité de l'Afrique française*, IV, 1894, p. 126-128.

[4] Le mot est de Toutain, Les cités romaines de la Tunisie, p. 9.

barrages on multiplie les petits [1], et que par ailleurs les Associations syndicales aillent aussi se développant en nombre et en importance.

Au point de vue de l'organisation et de la réglementation, il restera deux séries de questions à étudier et à trancher : la distribution des eaux entre les colons et les indigènes dans les vallées où, comme à Lamartine, les indigènes installés sont habitués à utiliser les eaux ; et la répartition des eaux entre les syndicats ou Associations syndicales qui profitent des eaux d'un même cours d'eau. Cette double tâche est très délicate mais elle est indispensable. Elle achèvera l' « œuvre commencée ». Telle est la méthode dont l'orientation est conforme aux nécessités qui dérivent des faits géographiques.

Et tandis que nous allons poursuivre notre enquête et nos études en des zones de plus en plus sèches, il importe de noter non seulement que le problème de l'irrigation y devient plus urgent, mais surtout que l'irrigation y est dès maintenant pratiquée sur de plus vastes étendues.

D'après les chiffres très consciencieusement collationnés que nous empruntons au *Tableau des Entreprises d'irrigations fonctionnant en Algérie* (1900), il n'y aurait dans tout le Tell et les « Hauts-Plateaux » que 120 000 hectares irrigués [2] ; or les jar-

---

[1] On doit faire aussi remarquer que les petits barrages ont l'avantage, en coûtant moins cher, d'être construits beaucoup plus vite ; pour achever certains grands barrages, comme celui du Hamiz, on a mis plus de trente ans, parce qu'on disposait tous les ans de faibles crédits, voir BURDEAU, L'Algérie en 1891, p. 100, si bien que le barrage était destiné à l'arrosage de terres à céréales qui étaient, à son achèvement, toutes plantées en vignes.

[2] Paul LÉVY-SALVADOR déclare (Hydraulique agricole, t. II, p. 211) qu'étant donné les chutes de pluie en Algérie, on ne peut dépasser la limite de 250 000 hectares irrigués ; or, dit-il, « 135 000 le sont déjà ». Les chiffres de cet auteur reposent sur des évaluations moins précises que celles du document officiel auquel nous nous référons ; mais dans l'ensemble cette prévision, quoique assez pessimiste, nous paraît justifiée. Et elle est une conséquence de l'économie climatique générale de la Berbérie. M. THÉVENET écrivait encore tout récemment : « Si l'on calcule approximativement la quantité d'eau de pluie que reçoit l'Algérie, on arrive à constituer un total

dins et les champs des oasis de Biskra comprennent à eux seuls une superficie réellement irriguée égale à 60 000 hectares[1], c'est-à-dire à la moitié de la superficie totale qui, dans le Tell algérien, bénéficie de l'irrigation.

équivalent au débit de 4 ou 5 grands fleuves d'Europe ; or, l'ensemble de tous les cours d'eau de la colonie ne donne qu'un débit total entièrement inférieur. Cette énorme différence est imputable pour la plus grande part à l'évaporation. » Voir La Météorologie générale et la climatologie algérienne, dans *Bull. Soc. géogr. Alger*, 1900, p. 419.

[1] Nous avons quelque peine à ne pas estimer exagéré un pareil chiffre ; mais il nous est impossible d'en discuter la valeur précise, puisqu'il ne nous est pas dit sur quelles évaluations il repose. D'ailleurs ces 60 000 hectares irrigués comprennent évidemment non seulement les jardins des oasis de Biskra plantés en palmiers-dattiers, mais encore les vastes espaces semés en céréales. Et à supposer même que cette évaluation soit un peu forcée, il n'en reste pas moins certain qu'elle garde une sûre et véritable signification *relative* par comparaison avec l'évaluation également approximative des surfaces irriguées dans le Tell.

CHAPITRE III

La transition entre la zone cultivée et la zone aride. —
Le double exemple de la vallée du Chéliff et du Sahel tunisien
nous prouve que même non loin du littoral septentrional ou
oriental de la Berbérie des influences désertiques peuvent exercer leur action, si la situation géographique et les conditions topographiques s'y prêtent. Le désert et la steppe s'avancent du Sud
vers le Nord jusqu'au point où se fait sentir le dernier bénéfice
des pluies. Avec des nuances infinies, et avec une gradation
plus ou moins régulière mais réelle, la zone désertique commence immédiatement vers le Sud après la zone des pluies,
c'est-à-dire après la zone du Tell. Il n'y a que deux grandes catégories de régions à considérer, nous l'avons déjà laissé entendre lorsque nous avons caractérisé le Tell : les régions littorales
septentrionales, plus ou moins arrosées, et les régions qui s'étendent au delà, plus ou moins arides [1]. Et ce ne sera pas, on le
comprend, une ligne facile à déterminer qui limitera les deux
zones. Même à supposer qu'on prenne l'expression de Tell dans

---

[1] Dans un ouvrage excellent, *Le pays du mouton*, auquel nous nous référons plus
d'une fois, on exagère beaucoup trop l'opposition entre les Hauts-Plateaux et le
Sahara : « Ces pays se composent, dit-on, de deux régions absolument distinctes »
(p. 491). Nous sommes très heureux de nous trouver, au contraire, tout à fait
d'accord avec M. Augustin BERNARD, dont on connaît la spéciale compétence en
matière de géographie Nord-africaine. Nous renvoyons à l'excellente étude qu'il a
publiée dans le *Bulletin de la Société de géographie d'Oran* : Hautes-Plaines et steppes
de la Berbérie, Contribution à la morphologie de l'Afrique septentrionale. « On lit
dans tous les Manuels de géographie, même les plus récents, que l'Algérie et la

le sens européen, couramment admis, de zone continue, la limite méridionale du Tell sera loin d'être régulière, et de dépendre uniquement de la latitude : on doit faire intervenir la topographie et l'hydrologie pour en expliquer tous les zigzags.

Parfois le passage du Tell au vrai désert, au désert proprement dit, est très brusque. Voici un exemple tout à fait frappant de la manière dont les deux expressions de *Tell* et de *Sahara* peuvent « voisiner » pour ainsi dire et se rejoindre en se juxtaposant : dans l'Annexe de Sidi-Aïssa (au Sud d'Aumale, au Nord-Ouest du cercle de Bou-Saâda, et au Nord-Est du cercle de Boghar), une petite portion du territoire située au Nord appartient au massif montagneux du Djebel-Dirah ; ce massif est arrosé ; et sur tout son pourtour, aussi bien sur le versant Sud dont les eaux vont vers le bassin du Hodna que sur le versant qui est tourné vers l'Isser, les sources sont nombreuses et assez abondantes [1]. Les cultures de céréales et les jardins y couvrent une grande étendue : les indigènes désignent — logiquement — ce territoire sous le nom de *Tell*, alors qu'ils appellent tout le reste de l'annexe le *Sahara de Sidi-Aïssa*.

Ce cas particulier de juxtaposition et d'opposition des deux

Tunisie se divisent en trois zones qui sont le Tell, les Hauts-Plateaux et le Sahara, et qui s'étendent l'une derrière l'autre depuis l'Oranie occidentale jusqu'aux Syrtes ; parfois même on cherche à reconstituer ces zones depuis la côte atlantique du Maroc jusqu'à la Tunisie. C'est une idée courante, qui a possession d'état et qui paraît approuvée par le consentement universel. » *Bull. de la Soc. de géogr. et d'archéol. de la province d'Oran*, vingtième anniversaire (Oran, 1898, in-8, 150 p.) p. 18. Augustin BERNARD demande la suppression du terme vague des Hauts-Plateaux. « Les indigènes, dit-il avec raison, ne distinguent que le Tell et le Sahara » p. 19, et il propose de remplacer l'expression de Hauts-Plateaux, suivant les cas, par celle de Haute-Plaine (fait orographique) ou celle de Steppe (fait climatique). Et voici l'une de ses conclusions : « Tout ce qu'on peut dire, c'est que l'Algérie et la Tunisie sont couvertes d'une série de plissements montagneux dirigés dans le sens de la latitude, et qu'entre ces plissements il est très fréquent de rencontrer des hautes plaines orientées dans le même sens mais ne *formant pas une zone ininterrompue et unique d'Ouest en Est à travers toute la Berbérie*. » *Idem*, p. 28.

[1] Voir dans *Le pays du mouton*, après la p. 110, Carte de l'annexe de Sidi-Aïssa où comme sur toutes les autres cartes du volume les sources sont marquées par un petit cercle noir, tandis que les r'dirs sont marqués par un petit rectangle noir.

termes *Tell* et *Sahara* en pleine zone dite jadis « des Hauts-
Plateaux » démontre combien était factice la division traditionnelle. Et ce doit être là un fait acquis.

Somme toute, l'opposition entre le Tell et le Sahara, c'est
l'opposition saisissante entre le pays où dominent les sédentaires
et le pays où prédominent les nomades ; et cette opposition a
été comprise et exprimée aussi loin que nous puissions remonter dans l'histoire de cette partie de l'Afrique [1].

Par ailleurs, la limite entre le Tell et la zone désertique doit
être considérée en général non pas tant comme une *ligne* fixe
que comme une *bande*, la bande des espaces discontinus où les
cultures de céréales sont encore possibles au printemps quand
les conditions climatiques sont favorables, mais où la végétation
naturelle est dépourvue d'arbres. En cette bande la limite des
cultures subira des fluctuations incessantes ; elle se déplacera
suivant les années ; lors des années pluvieuses les cultures de
céréales s'étendront vers le Sud ; durant les années très sèches
la steppe gagnera vers le Nord [2].

Entre les deux zones des céréales et des steppes, cette bande
intermédiaire, la bande irrégulière et morcelée où les cultures
ne s'avancent que durant les très bonnes années, tend de plus
en plus à se distinguer par quelques caractères propres et des
régions de vraie culture et des vastes régions de pâturage ; le
défrichement au moins partiel que nécessite toute culture de
céréales même rudimentaire contribue à faire disparaître la végétation naturelle sous-ligneuse, c'est-à-dire celle qui résiste le plus

---

[1] Voir Charles Tissot, Géographie comparée de la province romaine d'Afrique,
t. I, 2ᵉ partie, chap. ɪɪ, Répartition géographique des tribus Libyennes, p. 437-471.

[2] Au point de vue spécial de la géographie des établissements humains (*Siede-
lungskunde*), il serait plus simple et plus aisé de tracer une limite entre le Tell et
la zone aride. Une ligne qui joindrait les forts centres urbains (en général très
anciens) qui, situés sur le revers méridional de l'Atlas tellien à une altitude toujours élevée, sont pour les nomades les grands marchés d'approvisionnement en
céréales — Souk-Ahras, Sétif, Aumale, Boghar-Boghari, Teniet el Haad, Tiaret,
Saïda — serait une ligne de géographie urbaine très importante et expressive.

vaillamment aux grandes sécheresses, et qui est dans les années
très pauvres en pluie la principale et presque l'unique ressource
des immenses troupeaux de moutons ; ainsi les terres qui ont
été exceptionnellement mises en culture sont pour les années
sèches moins favorables à l'élevage du mouton ; et lorsque de
telles années surviennent, ces territoires où la récolte n'a jamais
été due qu'à un hasard heureux se trouvent encore plus qu'auparavant infertiles et appauvris : ces espaces dépouillés, devenus
pendant plusieurs mois presque aussi impropres au pâturage
que rebelles à la culture, manifestent d'une manière singulièrement visible par ces taches improductives et délaissées les conflits d'intérêts qui existent et existeront toujours entre les cultivateurs et les bergers [1].

Cette manière de concevoir l'Algérie permet de réunir plus
facilement en notre étude l'Algérie et la Tunisie. La Tunisie a
un système plissé plus étalé et plus morcelé, et à cause de cela
même on a été moins tenté de faire de la région montagneuse
aride de la Tunisie une zone à part. Elle a pourtant des hauteurs arides, elle aussi : « Les montagnes occupent au moins
un tiers de la superficie de la Tunisie centrale, et sont complètement incultes, même dans leurs parties basses ; le plus souvent
la terre y manque complètement et il n'y pousse que quelques
broussailles, nourriture habituelle des moutons et des chèvres.
Certaines montagnes sont même absolument dépourvues de
végétation ; c'est le cas des plateaux formés par les calcaires
nummulitiques, quand ils ne sont pas recouverts par les marnes ;
c'est à ces plateaux qu'on peut appliquer le mot de Rohlfs,
parlant d'autres Hamadas, et disant qu'on ne trouverait pas de
quoi se faire un cure-dent » [2].

---

[1] Voir Le pays du mouton, p. 46. — Sur les conditions économiques de l'élevage du mouton en Algérie, voir un chapitre fort juste qui porte ce titre dans
M. COLIN, Quelques questions algériennes, Paris, 1899, p. 81-110.

[2] L. PERVINQUIÈRE, La Tunisie centrale, p. 453.

Et la Tunisie au centre de ces montagnes arides a aussi de petites hautes plaines cultivées, comme le bahirat [1] Fonçannah, la haute vallée de l'oued Sarral, etc. Tout paraît donc constitué schématiquement comme en Algérie, mais tout est plus morcelé, plus mêlé, moins continu ; il n'y a nulle part ces vastes terres de parcours à la fois planes et stériles de la province d'Oran ou de la province d'Alger. Aussi s'est-on contenté et avec raison de considérer en Tunisie qu'au delà de la région cultivée et séparée d'elle par une ligne difficile à préciser, commençait une autre zone, zone aride, débutant par des steppes et aboutissant progressivement au désert. Au point de vue des irrigations, il n'y a en effet à distinguer en Algérie comme en Tunisie que ces deux types de zones : Tell ou Sahel d'une part, steppes ou désert de l'autre ; bien plus un type de Sahel, le Sahel tunisien, étant tout à la fois par place un territoire cultivé et un territoire de steppes, représente lui-même et exprime fort bien la transition insensible entre la zone cultivée et la zone aride.

Les principales provinces naturelles de la zone aride. — Avant d'étudier en détail la zone aride, ses caractères et les caractères distinctifs de ses oasis, nous chercherons d'abord à nous orienter : nous essaierons de discerner, d'un premier coup d'œil très général, quelles sont les principales « provinces naturelles », et nous suivrons cette zone aride du Nord au Sud successivement dans l'Oranie, dans le département d'Alger, dans celui de Constantine et en Tunisie.

Les mornes étendues qui constituent en Algérie les « terres de parcours », le « pays du mouton », se déroulent vers le Sud avec plus de monotonie que d'uniformité ; c'est une suite confuse : de plaines ternes et unies, — de fonds un peu plus irrégu-

---

[1] D'après L. Pervinquière, *art. cité*, p. 453, le mot de *bahirat* veut dire *jardin potager*.

liers que compliquent quelques lignes de dunes indécises, — de cuvettes humides recouvertes d'une blanche couche de sel, — de grands territoires coupés et comme lézardés par les sillons abrupts et encaissés qu'y déterminent les moindres ravinements ; — et tous ces types topographiques qui se ressemblent par la prédominance des lignes horizontales, se succèdent, variés mais monotones, pour aboutir de loin en loin à des reliefs plus ou moins saillants et toujours vaguement alignés du Sud-Ouest au Nord-Est, tantôt simple barre de rochers gris comme celle de Guelt-es-Stel sur la route de Boghari à Laghouat [1], tantôt bourrelets et îlots montagneux plus importants comme ce Djebel Antar, près de Mecheria, que contourne la voie ferrée de Saïda à Aïn-Sefra et Duveyrier.

1. C'est naturellement dans le département d'Oran que ces hautes terres se développent le plus largement. Au delà des reliefs jurassiques et crétaciques où prennent naissance de nombreuses sources [2], origine de cours d'eau tels que la Mina ou l'oued Ben-Hadja, commencent vers le Sud des territoires peu accidentés que recouvrent des terrains quaternaires d'une puissance énorme, atteignant jusqu'à 300 mètres de profondeur. Au milieu de cette région misérable s'étalent le chott Ech Chergui et le chott Ech Gharbi ; les chotts, avec leurs bords couverts de plantes halophytes que viennent brouter tous les ans des troupeaux de moutons, interrompent les grandes steppes d'alfa du Nord et du Sud ; la steppe qui reprend au Sud est la partie par excellence de l'alfa, et elle est tout à fait inhospita-

---

[1] L'apparence topographique de cette barre est figurée d'une manière très expressive sur la planche III, des Matériaux d'étude topologique pour l'Algérie et la Tunisie, Cahiers du Service géographique de l'Armée, n° 10.

[2] Augustin BERNARD insiste avec raison sur l'abondance de ces sources, En Oranie, p. 42. — Déjà dans tout le domaine oriental des steppes, les villages s'identifient de plus en plus avec les sources, et leurs noms sont très fréquemment des noms de sources (*Aïn*) ; plus on va vers le Sud, plus la répartition de la vie sédentaire est calquée sur la répartition des sources.

lière[1]. Puis le relief se relève par échelons successifs pour atteindre le Djebel Amour et plus à l'Ouest les monts des Ksour. Le Djebel Amour abonde en sources. Les couloirs compris à diverses altitudes entre les chaînons parallèles du Djebel Amour s'étalent parfois en vraies petites plaines ; et c'est là que sont situés les centres habités, bordj d'Aflou (1 350 mètres), Géryville (1 307 mètres). A cette altitude les eaux, semble-t-il, manquent moins que les habitants sédentaires[2] ; et des arbres vigoureux couvrent un peu plus au Sud les bords des curieuses *Gada*[3]. La zone montagneuse des Ksour a un relief plus atténué

---

[1] Sur les 5 millions d'hectares du cercle de Géryville, 2 630 000 hectares sont couverts par des peuplements d'alfa plus ou moins dense. Le pays du mouton, p. 286. Un arrêté gouvernemental du 14 décembre 1888 a même interdit l'exploitation de l'alfa dans cette zone ; cette zone est si pauvre que ces touffes d'alfa doivent être sauvegardées comme protectrices des herbes infimes qui poussent au milieu d'elles et qui sont la seule nourriture des troupeaux obligés de passer par là en allant vers le Nord. *Idem*, p. 285. Ces plaines d'alfa représentent un des types de steppes les plus défavorables aux pasteurs (car les moutons ne broutent pas l'alfa). « Il n'existe pas de cours d'eau constant dans l'annexe de Mecheria. Après des sécheresses continues et qui ne sont que trop fréquentes, l'eau fait totalement défaut pour l'alimentation non seulement des troupeaux, mais encore de la population ; en 1888, les animaux de la garnison de Mecheria devaient aller boire à Tonadjer à 16 kilomètres environ, par suite du manque d'eau dans le poste. » *Idem*, p. 322 et 323.

[2] Voir sur la Carte de l'Annexe d'Aflou (Le pays du mouton, face à la p. 278) le grand nombre de sources qui y sont indiquées.

[3] On sait que les Gada sont des plateaux constitués par ces fameux bancs si épais de grès néocomiens qui jouent un si grand rôle dans le relief du Djebel Amour et des monts des Ksour jusques au Maroc. Voici la meilleure description qu'on ait donnée des *Gada* du Djebel Amour (il y a quelques autres *gada* en Algérie, comme la *gada* des Tulad-Daoud dans l'annexe de Saïda) : « Très particulières sont les *Gada* enclavées dans le massif même du Djebel-Amour ; constituées par de vastes plateaux formés de couches gréseuses peu inclinées, elles sont découpées brusquement par de nombreux ravins qui les entaillent profondément ; on en compte trois principales : Gada d'Enfous, Gada d'El-Groun, Gada Matena ; sur leurs flancs se montrent ordinairement des forêts remarquables, et lorsque les dépressions qui les pénètrent s'élargissent, quelques cultures dans les bas-fonds. Les rivières qui sillonnent ce vaste ensemble sont nombreuses et leurs eaux abondantes; elles coulent constamment, même en été. » Le pays du mouton, p. 268 ; voir aussi sur la carte de l'annexe d'Aflou, face à la p. 278, un carton des trois gadas d'après la Carte du Dépôt de la guerre à 1 : 400 000. Au reste, ces « forêts » dont il est ici parlé sont trop peu importantes pour que Paul PELET les ait marquées sur les feuilles Algérie, de l'Atlas des colonies françaises.

et plus étalé que le Djebel Amour; vers l'Ouest les plaines
se réduisent à d'étroits défilés, tandis que les montagnes tout
en gardant des altitudes élevées forment à leur sommet de
vastes plateaux, tels les plateaux du Djebel-Mezi (1 920 mètres),
du Djebel-Mekter (1 980 mètres) et du Djebel-Tanout (2 o3o
mètres). Les sources sont encore nombreuses comme dans le
Djebel Amour; ce sont des sources qui donnent naissance à

Cliché de M. René Pinon, 1901.

Fig. 16. — Tiout. Les sources.

de petits oueds et arrosent les petites oasis d'Aïn Sefra et de
Tiout (voir les sources de Tiout, fig. 16); mais on évalue à
17 000 seulement tous les palmiers et à 14 000 les arbres fruitiers à feuilles caduques qui environnent l'ensemble des Ksour[1].
Il n'y a là, on le voit, que de minuscules oasis, et l'irrigation
affecte seulement des parcelles infimes et dispersées de ces
immenses territoires. Quelques oasis jalonnent aussi le versant

[1] Le pays du mouton, p. 312.

Sud de ces montagnes (El Abiod Sidi Cheikh) ; mais il faut
aller vers l'W. jusqu'à Figuig, que nos troupes aperçoivent et
surveillent sans pouvoir y entrer, pour trouver d'importants
groupes de palmiers [1].

Au Sud des reliefs accusés du Djebel Amour et des montagnes des Ksour le relief s'abaisse assez brusquement de quelques
centaines de mètres, mais il reste encore à l'altitude de 800 à
900 mètres. M. Georges Rolland constate que cette zone mérite
bien de recevoir une dénomination particulière, et il l'appelle
le *Haut-Sahara algérien* [2] : notre carte V fait ressortir l'altitude

---

[1] Nous ne parlerons pas ici des oasis de Figuig, puisqu'elles sont marocaines : la
ligne ferrée de pénétration, qui en 1900 a atteint Djenien-bou-Reszg (voir Augustin
BERNARD, Les chemins de fer en Algérie, dans *Questions diplomatiques et coloniales*,
1899) a été prolongée depuis lors jusqu'à la minuscule oasis de Zoubia et au camp
de Duveyrier, — destinée à contourner Figuig sans toucher à ce centre, qui, selon
les termes des traités, doit rester au Maroc. Voir René PINON, Les marches sahariennes, Autour de Figuig, Igli, le Touat, dans *Revue des Deux Mondes*, 15 janvier
1902, p. 360-397. — Sur les oasis de Figuig, le meilleur document reste le sub-
stantiel article du Cap. DE CASTRIES, publié dans le *Bull. de la Soc. de géographie*
[Paris], 1882, p. 401-414, Notes sur Figuig, avec clichés dans le texte. Le Cap. DE
CASTRIES fait très justement remarquer que Figuig est importante par rapport aux misérables *Ksour* du Sud-Ouest, beaucoup plus que par rapport aux grandes palmeraies
d'Ouargla et des Ziban, p. 401. « Tous les Ksour (8), sauf celui des Zenaga, se
sont élevés chacun sur l'emplacement d'une des sources de l'oasis, afin de la mieux
préserver des entreprises d'autrui », p. 404. « L'eau acquiert, dans ces régions, une
valeur que nous ne soupçonnons pas. C'est ainsi que la *Kharrouba* d'eau, c'est-à-
dire le droit perpétuel de disposer du tiers de la source 2 fois par mois pendant
1 heure, se vend chez les Zenaga un prix moyen de 600 francs », p. 406. Et c'est
ainsi que le Cap. DE CASTRIES raconte le fameux épisode de la guerre pour l'eau,
entre deux des oasis, en l'accompagnant de réflexions très judicieuses. — On trouvera aussi de nombreux renseignements sur Figuig dans DE LA MARTINIÈRE et
LACROIX, Documents pour servir à l'étude du Nord-Ouest africain, II, p. 457-543
(leur principale source d'information est d'ailleurs CASTRIES lui-même), mais voir
spécialement les cartes et illustrations : face à la p. 458, planche III, Carte des environs de Figuig à 1 : 200 000 ; face à la p. 544, planche IV, Vallée de l'oued Zous-
fana, partie comprise entre Figuig, l'oued Guir et la zaouia Kerzaz ; face à la p. 464,
Vue de la plaine précédant Figuig (gravure d'après cliché DE LA MARTINIÈRE) ; et
p. 460, Petit carton représentant les oasis de Figuig ; bon carton pour montrer ce
qu'est une région d'oasis, groupe de centres épars portant un nom d'ensemble :
Figuig.

[2] D'ailleurs, M. G. ROLLAND a bien soin de remarquer qu'il ne faut pas la pro-
longer trop loin vers le Sud, car elle finit par aboutir aux régions relativement

générale de cette province occidentale du Sahara Sud-algérien.
Les grands espaces horizontaux constitués par les terrains quaternaires sahariens recommencent avec plus de monotonie que
jamais et sur une épaisseur colossale que mettent bien en évidence les *gour* géants de Brézina. Ces dépôts gréso-sableux et
quelquefois gypseux sont durcis et cimentés et ils s'étendent
avec l'apparence d'une plaque de *hamada*, loin vers l'Ouest
jusqu'au Maroc et loin vers le Sud jusqu'à l'Erg : ils ne s'arrêtent ainsi que là où les grandes dunes du Sud viennent les
recouvrir de leurs sables mobiles ; un autre désert commence
alors, le désert de sable, le désert des Areg : et c'est à la limite
de cette nouvelle grande zone que nous bornerons nous-même
notre étude [1].

2. Au Sud d'Alger la zone des steppes est déjà sensiblement
moins étendue : la bande des eaux salées stagnantes est plus
proche de l'Atlas saharien (Zahrez Gharbi et Zahrez Chergui).
Mais ce sont les mêmes plaines jusque vers le Sud, au pied
des chaînons parallèles qui constituent les monts des Oulad
Naïl [2]. Là encore l'alfa s'étend en vastes peuplements et sur les

---

basses et très riches en eau du Gourara, du Touat et du Tidikelt. — Dès 1871, il
est bon de le rappeler, POMEL écrivait : « Le relief du Sahara est loin d'être unifor-
mément plat et sa surface n'est rien moins qu'une cuvette. » Voir *Le Sahara, Géologie, Géographie et Biologie, Bull. de la Société de climatologie algérienne*, 1871,
p. 135.

[1] Ce n'est pas là une borne factice ; ces sables des Areg ont paru de tout temps
constituer une sorte de limite. Voir par exemple IBN KHALDOUN, *Histoire des Berbères*, traduction DE SLANE, I, p. 190, 191 et *passim*.

[2] Louis BERTRAND, dans *Le sang des races*, a raconté les longues étapes de la
route de Médéa à Laghouat ; il a décrit tour à tour les aspects successifs de ces hautes
plaines, si froides durant les mois divers aux jours d'âpre brise, et si brûlantes
durant l'été : « Le désert de Bougzoul apparut dans toute son horreur ; à perte de
vue, des terres livides d'où s'élevaient de grands oiseaux en longues files noires, une
bise âpre et toujours ce grésillement des cailloux balayés par la rafale... » (p. 108).
« Le soleil était déjà brûlant, bien qu'il fût à peine huit heures. L'étendue fauve
miroitait d'un éclat douloureux à l'œil. Mais quand on se baissait vers le sol, on
sentait une faible humidité sortir des crevasses creusées profondément par les pluies

terres horizontales et sur les versants pierreux des reliefs qui commencent au Rocher de Sel (voir sur la fig. 17 *un versant*

Cliché de l'auteur, mars 1900.

Fig. 17. — Sur la route de Bou-Saâda à Djelfa, près de Dermel, versants parsemés de touffes d'alfa.

couvert d'alfa : thalweg de l'oued Dermel sur la route de Bou-Saâda à Djelfa).

d'hiver ou les ondées torrentielles des orages ; et quand on soulevait les pierres, un air salin se déposait sur les joues et les lèvres. Aucune végétation, si ce n'est de loin en loin un peu de blé souffreteux semé par les Arabes, et — formant des plaques lépreuses d'un vert malade — de petites plantes grasses pareilles à une moisissure qui, lorsqu'on les arrachait, s'écrasaient dans la main comme du plâtre. Des débris de coquillage craquaient sous les souliers. Des trous d'eau recouverts d'une croûte de boue fendillée, s'élargissaient, et soudain la steppe tout entière prenait l'aspect d'un grand lac desséché. C'était la désolation et l'aridité d'une mer morte... » (p. 202). « Le vent s'éleva tout à coup comme un souffle de colère. Des tourbillons de sable montaient en colonnes verticales, qui, depuis les montagnes de Boghar, s'avançaient d'une course furieuse à travers le désert de Bougzoul. De larges gouttes de pluie commençaient à tomber. En un instant, la chaîne de l'Atlas disparut sous la tourmente, la terre et le ciel se confondirent dans la poussière et les ténèbres... » (p. 189).

Au pied des monts des Oulad-Naïl et au Sud-Est du Djebel Amour, la surface des terrains quaternaires sahariens est moins uniforme et moins stérile que dans le Sud-Oranais : tout autour et au delà de l'oasis de Laghouat, elle est parsemée de petites dépressions où se sont accumulées quelques minces couches de terre végétale et que l'on appelle les daïa : dans ces petites cuvettes naturelles les eaux des rares pluies peuvent se recueillir,

Cliché de l'auteur, mars 1900.

Fig. 18. — Région des daïa; les béloums de la daïa de Tilremt.

et elles les transforment parfois d'une manière temporaire en petites nappes d'eau douce. Ces cuvettes disséminées sans ordre sur un immense territoire n'ont souvent pas plus de deux ou trois hectares (exceptionnellement l'une d'entre elles, celle de Tilremt, a 103 hectares) : mais elles se détachent vigoureuse-ment dans le paysage avec leurs groupes de *béloums* (pistachiers), dont on aperçoit de loin la ramure verdoyante et puissante ; (voir fig. 18 : *Les béloums de la daïa de Tilremt* au mois de mars)[1]. Malgré l'exiguïté de leur étendue totale elles méritent

[1] Les daïa sont aussi parsemées de touffes buissonneuses de jujubiers.

bien de donner leur nom à cette région ; mais elles ne doivent pas faire illusion sur l'infertilité de ces espaces où l'on a tant de peine à découvrir et à creuser quelques simples puits d'eau potable. L'oasis de Laghouat est une oasis tout à fait isolée.

La région des daïa est séparée du grand Erg par une grande carapace calcaire qui constitue la Chebka : cette plate-forme crétacique a été érodée et travaillée par les eaux surtout dans le Nord-Ouest au point de paraître comme découpée en séries confuses et irrégulières de ravins encaissés que les indigènes ont naturellement comparées au réseau enchevêtré d'un filet : le mot *Chebka* signifie *filet*. C'est au milieu de ce vrai désert, de ce désert de pierre [1], et au fond de quelques-uns de ces ravins que se sont établies les oasis du M'zab. Ces oasis seront comprises dans notre étude et nous nous arrêterons encore ici au Sud de la Chebka au point où les couches crétaciques s'enfoncent et disparaissent sous les sables de l'Erg.

3. A partir du 2° longitude E., la région qu'on a si longtemps appelée les « Hauts Plateaux » présente des étendues planes sur des espaces moins continus, et c'est plutôt une série de dépressions plus ou moins grandes, dont le fond est occupé par des lacs salés, petits ou grands, chott, zahrez ou gueraa.

Ces dépressions se rencontrent surtout entre les deux Atlas, mais il en est aussi de toutes voisines de la bordure terminale de l'Atlas Saharien, telle la dépression d'El Outaïa à proximité

---

[1] « La Hamada est le vrai désert, » disait en 1871 POMEL, voir Le Sahara, *Bull. de la Société de climatologie algérienne*, 1871, p. 143. De même G. B. M. FLAMAND écrivait : « Les *hammadas* constituent dans le désert le *vrai désert*. » De l'Oranie au Gourara, p. 15. — Voir aussi Jean BRUNHES, Les oasis du Souf et du M'zab comme types d'établissements humains, dans *La Géographie*, 15 mars 1902, p. 175. — Le mot de *hamada* ne signifierait-il pas précisément : terre inculte et terre infertile ? En certains territoires, *même voisins du Tell*, le mot de *hamada* est employé pour désigner les terres absolument rebelles à la culture : voir à ce point de vue aux **Notes et pièces justificatives, J,** Oasis de M'sila, 2, les premiers paragraphes de la *Notice*.

de Biskra. La plus grande et la plus importante de toutes ces dépressions est le Hodna, dont le chott central n'est plus qu'à l'altitude de 400 mètres (voir carte V). Ce n'est pas un *haut plateau*, ce n'est même plus une *haute plaine*. Le Hodna est une cuvette, et des forages artésiens y amènent à la surface les eaux des profondeurs.

A l'Est de Batna, et au Nord du massif de l'Aurès, de petits bassins s'étalent encore accompagnés de chotts : Ang-el-Djemel, Guerah-el-Tharf, Guerah-el-Gueliff ; mais ils sont tous de 400 à 500 mètres plus élevés que le Hodna.

L'Aurès dresse ses chaînons à peu près parallèles, toujours orientés du Sud-Ouest au Nord-Est jusqu'à 2329 mètres d'altitude (Djebel Chélia) [1]. Et ce relief saillant procure à toutes les vallées une eau abondante. Puis après cet effort de concentration les plis de l'Atlas s'infléchissent, se dispersent et se morcellent, en se dirigeant vers la Tunisie et en couvrant la Tunisie centrale [2].

Toute la partie du Sahara qui constitue le Sahara Sud-constantinois et tunisien est très différent d'aspect des plateaux qui bordent l'Atlas dans la province d'Alger, dans celle d'Oran et au delà. Entre la montagne et l'Erg oriental une grande dépression allongée de l'Est à l'Ouest est occupée par de grandes nappes d'eau saumâtre, par d'immenses chotts : c'est « l'immense cuvette des plateaux crétacés » [3] — recouverte d'ailleurs de dépôts variés d'âge plus récent, — et que G. Rolland désigne avec

---

[1] Le nº 10 des Cahiers du Service géographique de l'armée, Matériaux d'étude topologique pour l'Algérie et la Tunisie (Première série), donne de remarquables *Vues* représentant différents aspects topographiques de l'Aurès.

[2] Sur la Tunisie centrale, voir Ch. MONCHICOURT, Le massif de Maclar, Tunisie centrale, dans *Annales de géographie*, X, 1901, p. 346-369, planches 33-36.

[3] G. ROLLAND, Géologie du Sahara, 1re partie, chap. II, § 1, V. On sait quel développement en surface et en épaisseur présentent les formations crétaciques dans tout le Sahara. G. ROLLAND l'a fait bien des fois remarquer (notamment dès 1879, *C. R. Acad. Sc.*, 1879, LXXVIII, p. 778), et en 1882, P. DE TCHIHATCHEF, devant l'Association anglaise pour l'avancement des Sciences, réunie à Southampton, insistait sur ce fait dans sa Conférence The Deserts of Africa and Asia. — Sur la grande cuvette crétacique des chotts algériens et tunisiens, voir aussi V. CORNETZ, Le Sahara tunisien, *Bull. Soc. géogr.* [Paris], 1896, p. 526. — De plus, le grand

raison sous le terme général de *Bas-Sahara algérien et tunisien*; le fond le plus bas correspond au chott Melrir qui est à 31 mètres au-dessous du niveau de la Méditerranée, et qui est le grand centre de confluence pour les vallées, aussi bien pour celle de l'oued Djedi qui vient de l'Ouest, que pour l'oued Igharghar et l'oued Mya qui viennent du Sud lointain et se poursuivent au Nord par le grand sillon ou plus exactement par le large bas-fond, très nettement marqué, de l'Oued-Rir'[1].

Des chotts, séparés les uns des autres par des seuils médiocres, s'alignent de l'Ouest à l'Est, depuis le chott Melrir jusqu'à la Méditerranée ; ils sont de plus en plus relevés par rapport au niveau de la mer : chott el Gharsa, chott el Djerid (à 15 mètres au-dessus de la mer) et chott el Fedjedj (à 33 mètres).

Les plus hauts massifs (Aurès) dominent ainsi les territoires les plus déprimés, et l'eau naturellement apparaît sur toute la bordure de la dépression depuis les Ziban jusques à Gafsa, et cela se continue jusqu'à Gabès. Les oasis se répartissent irrégulièrement, mais souvent assez nombreuses et rapprochées : les oasis des Ziban avec Biskra, les oasis du Djerid constituent des groupes imposants et prospères.

Il se rencontre en outre que cette cuvette crétacique possède un bassin artésien qui est « un des plus importants qui existent à la surface du globe »[2]. Bien entendu, il y a indépendance

---

golfe saharien de la mer crétacique s'est même probablement étendu beaucoup plus loin vers le Tchad qu'on ne l'avait d'abord supposé ; A. DE LAPPARENT a indiqué cette conséquence à la suite de l'ingénieuse découverte qu'il a faite « dans les poches d'un explorateur », le colonel MONTEIL, d'un oursin auquel on a donné le nom de *Noetlingia Monteili*. Voir La trouvaille d'un oursin fossile dans le Sahara, dans *La Géographie*, 15 avril 1901, p. 257-260, et *C. R. de l'Acad. des Sciences*, CXXXII, p. 388.

[1] TEISSERENC DE BORT, ayant parcouru lui-même presque tout le Sahara algérien, et s'appuyant sur les observations antérieures aux siennes, a dressé en 1890 une carte hypsométrique du Sahara, qui manifestait très clairement l'opposition entre le Bas-Sahara Sud-constantinois et tunisien et le Haut-Sahara Sud-oranais. Voir *Afas*, 1890, 2ᵉ partie, pl. XIII.

[2] G. ROLLAND, Hydrologie du Sahara, p. 53.

complète entre la couche superficielle que recouvre la mince épaisseur des eaux saumâtres des chotts, et la couche artésienne qui est à une profondeur moyenne de 75 mètres. « Le gisement artésien figure, pour ainsi dire, un réseau liquide à larges mailles, correspondant aux zones les plus perméables et les mieux alimentées des sables aquifères. Les nœuds de cette sorte de filet artésien représentent naturellement les parties les mieux dotées en eaux souterraines »[1]. Et ce seront les points d'élection

Cliché de l'auteur, février 1900.

Fig. 19. — Les grandes dunes du Souf, dans les environs d'Ourmès.

des puits artésiens et des oasis. Du Nord au Sud, à l'Ouest du chott Melrir, une série d'oasis jalonne la dépression. Nous l'étudierons jusqu'à l'extrémité méridionale de l'Oued-Rir', c'est-à-dire jusqu'aux oasis de Touggourt et de Temacin.

Dans cette province orientale, c'est encore au grand Erg, à l' « Erg oriental », que nous nous arrêterons. Mais avant d'atteindre la région la plus considérable des dunes nous rencontrons un avant-poste de cette région de sables, le Souf (fig. 19).

---

[1] G. Rolland, Hydrologie du Sahara, p. 201.

Au milieu des dunes du Souf se sont établies de curieuses oasis qui représenteront dans la série de nos études un type tout à fait nouveau, un type unique (Voir plus loin *Carton d'orientation*, fig. 33, p. 277).

De même, près de la côte tunisienne et en face de Gabès, l'île de Djerba constitue également une sorte de département indépendant, où l'irrigation est pratiquée selon un mode bien déterminé.

M'zab, Souf et Djerba, — à la limite méridionale du pays que nous avons soumis à notre enquête, — ont des droits exceptionnels à notre observation par les formes spéciales que revêt en ces territoires naturellement désertiques le travail humain, le travail qui a pour fin la culture et pour moyens la conquête et l'utilisation de l'eau.

Physionomie végétale de la zone aride. — Quand on descend de Constantine vers Biskra on regarde trop souvent la porte d'El Kantara comme marquant l'entrée du désert. La porte d'El Kantara avec le décor saisissant de la grande falaise fauve indique le passage de la zone montagneuse aux régions planes plus basses ; mais les grandes parois chauves de la falaise ne prouvent-elles pas que les causes climatiques qui font le désert règnent en souveraines maîtresses sur la montagne ? — D'autre part l'oasis d'El Kantara est la première grande oasis de palmiers que le voyageur rencontre sur cette route particulière, en suivant cette voie ferrée qui a été la première à traverser de part en part la zone orographique des plateaux : on comprend l'impression très vive produite par ce premier type des oasis sahariennes. Mais l'oasis n'est pas le désert : on doit traverser le désert avant d'atteindre l'oasis. Et tandis que l'on descend pour arriver à El Kantara le long des versants pierreux et instables, à peine mouchetés de quelques touffes misérables, de la vallée de l'oued Fedala, ne croit-on pas que l'on est déjà dans le vrai désert, dans le Sahara ? Ce n'est

pas la limite septentrionale des oasis qui marque la limite septentrionale du Sahara, et ce n'est pas non plus la limite septentrionale du palmier-dattier qui marque la limite septentrionale
des oasis.

Le paysage de touffes est le paysage caractéristique du Bas-
Sahara Sud-algérien. De Biskra à Ourir, à Sidi-Yaya, à Touggourt, par exemple, le Sahara n'est pas le beau désert nu et pelé
que l'on aperçoit en Égypte dès que l'on quitte la vallée du

Cliché de l'auteur, janvier 1900.

Fig. 20. — Bas-Sahara Sud-algérien ; touffes de damrân et de grina : vue typique du
« Sahara des touffes ». Au fond, à droite, l'oasis d'Ourir.

Nil ; on pourrait appeler ce désert Sud-algérien le *Sahara des*
touffes ; sauf en quelques points où le sable s'amoncelle en
grandes dunes, sauf sur le chott même, blanche et mate plage
de sel qui s'étend horizontale comme une nappe d'eau, tout ce
désert a partout un aspect analogue : c'est une surface à peu
près plane, indéfinie, toute parsemée de taches végétales
(fig. 20). Les touffes des diverses plantes ont diverses phy-
sionomies ; la touffe du *tamarix* est plus forte et se tient sur un
monticule plus haut ; la touffe du *belbel* élève à peine ses dernières petites tiges gris-vert au-dessus du monticule de sable clair

que le réseau caché de ses branches a déterminé et maintient; les touffes du *drinn* sont un peu moins serrées, plus élancées, plus rigides (fig. 21). Mais toutes les plantes ont le caractère commun d'être situées sur des monticules ; puisque leurs racines et leurs tiges associent leur action pour défendre et retenir la terre ou le sable contre l'entraînement du vent, ces monticules sont leur œuvre propre : non seulement elles retiennent la terre ou le sable qui les portent, mais elles arrêtent encore le sable

Cliché de l'auteur, février 1900.

Fig. 21. — Zone plus sablonneuse du Bas-Sahara Sud algérien ; au premier plan, touffes de drinn.

que le vent transporte ; et ce sable, délaissé par le courant transporteur qui s'est affaibli en buttant contre la touffe, tombe à côté et au delà de la touffe : il crée au monticule de la plante comme une queue de sable clair, plus ou moins allongée, — véritable flèche qui est située du côté opposé à celui d'où vient le vent, et qui en indique approximativement la direction.

Touffes de *retem* ou touffes de *grina*, touffes de *zeïta* ou touffes de *damrân* font des taches qui attirent l'œil, et qui font perdre au désert sa belle couleur blonde ou fauve ; lorsque le désert est très plat, il arrive même que ces touffes vues au loin se perdent en une ligne sombre et presque noire qui ferait penser à une steppe bien plus qu'au désert [1].

Or ce paysage de touffes est déjà celui des hautes plaines et des hauts reliefs ; dès que, s'éloignant des « plateaux » de Sétif qui doivent être rattachés au Tell, on descend vers le Hodna, on aperçoit tout autour de soi des croupes arrondies et pelées que parsèment de petites touffes dont la monotonie est coupée çà et là par quelques buissons de thuyas ou de genévriers ; mais ce sont déjà les guetafs, les chieh, les thyms, etc..., qui vont nous accompagner jusqu'au Sahara. Chacune des routes ou des pistes qui conduisent vers le Sud aura sa physionomie propre ; dans la province d'Oran les touffes d'alfa apparaîtront plus tôt et en plus grand nombre que dans la province de Constantine ; dans cette même province d'Oran et dans la province d'Alger, les touffes de palmier nain expriment par leurs taches basses et noires la parenté entre le Sud de l'Espagne et le Nord de l'Afrique. Mais à l'autre extrémité de l'Algérie-Tunisie, sur la route de Sousse à Kairouan, les dernières cultures de céréales sont encore faites au milieu des touffes respectées, tantôt touffes

---

[1] Pour l'identification des noms de plantes, voir Synonymie arabe-latine des plantes rencontrées, p. 272-273, dans F. FOUREAU, Rapport sur ma mission au Sahara et chez les Touareg-Azdjer, octobre 1893-mars 1894, Paris, 1894. Dans la plupart des volumes de FOUREAU, on trouve une semblable Synonymie arabe-latine des plantes rencontrées, de même qu'un Glossaire des termes géographiques arabes. Il faut consulter, en outre, du même auteur : Essai de catalogue des noms arabes et berbères de quelques plantes, arbustes et arbres algériens et sahariens, brochure in-4, 1896. [L'ensemble des voyages de Fernand FOUREAU est très clairement résumé dans Aug. BERNARD et N. LACROIX. Historique de la pénétration saharienne, p. 139 et suiv. Voir aussi les excellents comptes rendus critiques de H. SCHIRMER, dans les volumes successifs de la *Bibliographie annuelle des Annales de géographie.*] — Pour les plantes des déserts du Nord de l'Afrique, on doit en revenir encore à ASCHERSON dans ROHLFS, *Kufra*, p. 483, et au chapitre que H. SCHIRMER a consacré à la flore, Le Sahara, chap. XI. — Voir enfin BATTANDIER et TRABUT. L'Algérie, etc., p. 158-187. — Voici les noms des plantes dont nous parlons ici ou plus loin : Salsolacées : *belbel*, Anabasis articulata et Caroxylon tetragonum ; *damran*, Traganum nudatum ; *grina*, Halocnemum tetragonum ; *guetaf*, Atriplex Halimus ; — Graminées : *drinn*, Arthratherum pungens ; *alfa*, Stipa ou Macrochloa tenacissima ; *diss*, Phragmites

buissonneuses, larges, étalées, vrais monticules végétaux, tantôt touffes légères de petites herbes droites et frêles. Ainsi, quelles que soient les espèces végétales, sur ces grands espaces sans
arbres, les plantes forment un tapis de moins en moins continu ;
elles s'éparpillent. Et c'est par des transitions insensibles que,
passé la limite du Tell, la végétation naturelle, se transformant
et se clairsemant, se fait de plus en plus saharienne.

La répartition des espèces végétales, liée aux conditions climatiques, est très variée ; certaines plantes ont une aire très étendue
comme ces jujubiers sauvages dont les buissons clairs se rencontrent partout, de la Tunisie jusqu'à Tlemcen, et de la Kroumirie
jusqu'aux Ziban, et comme cette armoise blanche (chich, *Artemisia herba alba*) qui s'étend parfois sur les hautes terres en peuplements si continus [1] ; d'autres ont des aires plus restreintes et
plus déterminées [2]. — C'est grâce à quelques plantes de cette végétation naturelle que sont constitués les pâturages. La région
aride (la zone dite des Hauts-Plateaux comme la zone du Sahara)
est avant tout un territoire de pâture pour le mouton ou pour
le chameau ; et à ce titre elle appartient d'abord et avant tout
aux nomades, pasteurs de moutons et pasteurs chameliers [3].

communis ; — Composées : *chich*, Artemisia herba alba ; — Plombaginées : *zeïta,*
Limoniastrum Guyonianum.

[1] L'armoise blanche est une nourriture très recherchée des moutons ; dans certains territoires, elle prend un développement énorme ; dans l'annexe de Mecheria,
la steppe limoneuse qui comprend les 4/5 de la région située au Sud des chotts a les
8/10 de son peuplement végétal constituées par le chich ou armoise blanche. Le
pays du mouton, p. 327.

[2] Nous avons insisté sur le caractère physionomique général de ces vastes contrées ; nous ne pouvons entrer ici dans plus de détails ; nous renvoyons aux études
de J. MASSART qui a étudié avec tant de précision la localisation géographique des
plantes sahariennes au cours de son voyage de 1898 : Un voyage botanique au Sahara,
Bull. Soc. royale botanique de Belgique, XXXVII, 1898, p. 202-339, 7 pl.

[3] On évalue à 40 millions d'hectares la superficie qui forme en Algérie le « Pays
du mouton ». Le pays du mouton, p. 501. D'autre part, il convient de ne pas oublier
que toutes les parties du Sahara, à l'exception de celles qui sont des *hamada*, sont
utilisées comme pâturages par les pasteurs chameliers ; la plupart des plantes dont
nous avons parlé, *drinn, retem,* etc., sont mangées par les chameaux ; aussi rencontre-

Mais en cette grande zone d'inégale aridité, des sédentaires ont en outre fondé quelques centres de culture intensive, établi des oasis : ces oasis, où se trouvent-elles situées, et comment sont-elles distribuées ?

Les ressources en eau des steppes et du désert. — L'eau n'est pas absente au Sahara, mais elle est rare. Il convient de n'exagérer ni les ressources en eau qui sont celles du Sahara ni la disette d'eau de cette grande zone plutôt aride que stérile.

Les précipitations sont au Sahara, nous l'avons vu, très irrégulières, très rapides et très locales [1]. Mais la pluie tombe souvent en averses et les averses sahariennes apportent à la terre, en quelques minutes, une quantité d'eau d'une hauteur de plusieurs millimètres. Cette eau par malheur se perd souvent très vite sur un sol desséché, fissuré et fendillé. Toutefois, pour peu que l'averse dure, l'écoulement par ces «pores» si nombreux de la terre du désert n'est plus suffisant : les eaux se rejoignent dans les fonds d'oueds, toujours un peu colmatés par les alluvions des crues précédentes ; et sur ces routes d'eau naturelles, à sec d'ordinaire, se presse soudain un flot violent et rapide : les oueds se gonflent comme les ruisseaux des rues de nos villes, qui, par une soudaine pluie d'orage et malgré leurs nombreuses bouches d'écoulement, débordent, jusqu'à se rejoindre par dessus la chaussée. L'eau apparaît ainsi par intermittence, mais elle laisse des traces persistantes de son passage : lits desséchés et encombrés de cailloux roulés, berges raides des oueds, etc.

---

t-on de vrais troupeaux de chameaux broutant ces touffes au milieu des terres, comme des troupeaux de moutons ou de vaches ; dans le désert très nu de Libye les chameaux passent et s'ils broutent les plantes plus rares qui poussent dans le fond des oueds c'est qu'il leur faut manger en passant ; le *Sahara des touffes* est au contraire un véritable pâturage pour les chameaux et ceux-ci ne font pas qu'y passer ; ils y vivent et on les y élève. A voir les chameaux Sud-algériens, on sent qu'ils se trouvent sur une terre nourricière ; ils sont grands, velus, ils ont le pas alerte, surtout ceux qui sont dressés à la course, les méharis.

[1] Voir plus haut, p. 157.

Outre les oueds, cours d'eau temporaires, les chotts et les sebkas témoignent au désert de la présence de l'eau. Curieuse forme hydrographique que celle des chotts! C'est une forme-limite, où pour ainsi dire l'eau est présente sans apparaître. L'eau est toujours proche de la surface ; au moment des pluies elle peut même s'étaler en une mince couche ; mais cette couche disparaît vite : l'infiltration et l'évaporation en ont bientôt

Cliché de l'auteur, février 1900.

Fig. 33. — Dépression de l'Oued-Rir' : le chott de Gamra, un peu au nord de Touggourt.

raison. En réalité, le chott est le résultat de la lutte entre la capillarité et l'évaporation : l'eau, présente à proximité du sol, s'élève sans cesse jusqu'à la surface par capillarité ; mais arrivant ainsi en molécules dispersées elle est incapable de résister à l'insolation : elle disparaît en laissant seulement à la surface les sels qu'elle contenait en dissolution ; et par ce mécanisme curieux l'eau, qui est en général et surtout au désert l'agent bienfaisant par excellence, a dans ce cas particulier pour seule action effective d'amener à la surface le sel des profondeurs et de l'étaler en une couche très régulière et parfois assez épaisse : le chott apparaît ainsi avec sa croûte blanche, éclatante sous le soleil, lieu d'élection des mirages (fig. 22)[1]. Et sur cette surface unie de sels infertiles les touffes mêmes du Sahara, ces touffes de *grina* ou de *damrân*, si modestes pourtant en leurs exigences, n'arrivent point à s'installer. Ainsi, malgré l'apparence paradoxale du fait, l'eau peut quelquefois déterminer au Sahara les espaces condamnés à la véritable et irrémédiable stérilité[2].

En d'autres points, des poches naturelles ou de simples petites dépressions, formant cuvettes, suffisent à recueillir et à conserver pendant quelques jours les eaux d'averses : la daïa est une

---

[1] Sur les aspects variés des chotts et sebkas, voir H. Schirmer, Le Sahara, p. 113 et suiv., et J. E. Lahache, Étude hydrologique sur le Sahara français oriental, p. 12 et suiv. Le commandant Monségur fait justement remarquer que suivant les *régions* et les *saisons* la surface des chotts est bien entendu plus ou moins humide : « Dans les hauts plateaux, les chott sont comme les oued, remplis d'eau pendant six mois de l'année ; ils sont à peu près à sec pendant les six autres mois et ne présentent plus alors que l'aspect d'une immense plaine salée, plus ou moins marécageuse et dépourvue de toute végétation. Quant à ceux de la région saharienne, ils ont toujours l'air d'être à sec. » Voir Étude sur la province de Constantine, *Rev. de géog.*, juin 1899, p. 419. — Le vieux géographe El. Bekri a donné au xɪvᵉ siècle une très pittoresque description des chotts à propos des chotts Sud-tunisiens : « Celui qui s'écarte de la route, soit à droite, soit à gauche, s'enfonce dans une terre mouvante, qui, par sa molle consistance, ressemble à du savon liquide. » Voir Description de l'Afrique septentrionale, traduction de Slane, p. 116.

[2] Nous trouvons ici vérifiée l'une des lois les plus importantes de la géographie de la vie à la surface du globe : une même cause, par son insuffisance ou par son excès, arrivent à déterminer des conditions contraires à telle ou telle forme de la vie végétale, animale ou humaine. La vie se trouve comprise entre deux limites qu'elle ne peut guère dépasser, ni dans un sens, ni dans l'autre. Et cela en des cadres géographiques de toute nature. C'est ainsi que le manque d'eau rend le développement de l'arbre impossible, et pareillement l'excès d'eau tue l'arbre. Jules Legras donne un exemple très caractéristique observé dans la *taïga* sibérienne : « Tout un bois, se trouvant inondé par suite du relèvement des eaux qu'ont produit les écluses, dépérit et meurt. » (En Sibérie, p. 157, et voir aussi la photographie, Forêt inondée sur le canal, p. 112). — Dans un domaine géographique tout différent, l'excès de pluie nuit pareillement à la végétation arbustive : dans les *selvas* de l'Amazonie, la forêt-vierge de l'*igapo* qui appartient aux régions basses, inondées dès les moindres crues du grand fleuve et de ses affluents, est beaucoup moins riche, beaucoup moins dense et pour ainsi dire plus chétive et plus maladive que la somptueuse et vigoureuse et exubérante végétation du *guaçu*, c'est-à-dire des régions plus élevées qui reçoivent

cuvette d'assez grande étendue [1], le r'dir est un simple point d'eau. Daïa comme r'dirs sont en général distribués et alignés par rapport à des lignes souterraines d'infiltration et d'écoulement [2].

Ainsi retrouvons-nous dans cette région aride comme dans tous les déserts, Arabie, Turkestan, etc., tous les termes de transition entre le chott et le simple point d'eau. Et les indigènes qui ont un si grand nombre de termes pour désigner l'eau sous toutes ses formes ont, ici comme là, multiplié les appellations spéciales.

Une autre forme curieuse de petites cuvettes superficielles remplies d'eau est celle des *behour* (étangs) et des *chria* (nids, entonnoirs naturels) : on en observe un grand nombre dans l'Oued-Rir' : sont-ce les orifices d'anciens puits artésiens, puits indigènes partiellement écroulés? ou d'évents naturels communiquant avec la nappe artésienne? Nous croyons avec G. Rolland que les deux explications peuvent être valables suivant les cas [3]. Quoi qu'il en soit, l'eau de ces réservoirs exigus vient souvent des profondeurs.

Car l'eau se rencontre enfin au Sahara emmagasinée en des couches souterraines, et si elle reparaît çà et là à la surface par

---

autant de pluies mais sont épargnées par les effets affaiblissants de l'inondation. — Ailleurs encore E. DE MARTONNE fait judicieusement une remarque du même ordre (La vie des peuples du Haut-Nil, Explication de trois cartes anthropogéographiques, *Ann. de géog.*, V, 1896, p. 508); et quelques pages plus loin il dit, en appliquant les mêmes observations à l'activité humaine : « L'extrême richesse de la vie végétale a pour l'homme les mêmes résultats que son extrême pauvreté. » (p. 515.)

[1] La daïa se vide en général assez complètement par l'infiltration pour que les sels ne s'accumulent pas à la surface ; toutefois certaines daïa sont salées, comme la daïa el Ferd dans la province d'Oran, près de la frontière marocaine.

[2] Il y a par exemple beaucoup de daïa, de r'dirs (et de simples puits) tout autour de Laghouat. On peut voir le manifeste alignement des puits à l'Est de Laghouat sur le cours de l'oued Mzi et des r'dirs partout ailleurs au Sud et à l'Ouest de Laghouat sur la Carte du cercle de Laghouat face à la page 222 dans Le pays du mouton.

[3] Voir la discussion que fait Georges ROLLAND (Hydrologie du Sahara, p. 209 et suiv.) de l'opinion émise par Jus dans : Étude sur le régime des eaux du Sahara de la province de Constantine, *Bul. de l'Acad. d'Hippone*, 1886, n° 21.

des sources, elle peut être aussi atteinte dans les couches profondes par le moyen des puits. Les sources sont surtout nombreuses là où le sol subit des dénivellations assez considérables ;
toute une ligne de sources jalonne le pied de cette falaise qui termine vers le Sud l'Atlas saharien. Les puits peuvent être creusés
partout où il est possible d'atteindre une couche humide, et selon
la continuité et la richesse de la couche ils sont plus ou moins
nombreux ; selon leur profondeur ils sont plus ou moins utiles :
mais en général les puits ordinaires qui exigent toujours de
l'homme un travail considérable, l'eau devant être portée, soulevée jusqu'à la surface, sont peu favorables au développement
des zones irriguées. Il faut des conditions toutes particulières
d'isolement en plein désert, comme au M'zab, pour que les puits
soient utilisés non seulement pour l'alimentation des hommes
et des animaux, mais même pour l'irrigation.

La catégorie de puits qui doit rendre les plus grands services
à l'homme en vue de la culture, ce sont les puits artésiens. La
disposition des couches détermine l'eau à monter toute seule
jusqu'au niveau du sol. Et si le travail de forage, sous sa forme
ancienne et même sous sa forme nouvelle, est long, difficile et
coûteux, l'homme est largement récompensé de ses efforts ; là
où l'on peut creuser des puits artésiens, on parvient à créer rien
qu'avec l'eau fournie par ces puits de nouvelles et véritables oasis.

Naturellement les puits artésiens se trouvent localisés en des
régions bien déterminées, parce qu'ils sont liés à certaines conditions géologiques bien définies : les deux plus grands bassins
artésiens sont celui de l'Oued-Rir' et celui du Hodna, correspondant l'un à la partie la plus basse du *Bas-Sahara,* l'autre à la
partie la plus basse de la zone des hautes steppes (voir
carte V) [1].

---

[1] On a aussi tenté quelques forages artésiens dans les plaines septentrionales de la

Nous avons parlé plus haut de la cuvette artésienne de l'Oued-
Rir'. Quelle est l'origine des eaux jaillissantes de ce bas-fond ?
« C'est par le Nord, a déclaré Georges Rolland, que s'alimentent
principalement les eaux souterraines de l'Oued-Rir' : et leur
écoulement général a lieu du Nord au Sud, et non pas du Sud
au Nord »[2]. C'est là un problème qui a soulevé l'une des plus
vives discussions d'hydrologie géologique : et nous dépasserions
les bornes de notre sujet si nous entrions nous-même dans ce
débat. Il est du moins certain que c'est par l'étude des nappes
jaillissantes ou ascendantes plus méridionales que la question
doit être tranchée ; et s'il est permis de se contenter de faire ici
une simple allusion aux publications de MM. **Lippmann** et
J. Bergeron, il est impossible de ne pas citer plus amplement le
travail minutieux et très original de J.-E. Lahache, Étude hydrologique sur le Sahara français oriental (1900), dont les conclusions sont directement opposées à celles de G. Rolland ; par
l'analyse des eaux de tout l'immense bassin du chott Melrir, l'auteur s'efforce de montrer la parenté entre les eaux profondes de
l'Oued-Rir' et les eaux dont la sonde artésienne a révélé
l'existence plus au Sud, — au delà de notre actuel champ
d'étude[3].

---

région du Tell ; mais nous n'avons pas à nous occuper de ces forages, car ils n'étaient
pas destinés à procurer des eaux d'irrigation, mais à assurer l'alimentation des centres
urbains en eau potable. C'est ainsi qu'en vue de l'alimentation d'Alger on a exécuté
divers forages artésiens dans le bassin inférieur de l'Harrach. Voir B. MANS, chef
du service des eaux de la ville d'Alger, Notice sur la Nappe artésienne du bassin
inférieur de l'Harrach et sur les divers sondages exécutés dans ce bassin,. Alger
A. Jourdan, 1899, in-8, 18 pages et 4 planches hors texte dont un Plan d'ensemble
des principaux sondages exécutés dans le bassin de l'Harrach avec courbes horizontales indiquant le niveau du terrain dans lequel a été rencontrée la nappe jaillissante,
à 1 : 200 000.

[2] G. ROLLAND, Hydrologie du Sahara, p. 200. Voir aussi G. ROLLAND, A propos
de l'alimentation des eaux artésiennes de l'Oued-Rir' et du bas Sahara algérien dans
Mémoires de la Société des Ingénieurs civils de France, mai 1898.

[3] J. E. LAHACHE avait déjà publié dans la *Revue scientifique* du 27 mai 1899
(p. 651-653) un court mémoire : L'eau dans le Sahara, dont la conclusion était la
suivante : « Tougourt, Berdad, N'Goussa, Ouargla, représentent ainsi une vaste

Physionomie générale des oasis. — Des causes très diverses peuvent donc fournir sur les hautes terres et au Sahara de
l'eau en quantité parfois assez considérable. — Partout la préoccupation dominante est celle de l'eau. Sur les terrains de parcours, on s'efforce d'améliorer les points d'eau, d'aménager les
r'dirs à l'usage des grands troupeaux des indigènes [1]. A plus
forte raison pour toute entreprise de culture l'eau est-elle indispensable. Presque partout où l'on a de l'eau en assez grande
abondance on peut cultiver. Si le sol n'est pas toujours de nature
excellente, s'il est souvent encombré de sels préjudiciables aux
plantes, on possède en revanche comme facteur puissant de la
végétation la chaleur solaire. Aux endroits privilégiés où
l'homme trouve de l'eau, il peut fonder des oasis.

Le palmier-dattier est l'arbre par excellence des oasis Sud-algériennes et tunisiennes. C'est un arbre exigeant et délicat ; pour
qu'on puisse le cultiver avec profit, trois conditions naturelles
doivent se trouver associées : eau souterraine, forte chaleur annuelle et sécheresse de l'atmosphère. Ainsi la distribution du
palmier-dattier et la distribution des oasis à palmeraies dépendent
de la température et de l'état hygrométrique de l'air durant toute
l'année. Or les hautes altitudes du gand bourrelet plissé entraînent
durant l'hiver des températures rigoureuses, et souvent des phénomènes de précipitation. Avant d'arriver à la zone de faible
altitude où la chaleur est assez forte et assez constante pour
permettre la croissance du palmier, on doit en conséquence
franchir presque partout la zone entière de ce grand bourrelet

---

gouttière dont l'Oued-R'hir n'est que le prolongement. Le tout forme, au point de
vue hydrologique, un ensemble indivisible. »

[1] Dès 1883, MM. A. POMEL et POUYANNE, dans une note sommaire, avaient
donné l'idée excellente et qui a été suivie de profiter des « r'dirs » naturels et de
les améliorer dans toute la région qu'ils appellent « région des Steppes ou des Hauts-
Plateaux » (cette note était datée du 12 septembre 1883). Voir aussi Études sur
l'aménagement et l'utilisation des eaux en Algérie, 1890, p. 183 et suiv.

montagneux dont l'altitude est en général trop élevée pour que
la température y soit égale et modérée même durant l'hiver.

Par suite de l'orographie, il s'étend donc, — entre la zone
méditerranéenne qu'arrosent les pluies d'hiver et la zone désertique où la température ne descend pas au-dessous de o°, — une
zone qui n'a ni *le profit des pluies* ni *le profit de la chaleur continue*. Et c'est seulement à cinquante, soixante ou quatre-vingts
kilomètres de la limite des cultures du Tell qu'apparaissent les
premiers palmiers-dattiers, palmiers sauvages, chétifs et rabou-
gris[1]. Et les oasis de palmiers, les oasis où les palmiers sont
productifs, sont situées encore plus au Sud, — généralement à
d'assez faibles altitudes : Bou-Saâda (un peu au Nord du 35°
Latitude Nord et à 578 mètres d'altitude) est de toute l'Algérie
et de la Tunisie *l'oasis de palmiers* la plus septentrionale.

Le superbe *Phœnix dactylifera* dresse sa haute tige et étale les
longues feuilles retombantes de sa palme étoilée ; c'est un arbre
incomparable : il protège, fertilise et nourrit[2]. Les dattes sont

---

[1] C'est par exemple au Hamma, sur la route de Bordj-bou-Arreridj à M'sila, qu'on
aperçoit les premiers *Phoenix dactylifera*.

[2] Nous devons à Theob. Fischer une très bonne étude d'ensemble sur les palmiers, Die Dattelpalme, ihre geographische Verbreitung und culturhistorische Bedeu-
tung, *Pet. Mit.*, Erg., n°. 64, 1881. Sur les qualités des dattiers algériens et notamment des dattiers de la variété *Deglet-nour*, voir un intéressant article du directeur
du Jardin d'essai du Hamma : Ch. Rivière, Diffusion des dattiers algériens, Australie
et Jamaïque, dans *Rev. des cultures col.*, III, 1898, p. 130-136. Sur la culture si
délicate de cette plante, dans le Sud-algérien, on peut consulter Un homme du Sud,
La culture dans le Sud-constantinois, Alger, Imp. P. Fontana, 1898, in-8, 20 p.;
c'est une brochure parue sans nom d'auteur, mais qui a été écrite par un homme
qui a lui-même entrepris des cultures dans le Sud-constantinois, le commandant Rose.
[Tchihatchef, Espagne, Algérie, Tunisie, p. 282, a consacré une intéressante page
à ce colon, M. Rose]. — On trouvera une étude complète et détaillée sur tous les
travaux soigneux qu'exige la culture du palmier dans un article récent du *Bulletin
de la direction de l'agriculture et du commerce*, publié par la régence de Tunis, Les
Dattiers des oasis du Djerid, par F. Masselot, 6° année, avril 1901, p. 114-161 ;
voir surtout p. 114-136. L'auteur résume ainsi tous les services que rend le palmier
à celui qui le cultive (p. 115-116) : « Le palmier est l'arbre béni des Arabes. Il sert
à tous les usages. Tandis que ses fruits subviennent à la nourriture d'une nombreuse
population, ses feuilles, tressées, sont converties en chapeaux, en paniers, en nattes,
en zembils d'ânes, en éventails, en plumeaux et même en récipients pour l'eau ; ses
palmes, au Djerid, servant à la confection des plafonds, des berceaux, des cages de

un aliment de première importance pour le Arabes, sédentaires
ou nomades ; à l'abri du palmier d'autres plantes ou arbustes
sont cultivés, arbres fruitiers ou plantes maraîchères.

Au Nord de cette limite septentrionale des palmiers, dans les
sites favorablement orientés, peu élevés, abrités et disposant
d'eaux suffisantes, la culture par irrigation ne peut s'appliquer
utilement qu'aux arbres fruitiers. C'est ainsi qu'avant d'arriver
aux oasis de palmiers, type proprement saharien, nous trouvons en Algérie quelques oasis, telles que M'sila, qui appartiennent au type des oasis de l'Asie Centrale, ou au type de Damas[1].

---

lit, des barrières, des nervures de tentes et, disposées parallèlement, elles constituent
un très bon sommier ; c'est avec les épines des palmes qu'on fait les peignes pour
carder la laine et la tisser ; son stipe, indépendamment du chauffage, est, à l'exclusion
de tout autre bois, employé dans la menuiserie ou dans la charpente des maisons,
selon la qualité. On a remarqué que les palmiers dont les racines étaient pivotantes
donnaient un bois beaucoup plus résistant et à grain plus serré que les autres. La
matière textile qui entoure la base des palmes que nous nommons la bourre et les
Arabes « liffa » sert à faire d'excellentes cordes, des matelas, des nattes, des zembils,
des chouaris (sortes de sacs) pour les dattes. Les pédoncules des régimes sont utilisés
pour la confection de certaines cordes grossières ; ceux d'une espèce particulière
appelée « gandi » sont employés dans la teinturerie. Les brindilles qui supportent
les dattes sont données quelquefois aux chameaux pour leur nourriture, on en fait
aussi des balais et des allumettes que l'on enflamme en les frottant l'une contre
l'autre. Entaillé d'une certaine façon, le palmier produit selon le procédé d'extraction
une boisson douce ou fermentée qu'on nomme « lagmi ». Bref, toutes les parties de
cet arbre sont utilisées. Les indigènes disent qu'un chameau pénétrant dans un jardin
de palmiers peut en ressortir complètement harnaché de sa bride, de sa haouia, de
ses deux chouaris et même, ajoutent-ils naïvement, du bâton pour les faire marcher.
Lorsque, trop vieux pour produire encore, le palmier doit céder à un plus jeune la
place qu'il occupe dans le jardin, abattu sans pitié par le khammès qu'il a nourri si
longtemps, son gigantesque cadavre jonche le sol, il offre encore un dernier don : son
cœur, que les indigènes appellent « djoumar » et dont ils sont très friands. » Sur les
produits du palmier, voir aussi les détails très précis fournis par Du Paty de Clam
dans son Étude sur le Djérid. Bull. de géog. hist. et descriptive, VIII, 1893, p. 289
et suiv. — Enfin le Prof. Schweinfurth, l'explorateur et savant botaniste, a écrit
quelques pages substantielles sur la culture du palmier-dattier, Revue des cultures
coloniales, 5 février 1902, p. 82-88, 20 mars. p. 175-178, etc.

[1] Les oasis du Djebel Amour, situées à des altitudes élevées appartiennent à ce
type. Voir par exemple pour Tadjemout, à 895 mètres, P. Soleillet, l'Afrique
occidentale, p. 33 : « l'on y cultive des arbres fruitiers, surtout des abricotiers, mais
il n'y a pas de palmiers. »

M'sila est une oasis d'abricotiers, de pêchers, etc. (voir fig. 23), et où se dressent aussi çà et là comme à Samarkande ou à Damas les troncs élancés des peupliers.

La dépression du Hodna, au milieu des hautes terres, est une région unique au point de vue de l'irrigation : M'sila, sur le

Cliché de l'auteur, mars 1900.

Fig. 23. — Oasis de M'sila, type d'oasis d'arbres fruitiers : arbres en fleurs au premier plan, puis bande cultivée en céréales ; à l'horizon, la plaine du chott el Hodna

versant Nord, en face de Bou-Saâda, sur le versant Sud, représente les oasis des arbres à feuilles caduques en face de la première oasis à palmiers, de la première oasis proprement saharienne. Dans les vallées méridionales de l'Aurès le passage d'un type à l'autre se produit parfois plus brusquement encore [2].

Tout autour des oasis du type M'sila comme du type Bou-

[2] Voir H. Bisson, Les vallées de l'Aurès, dans *Annales de géographie*, IX, 1900, p. 43-55.

Saâda s'étendent des surfaces cultivées en céréales ; ces étendues sont plus ou moins grandes selon l'abondance des pluies.
Après les arbres on trouve ainsi des champs d'orge (voir fig. 23)
dans les endroits les plus favorisés pour l'irrigation ; ce sont
de véritables banlieues de céréales qui peuvent être comparées
à ces banlieues de cultures maraîchères qui entourent plus ou
moins régulièrement quelques-unes de nos grandes villes.

Ainsi dès que l'on a passé la région du Tell, on peut dire
qu'en s'acheminant vers le Sud on entre dans le Sahara : il
n'est pas besoin d'avoir franchi la dernière chaîne méridionale
de l'Atlas pour se trouver déjà en plein désert. L'on doit se rappeler par quelle série de formes variées bien qu'analogues, le
paysage naturel passe des steppes voisines de la Méditerranée
telles que la vallée du Chéliff au Sahara proprement dit ; et
l'on constate la même variation, avec une gamme correspondante de types intermédiaires, pour les « oasis » d'irrigation.

Le territoire cultivé et cultivable varie beaucoup d'étendue ; il
se réduit le plus souvent à quelques points d'élection, plus ou
moins éloignés les uns des autres.

Or en tous ces petits centres épars d'irrigation et de culture,
l'homme n'est parvenu à s'assurer les moyens de subsistance
qu'à force de persévérance, et grâce aussi à une habile utilisation et à une sage répartition des faibles et précieuses quantités
d'eau disponible.

Comment classer les centres d'irrigation ? — On a essayé
de classer les oasis d'après les faits géographiques qui procurent
à l'homme l'eau nécessaire ; on a distingué par exemple, les
oasis d'oueds, les oasis de puits, les oasis de sources, etc. [1].

---

[1] George HOEHNEL a tenté un intéressant essai de classification générale des oasis :
Die Morphologie und Hydrographie der Oasen, Bunzlau, 1895, 23 p. Il distingue :
A. les oasis de dépression (Depressionsoasen) ; dans ces bas-fonds naturels, les eaux

Mais cette division, qui paraît simple en principe, l'est beaucoup moins lorsqu'on observe la réalité. En fait, l'homme est trop avide de cette richesse souveraine au désert, pour ne pas recueillir l'eau sous toutes ses formes : telle oasis dont l'eau est surtout fournie par des sources, recueillera précieusement grâce à des barrages l'eau des crues de l'oued, et sera en même temps une oasis de source et une oasis d'oued. Telle autre utilisera également des sources et des puits, des eaux de puits et des eaux de crue, etc.

Une chose importe par-dessus tout au point de vue qui domine toute notre étude, au point de vue de l'utilisation de l'eau : l'eau est-elle fournie à l'homme sous un volume constant ou à peu près constant? ou bien l'eau lui est-elle irrégulièrement fournie? Voilà ce qui changera en vérité l'attitude de l'homme vis-à-vis de l'eau, quant à la répartition et quant à la réglementation. Et c'est le seul principe qui doive présider à une classification des oasis Sud-algériennes et tunisiennes : oasis à débit d'eau constant, oasis à eaux irrégulières.

Il va sans dire qu'encore ici la nature mêle les types et procède par combinaisons multiples : si nous trouvons des cas extrêmes représentant les deux types avec netteté et d'une manière parfaite, très souvent par ailleurs les deux types se trouvent mêlés ou mieux superposés : une oasis à débit d'eau constant utilise en outre d'une manière secondaire les eaux d'oued et les eaux de pluie, ou inversement.

Toutefois, nous sommes par là en possession d'un principe

---

se rassemblent et apparaissent sous la forme de sources. B. les oasis de montagnes (Gebirgsoasen), qui doivent l'eau aux pluies provoquées par le relief, Tibesti, Ahaggar, Aïr. C. les oasis de fleuves (Flussoasen), arrosées par les eaux de fleuves tels que l'Amou-Daria ou le Nil. D. enfin les oasis que l'auteur appelle spécialement oasis artificielles (Kunstoasen) (toutes les oasis sont pourtant par définition artificielles), et qui correspondent à ces oasis où le travail de l'homme est exceptionnellement industrieux : puits artésiens, foggaguir, etc. — Classification ingénieuse mais trop exclusivement fondée sur des caractères extérieurs, et partant insuffisante.

vraiment différentiel, car en ces cas de superposition d'une oasis d'un type à une oasis de l'autre, les deux ne se confondent jamais. Au point de vue qui nous intéresse nous trouverons toujours un système de réglementation et de répartition qui sera double si l'oasis est double.

A. Lorsque les eaux sont irrégulières, lorsqu'une oasis n'est alimentée que par des eaux de crue, les cultivateurs risquent de se trouver tous les ans dans la même situation que les Valenciens à l'époque critique des grandes sécheresses, et le régime des eaux devra être aussi complet et compliqué qu'à Valence même. — Aucune oasis ne représente ce type aussi parfaitement que M'sila, dans le Hodna.

B. Lorsque les eaux d'une oasis ont au contraire un débit constant ou à peu près constant, il y a moins à craindre que les surfaces irriguées et les cultures ne s'étendent démesurément. Tous les problèmes de répartition et de réglementation doivent se réduire en somme à une juste répartition. Si la distribution des eaux est assurée d'une manière équitable et normale, fût-elle même très compliquée, elle doit naturellement rester la même durant toute l'année. Ce cas géographique réduit la réglementation au minimum, et supprime pour ainsi dire toute administration et toute jurisprudence contentieuse. Il suffira que la communauté ait un fonctionnaire pour surveiller la distribution, et une autorité assez forte pour faire respecter les décisions de ce surveillant des eaux. — L'oasis de Laghouat et les oasis du Djerid correspondent à ce type.

C. Enfin, lorsque les eaux sont abondantes et surabondantes, — au moment où l'homme veut les utiliser et par rapport aux cultures qui exigent l'arrosage, — comme elles le sont à Grenade par exemple, — non seulement la réglementation proprement dite n'existe plus ou tombe en désuétude, mais la distribution même n'est plus très rigoureuse : — et c'est le cas de la plupart des oasis de l'Aurès.

Après avoir résumé les traits essentiels de la physionomie géographique et économique de ces trois types extrêmes, réalisés avec une singulière netteté et simplicité, dans les oasis de M'sila, de Laghouat et de l'Aurès, nous passerons en revue des types plus complexes, cherchant toujours, par une analyse critique des conditions naturelles à expliquer au moins partiellement le caractère soit plus ou moins collectif soit strictement individualiste de la conception pratique que se font de l'eau les cultivateurs de ces oasis.

Trois cas relativement simples et choisis comme types.

A. L'oasis de M'sila dans le Hodna (oasis à débit très variable). — Les eaux de l'oued Ksob peuvent irriguer 6 498 hectares, dont 71 hectares de jardins (le reste de la superficie est consacré aux céréales). On s'est heureusement contenté de transformer en règlement officiel les usages traditionnels des indigènes, et on a ainsi obtenu un type de réglementation qui peut sans doute être regardé comme le plus parfait de toute l'Algérie[1]. La répartition paraît au premier abord très compliquée, mais comme elle résulte des conditions naturelles elle a été longtemps observée sans qu'aucune infraction fût commise. On trouvera aux *Notes et pièces justificatives, J,* I, le texte complet de ce règlement qui mériterait d'être choisi comme règlement-type.

Ce sont les 71 hectares de jardins qui sont toujours favorisés ; dès que le débit ne dépasse pas 103 litres par seconde au barrage de Bou-Djemline, toute l'eau est distribuée entre les jardins proportionnellement à la surface qui doit être arrosée. Lorsque le débit est plus considérable, c'est le moulin Petit qui bénéficie de l'eau jusqu'à concurrence de 67 litres par

---

[1] A. FLAMANT déclare : « Les eaux du bassin de l'oued Ksob peuvent être classées parmi les mieux utilisées de toute l'Algérie. » Notice sur l'hydraulique agricole en Algérie, p. 52.

seconde. Puis si le débit dépasse 170 litres par seconde, c'est-à-dire en fait si le débit est un débit de crue, l'eau est consacrée à la culture des céréales, et distribuée entre les différents barrages proportionnellement à la surface qui peut être cultivée et arrosée. — Par contre, en cas d'extrême sécheresse, l'Administration, représentant la collectivité, dispose d'un pouvoir discrétionnaire (art. 13) ; et cela rappelle les mesures prises à Valence lorsqu'est proclamé « l'état de sécheresse ».

Les usagers coopèrent aux frais généraux et aux frais d'entretien selon l'emploi qu'ils font de l'eau : le propriétaire d'un hectare de jardin, ayant des avantages et même des privilèges par le fait seul qu'il possède un jardin, paie autant que le propriétaire de 4 hectares cultivés en céréales ; pour un moulin, on doit payer par paire de meules autant que pour 4 hectares de jardins ou 16 hectares cultivés en céréales (art. 21). Il est difficile d'imaginer une répartition des charges plus conforme à la véritable équité.

Malheureusement ce régime a été troublé par la destruction du « barrage de l'Occident », Sba el Gharbi, en 1887 ; le barrage n'a pas été reconstruit ; et les arrosages de la rive droite de l'oued Ksob sont assurés tant bien que mal par le barrage du moulin. C'est une situation anormale et défectueuse : on peut en juger par le second document, datant de 1897 et que nous publions aux *Notes et pièces justificatives, J, 2*.

Enfin les conditions hydrologiques de l'irrigation à M'sila sont menacées par un nouveau projet, par la construction d'un autre barrage sur l'oued Ksob, en amont de M'sila ; le point choisi sera peut-être le Hamma[1]. Le plan le plus sage et qui devait être suivi serait de se rapprocher le plus possible de l'état antérieur, qu'avait sanctionné avec succès l'arrêté *provisoire* du 15 juin 1880.

---

[1] Voir Gouv. gén. de l'Algérie, Délégations financières algériennes, session de juin 1901, Procès-verbaux des délibérations, p. 789.

B. L'oasis de Laghouat et les oasis Sud-tunisiennes du Djerid (oasis à débit relativement constant). — A Laghouat, les eaux sortent des sables ; il est certain que le lit de l'oued M'zi dans cette passe qui se trouve à 4 ou 5 kilomètres en amont de Laghouat voit réapparaître à la surface les eaux qui disparaissent 15 ou 16 kilomètres plus haut ; ainsi se trouve assuré le débit assez régulier des eaux qui arrosent les jardins de Laghouat [1]. Et l'eau ne manque jamais à Laghouat même en plein été [2]. S'il n'y avait que les crues de l'oued, les seguias d'amenée seraient souvent à sec ; les crues donnent un complément très précieux, mais qui est souvent utilisé pour arroser les daïa voisines de Laghouat vers le Sud et pour y faire des céréales. Ces crues ainsi que les eaux constantes sont retenues par un misérable petit barrage qu'il faut sans cesse réparer et refaire au moins en partie (fig. 24) ; si l'on songe aux pertes qui se produisent par infiltration sur les 5 kilomètres de parcours où l'eau de l'oued comme l'eau des seguias coule uniquement sur des sables très meubles, on suppose avec raison que la quantité d'eau qui serait mise à la disposition de Laghouat par la construction d'un barrage [3] et par l'amélioration des canaux d'adduction serait vraiment considérable.

---

[1] Laghouat est situé à l'altitude de 792 mètres : les jardins comptent beaucoup de palmiers mais aussi beaucoup d'arbres fruitiers et bon nombre de peupliers.

[2] « Des reliefs du sous-sol formant seuil dans la vallée de l'oued M'zi ont fait affleurer sur plusieurs points, comme à Tadjemout, au Rocheg, à Laghouat, les eaux souterraines de cette rivière, qui remontent alors à la surface et coulent en véritables ruisseaux. » Le pays du mouton, p. 167. Le débit constant par 24 heures dont peut disposer Laghouat est d'environ 15 000 mètres cubes d'après le tableau de la p. 172 du même ouvrage. Si l'on consulte d'autre part le Tableau des entreprises d'irrigations de A. FLAMANT (Alger, 1900), on y voit que le débit d'étiage n'est jamais inférieur à 7 000 mètres cubes par jour. — Il faut encore noter que les habitants de Laghouat ont creusé un certain nombre de puits (71 d'après Le pays du mouton). G. ROLLAND, Hydrologie du Sahara, p. 39, écrit de son côté : « Laghouat, ville et oasis, est abondamment pourvue d'eau. »

[3] Il ne s'agirait pas d'un grand barrage, mais d'un petit barrage moins rudimentaire que les digues actuelles. L'exécution de ce barrage est sans cesse retardée, parce que les Ponts et Chaussées veulent faire d'un seul coup un barrage maçonné qui

En principe Laghouat semble une oasis d'oued; en réalité
elle est comme une oasis de source, et le débit d'eau nécessaire
pour les jardins peut être regardé comme constant (avec les réserves que nous avons faites par ailleurs sur cette expression:

Cliché de l'auteur, mars 1900.

Fig. 24. — Oasis de Laghouat : le barrage, à 5 kilomètres en amont de l'oasis.

constant). Aussi ne trouve-t-on à Laghouat qu'une organisation
rudimentaire, se réduisant à une simple distribution. L'eau

serve de chaussée à la route : c'est peut-être trop ambitieux ; en attendant qu'on
améliore l'accès de Laghouat pour les voitures, accès qui est à l'heure actuelle si
pénible à cause des dunes, on pourrait avec de petits travaux augmenter les réserves
d'eaux de crues et en faire profiter plusieurs des daïa environnantes en vue de la
culture des céréales. L'armée a besoin de 15 000 quintaux d'orge par an ; cet orge
lui coûte jusqu'à Laghouat 6 francs de transport par quintal. Ce serait une économie
très simple que d'essayer de produire plus d'orge à Laghouat même par une meilleure utilisation des eaux.

dans les jardins est distribuée proportionnellement à la surface. Les cultivateurs paient un impôt pour l'eau, proportionnellement à la quantité d'eau utilisée. Mais on n'achète pas et on ne peut pas acheter l'eau d'arrosage. Toute la distribution se fait par heures (heures et minutes) et non pas par fractions variables ou proportionnelles du volume total : c'est là encore un témoignage que les eaux ne manquent jamais au point de compromettre la prospérité des jardins. Deux *amin-el-ma*[1] sont chargés de surveiller la distribution de l'eau, et jouissent de l'autorité et de la considération nécessaires. Deux hommes leur sont adjoints qui les aident. Enfin huit des propriétaires de jardins coopèrent à cette œuvre générale de surveillance ; mais ils sont des mandataires de la collectivité sans en être des fonctionnaires rétribués : leur travail leur vaut seulement un supplément d'eau d'arrosage.

Les belles oasis du Djerid sont situées entre le chott Gharsa et le chott el Djerid[2]. L'oasis de Nefta se présente avec une

---

[1] Voir ce qu'a écrit FROMENTIN de l'amin-el-ma de Laghouat, Un été dans le Sahara, p. 152-154. Voir ce que dit SCHIRMER, dans Le Sahara, p. 286, de l'amin-el-ma de Ghadamès. — De même, pour le *Kiel-el-ma*, mesureur d'eau, au Touat, voir DE LA MARTINIÈRE et LACROIX, Documents pour servir à l'étude du Nord-Ouest Africain, III, p. 220-221.

[2] Sur le Djerid, voir DOUMET-ADAMSON, Sur le régime des eaux qui alimentent les oasis du Sud de la Tunisie, dans *Afas*, 1884 ; E. BLANC. Le Sud de la Tunisie, dans *Bulletin de la Société de géographie commerciale*, 1888-89 ; DU PATY DE CLAM. Étude sur le Djérid, dans *Bull. géogr. historique et descriptive*, 1893, p. 283-338 ; et deux articles plus récents où l'on se demande pourquoi les auteurs ne citent même pas l'excellent article précédent de DU PATY DE CLAM : DANOVITZ, Le Djerid, dans *Bull. de la Société de géog. comm.*, et E. DOLLIN DU FRESNEL, Le Djerid tunisien, dans *Idem*, 1900. — Le nom du Djerid est une réduction de Belad-el-Djerid, *les villes à dattiers* ; voir IBN KHALDOUN, Histoire des Berbères, traduction DE SLANE, I, p. 192. — Le Djerid paraît avoir été un des plus vieux centres habités du Nord de l'Afrique : toute la région abonde en stations préhistoriques ; voir Dr COLLIGNON, Étude sur l'ethnographie générale de la Tunisie, dans *Bull. de géogr. hist. et descriptive*, I, 1886, p. 343. — Le Djerid a été, surtout autrefois, très célèbre par sa grande fertilité. Au XIe siècle, EL BEKRI écrivait : Autour de Touzer (Tozeur), « les dattiers forment un grand et sombre massif. Il n'y a point d'autre endroit en Ifrikiya qui produise autant de dattes.., On ne trouve nulle part des oranges aussi belles

physionomie bien caractéristique : les premiers palmiers sont groupés dans un creux au Nord près des sources, et ce sont les plus vigoureux ; puis le village s'étend de part et d'autre du chenal un peu encaissé par lequel s'échappent les eaux ; puis l'oasis s'épanouit en éventail sur un versant en légère déclivité : les palmiers sont séparés en deux parts par une petite éminence et ils sont plus nombreux vers l'Ouest que vers l'Est.

Dans les oasis du Djerid les eaux sont fournies par des sources et des sources chaudes [1]. A Tozeur, on compte environ 140 sources qui se réunissent pour former un cours d'eau débitant environ 1050 litres par seconde, et la température générale de ces sources est de 30°. A Nefta, le débit des sources réunies est de 1100 litres par seconde.

Ces sources ont un volume à peu près constant : de petits barrages en troncs de palmiers (fig. 25) assurent la distribution des eaux, lesquelles sont réparties entre les indigènes suivant des usages traditionnels. Une simple distribution est suffisante, distribution garantie par la surveillance de fonctionnaires de la collectivité, les gardiens des eaux. Le régime est tout à fait analogue à celui de Laghouat.

Nous donnons aux *Notes et pièces justificatives, K,* un exposé très complet et très clair du système de distribution des eaux dans l'oasis de Tozeur. L'auteur, M. F. Masselot, y parle seulement de l'oued : il convient de ne pas oublier que cet oued

---

et aussi douces que celles de Touzer. » Voir Description de l'Afrique septentrionale, traduction DE SLANE, p. 117 et 118. — Aujourd'hui encore, les palmiers et les arbres fruitiers du Djerid donnent des produits de choix. Les oliviers sont nombreux aussi ; 25 000 pieds d'oliviers à El Oudiane produisant 5 000 hectolitres d'huile d'olive : voir E. DOLLIN DU FRESNEL, art. cité, *Bull. Soc. géogr. com.,* 1900, p. 40. — Il faut noter que Gafsa, qui est regardée depuis peu comme la capitale du Djerid, n'en fait pas réellement et proprement partie ; Gafsa est dans de tout autres conditions naturelles que les oasis du Djerid ; elle est beaucoup moins chaude ; elle est située à une altitude sensiblement plus élevée ; tandis que l'oasis de Tozeur est à 50 mètres à peu près au-dessus du niveau de la mer, Gafsa est à 345 mètres.

[1] Quant aux essais de sondages artésiens, ils n'ont donné jusqu'ici aucun résultat.

est constitué par la réunion de sources et qu'il n'a pas du tout
les caractères du simple oued saharien. C'est en vertu de ce
caractère même de l'oued que s'expliquent les faits que l'auteur
nous expose.

Cliché de M. Soler, photographe à Tunis, 1910.

Fig. 15. — Un des barrages de Tozeur (Djérid).

C. *Les oasis de l'Aurès (oasis à débit variable mais sura-
bondant).* — Dans le massif de l'Aurès toutes les cultures sont
associées à l'irrigation. Les oasis de ces vallées sont, dans les
régions les plus élevées, des oasis d'arbres fruitiers : peu de
figuiers, mais beaucoup de noyers et aussi beaucoup de vigne.
Les habitants cultivent aussi les céréales dont ils ont besoin.

En général, et surtout sur les versants septentrionaux, les
eaux dans l'Aurès ne manquent point. Les sources nombreuses

même sur le versant Sud fournissent des quantités d'eau souvent surabondantes[1] ; et de plus, au printemps, on bénéficie de la fonte des neiges qui se sont accumulées durant l'hiver sur les hauts sommets. Bref, les cours d'eau ne sont jamais à sec[2].

L'Aurès ressemble ainsi à la Grande-Kabylie. Et]comme dans la Kabylie nous ne trouvons pour ainsi dire pas dans les oasis de l'Aurès de cas difficiles et compliqués ; les indigènes s'entendent entre eux sans peine pour la distribution de l'eau : ils ont l'habitude de la distribution de l'eau comme ils ont par tradition l'habitude de tracer habilement les rigoles d'arrosage. Ils se servent de mesures proportionnelles, la main, le pouce ; (ils prennent parfois la main et le pouce d'un individu déterminé comme étalons fixes).

Le sénatus-consulte a reconnu aux habitants de l'Aurès la propriété de l'eau qui peut devenir propriété melk c'est-à-dire propriété privée[3]. Souvent l'eau appartient à la djemâa (à la commune). D'ailleurs s'il ne s'élève pas de conflit pour la distribution de l'eau dans les oasis. L'eau cependant est de plus en

---

[1] La seule oasis de Djemora (oued Abdi) est arrosée par les eaux de 18 sources. Tout le versant méridional de l'Aurès est jalonné pour ainsi dire de sources : ce sont ces sources qui servent à l'arrosage de ces territoires arables, larges de 200 à 2 000 mètres, et qui portent le nom de *Samer*.

[2] L'oued el Abiod roule « un flot variable avec les saisons, mais toujours largement suffisant pour les besoins des indigènes et de leurs troupeaux. » Le pays du mouton, p. 394. A 1 200 mètres d'altitude, la plaine d'Arris est très suffisamment arrosée : « La terre est bonne, la culture des céréales aisée et productive. » M. Besnier, Notes sur l'Aurès : La plaine d'Arris, *Ann. de géogr.*, 15 juillet 1899, p. 367. A *fortiori* sur le versant Nord, « l'eau est en quantité suffisante sur presque tous les points » dans le cercle de Khenchela. Le pays du mouton, p. 442.

[3] Dans les oasis qui sont situées à l'extrémité des grandes vallées de l'oued Abdi ou de l'oued el Abiod, oasis de palmiers, qui se rapprochent tout à fait du type Biskra, il n'est pas étonnant que nous voyons se modifier le régime des oasis de la montagne. H. Busson a très vivement rendu les changements de physionomie des oasis de ces vallées à mesure qu'on s'avance de l'aval à l'amont ou inversement, voir Les vallées de l'Aurès, *Ann. de géographie*, 15 janvier 1900, p. 43-55. Et c'est ainsi qu'à M'chounech « l'eau suit les palmiers », c'est-à-dire que les palmiers se vendent avec le droit à l'arrosage. Féliu, *ouvr. cité*, p. 55.

plus jalousement employée par suite de l'accroissement de la population et de l'extension des cultures.

En certains cas les eaux des oueds sont accaparées d'une manière si complète par les habitants de la montagne qu'il ne reste et surtout qu'il ne restera plus d'eau pour les habitants de la plaine. Telle est une des catégories de complications prochaines auxquelles il s'agira d'aviser.

Une autre complication semble résulter plus directement encore de l'augmentation de la population : les indigènes ont l'habitude de moudre leur grain à l'aide de petits moulins à eau qui exigent à peu près chacun une force équivalente à un cheval-vapeur. Ces petits moulins sont très nombreux, et l'on a dû se préoccuper d'en limiter le nombre pour réserver l'eau aux cultures.

A l'heure actuelle les indigènes ne peuvent plus établir un moulin sans qu'on ait fait une enquête et qu'on leur ait délivré une autorisation officielle qui les soumet à une redevance.

Le désert Sud-algérien et Sud-tunisien est le domaine de la diversité et de la complexité.

Même dans les oasis où le débit des eaux est relativement constant et que nous avons choisies comme types de ce cas hydrologique (Laghouat et Tozeur), il va sans dire qu'il ne s'agit pas là d'une invariabilité mathématique ; le débit varie malgré tout, quoique entre des limites relativement rapprochées ; et c'est même en vertu de ces variations accidentelles que la simple distribution en usage dans ces oasis est quelquefois insuffisante ; elle tend en tout cas à être de moins en moins suffisante à mesure qu'augmente le nombre des cultivateurs établis dans une même oasis, et l'étude de M. F. Masselot, reproduite aux *Notes et pièces justificatives*, **K,** laisse très bien deviner cette cause de décadence du simple régime de distribution.

D'autre part, l'eau, nous l'avons déjà dit, est chose trop

rare et trop précieuse pour qu'on ne cherche pas à l'exploiter par tous les moyens et sous toutes les formes. Aussi, parmi les principaux groupes d'oasis, presque tous les autres se présentent-ils avec encore moins de simplicité, et manifestent-ils des particularités plus ou moins curieuses sur lesquelles nous nous proposons précisément d'insister.

Cas divers.

L'oasis de Bou-Saâda. — Bou-Saâda est un bon type d'oasis d'oued au sortir des montagnes (comme El Kantara). Le village est bâti sur les bords de l'oued, dont le lit est assez profond, et dont il faut toujours redouter les crues terribles. Les maisons apparaissent ainsi souvent au-dessus de la tête des palmiers qui sont plantés en contre-bas dans le lit même.

Bou-Saâda est composée de deux oasis accolées : l'oasis d'arbres fruitiers[1] est juxtaposée à l'oasis de palmiers. Au delà s'étendent les champs de céréales qui sont fertilisés par les eaux des crues. On s'est beaucoup occupé d'étendre la zone arrosée par les crues : ainsi les eaux peuvent aller maintenant jusqu'à Mader, grâce à un barrage complémentaire de type indigène, simple barrage de fascines et de terre, que l'autorité militaire a fait établir en 1899 (fig. 26).

Au reste les principales crues de l'oued se produisent en automne et en été, car elles sont surtout déterminées par des orages. En réalité ce sont les sources, qui se rencontrent dans le lit de l'oued à 7 ou 8 kilomètres en amont et au delà, qui fournissent le débit ordinaire et qui permettent l'irrigation des jardins[2]. Mais ces eaux ne sont presque plus assez abondantes

---

[1] L'oasis de Bou-Saâda produit des raisins, des grenades, des abricots, qu'on exporte jusqu'à Djelfa. On fait sécher les abricots comme on fait sécher les figues.

[2] « Le régime hydraulique des Hauts-Plateaux de Bou-Saâda se manifeste par l'existence de nappes souterraines de divers genres. Les nappes les plus précieuses sont les nappes superficielles connues sous le nom d'*oglat* et de *meguetat*; elles se

pour la surface aujourd'hui cultivée, et la plupart des terres ne sont arrosées que tous les 12 jours.

La distribution de l'eau a été artificiellement fixée ; et autant

Cliché de l'auteur, mars 1900.

Fig. 46 — Oasis de Bou-Saâda ; barrage de fascines et de pierres à l'aval de l'oasis.
Au fond, sur la rive droite, les derniers palmiers de l'oasis.

le régime est — et surtout était — compliqué et souple à M'sila, autant il est simple, d'une rigueur toute administrative, à Bou-Saâda. Heureusement le débit peut être regardé comme à peu près constant pour les jardins, et l'inconvénient est moindre

trouvent près du niveau du sol, à côté ou dans les cours d'eau ; les premières, toujours peu profondes, permettent de constituer des groupes de puits et rendent d'excellents services aux nomades pasteurs ; les secondes se rencontrent dans les cours d'eau ; elles sont également peu profondes et très souvent émergent dans le lit de la rivière, qui, alors, coule réellement ; elles doivent généralement leur existence à la présence, comme substratum des alluvions de l'oued, de couches rocheuses appartenant à des formations géologiques antérieures, et qui, redressées, font office de barrage naturel et forcent le cours souterrain à réapparaître au grand jour. » (Le pays du mouton, p. 68.)

que si les eaux avaient un débit quotidiennement variable. Les
tableaux de répartition, que j'ai pu consulter grâce à l'obligeance du Commandant supérieur Marignac, datent d'octobre 1883 ; ils sont précédés d'une note dont on peut extraire
le passage suivant s'appliquant aux eaux de la rive droite, mais
d'une signification très générale : « L'eau a été partagée proportionnellement aux jardins arrosés par chaque saguiet[1] et
dans chacune d'elles les heures ont été réparties par le même
principe. Il est absolument impossible de faire la répartition
d'une manière plus juste. »

Sur 288 heures ou 12 jours voici comment la répartition est
faite entre 10 *seguiets* :

Louladj et Haouata, 54 heures (moitié chacune).
Guebli, Saïd el Guebli et Daraoui, 58 heures (un tiers chacune).
Medamena et Chaïbia, 71 heures (moitié chacune).
Assas, Gaada et Gueblia, 105 heures (Assas 1/4, les 2 autres se partageant 3/4).

Il est à noter que cette répartition purement théorique et
géométrique qui ne tient pas compte des conditions spéciales
de chaque territoire a dû pourtant céder devant certaines nécessités géographiques ; c'est ainsi, par exemple, que « la seguiet
Sdid est laissée à part à cause de son terrain particulier, composé presque partout de sable et de gravier » ; elle a l'eau tous
les jours.

De plus, la commune s'est réservée un jour d'arrosage par
semaine, le vendredi ; ces eaux sont consacrées à la Pépinière.
Comme la commune avait plus d'eau qu'il ne lui en fallait, elle
s'est avisée de concéder à titre gracieux quelques-unes de ces
« heures de la Pépinière » ; ces concessions ont abouti à des
abus, les concessionnaires ayant eux-mêmes vendu ces heures
d'arrosage.

---

[1] Les documents de Bou-Saâda portent « seguiet » au lieu de seguia, orthographe
plus couramment employée.

Enfin il s'est produit sur le territoire de la commune de Bou-Saâda un fait qui montre bien les inconvénients d'un régime ne reposant pas sur une exacte conception géographique. En amont de Bou-Saâda se trouve un petit centre de culture, El Amel, qui a été laissé à un marabout très vénéré. Ce marabout a si bien développé ces cultures qu'il a créé une petite oasis très florissante, mais aux dépens de Bou-Saâda, située en aval. Bou-Saâda a perdu ce que gagnait El Amel. Et le cas est si manifeste qu'à la date du 24 avril 1899 les habitants de Bou-Saâda ont déposé auprès du Commandant supérieur la pétition suivante[1] :

« Les gens de Bou-Saâda constatent depuis plusieurs années une diminution considérable de l'eau d'irrigation amenée par l'oued Bou-Saâda. La quantité est si faible cette année qu'ils craignent de ne pouvoir irriguer leurs jardins dans le courant de l'été. Ils attribuent cette diminution aux nouvelles cultures qui se font en amont de Bou-Saâda. Ils ont constaté qu'elles allaient en augmentant chaque année. En conséquence ils prient M. le Commandant supérieur de vouloir bien prescrire une enquête à ce sujet et de faire détruire tous les canaux de dérivation situés en deçà de Bou-Saâda et dont le creusement n'aura pas été autorisé par lui. Ils prient M. le Commandant supérieur de vouloir bien accueillir favorablement leurs doléances ».

Aucune suite n'a pu être donnée à la pétition en question ; dans l'état actuel des règlements, l'autorité se considère comme désarmée.

L'oasis de Bou-Saâda nous représente un type soumis à une organisation trop exclusivement théorique, et qui, à cause de son défaut d'organisation, est certainement en voie de décadence.

Les oasis des Ziban. — Les oasis des Ziban sont divisées en trois groupes : les oasis qui sont à l'Est de Biskra et auxquelles

---

[1] La pétition était en arabe : la traduction que je donne ici est la traduction officielle qui a été faite dans les bureaux militaires, et qui se trouve écrite sur la pièce versée aux archives, en face du document original.

on peut rattacher les oasis mêmes de Biskra, portent le nom
général de Zab Chergui. Les oasis qui sont à l'Ouest sont divisées par les conditions naturelles en deux séries : Zab Daha-
raoui et Zab Guebli : un premier plateau s'appuie aux contreforts de l'Atlas ; il est pierreux et légèrement incliné vers le
Sud ; quelques sources donnent la vie aux oasis. Au delà, un
marécage, couvert par le *diss* et le *semar*, sépare le Zab Daha-
raoui d'un second plateau moins élevé, également incliné vers
le Sud, et qui présente une seconde ligne d'oasis, Zab Guebli.

Les oasis de Biskra sont arrosées par l'oued Biskra, lequel
résulte de la jonction de l'oued el Outaïa ou oued el Kantara
et de l'oued Abdi. En réalité les eaux des oueds n'arrivent à
Biskra qu'au moment des crues[1] ; en temps normal toute
l'eau est utilisée par les oasis d'amont. Il est indiscutable cependant que l'oued Biskra n'est jamais à sec ; il y a presque toujours
au bief de Biskra au moins 200 litres à la seconde : en 1881,
après une période de très grande sécheresse on a fait un jaugeage des eaux : le débit était égal à 120 litres par seconde ; le
Tableau des entreprises d'irrigation de A. Flamant indique
comme débit d'étiage : 170 litres[2]. En réalité d'assez nombreuses sources affleurent dans le lit de l'oued, et c'est elles qui
le constituent ou le reconstituent.

Pour les oasis de Biskra, on a la bonne fortune — exceptionnelle — de pouvoir renvoyer à une très précise publication
documentaire, celle de l'interprète judiciaire E. Féliu[3].
L'auteur a noté avec une grande patience tous les faits et
règlements divers concernant les eaux.

A Biskra et dans les oasis environnantes, les eaux sont le plus

---

[1] Ces crues, plus ou moins fortes, sont fréquentes, à cause de la proximité de
l'Aurès ; G. ROLLAND en compte 15 à 20 par an, Hydrologie du Sahara, p. 23.

[2] P. 188.

[3] Le régime des eaux dans le Sahara Constantinois. Blida, 1896.

souvent soumises à deux régimes : un régime d'été (du 17 mai au 17 octobre) et un régime d'hiver (du 17 octobre au 17 mai) correspondant à la période des fortes eaux [1].

Les eaux des différents canaux se trouvent en général distribuées selon des mesures analogues aux *filas* ou aux *hilas* espagnoles. E. Féliu les énumère [2] ; les plus importantes sont la *loukza* et la *seboua* ; « la loukza, mot arabe qui signifie *poing fermé*, est un regard de la largeur du poing fermé (le pouce non compris) par lequel passe l'eau pendant 24 heures, soit continuellement soit à des intervalles déterminés » ; la *seboua* est un regard de la largeur d'un doigt qui équivaut à 1/4 de la *loukza*.

Le principe essentiel c'est que le volume d'eau est divisé non pas en parts de volume fixe, mais en quantièmes, en fractions du débit disponible : c'est le même principe de distribution que nous avons constaté dans les oasis espagnoles. Cette division par fractions du volume est complétée par une division du temps ; c'est le *dour* ou la *nouba* suivant les oasis, correspondant à une durée donnée de l'arrosage ; à Biskra, on emploie l'expression de *dour* qui représente l'usage de toute une seguia pendant 24 heures [3]. Ailleurs comme à Filiache, l'unité est la *nouba*, représentant l'usage d'une seguia pendant 6 heures [4]. Le temps se mesure généralement à l'aide de la *mechkouda* [5].

Enfin les eaux des crues sont l'objet d'une sorte de distribution et de réglementation spéciales superposées à la distribution normale. Ainsi la seguia Bechechia sert en hiver à irriguer les

---

[1] Pour certaines seguias, les dates qui limitent le régime d'hiver et le régime d'été sont le 14 mai et le 14 octobre : Seguias Loustania et Khialia. Féliu, p. 34 : voir encore p. 43.

[2] Féliu, *ouv. cité*, p. 29.

[3] Féliu, p. 29 ; ailleurs encore on dit *dar* comme à El Outaïa (= 12 heures d'eau), *ouv. cité*, p. 20.

[4] Féliu, *ouv. cité*, p. 45.

[5] Voir la description de la *mechkouda*, dans Féliu, p. 19.

terres de labour situées entre l'oasis de Beni-Mora et la ville de
Biskra ; en été, cette seguia est réunie à la seguia de Ras el Guér-
ria : et le débit total est regardé comme pratiquement équivalent à une seule loukza du régime d'hiver [1]. En d'autres
oasis, les crues sont consacrées à des cultures de céréales, un
peu au hasard de l'inondation, sans qu'il y ait de répartition
prévue (oasis Droh) [2].

Dans l'ensemble les oasis de Biskra, El Alia, Filiache, Chetma,
Droh, Sidi Khelil offrent des types analogues de distribu-
tions traditionnelles très compliquées : et les prélèvements d'eau
imposés par les conquérants en ont encore accru la complication. Dans l'ensemble aussi, les eaux qui assurent la prospérité des jardins ont toujours un débit minimum suffisant pour
que les principes qui dominent soient des principes de distribution : on voit cependant des modifications à ces espèces de
tableaux de simple distribution subvenir au moment et en
conséquence des crues.

Les oasis du Zab Dahraoui : Bou Chagroun, Zaatcha, Lichana,
Farfar, Tolga, El Bordj, El Amri et Foughala, sont toutes alimentées par des sources [3]. Ces sources se trouvent au-dessous
d'une couche de gypse dont l'épaisseur varie de 1 à 2 mètres.
Quand on se dirige de Biskra vers ces oasis, entre le 7e et le
8e kilomètre, on monte un petit raidillon qui vous amène sur
la couche de gypse : on ne la quitte plus qu'aux points où
quelque oued l'a partiellement emportée. — Cette couche de
gypse fait aux oasis du Zab Dahraoui une véritable originalité :
les cultivateurs doivent percer cette couche pour toutes leurs

---

[1] FÉLIU, *our. cité*, p. 31.
[2] FÉLIU, *our. cité*, p. 50.
[3] Bou-Chagroun, 4 sources ; Zaatcha, 1 seule source fournissant 5 mètres cubes
d'eau par jour ; Lichana, 4 sources ; Farfar, 3 sources ; Tolga, 12 sources ; fournissant 270 mètres cubes d'eau par jour ; El Bordj, 14 sources avec 150 mètres
cubes par 24 heures ; El Amri, 3 sources ; Foughala, 1 seule source, insuffisante.

plantations: chaque palmier est ainsi planté au fond d'un trou,
dont la profondeur varie (2 mètres à Tolga, 1^m,50 ou 2 mètres
à Foughala): (fig. 27).

Cliché de l'auteur, février 1900.

Fig. 27 — Près de l'oasis de Tolga (Ziban) : de jeunes palmiers-dattiers plantés dans
des creux au-dessous de la couche dure de gypse.

Sous cette couche gypseuse infertile, les eaux doucement coulent ou suintent : voir les sources de Zaatcha, fig. 28. Et les
indigènes, dans les jardins, sont obligés de creuser des trous
de 3, 4 ou 5 mètres, au fond desquels ils puisent l'eau à l'aide
de *kholaras* [1]. On ne peut guère arroser plus de deux heures
de suite avec la *kholara*, car le puits au bout de 2 heures est
épuisé : et il faut attendre quelques heures (parfois 7 à 8) pour
que l'eau se soit de nouveau accumulée dans le trou [2]. Sur le

---

[1] La *kholara* est l'équivalent du *chadouf* égyptien. Voir J. Brunhes, Les oasis du
Souf et du M'zab, dans *La Géographie*, 15 janvier 1902, p. 10, note 1.

[2] On peut rapprocher de ces faits fréquents un fait que j'ai observé dans l'oasis
de Foughala : il y a là une mare qui sert à l'arrosage ; on la vide ; puis il faut attendre 2 jours pour qu'elle se remplisse de nouveau et qu'elle puisse être encore une
fois vidée.

pourtour de l'oasis d'El Amri, les Bou-Azid, anciens propriétaires de l'oasis, mais dont les biens avaient été séquestrés à la
suite de la révolte de 1876, ont obtenu l'autorisation de revenir s'installer, et ils cultivent des céréales à l'aide de *khotaras* :
c'est là que les khotaras sont le plus nombreuses (environ 80).

Cliché de l'auteur, février 1900.

FIG. 28. — Les sources de Zaatcha (Ziban) vues vers l'aval : l'eau sourd au-dessous
de la couche dure de gypse.

Enfin depuis quelques années on a inauguré quelques puits
artésiens dans les Ziban. El Amri et Foughala, séquestrés après
l'insurrection de 1876, ont été vendus en 1879, la première à
MM. Treille, Forcioli et Sarradet, la seconde à MM. Fau-
Foureau. Ce sont ces derniers qui ont tenté des sondages à de
grandes profondeurs ; le premier puits qui a réussi a atteint à
97 mètres la nappe jaillissante (Foughala). Foughala appartient
maintenant à la Société de l'Oued-Rir' ; la compagnie possède
6 puits. De plus on a récemment creusé dans la banlieue de

l'oasis deux puits pour la commune indigène des Bou-Azid, le puits Laferrière et le puits Friedel.

Les oasis du Zab Guebli sont éparses au Sud et à l'Est du Zab Dahraoui : Megloub, Oumache, Mlili, Ourlal, Menahla, Zaouïet Mlili, Bigo, Zaouïet Oulad Mhammed, Mekhadma, Bentious, Sahira et Lioua ; elles sont aussi alimentées par des sources dont certaines sont très puissantes, comme celle de l'oued Mlili et dont aucune ne tarit jamais [1]. Le problème de la distribution se présente là sous la même forme et avec la même simplicité que dans le Zab Dahraoui.

Dans les oasis qui appartiennent à un seul propriétaire, le problème de la distribution de l'eau dépend de l'intelligence du gérant. Dans les autres oasis l'eau est fournie principalement par des sources : aussi toute l'organisation se réduit-elle à une distribution ; chaque partie de l'oasis a droit à une *nouba* (arrosage de 24 heures) au bout d'un certain nombre fixe de jours (exemples : pour l'oasis de Zaatcha, le tour d'arrosage de 24 heures revient tous les 17 jours ; pour la source d'Aïn-el-Akhradj de Farfar, le tour d'arrosage revient tous les 28 jours ; etc.). Il n'y a pas lieu de prévoir d'autres complications. Il est par ailleurs manifeste que l'acquisition de l'eau par le puits individuel, par la *khotara*, supprime toute question de répartition.

---

[1] Les eaux des Ziban (Oumache, Chetma, etc.) sont souvent à une température assez élevée, de 25° à 30°, et un jeune ingénieur agronome, L. MARCASSIN, qui a donné une très bonne monographie agronomique sur le Sahara de Constantine déclare que « cette chaleur des eaux d'irrigation semble produire très bon effet sur la végétation, en particulier sur celle du palmier ». Voir L'agriculture dans le Sahara de Constantine, p. 35 ; voir aussi p. 51 : « A Chetma où l'eau est utilisée presque à sa source, 35°, les palmiers mûrissent leurs fruits avant tous les autres » — Sur l'oasis plus orientale de Ferkane, où l'eau sort de terre à 16° ou 18°, voir quelques pages de P. VUILLOT, Des Zibans au Djerid par les chotts algériens, 1893, p. 52 et suiv.

Le seul problème délicat qui pourra et qui devra se poser concernera la multiplication des puits artésiens. Tant qu'une seule Société propriétaire fait des forages sur un territoire qui lui appartient tout entier, elle est seule responsable de ses actes. Mais dans quelle mesure peut-elle multiplier les forages artésiens dans les parages des anciennes oasis ? Ne risquera-t-on pas de diminuer ainsi le débit des puits existants ? Le forage des puits Laferrière et Friedel a posé une question que nous allons retrouver à propos de Touggourt, et dont l'étude doit s'imposer.

Les oasis de l'Oued-Rir' (puits artésiens, débit constant). — On groupe sous le nom d'oasis de l'Oued-Rir' les oasis qui commencent, avec l'oasis d'Ourir, à 100 kilomètres au Sud de Biskra, et qui s'étendent sur 130 kilomètres jusqu'à Touggourt et Temacin [1]. G. Rolland évalue à 43 le nombre de ces oasis en 1898, et il déclare qu'elles comptent en tout 520 000 palmiers en plein rapport, 140 000 palmiers de 1 à 7 ans, et 100 000 arbres fruitiers [2].

Ces oasis jalonnent pour ainsi dire à la surface l'abondante nappe artésienne qui se trouve à une profondeur de 70 à 75 mètres, et c'est par des communications avec cette nappe jaillissante que l'on a créé et développé ces centres de culture. Georges Rolland, qui a décrit avec précision l'allure de cette nappe artésienne [3], a très heureusement comparé l'Oued-Rir' « à une petite Égypte avec un Nil souterrain » [4].

Les oasis de l'Oued-Rir' sont alimentées en eau au moyen de

---

[1] On trouvera un Aperçu historique sur les puits artésiens des régions de l'Oued-Rir' et d'Ouargla dans l'Hydrologie du Sahara, de G. Rolland, p. 54 et suiv.; et à la p. 56 un Tableau graphique de la progression de l'irrigation des oasis de l'Oued Rir'.

[2] G. Rolland, La colonisation française au Sahara, L'Oued Rir'. Le chemin de fer de Biskra-Touggourt-Ouargla. *Afas,* 17⁰ session. Oran, 1898, 1ʳᵉ partie, p. 52.

[3] G. Rolland, Hydrographie et orographie du Sahara algérien, *Bull. de la Soc. de géographie,* 2⁰ trimestre 1886, et Hydrologie du Sahara.

[4] G. Rolland, La colonisation française au Sahara, etc. *Afas,* 17⁰ session. Oran, 1898, 1ʳᵉ partie, p. 51.

puits artésiens. Depuis une époque déjà ancienne, les indigènes savaient forer de tels puits ; les *r'tass,* constituant une vraie corporation, se consacraient spécialement à ce travail [1]. Les Français se sont occupés activement de multiplier et d'améliorer les puits. Deux ans après la pacification de la région, en 1856, commença la campagne de forage. On sait quelle part y a prise un ingénieur H. Jus [2] ; tous les habitants de l'Oued-Rir' le connaissent et le vénèrent : il jouit de l'autorité et du prestige qui sont bien dus à celui qui a su faire jaillir l'eau vive en plein désert.

Les forages artésiens ont eu un plein succès dans la cuvette du Hodna et dans celle de l'Oued-Rir' ; et ce sont là les deux centres principaux de puits artésiens [3].

Au 1er janvier 1890, dans l'Oued-Rir', on comptait 136 puits jaillissants français et 617 puits jaillissants indigènes [4]. En 1900,

---

[1] Les puits artésiens sont de très ancienne date dans l'Oued-Rir'. Voir les curieux textes anciens, notamment des citations de Diodore (ive siècle) et d'Olympiodore (ve ou vie siècle), rassemblés par Jules DUVAL, Les puits artésiens du Sahara, *Bull. de la Soc. de géographie,* 5e série, XIII, 1867, p. 156 et suiv. — DUVAL donne des détails sur le forage des puits par les indigènes. *Idem,* p. 120-123. — Sur la « corporation des puisatiers de Touggourt » (14 membres), voir LARGEAU, Le Sahara algérien, 2e édit., 1881, p. 85 et suiv.

[2] Jusqu'en 1886, H. Jus a appartenu au Service officiel des sondages. Il a pris un congé jusqu'en 1890. En 1890, il a repris le service officiel. Le Service des sondages relève de l'autorité militaire et n'a aucun rapport avec le Service des Ponts et Chaussées.

[3] A Ouargla et à El Goléa, on a creusé également des puits artésiens ; pour Ouargla qui possède le plus beau groupe continu de palmiers de tout le Sud algérien, voir Paul BLANCHET, Le pays de Ouargla. *Ann. de géographie,* 1900. — A El Goléa, on dispose de plus d'eau qu'il n'y a d'habitants pour en profiter. De plus, parce que théoriquement il est bon que la pente soit assez considérable, on a fait jaillir le puits artésien à 2 mètres au-dessus du sol. Il y a une très forte déperdition d'eau par infiltration, l'infiltration étant grande tout autour du puits par suite de la pression ; en outre, l'on a dû faire des séries de seguias en remblai, lesquelles se démolissent ou sont démolies constamment : un chameau qui passe fait crever le canal, et c'est un vrai travail de Pénélope que celui de la réparation des seguias.

[4] Voir le Tableau graphique de la progression de l'irrigation des oasis de l'Oued-Rir', du 1er juin 1856 au 1er janvier 1890, dans G. ROLLAND, Hydrologie du Sahara, p. 56.

M. Jus lui-même m'a dit qu'il évaluait à 352 le nombre des puits français jaillissants, ce qui ferait une augmentation de 216 en 10 ans.

Cette province de l'Oued-Rir' s'enrichit tous les ans de nouvelles plantations : tous les ans la culture gagne sur le désert, grâce à cet instrument de civilisation par excellence, la sonde artésienne.

Cliché de l'auteur, février 1900.

FIG. 29. — Forage d'un puits artésien près de Touggourt : l'atelier militaire de sondage dirigé par le lieutenant Jost.

L'atelier de forage est dirigé par des officiers (fig. 29) ; mais cet atelier travaille tantôt pour l'autorité militaire, tantôt pour les particuliers. Rien n'est plus admirable que de voir en plein désert jaillir et retomber les eaux vives d'un puits artésien (fig. 30). Et il n'y a pas, dans les pays récemment occupés et exploités par les Européens, de territoire où la colonisation se soit plus nettement traduite par ces différents faits connexes : conquête de nouvelles ressources naturelles, et extension des cultures ; — augmentation du nombre des habitants et accroissement de leur bien-être.

Certaines oasis de l'Oued-Rir', comme Ourir, Ayata, Sidi-Yaya, ont été complètement reconstituées ou créées grâce à l'initiative privée de Sociétés françaises : ces trois oasis par exemple appartiennent à la Société agricole et industrielle du

Cliché de l'auteur, janvier 1900.

Fig. 30. — Oasis d'Ourir : puits artésien n° 5.

Le puits a une profondeur de 70 à 75 mètres, et l'eau jaillit jusqu'à 2m,10 au-dessus du sol.

Sud-Algérien, dont le promoteur et le directeur est le savant ingénieur des mines, M. G. Rolland[1]. J'ai visité l'oasis d'Ourir que dirige M. Bonhoure, et les oasis d'Ayata et de Sidi-Yaya,

[1] Voir dans G. ROLLAND. La conquête du désert, Biskra, Touggourt, L'Oued Rir'. Paris, Challamel, 1889, p. 21, une petite carte : L'Oued Rir' et ses nouvelles oasis de création française. Il ne faut pas oublier que la première oasis, créée de toutes pièces en plein désert, a été celle de Tala-em-Momdi, créée en 1879 par le fameux Ben Driss, l'ancien agha de Touggourt et du Souf (*Idem.*, p. 59).

à la tête desquelles est placé M. Cornu. J'ai constaté que ces exploitations sont à tous les points de vue des exploitations modèles : non seulement l'arbre traditionnel, le palmier-dattier, est entouré de tous les soins qui lui sont nécessaires : la terre des

Cliché de l'auteur, janvier 1900.

Fig. 31. — Oasis d'Ourir : la disposition soignée du terrain pour la culture et l'irrigation des palmiers-dattiers.

jardins plantés en palmiers est travaillée, labourée puis méthodiquement disposée pour l'irrigation (fig. 31) ; mais on s'ingénie par toutes sortes de procédés nouveaux à tirer un meilleur parti des conditions naturelles : ainsi combat-on avec succès l'infiltration en revêtant les rigoles d'arrosage de caniveaux en terre, fabriqués et cuits sur place (fig. 32) [1] ; on

[1] Nous avions eu l'occasion de remarquer dans ces oasis de l'Oued-Rir' cette innovation si intéressante, lorsque nous avons visité les oasis du M'zab, et nous avons noté que de très ancienne date ces cultivateurs éminents que sont les Mozabites se sont également efforcés d'éviter le plus possible toute déperdition par infiltration en chaulant l'intérieur de leurs rigoles d'arrosage (voir p. 282).

s'efforce pareillement de tenter dans ces oasis des cultures nouvelles, notamment des cultures de primeurs[1].

Des oasis nouvelles, créées de toutes pièces comme celles dont
nous venons de parler, sont dirigées à l'instar des grandes

Cliché de l'auteur, janvier 1900.

Fig. 32. — Oasis d'Ourir : une petite seguia à la lisière de l'oasis.
On aperçoit à côté de la seguia quelques spécimens des caniveaux de terre cuite qui ont servi
à la platonner.

propriétés de nos pays, et la distribution de l'eau dépend uniquement des intentions de leurs créateurs et des programmes
adoptés par les agents qui en ont la charge.

Dans les oasis telles qu'Ourlana, Touggourt, où les eaux des puits
artésiens sont utilisées par de nombreux cultivateurs indigènes,
elles sont soumises à une simple distribution, laquelle est aisée
puisque le débit des puits est tout à fait constant. En général
la *nouba* correspond à une demi-journée d'irrigation. L'eau de

---

[1] M. Conxi par exemple a tenté avec succès la culture des asperges, et il est
parvenu à les expédier dans de bonnes conditions sur le marché de Paris.

chaque puits est divisée en un nombre plus ou moins grand de
noubas ; c'est dire que le tour d'arrosage pour chaque propriétaire revient plus ou moins fréquemment. La *nouba* est alterna-
tivement utilisée le jour, puis la nuit. La *nouba* peut être frac-
tionnée ; on peut posséder par exemple une *nouba* entière et le
quart d'une autre *nouba*.

Le puits artésien représente le débit *constant* par excellence.
« Le fait est, dit Georges Rolland, que la plupart des puits français de l'Oued-Rir' dont certains datent aujourd'hui de plus de
trente ans, n'ont pas varié de débit depuis leur exécution »[1].
Cette affirmation est sans doute un peu trop générale et absolue ;
le débit de certains puits a diminué soit par suite d'accidents,
soit par suite du jaillissement de nouveaux puits ; mais ce qui
est rigoureusement vrai et qui nous importe ici, c'est que le
nombre de litres fournis par un puits artésien ne varie pas avec
les saisons, et reste le même tous les jours de l'année. Ainsi
faut-il expliquer comme naturel le fait qui étonnait M. Féliu :
« Depuis bientôt dix ans que nous habitons Biskra, nous
n'avons jamais vu surgir le moindre procès concernant une
question d'eau dans l'Oued-Righ »[2].

Cependant, de plus en plus, des problèmes délicats d'un
ordre particulier se posent dans l'Oued-Rir', et si l'on ne cherche pas à les résoudre, ils pourront aboutir à des conflits. Des
complications nombreuses naissent en effet de la multiplication
indéfinie des puits. Une région comme celle de Touggourt est
devenue comme une sorte d' « écumoire », percée en tous
points par des puits indigènes et par des puits français. Or, on
continue à creuser encore des puits ; tous les ans 5 ou 6 puits
indigènes nouveaux sont ajoutés aux anciens. Bien mieux, on
l'a dit, l'atelier militaire de forage est mis à la disposition de

---

[1] G. ROLLAND, La Conquête du désert, p. 45.
[2] FÉLIU, *ouv. cité*, p. 101.

particuliers pour le creusement de nouveaux puits, alors même que ces nouveaux puits contribuent à diminuer le volume des anciens, et par conséquent à réduire la quantité d'eau dont dispose et dont a besoin l'autorité militaire. Les puits situés dans le haut de la ville près du bordj sont aujourd'hui beaucoup moins abondants qu'il y a 5 ans [1]. Tandis que des plantations nouvelles s'étendent chaque année, en particulier dans les régions voisines de la route de Biskra, d'autres plantations plus centrales disparaissent. Déjà Georges Rolland a fait entendre à ce sujet quelques réflexions judicieuses et alarmées [2]. Un examen de la situation actuelle ne peut conduire qu'aux mêmes conclusions. Il importe de réglementer cette multiplication des puits. Il faudrait concevoir et inaugurer un régime approprié à ces conditions spéciales.

De même beaucoup de cultivateurs de Touggourt, manquant d'eau, utilisent les eaux de drainage, c'est-à-dire les eaux qui ont déjà servi à l'arrosage de terres plus élevées. Le commandant Pujat a beaucoup poussé ses administrés — et non sans raison — à profiter de ces eaux, lorsqu'ils ne peuvent pas disposer d'eau des puits. Mais voilà qu'encore ici surgissent des difficultés inattendues. Pour profiter de ces eaux de drainage, on barre les canaux d'écoulement ; par là même on refoule les eaux qui devraient s'écouler, et dans une certaine mesure on gêne ou

---

[1] Dans d'autres oasis, on a observé des faits du même ordre. Dans l'oasis d'Ourir les puits ne sont pas situés à moins de 7 ou 800 mètres de distance les uns des autres ; malgré cela, lorsqu'on a foré le puits n° 2 à 700 mètres du puits n° 1, et un peu en contre-bas de celui-ci, on a en réalité tari le puits n° 1.

[2] Dans son *Hydrologie du Sahara*, G. ROLLAND avait résumé sa discussion avec E. BLANC devant la *Société de géog. de Paris*, C.-R. des séances du 1er et du 15 mars, du 5 avril et du 7 juin 1889 ; tout en admettant qu'en certaines parties de l'Oued-Rir' la limite du nombre des sondages paraissait être atteinte, et que « l'absence actuelle de contrôle » était regrettable, il se déclarait beaucoup moins fervent partisan d'une organisation et d'une surveillance rigoureuses que cinq ans plus tard dans une de ses communications à l'Académie des sciences, le 31 mai 1898, Régime du bassin artésien de l'Oued Rir' (Sud algérien) et moyens de mieux utiliser ses eaux d'irrigation.

même on interrompt l'écoulement, au grand détriment des
terres situées en amont [1]. Il faudrait encore prévenir et réglementer de pareils conflits d'intérêts. Il serait déplorable de laisser
dégénérer Touggourt en un bas-fond pestilentiel comme
Ouargla ; il serait également absurde de laisser les prospères oasis
indigènes de l'Oued-Rir' en proie au désordre et à l'anarchie
tomber au rang de Figuig ou de Ghadamès [2].

Les oasis tunisiennes de Gafsa, du Nefzaoua, de l'Aarad et de Gabès.

— L'oasis de Gafsa est située au pied de l'Atlas tunisien comme les oasis des Ziban au pied de l'Atlas algérien ; elle
est alimentée par des sources, et des sources chaudes ; le débit
des sources est d'environ 600 litres par seconde ; les 1 100 hectares de l'oasis sont arrosés selon un ordre de distribution régulier et constant [3].

Quant aux oasis du Nefzaoua, si nombreuses (1003 d'après
E. Blanc), mais en général très petites, elles doivent leur existence et leur valeur à des sources artésiennes qui débouchent au
sommet ou sur le flanc de petits mamelons sableux. Ici la topographie se prête encore mieux qu'ailleurs à une facile distribution des eaux. Et pas plus à Douz qu'à Gafsa il n'existe de véritable réglementation.

---

[1] G. ROLLAND indique bien l'importance du drainage dans son Hydrologie du
Sahara algérien, p. 10 ; et en effet si les eaux ne sont pas évacuées, si les eaux crou-
pissent sur place comme à Ouargla, le désert devient presque aussi contraire aux
plantes cultivées qu'à l'homme lui-même.

[2] Voir dans SCHIRMER, Le Sahara, p. 256, la figure représentant Le bas-fond
d'Ouargla, d'après la carte de la mission CHOISY ; et p. 304, la figure représentant
L'oasis de Ghadamès, avec sa vaste étendue couverte de ruines.

[3] La région de Gafsa aurait été beaucoup plus prospère autrefois, s'il faut en
croire EL BEKRI qui écrivait au XIᵉ siècle, Description de l'Afrique septentrionale,
trad. de SLANE, p. 115 ; mais il ne faut point confondre, comme on l'a fait souvent,
l'oasis de Gafsa avec les oasis du Djerid (voir plus haut) ; de Gafsa au Djerid sur une
étendue de 80 kilomètres, s'étend le désert désolé et vide ; et il devait en être ainsi
même au temps des Romains, voir Dᵣ CARTON, Oasis disparues, *Revue tunisienne*, II,
1895, p. 208.

On peut grouper sous le nom d'oasis de l'Aârad toutes les oasis comprises entre le chott el Fedjedj et la mer et depuis l'oued Melah au Nord jusqu'à Mareth au Sud. Il y a là un bassin ou plusieurs bassins artésiens. Dans un des bassins partiels de cet ensemble, dans le bassin de l'oued Melah, on a exécuté beaucoup de forages artésiens et qui ont réussi[1]. Mais on a fait de décisives et regrettables expériences démontrant les inconvénients de la multiplication arbitraire des puits artésiens ; on a vu plusieurs puits perdre 1/4 ou même 1/3 de leur débit à la suite du forage de nouveaux puits à 2 ou 3 kilomètres de distance[2].

L'oasis de Gabès, à une quinzaine de kilomètres au Sud de ces puits artésiens, comprend quelques jardins médiocres et malsains. Les indigènes, depuis très longtemps, se sont efforcés en ce point de tirer parti des eaux d'oueds. Le plus important des travaux exécutés a consisté à relier l'oued Abouba à l'oued Gabès qui lui est parallèle au moyen d'un tunnel creusé dans le tuf : les deux oueds ainsi reliés sont coupés à la tête de l'oasis par un fort barrage construit avec des matériaux antiques. Et les eaux sont réparties dans l'oasis au moyen de deux bras principaux. La fraction principale de ces eaux d'oueds provient na-

---

[1] Le premier puits artésien a été foré en 1885 sur la rive gauche de l'oued Melah par la Société de la « Mer intérieure » ; creusé à 91 mètres, il a donné un débit évalué à 130 litres par seconde ; mais le tubage était mauvais, et le puits s'est presque complètement bouché. Les puits sont actuellement au nombre de 5. D[r] BER-THOLON, Étude géographique et économique sur la province de l'Aârad, dans *Revue tunisienne*, I, 1894, p. 171, et Direction des travaux publics de la Régence, Les puits artésiens de la régence, dans *Revue tunisienne*, II, 1895, p. 13 et suiv.

[2] G. ROLLAND, Hydrologie du Sahara, p. 186. — Peut-être est-ce pour cette raison que la Tunisie semble jouir au point de vue des puits artésiens d'une législation un peu plus avancée que celle de l'Algérie. En Tunisie, le forage des puits *jaillissants* est soumis et subordonné à l'autorisation officielle.

« Décret sur les aménagements d'eau, 16 août 1897.

« ART. 1er.....

« Pourront être exécutés sans autorisation les forages de puits sur les propriétés particulières, si ces puits ne sont pas jaillissants....

« ART. 3. — Aucun barrage, aucune plantation, aucun ouvrage permanent ou temporaire de nature à modifier le régime des eaux ne peut être établi ou réparé sur un cours d'eau sans l'autorisation du directeur général des travaux publics. »

turellement de sources ; les indigènes sont liés entre eux par une réglementation assez compliquée ; et des *amins* sont chargés de la surveillance. — Ces oasis ont été enrichies par la découverte de nappes artésiennes et le forage de puits. L'Administration n'a pas osé se mêler de distribuer ces eaux supplémentaires fournies par les puits artésiens, et elle a sagement agi. Ce sont les indigènes eux-mêmes qui ont réglé cette distribution en la combinant avec la réglementation antérieure et encore en vigueur.

Toutefois l'oasis de Gabès est en pleine décadence ; les jardins étaient autrefois plus étendus qu'aujourd'hui [1]. Et de même toutes les oasis de l'Aarad paraissent bien déchues [2]. La petite oasis de Ketena, où les eaux d'une source sont réunies dans un antique bassin circulaire, est aujourd'hui misérable. La petite oasis d'El Hamma, à 30 kilomètres à l'Ouest de Gabès, possède des eaux abondantes ; elle possède même une source dont les eaux jaillissent à 47° ; mais il n'y a plus la moindre organisation ; et les jardins très rares y sont mal cultivés.

Voilà bien l'une des régions qui ont le plus souffert de l'invasion des nomades, et de la domination turque [3] ; située entre le golfe de Gabès et les chotts, elle a été exposée à tous les brigandages ; c'est une mauvaise fortune pour les jardins des oasis que d'être sur une route trop fréquentée ; l'irrigation est une entreprise de longue haleine, qui implique l'effort persévérant, et qui exige la paix ; durant la période turque, qui peut être justement appelée la période de grande anarchie, les palmiers se sont toujours mal trouvés d'être voisins d'un important marché ou d'un lieu de passage. Et les jardins qui ont le plus échappé aux fâcheuses conditions de toutes les vicissitudes his-

---

[1] Dr BERTHOLON, Étude géographique, etc., dans *Revue tunisienne*, I, 1894, p. 172.

[2] Dr CARTON, Oasis disparues, *Revue tunisienne*, II, 1895, p. 202.

[3] Voir les excellentes pages, dans lesquelles H. SCHIRMER a su résumer tant de faits probants sur la Décadence des oasis, Le Sahara, p. 303-310.

toriques des dix derniers siècles, ce sont les jardins que des
hérétiques, persécutés et chassés, — tels les Mozabites —, ont
vaillamment implantés, loin des routes traditionnelles des cara-
vanes, en pleines dunes ou en pleine *hamada*.

Trois cas exceptionnels à la limite méridionale de la zone étudiée : M'zab, Souf et Djerba. (Ni eaux courantes, ni eaux jaillissantes).

Les oasis du M'zab et du Souf. (fig. 33). — De part et

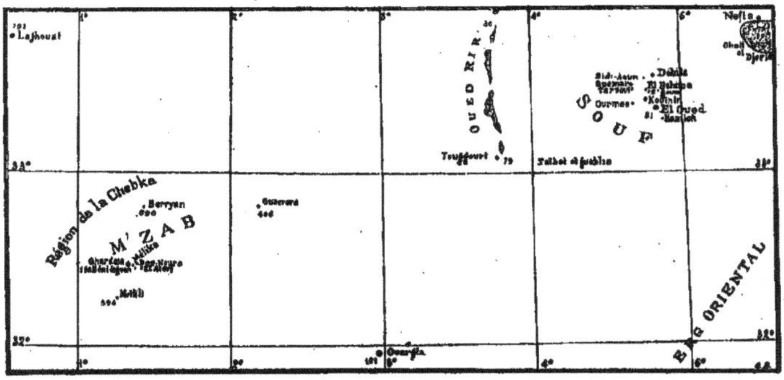

Fig. 33. — Oasis du M'zab et du Souf. Carton d'orientation. 1 : 5 000 000.

d'autre de cette grande dépression de l'Oued-Rir' qui va du
chott Melrir à Touggourt et qui se continue en s'infléchissant
vers le Sud-Ouest jusqu'à Ouargla et El Goléa, de part et
d'autre de cette région où l'eau parfois toute voisine de la surface se manifeste par des chotts et où les forages artésiens
font jaillir l'eau des nappes plus profondes, — s'étendent deux
masses bien différentes d'aspect et de nature, mais toutes deux
infertiles et inhospitalières ; ici, vers l'Ouest, la Chebka calcaire, rocheuse, aux surfaces de *hamada*, là, vers l'Est, les
grandes dunes qui sont le prolongement septentrional et le
terme de l'Erg oriental ; ici le désert de pierre, et là le désert
de sable.

Au milieu de ces deux zones, des populations différentes, mais également originales sinon également indépendantes, ont su s'établir, créer et entretenir des oasis : au milieu de la Chebka, les oasis du M'zab ; au milieu des dunes, les oasis du Souf. Ici comme là près de 200000 palmiers-dattiers nourrissent plus de 20000 habitants — nombres considérables pour des plantations et des populations enracinées en plein désert. Ce sont de véritables chefs-d'œuvres de l'art de la culture et au premier abord de véritables paradoxes que ces oasis ainsi constituées au Sahara par des hommes qui n'ont pu disposer ni d'eaux *courantes*, ni d'eaux *jaillissantes*. — Ici et là, le résultat est obtenu, grâce à un travail extraordinairement acharné : au M'zab, il faut peiner sans cesse pour atteindre l'eau indispensable ; au Souf, il faut reprendre et poursuivre perpétuellement la lutte contre le vent qui ensable.

Ces deux groupes d'oasis si dissemblables m'ont paru marquer l'un et l'autre deux types extrêmes de la culture soignée et féconde en des conditions exceptionnellement défavorables. J'ai essayé d'indiquer brièvement ailleurs quels sont les caractères qui distinguent ces formes extrêmes et anormales d'établissements humains [1].

Il nous importe uniquement ici de voir sous quelle forme les Mozabites et les Soafas se procurent ou s'assurent le bénéfice de l'eau qui leur est nécessaire, puis de chercher s'il existe au M'zab et au Souf quelque organisation originale concernant l'usage et la répartition de l'eau.

Trouver des oasis au milieu de la Chebka paraît plus étonnant encore que de trouver des oasis au milieu des dunes du Souf. Il convient de ne pas oublier que la Chebka est à 600 et

---

[1] Voir : Les oasis du Souf et du M'zab comme types d'établissements humains dans *La Géographie*, 15 janvier 1902 et 15 mars 1902 ; nous ferons ici quelques emprunts à la seule partie de cette étude qui concerne les jardins. Nous reproduisons aussi 9 des clichés qui illustraient cette étude : nous remercions MM. Masson et Cie d'avoir bien voulu les mettre à notre disposition.

700 mètres au-dessus du niveau de la mer tandis qu'aucun point du Souf ne dépasse l'altitude de 100 mètres. La Chebka est très en contre-haut par rapport à la dépression de l'Oued-Rir' et aux nappes profondes qui jalonnent cette dépression. Il faut parcourir à pied la surface rugueuse des mamelons de la Chebka[1], ou considérer les versants raides et stériles des moindres pentes pour se rendre compte de ces conditions désertiques. Entre Berryan et Ghardaïa, sur une distance de 44 kilomètres, on n'a même pas pu découvrir un seul point d'eau permettant d'établir un relai pour le service des diligences[2].

Heureusement dans le plateau du M'zab, quelques réserves d'eau sont retenues en profondeur au contact des calcaires turo-

---

[1] « Le sol constitué par des dolomies d'un jaune brun au dehors, blanches au dedans, à structure cristalline, et bien stratifiées, présente à sa surface des fragments de grès quartzeux, noirs grisâtres, souvent assez multipliés pour former de grandes taches, qui, de loin, fixent le regard. La roche raboteuse, âpre, mordante, est tantôt remarquablement polie, tantôt singulièrement burinée, sculptée, fouillée, transformée par places en une véritable dentelle. Les divers agents météorologiques président à de telles modifications. Il faut signaler l'usure par les sables que les vents transportent : les dilatations et les contractions résultant d'écarts si brusques de la température qu'ils peuvent atteindre 90°, 100° et même davantage (?) ; l'action de certaines pluies, très chargées en acide carbonique. » Dr Charles AMAT. Le M'zab et les M'zabites, p. 70. Voir dans *La Géographie*, 15 mars 1902, p. 177, la fig. 28, Aspect typique du pays environnant : la surface de la Chebka ; d'après une de mes photographies.

[2] Il faut avant tout renvoyer pour le M'zab à la belle thèse de MASQUERAY, Formation des cités chez les populations sédentaires de l'Algérie, Paris, 1886 ; ce volume débute par une bibliographie critique : bibliographie spéciale de l'Oued Mezab, p. XLIII-XLVIII ; à signaler particulièrement parmi les articles et ouvrages dont rend compte MASQUERAY : les articles de DUVEYRIER, *Tour du Monde*, 1861 ; *Petermanns Mitteilungen*, 1859 et 1860 ; (auxquels MASQUERAY aurait bien dû ajouter le premier de tous, qui a paru dans le *Bulletin de la Soc. de Géographie* de Paris, 4e série, XVIII, 1859, Coup d'œil sur le pays des Beni-Mozab et sur celui des Chaanbâ occidentaux) ; le livre de VILLE (1872), et la brochure de COYNE, Le Mzab (1879). — A noter parmi les ouvrages plus récents : E. ZEYS, Législation mozabite, son origine, ses sources, son présent, son avenir. Alger, 1886 (abondante bibliographie infrapaginale) ; Dr Ch. AMAT, Le M'zab et les M'zabites, Paris, 1888 ; A. KŒNIG, Reisen und Forschungen in Algerien, s. l. n. d. (imp. Dornblüth à Bernburg, 1896) (l'auteur a passé 42 jours au M'zab) ; Dr J. HUGUET, Dans le Sud algérien, *Bull. Soc. géog.*, 7e série, XX, 1899 ; et quelques articles divers que nous aurons l'occasion de citer.

niens et des marnes cénomaniennes sous-jacentes [1]. Cependant ces nappes sont partout assez profondes. C'est naturellement dans le lit des oueds qu'il sera le plus aisé de creuser des puits pour les atteindre. Des sept oasis du M'zab, cinq se trouvent rapprochées et comme égrenées le long des talwegs d'un même oued et de ses affluents ; ce sont Ghardaïa, Melika, Beni-Isguen, Bou-Noura et El Ateuf [2]. Les deux autres oasis, celle de Berryan et celle de Guerrara sont également situées dans des dépressions ; et de même l'oasis plus méridionale de Metlili, que ses caractères rapprochent des oasis du M'zab proprement dit. Mais même dans les dépressions des oueds on est souvent très loin de l'eau souterraine ; les puits du M'zab ont des profondeurs qui varient entre 8 et 55 mètres [3].

Les eaux souterraines du M'zab ne sont pas jaillissantes ; il faut donc aller puiser l'eau jusqu'à ces profondeurs de 30, 40, 50 mètres et plus [4]. Comment pourra-t-on entretenir de vastes jardins dans des conditions pareilles, en étant obligé d'aller puiser si bas toute l'eau d'arrosage ? Des hommes auront-ils le courage et la persévérance d'exécuter sans aucune trêve un semblable travail ? Les Beni-M'zab, musulmans hérétiques, battus et chassés, se sont installés en pleine Chebka, et ont eu la ténacité et

----

[1] Voir G. ROLLAND. Hydrologie du Sahara, p. 34. D'ailleurs, d'après les recherches récentes de J.-E. LAHACHE, l'eau des puits du M'zab serait une des meilleures de tout le Sahara (Étude hydrologique sur le Sahara français oriental, Paris, 1900, p. 41).

[2] Nous rappelons que pour l'orthographe des noms, nous suivons l'orthographe du Tableau général des communes de F. ACCARDO.

[3] D'après VILLE (dont il convient toujours de relire et de consulter l'Exploration géologique du Beni Mzab, du Sahara et de la région des steppes de la province d'Alger, 1872), un puits de Melika — qui est d'ailleurs le plus profond de tout le M'zab — a une profondeur de 71 mètres et contient 37m,25 de hauteur d'eau (p. 50)

[4] Les Mozabites appellent un grand nombre des points d'eau de la Chebka : Aïn (exemple : Aïn Massine, Aïn Goufafa, etc.), ayant le sentiment que l'eau est fournie par des sortes de sources profondes. — Il en est de même d'ailleurs dans d'autres oasis sahariennes, par exemple dans les oasis de Dakhleh et de Khargueh, où l'on donne le nom d'aïn à des puits artésiens.

ont encore aujourd'hui l'énergie d'aller puiser l'eau jusqu'à ces profondeurs.

Les moyens de puiser sont bien adaptés aux conditions du milieu ; la profondeur trop considérable a fait rejeter le principe de la bascule appliqué dans la *Khotara* et dans le *Chadouf* égyptien. Au lieu d'une perche basculant sur un levier, on a recours à une corde glissant sur une poulie. A l'extrémité de la corde est attaché le récipient, constitué par une outre de peau qui peut contenir jusqu'à 40 et 50 litres ; la partie la plus ingénieuse de ce récipient est une manche de cuir, longue de 50 ou 60 centimètres et qui lui sert d'ouverture : cette manche est manœuvrée par une petite corde secondaire, indépendante de la grosse corde par laquelle l'outre est supportée, et la petite corde glisse également sur une poulie indépendante ; de la sorte on peut abaisser la manche de l'outre dans l'eau, lorsque l'outre a été descendue jusqu'au fond du puits, puis la relever durant toute la montée, et l'abaisser enfin de nouveau une fois l'ascension de l'outre achevée, pour permettre à l'eau de s'écouler aisément dans un petit bassin situé en avant du puits.

Au lieu de faire remonter l'outre en enroulant la corde de la poulie sur un treuil, ce qui ne pourrait être fait que par un homme et ce qui serait très fatigant, on tire la corde en s'éloignant du puits ; et de cette manière la corde peut être tirée indistinctement par un homme ou par un animal, nègre, âne ou chameau. Plus les puits (*hassi*) sont profonds, plus sont longues les pistes que doit parcourir l'homme ou l'animal qui tire ; et la longueur de la piste mesure en projection horizontale la profondeur du puits (voir la fig. 34). Les Mozabites ont disposé la piste en plan légèrement incliné, et ainsi l'effort dépensé est un peu moindre puisque l'agent qui tire doit descendre légèrement tandis qu'il fait remonter l'outre [1].

---

[1] Ce type de puits est vraiment très pratique pour puiser l'eau à de grandes profondeurs, et on le trouve aujourd'hui répandu et vulgarisé bien au delà du M'zab,

En certains points, les poches profondes, riches en eau, sont particulièrement rares : à Beni-Isguen par exemple les points d'eau sont beaucoup plus rares qu'à Ghardaïa ; il n'y a que trois ou quatre puits qui puissent avoir de l'eau toujours, même en temps de sécheresse ; ces puits appartiennent à plusieurs propriétaires, et qui vendent encore des heures d'arrosage à d'autres propriétaires-cultivateurs ; ces puits sont utilisés constamment, même la nuit, et on tire l'eau avec deux bêtes qui vont au trot ainsi que leur conducteur.

Il ne faut oublier ni le poids de l'outre contenant 40 ou 50 litres d'eau, ni la durée minima d'une pareille manœuvre, si l'on veut se rendre compte de la somme de travail que représente, malgré l'ingéniosité du procédé adopté, l'acquisition de l'eau fécondante. Il est indispensable au M'zab de puiser et de puiser sans cesse pour arroser une terre assoiffée et qui boit si vite toute l'eau qu'on lui donne[1].

Aussi les plus minutieuses précautions sont-elles prises pour sauvegarder avec la plus grande parcimonie une richesse qu'il est si pénible de conquérir : les Mozabites combattent le plus qu'ils peuvent l'infiltration en chaulant les petits canaux, les petites « seguia » qui transportent l'eau de leurs puits jusqu'à leurs palmiers. C'est le seul point du Sahara où nous ayons vu prendre par les indigènes une pareille précaution ; c'est là où l'eau est le plus rare qu'elle est entourée de la sollicitude la plus jalouse.

Les rigoles sont ainsi, non pas seulement tracées, mais en un sens *construites*. Il importe de remarquer quelles habitudes de construction sérieuse imposent aux habitants du M'zab le

_____

notamment dans tout le Sahel tunisien. C'est aussi, nous le verrons, le type courant de puits construit dans l'île de Djerba. Il est encore connu dans l'Inde, où la corde de la poulie est souvent manœuvrée par des bœufs accouplés.

[1] On devine quelle est aussi l'intensité de l'évaporation durant la journée ; sur ce sujet voir Ch. Amat, Le M'zab et les M'zabites, p. 214. D'une manière générale, voir tout le chapitre qui est consacré à la Météorologie (chap. IV).

Fig. 34. — Un puits du M'zab.

Au moment où l'outre se vide, l'homme et l'âne arrivés au bout de leur course reviennent sur leurs pas

Fig. 35. — Grand barrage maçonné dans l'oasis de Beni-Isguen

creusement de puits aussi profonds que les leurs et dont la partie supérieure est en général muraillée sur une hauteur de plusieurs mètres, ainsi que l'établissement des deux montants de maçonnerie sur lesquels doit reposer la poutre qui porte les poulies [1]. Or on compte au M'zab, d'après les chiffres que j'ai recueillis au Bureau arabe de Ghardaïa en 1900, au moins 3 300 puits de cette espèce.

De plus, les Mozabites bâtissent ainsi en vue de l'acquisition et de la distribution de l'eau non seulement des puits, mais d'admirables barrages maçonnés.

Les Mozabites estiment trop en effet la valeur de l'eau pour négliger un seul moyen de la posséder ; les averses, les orages sont bien peu fréquents au M'zab ; lors des années qui sont pluvieuses on en compte deux ou trois, et des années entières se passent sans que l'atmosphère apporte une seule goutte d'eau. « Pour les Beni-M'zab, dit très justement A. Coÿne, l'année se caractérise en deux mots : la rivière a coulé on n'a pas coulé » [2]. Cependant en prévision des crues exceptionnelles produites par les averses les Mozabites ont exécuté des travaux considérables, finis et soignés comme tout ce qu'ils font. C'est ainsi que dans la seule oasis de Ghardaïa, six grands barrages de retenue dont plusieurs sont maçonnés traversent le thalweg de part en part et sont disposés pour recueillir le trésor extraordinaire d'une chute d'eau abondante [3]. (Voir sur la fig. 35 un barrage de Beni-Isguen comme type de grand barrage maçonné).

---

[1] Les Mozabites sont venus d'Ouargla dont ils ont été chassés ; et à Ouargla ils avaient pris l'habitude de forer des puits artésiens dont les parois devaient être maçonnées (vu les conditions défectueuses des couches du terrain, cf. Paul Blanchet, L'Oasis et le Pays d'Ouargla, *Annales de géog.*, 15 mars 1900, p. 142). Et cela n'est pas inutile à rappeler ici.

[2] « Les documents statistiques et chronologiques conservés par les tolba de Ghardaïa n'accusent, pour la période écoulée de 1728 à 1872, que 12 grandes crues de l'Oued M'zab, soit une crue tous les treize ans » (Ch. Amat, Le M'zab et les M'zabites, p. 217).

[3] Pour des renseignements détaillés sur ces barrages et sur les autres barrages du

En amont de l'oasis de Ghardaïa un grand barrage, le barrage de Bouchen, est destiné à mettre les eaux en réserve et à former une espèce de grand lac pour le cas inusité où une crue vient à se produire. Lorsque j'ai visité le barrage de Bouchen, le réservoir était complètement à sec et cela n'est pas rare ; mais tout est construit comme si le réservoir devait continuellement servir : une galerie souterraine avec des regards, dans le genre des feggaguir du Tidikelt, conduit les eaux de Bouchen lorsqu'il y en a jusque dans l'oasis et permet un écoulement modéré et méthodique de cette aubaine exceptionnelle (fig. 36)[1].

Bien mieux, l'eau a un tel prix que même sur les flancs de l'aride et inhospitalière Chebka on aperçoit çà et là de petits barrages maçonnés construits à mi-côteau sur des roches âpres, qui n'ont jamais connu, semble-t-il, le bienfaisant passage de

---

M'zab, voir Ch. AMAT, Le M'zab et les M'zabites, p. 54 et suiv. ; et reprendre surtout les descriptions techniques, exactes et minutieuses, qu'en a données VILLE dans son Exploration géologique du Beni M'zab, etc.

[1] On trouve encore quelques feggaguir à El Goléa, et dans quelques oasis diverses comme la petite oasis de Bou Kaïs à l'W. de Sfisifla (DE LA MARTINIÈRE et N. LACROIX, Documents pour servir à l'étude du Nord-Ouest africain, II, p. 402) ; on en trouve aussi dans l'oasis de Menchia dans le Nefzaoua (Sud-tunisien) ; on peut rapprocher de la foggara la chegga de Ed-dis, petite oasis située près de Bou-Saâda (la chegga est une tranchée dans le roc qui conduit les eaux, en les faisant parfois passer en tunnel sous les maisons). Mais la province saharienne où la foggara est le procédé par excellence d'adduction des eaux, c'est le Tidikelt. Ce sont là des oasis qui doivent compter parmi les plus importantes aux points de vue soit politique, soit économique. Les feggaguir permettent d'amener l'eau souterraine en rivières dans les jardins. Une première foggara peut devenir, si la nappe est abondante, la branche centrale d'une infinité de feggaguir. La foggara-mère appartient à la collectivité, et tous ceux qui ont travaillé à en accroître le rendement y participent dans la mesure de leur travail. (Voir La colonne Servière au Tidikelt, au Touat et au Gourara, Le carnet de route du commandant LAQUIÈRE, dans Renseignements coloniaux et documents du Comité de l'Afrique française, janvier 1902, p. 1-35). — C'est encore une canalisation souterraine du type des feggaguir qui est usitée au pied de l'Atlas marocain, sur le versant de l'Atlantique, notamment dans la grande oasis de Marakkech ; là on appelle ces conduites souterraines chattara, au pluriel chatatir ; Théobald FISCHER en a longuement décrit l'ingénieuse économie (voir Wissenschaftliche Ergebnisse einer Reise im Atlas-Vorlande von Marokko. Pet. Mit. Erg., nr. 133, p. 86-89). — Et c'est d'ailleurs un procédé connu et pratiqué dans tous les déserts de l'Ancien-Monde : kanat de l'Iran, sahrig de l'Yémen, etc.

l'eau ruisselante (fig. 37). Ces petits barrages de retenue ont pour but de ramasser les moindres averses locales qui pourraient amener en une petite dépression du versant quelques mètres cubes d'eau, et ils constituent une des plus admirables singularités du M'zab.

Cliché de l'auteur, mars 1900.

Fig. 36. — Oasis de Ghardaïa : le barrage de Bouchen en amont de l'oasis ; en avant, « regards » d'un canal souterrain du type « foggara ».

Quel opiniâtre labeur représentent de semblables entreprises ! et nous devons ajouter : à quelle coûteuse culture elles doivent aboutir ! Le Mozabite est un ouvrier habile qui ne marchande à ses cultures ni soins, ni temps, ni peine[1]. Le Mozabite (comme d'ailleurs le Soafa) connaît la valeur de l'engrais, et il utilise

---

[1] C'est un Mozabite qui a le premier introduit le palmier à Orléansville en y apportant une espèce hâtive du M'zab, laquelle a pu mûrir sous un ciel septentrional. Les Mozabites fécondent leurs palmiers avec du pollen de régimes mâles conservés depuis l'année précédente. Il est très naturel qu'ils aient eu l'idée de faire la fécondation à Orléansville avec des régimes apportés du Sud.

avec méthode tous les rares engrais qu'il peut recueillir. Les
jardins au M'zab sont des jardins plus soignés, plus riches et
aussi plus dispendieux que partout ailleurs. Ce ne sont pas des
jardins de rapport, mais de vrais jardins de luxe[1]. Le Mozabite

Cliché de l'auteur, mars 1900

Fig. 37. — Oasis du M'zab : type de petit barrage de montagne maçonné
Vue prise du haut d'un versant en face de Beni-Isguen

non seulement les exploite, mais il les aime et il aime à y vivre :
il possède une maison d'été bâtie en pleins jardins, et dans
laquelle il passe jusqu'à 8 mois de l'année (fig. 38)[2].

Aussi quelle magnificence de végétation représentent ces

---

[1] Voici des calculs dont je dois la communication au capitaine Cauvet : un jardin
de 50 palmiers coûte d'entretien 1 080 francs par an et ne peut rapporter au maximum que 970 francs, soit 500 francs de dattes, 200 francs de fruits, 150 francs de
légumes d'été, 100 francs de légumes d'hiver et de céréales et 20 francs de produits
divers, herbe, bois, etc.

[2] Nous avons parlé avec détails de la maison des ksour du M'zab ainsi que des
maisons d'été dans l'article cité, voir La Géographie, 15 mars 1902.

jardins du M'zab : ce sont de véritables fourrés qui font songer
à des climats où la chaleur humide donne à la végétation une
exubérance spontanée : entre les troncs élancés des palmiers
sont plantés d'énormes figuiers aux troncs multiples, aux branches étalées et dont le feuillage cache les troncs : les grenadiers,
les abricotiers, les pêchers forment au-dessous des palmes de

Cliché de l'auteur, mars 1900.

Fig. 38. — Jardins de l'oasis de Ghardaïa : arbres et maisons enchevêtrés; au premier plan,
grenadier en fleurs.

véritables sous-bois ; enfin d'énormes ceps de vignes envoient
leurs rameaux dans tous les sens, et leurs sarments vont s'accro-
cher aux troncs des palmiers comme des lianes. Le soleil ne peut
plus pénétrer qu'avec peine à travers ces treillis de branches et
de feuilles superposées : et tandis que dans d'autres oasis sahariennes l'orge ou les fèves sont cultivés aux pieds des palmiers,
ils sont ici rejetés sur le bord de la palmeraie, sur la lisière de
la forêt, et forment autour des jardins une frange de vert plus

clair [1]. — Les oasis les plus prospères du pied de l'Atlas, les plus belles des oasis des Ziban ou du Djerid, Tolga, Zaatcha, ou Tozeur, où l'eau est fournie à l'homme par des sources, et où les palmiers comme les arbres fruitiers profitent d'une eau relativement très chaude, méritent *seules* d'être comparées, pour la variété et la densité des productions végétales, à ces oasis du M'zab, perdues au milieu des plaques pierreuses de la Chebka et alimentées seulement par des puits très profonds.

La propriété au M'zab est très divisée, et chacun possède un puits sur sa propriété : il résulte de cette situation qu'il ne se pose pour l'eau des puits aucun problème de distribution et de répartition. Lorsque le puits est commun comme à Beni-Isguen, chacun profite de l'eau qu'il puise lui-même durant les heures qui lui sont assignées.

Quant à l'eau exceptionnelle des crues, la distribution en est assurée par un réseau de rigoles ; au moment où la crue se produit le flot se précipite à travers l'oasis, et tous participent avec une allégresse démonstrative à l'aubaine inattendue, brusque et passagère.

Le Souf est un type original et unique de groupe d'oasis [2].

---

[1] Il y a bien entendu quelques différences entre les diverses oasis du M'zab. Par exemple à Beni-Isguen, l'oued est plus resserré entre les deux versants rocheux et arides ; il y a moins de place entre l'oued et la montagne, de là diverses conséquences : l'orge, les fèves, les carottes, les radis, le felfel (piment rouge très aimé des Arabes) ne pouvant être semés sur les bords sont semés sous les palmiers ; et dès lors les arbres fruitiers sont moins nombreux et forment beaucoup moins souvent qu'à Ghardaïa taillis touffus.

[2] L'un des meilleurs articles publiés sur le Souf est un article déjà un peu ancien de H. Jus, Les oasis du Souf du département de Constantine (Sahara oriental), daté du 15 octobre 1883, et publié dans le *Bulletin de l'Académie d'Hippone* (Bône), 1886, n° 22, p. 67-79. On rencontre encore quelques indications, assez superficielles, dans certains ouvrages comme Largeau, Le Sahara algérien, Les déserts de l'Erg (2e édit., Paris, Hachette, 1881), p. 325-338, etc.

Perdues au milieu des sables, séparées de tous les autres groupes d'oasis par des dunes longues à franchir, les oasis du Souf constituent un petit monde à part[1].

La principale oasis est El Oued ; un peu au Nord et à l'Ouest d'El Oued, on rencontre les deux centres de Kouinin et d'Ourmès (plus exactement Bou-Ourmès). Enfin, vers le Nord, l'ancien village fortifié de Guemar qui est encore aujourd'hui un centre important termine la bande des petits centres de l'Ouest. Du côté de l'Est s'échelonnent les agglomérations de maisons de Z'goum, d'El Behima et de Debila. Une petite agglomération plus récente que les autres ne date que d'un demi-siècle : Sidi-Aoun.

Toutes les oasis occupent une bande relativement déprimée au milieu des dunes. Cette légère dépression de la zone des oasis lui donne la réelle apparence de la vallée très large d'un oued quaternaire, et explique la légende que répètent encore les anciens du pays : autrefois un large fleuve y coulait, l'*Oued Souf* ; mais il a depuis disparus et il n'a plus qu'un cours souterrain[2]. Que les chrétiens, prédécesseurs des Soafas, aient pu voir couler jadis à la surface l'*Oued* Souf, cela est purement légendaire ; mais il n'en est pas moins vrai que les oasis sont situées au-dessus sinon d'un cours souterrain, du moins d'une nappe ou d'une série de poches souterraines dans lesquelles l'eau se trouve emmaganisée en assez grande abondance. « L'Oued Souf, dit Georges Rolland, doit à mon sens, répondre à une gouttière plus ou moins nette — ou, du moins, à une zone de dépressions successives — qui aurait son origine bien en amont des oasis actuelles, et serait dirigée du sud-est au nord-ouest vers le Chott Melrir, mais dont le cours se trou-

---

[1] Pour aller des oasis du Souf à Touggourt il faut deux fortes journées de marche ; pour aller au Djerid, trois jours ; et jusqu'aux Ziban, cinq jours.

[2] Voir pour cette légende H. Jus, art. cité, et G. Rolland, Hydrologie du Sahara, p. 224.

verait aujourd'hui presqu'entièrement masqué par les grandes dunes de sable de l'Erg oriental »[1]. Au reste les grandes dunes jouent dans tout le Sahara le rôle de véritables réservoirs d'eau : Georges Rolland a établi ce fait dans sa *Géologie du Sahara*[2] comme dans son *Hydrologie du Sahara*[3]. Et tous les explorateurs et savants qui ont étudié les dunes insistent sur ce fait qu'elles sont souvent comme des réservoirs[4].

Les Soafas se sont réfugiés au milieu des sables, et ont patiemment constitué leurs jardins de palmiers-dattiers en creusant sur plusieurs mètres d'épaisseur ces masses de sables. Pour planter leurs arbres ils ont déblayé le sable jusqu'au voisinage des nappes humides[5]; et ce sont les racines des palmiers qui, plongeant dans les couches aquifères, vont elles-mêmes chercher l'eau souterraine.

De là cet aspect singulier des jardins du Souf; ils sont fortement encaissés et ils sont disséminés ; au fond de ces entonnoirs épars, les palmiers-dattiers sont groupés au nombre de quelques dizaines, parfois seulement de 7 ou 8. Des bouquets plus ou moins denses formés par les panaches des palmes apparaissent ainsi au ras de l'horizon surgissant à peine à la hauteur des pistes sablonneuses que suivent les chameaux et les hommes (fig. 39).

Mais ces fosses plus ou moins grandes ainsi creusées dans le sable risquent toujours d'être ensablées à nouveau. Le sable sec du désert est si mobile qu'au moindre souffle de vent les grains

---

[1] Hydrologie du Sahara, p. 25. M. G. ROLLAND regarde ailleurs la nappe du Souf comme légèrement ascendante, voir *Idem*, p. 223-224.

[2] III⁰ partie, § 7.

[3] P. 13 et suivantes.

[4] Voir notamment G.-B.-M. FLAMAND, La traversée de l'Erg occidental, dans *Annales de géographie*, VIII, 1899, p. 234. Voir aussi H. SCHIRMER, Le Sahara p. 173 et suiv.

[5] Voir pour les détails de ces travaux d'excavation G. ROLLAND, Hydrologie du Sahara, p. 222-223.

de sable sont entraînés dans les fonds ; et malgré de petits murs
ou de petites palissades en tiges de palmes, le jardin serait
bientôt enfoui, les palmiers élancés seraient bientôt enterrés
jusqu'à leurs cimes si les Soafas ne travaillaient sans cesse à
remonter le sable jusqu'au haut des talus raides. Ils remplissent

Cliché de l'auteur, février 1900.

FIG. 39. — Oasis du Souf : les jardins encaissés d'El Oued, disséminés comme des îlots
au milieu des sables.

leurs couffins, les mettent sur leurs têtes, gravissent péniblement le talus et vont renverser les petits paniers sur le haut de
ces berges trop mobiles : puis ils recommencent indéfiniment ;
les plus riches ont de petits ânes qui, chargés d'un double couf-
fin, peuvent en un seul voyage transporter une quantité de sable
un peu plus grande.

Le palmier-dattier est au Souf plus exclusivement que partout
ailleurs la culture principale, la culture par excellence. Le M'zab
et le Souf, qui nous ont paru tout naturellement dignes d'une
étude comparée au point de vue de la géographie humaine, sont

très dissemblables au point de vue de la géographie culturale et de l'aspect général ; au Souf les arbres sont seuls, rien à leur pied ; aucune culture, aucun canal, ni même aucune rigole. Le sol est plat. Au M'zab au contraire le sol est travaillé, retourné, disposé, et au pied des palmiers s'aperçoivent des fourrés touffus d'arbres divers. — Nulle part, dans le Sahara, le palmier n'est plus mêlé à d'autres arbres qu'au M'zab ; nulle part il ne vit plus isolé qu'au Souf.

Mais ni dans l'un ni dans l'autre cas, l'utilisation de l'eau proprement dite n'engendre de complication ; au Souf l'arrosage n'existe même pas : les arbres vont chercher eux-mêmes dans le sous-sol l'eau qui leur est nécessaire. En ce qui regarde l'objet même de ce travail, le Souf, si curieux à tant de points de vue, représente un cas très simple, tout à fait analogue à ceux des pays humides ; l'eau souterraine est distribuée aux arbres du Souf sans l'intervention de l'homme comme l'eau des pluies est distribuée à nos cultures sous d'autres latitudes.

Les Soafas ne produisent pour ainsi dire ni blé ni orge ; il faut que leur blé et leur orge leur soient apportés du Tell. Toutefois ils font quelques légumes, quelques petites cultures accessoires à l'aide de puits, de *khotaras,* soit dans le fond de leurs jardins, soit plus souvent à mi-versant ; quelques puits ne portent même pas de *khotaras,* et on tire l'eau à la chaîne. Ces puits ne peuvent non plus entraîner aucune complication en vue de l'utilisation de l'eau.

Cependant il est une autre manière d'envisager le problème de l'eau au M'zab et au Souf. Au lieu de considérer les seuls intérêts d'un jardin, d'un groupe de jardins, d'une oasis, on peut considérer les intérêts généraux de toute une zone et l'ensemble des faits hydrologiques généraux qui permettent la culture en des régions aussi inhospitalières.

Nous avons dit que cinq des oasis du M'zab se trouvaient jalonner un même thalweg. Tout se passe en effet comme si un

fleuve souterrain suivait en profondeur ce thalweg : il n'y a pas
là simplement une nappe stagnante, il semble bien qu'il y ait
une nappe d'écoulement et on a le droit de parler d'amont et
/d'aval.

On n'a malheureusement pas tenu compte de ces conditions
hydrologiques et on a d'abord multiplié les puits inconsidéré-
ment, compromettant le débit des anciens par le creusement
des nouveaux. Le tableau suivant est révélateur ; il indique quel
nombre considérable de puits sont taris définitivement :

Tableau des puits du M'zab.

LES 7 VILLES DU M'ZAB		NOMBRE DE PUITS			NOMBRE DE PALMIERS
		donnant de l'eau en tout temps	ne donnant pas d'eau en temps de sécheresse.	taris défini-tivement	
Les 5 oasis de l'Oued-M'zab.	El Ateuf. . . .	200	65	240	14 479
	Bou-Noura. . .	80	75	145	9 600
	Beni-Isguen. .	178	178	25	26 084
	Melika. . . .	132	115	37	4 032
	Ghardaïa. . .	500	900	300	60 591
Guerrara		350	240	60	25 700
Berryan.		235	35	10	25 775

Les cinq villes de l'Oued-M'zab ont été rangées dans le tableau
précédent suivant leur situation le long de l'oued, en partant
de l'aval et en allant vers l'amont ; il est facile de constater que
les premières de ces oasis, les oasis de l'aval comptent une
proportion de puits taris beaucoup plus forte que les oasis
d'amont : Melika ou Ghardaïa.

Nous avons ajouté au tableau les chiffres concernant Guerrara
et Berryan à titre de simples renseignements ; Guerrara et
Berryan ne sont pas situés sur le même cours d'eau souterrain
que les autres oasis et dès lors le développement d'une des oasis

n'a pas nui à la prospérité des autres, aussi comptent-elles un beaucoup moins grand nombre de puits taris.

En arrivant à Ghardaïa, on est surpris de voir la ville si pittoresque se dresser toute blanche au centre d'une banlieue vide ; à peine de loin en loin quelques groupes de palmiers épars parsèment le fond de la vallée de taches noires ; çà et là les ruines des puits prouvent que jadis le travail de l'arrosage et par conséquent la culture s'étendaient jusqu'aux murs de Ghardaïa. Pour visiter aujourd'hui l'oasis, il faut remonter jusqu'à 4 ou 5 kilomètres dans la vallée. Et cela seul est une preuve du retrait progressif de la culture, de sa migration vers l'amont.

Toute l'histoire récente de l'irrigation à Ghardaïa dépend d'un fait qui est l'illustration la plus éloquente des inconvénients et des ruines que peut entraîner l'absence d'une organisation d'ensemble.

Sous le prétexte de débarrasser les Oulad ben Sliman du parti antifrançais des Médabih, le colonel de Sonis qui commandait le cercle de Laghouat prescrivit à ces derniers par un ordre du 9 mai 1868 de se transporter à la Daïa ben Daoua, 4 kilomètres en amont des jardins de Ghardaïa et de s'y établir ; à cette condition les Oulad ben Sliman devaient acheter et payer les biens que possédaient les Médabih à Ghardaïa.

Les Médabih défrichèrent la Daïa mais se refusèrent à quitter Ghardaïa et les troubles continuèrent jusqu'en 1882. Le seul résultat fut celui-ci : l'autorité française, bien intentionnée mais inexpérimentée, porta la responsabilité d'avoir créé en amont de Ghardaïa une oasis nouvelle qui enlève l'eau du M'zab ; en particulier les jardins de Bou-Noura et d'El Ateuf, situés encore plus en aval, au delà de Ghardaïa, dépérissent tout à fait ; les propriétaires ont dû être dégrevés à plusieurs reprises.

Depuis 1868, 148 puits ont été forés dans la Daïa ben Daoua : 10 000 palmiers y sont plantés dont la moitié depuis 10 ans et 2 000 arbres fruitiers y prospèrent.

La sécheresse de 1897-98 a montré toute l'étendue du mal.

Il est vraisemblable que la moitié de l'oasis de Ghardaïa est irrémédiablement perdue.

On avait de tout temps observé que les puits d'amont avaient beaucoup plus d'eau que les puits d'aval ; et pareillement lorsque la sécheresse survient, les puits d'aval sont plus tôt à sec que les puits d'amont.

Aussi les Mozabites, si intelligents pour tout ce qui concerne l'eau, avaient pris la résolution de ne pas pousser leurs cultures au delà d'une certaine limite. C'est ainsi qu'à Ghardaïa l'oasis s'arrête brusquement à une ligne qui va des puits de Delghel au barrage de Bouchen. « Nous n'avons pu, dit le capitaine Cauvet dans un rapport du 11 août 1899, retrouver et nous faire montrer la décision prise à cet égard par la djemâa de la ville, mais elle a été réellement promulguée, elle est ponctuellement observée, car il n'y a au-dessus de cette ligne aucune culture nouvelle sauf bien entendu à la Daïa ben Daoua. » L'autorité française a été jadis moins clairvoyante que ne l'avaient été et ne le sont les indigènes : on doit ajouter d'ailleurs qu'elle a profité de l'expérience, et que le M'zab est aujourd'hui sous les ordres d'un chef militaire qui a une compétence singulière en matière de culture et d'irrigation.

On peut affirmer que pour les oasis de l'Oued-M'zab on a perdu d'un côté ce qu'on gagnait de l'autre, et que la prétendue extension de la culture des palmiers n'a abouti qu'au désordre et ne marque aucun progrès [1].

Pour le Souf, la situation ne pourra jamais devenir aussi critique ; l'homme attend davantage de la nature : les arbres qu'il plante vont chercher eux-mêmes dans la couche profonde l'eau qui leur est utile ; les puits ne sont pas au Souf très importants ; c'est le palmier qui est l'intermédiaire entre l'eau et l'homme. De telles conditions offrent de sûres garanties à chaque groupe de cultivateurs contre le travail des autres

---

[1] Au contraire, à Berryan, l'augmentation des plantations n'a pas produit des effets aussi funestes.

groupes. Et les réserves profondes ne risquent pas, comme au M'zab, d'être épuisées en un point donné par un surcroît de travail humain au détriment des régions avoisinantes.

L'irrigation à Djerba. — L'île de Djerba est un admirable jardin[1]. Elle peut à bien des points de vue être rapprochée du Souf et du M'zab. A Djerba non plus les indigènes ne voient pas d'eau courante. Ils n'ont ni ruisseaux réguliers, ni sources. L'eau, invisible comme au Souf et au M'zab, est emmagasinée dans une nappe qui paraît se développer sous l'île tout entière : cette nappe est en général à dix, quinze ou vingt mètres de profondeur au-dessous de la surface du sol ; près du littoral, cette profondeur est moindre, tandis qu'elle atteint 36 mètres au point culminant de l'île, à Midoun. L'eau est un peu trouble mais douce, très bonne pour la culture et même buvable (les habitants préfèrent cependant pour leur alimentation l'eau de citerne). Les puits de Djerba sont tout à fait analogues à ceux du M'zab[2] ; et ce sont d'ailleurs les mêmes que nous rencontrerions plus loin, dans les petites oasis littorales de la Tripolitaine. Les Djerbiens s'entendent admirablement à arroser leurs jardins où ils cultivent du sorgho et de l'orge à côté des grenadiers, des oliviers et des palmiers ; beaucoup de palmiers n'ont pas besoin d'arrosage spécial parce qu'à l'exemple des palmiers du Souf ils vont eux-mêmes par leurs racines chercher l'eau jusque dans la nappe souterraine.

---

[1] « On ne peut méconnaître, disait V. GUÉRIN en 1862, que cette île ne soit beaucoup mieux cultivée que ne le sont la plupart des terres en Tunisie. C'est là où j'ai vu les plus beaux oliviers de la Régence ». Voyage archéologique dans la Régence de Tunis, etc., I, p. 205. Voir aussi un bon article de BERTHOLON, Exploration anthropologique de l'île de Gerba, Anthropologie, VIII, 1897, notamment p. 565, et M. IDOUX, Un été dans le Sud tunisien, Au pays des Troglodytes et des Lotophages, Mém. de la Soc. bourg. de géog. et d'hist., XVI, 1900, p. 31-89.

[2] Les Djerbiens sont des Berbères ; et ils sont de plus des schismatiques musulmans de la même secte que les Mozabites ; mais il serait absurde de chercher à expliquer uniquement par ces raisons ethniques ou religieuses l'analogie des procédés de culture entre les Djerbiens et les Mozabites.

Le nombre des puits de Djerba est très considérable, et ce nombre peut être, semble-t-il, indéfiniment accru. La nappe profonde est toujours là ; l'homme n'a qu'à fournir le travail nécessaire pour attirer l'eau jusqu'à lui ; amenée à la surface du sol, l'eau est distribuée avec un art consommé de l'arrosage. Mais on comprendra que ces conditions naturelles ne posent pas le problème de distribution ni surtout de réglementation. « En aucun point de l'île, me disait un Djerbien, on n'a jamais songé à vendre l'eau. » L'eau est à celui qui la puise.

A Zarzis sur le littoral Tunisien au Sud de Djerba l'Administration de la Régence a creusé des puits artésiens qui ont réussi ; et elle en a assuré la distribution avec intelligence[1].

L'exemple de Zarzis a fait tenter à Djerba deux puits artésiens, l'un à Houmt Souk au Nord de l'île, et l'autre à El Adjim ; mais les résultats ont été déplorables ; les puits ont fait jaillir deux belles gerbes d'eau mais cette eau est salée, un peu sulfureuse, aussi nuisible aux plantes que désagréable aux hommes[2]. Ainsi l'île de Djerba garde au point de vue de l'irrigation son caractère homogène et original.

---

[1] On a fait deux forages à Zarzis ; le premier, terminé en mars 1890, a donné 13 litres par seconde : l'eau contient 4 grammes de sel marin par litre, mais elle peut convenir pour l'irrigation ; le deuxième a été terminé en juin 1891, et a donné 40 litres par seconde. — Dans la Régence de Tunis, les trois ateliers de sondages du Service des mines continuent leurs opérations sur divers points, mais c'est souvent sans succès ; c'est ainsi qu'ils ont échoué définitivement à Sfax, et qu'ils ont dû également interrompre en août 1898 un sondage commencé en 1895 à Tozeur, etc. Voir Ministère des affaires étrangères, Rapport au président de la République sur la situation de la Tunisie en 1898, Paris, imp. Nat., 1899, p. 60 et suiv.

[2] Dans un rapport officiel, on dit au sujet du second de ces puits artésiens : « C'est celui qui a donné les résultats les plus remarquables », voir Direction des Travaux publics de la Régence, Les puits artésiens de la Régence, dans *Revue tunisienne*, II, 1895, p. 18. On aurait dû dire : c'est celui qui a donné le volume d'eau le plus considérable ; ce beau travail technique a été poussé en effet jusqu'à 232 mètres de profondeur, et le captage effectué à 229 mètres a donné un volume d'eau de 160 litres par seconde jaillissant jusqu'à 5 mètres au-dessus du sol. Mais l'eau est de si mauvaise qualité qu'un si grand effort et une si grande dépense peuvent être presque regardés comme perdus.

RÉSUMÉ ET CONSÉQUENCES

Dans toute la zone côtière de la Berbérie, la prospérité agricole est évidemment dépendante de l'abondance et de l'opportunité des chutes de pluie [1]. Mais les problèmes de l'eau dans le Tell algérien et dans le Sahel tunisien offrent les mêmes caractères et les mêmes difficultés que dans l'Ibérie aride, et ce n'est pas toujours dans les régions naturelles où il pleut le moins que la situation réalisée par l'homme est la moins bonne. En Algérie-Tunisie et en Espagne, il faut s'inspirer de principes analogues, et ici comme là se défier, par exemple, de l'efficacité des grands barrages. — Dans la plaine si bien cultivée de Bel-Abbès et qui peut être à bon droit considérée comme un modèle de colonisation agricole, il n'existe pas de barrage-réservoir ; inconsciemment mais heureusement on s'est contenté d'assurer la simple dérivation des eaux de la Mekerra, selon les mêmes procédés techniques qui assurent la dérivation des eaux du Segura dans la belle huerta hispanique de Murcie. — En tout cas un grand barrage ne saurait acquérir et conserver toute sa

[1] Sir R. Lambert Playfair cite des exemples typiques de cette dépendance : voir Sir R.-L. Playfair's Report on the Agriculture of Algeria for the years 1891-1892. *Foreign office*, 1893, *Annual Series*, n° 1196, résumé des *Geog. Journal*, déc. 1893, p. 552-553. On sait que Playfair a vécu longtemps à Alger comme consul d'Angleterre ; il était un des hommes qui connaissaient le mieux l'Algérie ; on lui doit la Bibliographie de l'Algérie, et le Guide d'Algérie-Tunisie de la collection Murray ; il a pris un vif intérêt à la grande œuvre de colonisation poursuivie par la France dans l'Afrique du Nord ; et il l'a jugée avec un rare esprit de justice. Les entreprises d'hydraulique agricole ont de tout temps attiré spécialement son attention.

valeur économique que si des volontés humaines sont groupées fortement en vue de son exploitation. La Direction de l'hydraulique agricole à Alger comme à Tunis agit sagement en subordonnant la construction de tout gros travail technique à la constitution d'Associations syndicales ; il faut que les futurs usagers de l'eau prouvent que les intérêts collectifs sont par eux vraiment compris et sentis, en promettant de collaborer dans une certaine proportion aux frais d'établissement ou du moins d'assurer à l'avenir l'entretien de l'œuvre exécutée.

Pour fixer le programme général de l'aménagement des eaux dans le Tell, il convient aussi de tenir compte de la situation des agglomérations urbaines, en un territoire où bien des villages ont été artificiellement fondés. Avant d'entreprendre de grands travaux, on doit examiner si la création d'un centre agricole a précédé toute tentative d'organisation de l'irrigation, ou si au contraire c'est parce que la culture et la culture avec irrigation était facile que le centre s'est établi puis développé.

Si l'on s'est placé dès le début en des conditions anormales (Orléansville), on pourra faire les plus beaux travaux, on ne se trouvera jamais en des conditions favorables. Dans les centres de la vallée du Chéliff (installés en grand nombre, à la hâte et par force au lendemain de la guerre de 1870), il est aujourd'hui très coûteux, et souvent d'ailleurs impossible d'aménager les eaux avec habileté et économie : on n'a songé à l'irrigation que bien après la colonisation, et le mal est peut-être irrémédiable.

Quant à la zone aride et désertique, steppes et Sahara, naturellement peu arrosée par les pluies, elle offre par endroits des ressources en eau assez abondantes pour que l'homme en tire parti. Très pauvre en cours d'eau elle possède heureusement bon nombre de sources : sources du Djerid et de Gafsa, sources du Nefzaoua et de l'Aarad, sources des Ziban et sources de l'Aurès, sources de Bou-Sâada et sources de Laghouat, — et de même nous aurions pu dire en parlant de régions arides plus septentrionales, en parlant des plaines sèches du Tell : sources du Chéliff, sources de la Mina, sources de la Mekerra, sources de la plaine de Tlemcen. Ainsi dans l'Algérie et dans la Tunisie sèches ce sont les sources qui, jalonnant les lits des cours d'eau sur toute leur longueur, font que ceux-ci ont encore un peu d'eau durant l'été. Souvent ce que nous appelons des oueds ne sont autre chose que des séries de sources, captées et successivement utilisées sur place (Biskra, Tozeur) ; en été toute l'eau des sources est employée par les cultivateurs, et il n'existe pas d'oueds continus ; mais grâce à l'eau des sources les riverains des oueds peuvent continuer même durant les mois les plus chauds leurs travaux indispensables de culture irriguée.

Et quand les eaux souterraines ne réapparaissent pas d'elles-mêmes à la surface sous la forme de sources, l'homme s'ingénie à rejoindre les nappes souterraines en creusant des puits, puits ordinaires ou puits artésiens. La « campagne » de forages artésiens entreprise par les Français dans le Hodna et dans l'Oued-Rir' a dépassé les premières prévisions ; elle a marqué une vraie date dans la conquête des déserts par l'irrigation ; l'exemple donné a été suivi depuis lors soit dans le Far-West américain, soit dans l'Australie intérieure [1].

Dans cette seconde catégorie de cas comme dans la première, les conditions hydrologiques générales disséminent à l'extrême, éparpillent les points d'eau. Les oasis des zones arides et désertiques de l'Algérie et de la Tunisie sont des faits très *sporadiques*, dus à des rencontres de causes qui sont si rares qu'elles forment de petits ensembles, mais ne peuvent guère être groupées en grandes zones comme elles le sont en Espagne. Et nous n'avons pas pu dresser pour le Sahara Sud-algérien et tunisien une carte de géographie humaine analogue à celle que nous

---

[1] Pour le Far-West américain, voir J. BRUNHES, Les irrigations dans la « Région Aride » des États-Unis, *art. cité*, et pour les puits artésiens en Australie, voir dans l'excellente étude synthétique de G. LESPAGNOL, Sur le caractère désertique de l'Australie intérieure, *Ann. de Géog.*, VII, 1898, p. 228-229.

avons dressée pour l'Espagne (carte **IV**). — Les régions irriguées du Tell quoiqu'elles soient tout compte fait bien médiocrement étendues (voir p. 211), sont plus facilement groupées
d'après leur situation même, à l'exemple des régions irriguées
de l'Espagne aride.

Au désert, chaque cas doit être étudié à part, et doit être isolément rattaché à un type, au point de vue hydrologique comme
au point de vue économique. Pourtant ce morcellement superficiel et réel ne doit pas faire perdre de vue les relations souterraines qui existent entre des faits divers, mais solidaires. L'irrigation saharienne comporte des solutions locales, particulièrement variées et ingénieuses en ce qui regarde la distribution et
la réglementation des eaux; mais elle nécessite aussi des conceptions plus vastes.

A coup sûr, les indigènes, là où ils sont leurs propres maîtres, dépassent parfois la limite normale des irrigations ; mais
ils ont, pour leur éviter une trop grande exagération, le sens
traditionnel de la culture par arrosage qui fait nécessairement
défaut aux habitants de l'Europe occidentale. Ils sont traditionnellement façonnés à l'intelligence des exigences pratiques et
des avantages matériels d'une organisation collective de la
propriété des eaux. En certains points déterminés, comme à
Ghardaïa, les indigènes avaient si bien compris les conditions
économiques de leur milieu géographique qu'ils avaient même
pris des mesures pour arrêter l'extension indéfinie des cultures.

Notre rôle à nous doit être pourtant de mieux étudier les
cas particuliers en leur variété illimitée et de mieux concevoir
l'œuvre d'ensemble que les indigènes nomades ou même que les
indigènes sédentaires :

Il se vérifie de plus en plus qu'on veut abandonner, pour la
domination et la surveillance du Sahara, la tactique de la construction de simples postes militaires, de simples bordjs espacés.
« On ne tient pas les nomades avec des bordjs, on les tient par

le ventre »[1] ; et c'est par conséquent au centre des oasis peuplées qu'il faut établir notre autorité ; l'expédition du Touat répond à cette manière de concevoir notre politique saharienne.
Notre œuvre au Sahara est donc une œuvre de colonisation par
l'eau : « c'est l'eau bienfaisante, et parfois l'unique richesse, à
capter et à conduire », disait encore récemment M. Revoil, Gouverneur général de l'Algérie[2]. — Une politique qui repose sur
les oasis repose en effet sur le problème de l'irrigation, et non
pas seulement de l'acquisition technique et de la distribution
de l'eau, mais en vérité de l'organisation de l'irrigation.

On doit souscrire très volontiers à cette déclaration générale
de M. Georges Rolland : « Le vrai programme de transformation
à poursuivre consiste non plus à faire venir les eaux salées de
la mer dans quelques chotts, mais — programme bien autrement certain dans ses résultats et d'une portée bien autrement
générale — à s'adresser simplement aux eaux douces qui existent sur place, à la surface ou dans le sous-sol, à mieux capter
et mieux utiliser celles que l'on connaît, à procéder méthodiquement à la recherche de nouvelles nappes d'eaux artésiennes,
à faire servir toutes ces eaux à l'irrigation du sol, partout où
cela est possible, et, grâce à l'irrigation, à développer les cultures actuelles, à créer de nouvelles oasis et à mettre en valeur
de vastes espaces, jusqu'alors stériles et déserts »[3]. Avec cette

---

[1] Article de DE CASTRIES, Journal des Débats, 17 février 1899, cité dans BERNARD
et LACROIX, Historique de la pénétration saharienne, p. 126.

[2] Discours de M. REVOIL au banquet du 19 février 1902 de la « Réunion des
études algériennes », voir Questions diplomatiques et coloniales, 1er mars 1902,
p. 269.

[3] Hydrologie du Sahara, p. 3. Parmi les améliorations faciles et importantes, une
des plus simples et des plus efficaces est de cimenter ou de bétonner les canaux d'irrigation pour lutter contre l'infiltration (voir ce que nous avons dit plus haut des
infiltrations dans la vallée du Chéliff). On se fait difficilement une idée des
pertes subies au Sahara par suite des infiltrations. Une expérience toute récente a
mis ce fait en lumière : on a entrepris et exécuté le revêtement en ciment et en
pierre du canal de 12 kilomètres qui amène les eaux à l'oasis d'Oumache, au Sud
de Biskra ; c'est en réalité un nouveau canal qu'on a construit ; lorsqu'on l'a ouvert

seule réserve ou, si l'on préfère, cette addition que les entreprises d'irrigation comprennent, nous l'avons dit et répété, tout
un ensemble infiniment varié de mesures administratives et de
règles économiques qui doivent correspondre à chaque cas particulier. L'eau, surtout au désert, impose à tous ceux qui l'utilisent une solidarité pratique, qui souffrirait d'un ostracisme de
principe à l'égard de toute forme de la propriété collective [1].

Il faut d'autre part s'élever à une conception embrassant toutes les ressources en eau des différentes régions, et dresser pour
chacune un plan d'économie de l'eau qui ne soit ni trop artificiel ni trop ambitieux. Si l'on peut raisonnablement songer à
créer des oasis nouvelles, lorsqu'on détermine un apport d'eau
tout à fait nouveau grâce par exemple à un forage artésien, il
importe avant tout de sauvegarder les cultures existantes, et
partant de ne les développer qu'avec une méthodique prudence.
Il faut éviter à tout prix de créer de nouvelles plantations à

---

en 1899, aux eaux de la source, dont le débit est d'environ 120 litres par seconde,
les eaux ont mis un jour à parcourir les 12 kilomètres ; et l'on a calculé qu'il arrivait à l'oasis à peu près deux fois plus d'eau qu'auparavant ; les indigènes ont manifesté une joie analogue à celle qu'ils ont éprouvée il y a près de 5o ans lors du forage
par les Français du premier puits artésien dans l'Oued-Rir'. Peu de temps après,
un travail complémentaire étant nécessaire, on a bouché le nouveau canal,
et on a voulu temporairement faire passer l'eau de la source dans l'ancien
canal, dans la vieille seguia ; l'infiltration a été si forte que l'eau a mis plus d'un
mois avant d'arriver à l'oasis. C'est en vertu de considérations analogues que, sous la
direction de MM. Bonhoure et Cornu, et à l'instigation de M. G. Rolland, les
petites rigoles d'arrosage sont remplacées par des caniveaux en terre fabriqués sur
place dans les oasis de Sidi-Yaya, d'Ayata et d'Ourir (voir p. 270 et fig. 32).

[1] Que nous sommes loin — heureusement — de ces utopies absurdes qu'un
homme tel que le sénateur CLAMAGERAN a si fortement contribué à propager : « On
n'améliore point une propriété indivise » (L'Algérie, 2ᵉ édit., p. 294) ; « L'œuvre
capitale dans l'intérêt de la colonisation libre, c'est la constitution de la propriété
individuelle parmi les indigènes. A elle seule, elle pourrait presque dispenser des
autres. Nous avons vu qu'elle marchait avec une lenteur désespérante. Il faudrait y
consacrer non pas 6 à 700 000 francs, comme en 1876 et 1877, non pas même un
million, comme en 1879, mais trois ou quatre millions par an, et bien entendu
augmenter le personnel en proportion » (*Idem.*, p. 398). On a peine à croire que de
pareilles lignes aient encore pu être écrites en 1883 !

côté et au détriment des anciennes comme on l'a fait, ou comme on l'a laissé faire à Ghardaïa, à Bou-Saâda, à Touggourt. Il est de toute nécessité de ne plus considérer chaque puits, chaque source, chaque point d'eau, isolément, comme nous sommes trop souvent habitués à le faire dans nos pays dont le sol est régulièrement arrosé par les pluies et dont le sous-sol est parfois gorgé d'eau ; mais à se mettre bien en face de ce fait géographique que ce sont là des manifestations superficielles et isolées de grands faits hydrologiques souterrains, de grands faits qui ne sont pas aussi isolés et fractionnés que le sont à la surface les parcelles de terrain mises en culture. Si l'on se trouve au-dessus d'une sorte d'éponge ou d'une nappe qui se renouvelle (Oued-Rir') — ou si l'on suit pour ainsi dire par une traînée de culture un véritable oued qui coule au-dessous du sol à peu près comme il coulerait au-dessus (Oued-M'zab), — la question est la même : tout cela ressemble à nos cours d'eau beaucoup plus qu'à nos sources ou à nos puits.

Sources des Ziban ou sources de Bou-Saâda, puits du M'zab ou puits artésiens de l'Oued-Rir' se rattachent tous par groupes à de grands faits généraux, et ne doivent pas être seulement envisagés comme faits indépendants les uns des autres. Leur ensemble est comme une sorte de fait collectif et doit être traité par nous comme tel. — Si vous forez un puits dans votre propre jardin, mais à proximité du puits de votre voisin, c'est, en matière de géographie saharienne, lui voler l'eau, comme si en France, en Suisse ou en Belgique vous détourniez les eaux d'un cours d'eau ou d'un canal d'irrigation qui ne fût point votre propriété. En matière de jurisprudence saharienne, le premier de ces faits doit donc être assimilé aux seconds : c'est de toute justice. Il importe qu'une réglementation sérieuse et une organisation d'ensemble s'inspirent de cette conception. — Les indigènes ne peuvent guère avoir d'autre horizon que les espaces ou les montagnes plus ou moins infertiles qui ferment chacune de leurs oasis. Mais à ceux qui ont repris avec un succès manifeste la grande œuvre de colonisation dans le Nord de l'Afrique [1], et qui ont assumé la tâche d'assurer aux Sahariens la prospérité avec la paix, il appartient de dépasser ces horizons trop proches, de voir plus loin, ou mieux de voir plus profondément, de découvrir et d'apercevoir l'invisible circulation de l'eau souterraine, et de savoir enfin régir l'eau.

Il leur appartient aussi de ne pas méconnaître les conditions orographiques et climatiques générales de la Berbérie. Nous pourrions et devrions répéter ici ce que nous écrivions à la fin de notre étude sur la Péninsule ibérique. Comme pour l'Espagne, — et encore plus que pour l'Espagne, — il faut se rappeler sans cesse combien sont peu étendus les espaces susceptibles d'être transformés par l'irrigation : ils se réduisent et se réduiront toujours à un petit nombre d'hectares, à quelques centaines de kilomètres carrés ; ils sont et seront toujours très distants les uns des autres ; ils sont souvent aussi très distants des grands centres d'échanges et des voies actuelles de communication. — L'irrigation est un des problèmes capitaux de notre colonisation algérienne, tunisienne et saharienne, une des questions de premier ordre, mais qui ne comporte que des solutions variées et très limitées.

---

[1] Ce succès a été longtemps discuté, en ce qui regarde surtout la colonisation algérienne. — Devant nous occuper ici de l'irrigation, nous n'avons pas manqué de souligner les échecs et les erreurs commises ; mais au lieu de nous en tenir à un jugement général et forcément superficiel, nous avons examiné les cas divers, et nous avons, en toute loyauté critique, signalé de vrais succès de la colonisation française : dans la Mitidja, à Bel-Abbès, dans l'Oued-Rir', etc. Il faudrait pour les divers problèmes faire ainsi le départ entre les territoires si différents du Maghreb. Notons seulement que si les jugements portés sur l'Algérie ont été si souvent défavorables, la raison en doit être cherchée dans une fausse conception purement utilitaire qui s'est trop longtemps imposée à trop d'esprits, et que Marcel Dubois appelait avec grand raison : « le parti-pris d'admiration exclusive de certains économistes contemporains à l'endroit de la colonisation commerciale anglaise » (Systèmes coloniaux et peuples colonisateurs, p. 243).

TROISIEME PARTIE

L'IRRIGATION EN ÉGYPTE

Esquisse historique, exposé général et plan. — Par l'ensemble de ses caractères physiques, l'Égypte fait partie, nous l'avons dit, de la grande zone désertique de l'Afrique du Nord ; et c'est à ce titre qu'elle doit prendre place en cette étude. La vallée du Nil n'est qu'une gigantesque oasis en plein Sahara. Mais le Nil puise à des réservoirs équatoriaux et fournit à l'Égypte un tel volume d'eau que malgré la rareté des pluies, malgré les vents desséchants [1], etc., ses rives égyptiennes portent de vraies cultures tropicales, coton et canne à sucre.

---

[1] H.-E. Leigh Canney, The Winter Meteorology of Egypt and its influence on Disease, London, Ballière, Tindal et Cox, 1897, in-8, vi + 72 p. contient beaucoup de faits significatifs, de tableaux bien disposés, et de planches. Voir en particulier les pages consacrées à l'humidité relative, p. 29 et suiv. — Les brouillards ne sont pas rares dans la Basse-Égypte et même jusqu'en amont du Caire, de septembre et octobre jusqu'à janvier et février ; sont-ils plus fréquents qu'autrefois, à cause du développement de l'irrigation ? Quelques-uns le prétendent, mais nous manquons de documents sûrs pour l'affirmer. Il est incontestable par exemple qu'en certaines années, comme en 1900, les brouillards de septembre ont été nuisibles à la récolte du coton. — Par ailleurs, en ce qui regarde les vents desséchants du désert, le *Khamsin*, et les grands ouragans de sable, voir une description de d'Arnaud reproduite en appendice dans Henri Dehérain, Le Soudan égyptien sous Mehemet-Ali, p. 356-357 ; voir J. Barois, Notice sur le climat du Caire, 1890 ; le travail du D r Engel-bey, Le climat du Caire et d'Alexandrie, publié dans la Statistique sanitaire des villes de l'Égypte du Ministère de l'Intérieur ; et l'on se reportera encore avec profit aux Études sur le climat de l'Égypte du D r B. Schnepp, publiées dans le 1er volume des *Mémoires ou travaux originaux présentés et lus à l'Institut égyptien*, Paris, 1862, p. 177-400.

Dans l'histoire de l'utilisation des eaux du Nil, il est une date d'une importance capitale : c'est 1837 [1]. Avant Mehemet-Ali, on pratiquait presque exclusivement la *submersion* ; depuis Mehemet-Ali et grâce à ses efforts méthodiques et persévérants, on pratique de plus en plus l'*irrigation* proprement dite.

Le grand procédé de l'époque pharaonique était en effet l'inondation directe des terres ; par un double système de digues, les unes parallèles au cours du fleuve et les autres perpendiculaires, on avait créé et on entretenait de véritables bassins. Au moment de la crue, les eaux pénétraient dans ces bassins échelonnés le long du fleuve ; chacun de ces bassins s'écoulait dans celui qui était situé en aval et tous conservaient les eaux durant quelques semaines. Ces bassins d'inondation, visités annuellement par la crue, constituaient eux-mêmes directement les territoires de culture. Cette manière d'utiliser les eaux du Nil s'appelait la *submersion* et elle est encore en usage dans une grande partie de la Moyenne et de la Haute-Égypte [2].

L'alimentation tropicale et équatoriale du Nil fournissait un débit généralement considérable, à moins de sécheresses tout à fait exceptionnelles. En pareil cas — lorsque survenaient les terribles périodes des « vaches maigres », — tous souffraient à peu près également ; c'était la famine pour tous. — Il n'y avait pas à prendre de mesures spéciales concernant l'usage des eaux pour protéger les uns contre les autres les intérêts des particuliers. — Il suffisait en temps normal d'un nombre restreint de prescriptions pour régler la construction des digues et l'ou-

---

[1] « C'est vers 1837, dit A. Chélu, que Méhémet-Ali-Pacha décida de supprimer les bassins et de les remplacer par des canaux ». Le Nil, le Soudan, l'Égypte, p. 392.

[2] Sur la disposition des digues et des canaux, voir de très justes réflexions dans G. Maspero, Égypte et Chaldée, notamment p. 68. Voir surtout A. Chélu, ouv. cité, qui donne p. 323 et suiv. de très nombreux détails techniques et des planches très expressives concernant les bassins d'inondation de tout le Saïd. Voir aussi W. Willcocks, Egyptian Irrigation, 2. edit., chapt. iii et iv, et pl. XIV, Plan of typical Basins.

verture des canaux : les simples particuliers ne pouvaient modifier d'aussi grands travaux ; et d'ailleurs les compartiments ne
pouvaient être prolongés ou agrandis *ab libitum* [1].

Cependant Mehemet-Ali voulut substituer à ce procédé de
submersion l'*irrigation* proprement dite et ce fut le commencement d'une révolution économique profonde. La transformation fut d'abord tentée pour la zone du Delta. Au lieu de faire
recouvrir les terres par les eaux de crue, puis de laisser les
eaux s'échapper, on devait s'efforcer de les mettre en réserve le
plus qu'on pourrait dans un réseau de canaux habilement
combinés qui permettraient tout à la fois, et de conduire les
eaux sur des territoires encore plus éloignés du lit même du
Nil, et de mettre ces eaux à la disposition des cultivateurs jusqu'à une époque plus éloignée de la crue. C'était la conception
d'une économie plus heureuse et plus sage qui pouvait se résumer en une double formule : moins d'eau gaspillée au moment
de la crue ; plus d'eau disponible au cours de l'année [2]. C'est
en vue de cette transformation radicale que fut élaboré par
Mougel bey le plan de ce grand barrage de la pointe du Delta
qui devait retenir les eaux de la crue à quelques kilomètres en

---

[1] A coup sûr le premier « aménagement des eaux et la conquête des terres cultivables sont l'œuvre des générations sans histoire qui peuplèrent la vallée » ; et une
aussi grande œuvre ne put sans doute pas s'accomplir sans de longues luttes de
village à village : voir MASPERO, Égypte et Chaldée, p. 70 ; G. PERROT et C. CHI-
PIEZ, Histoire de l'art dans l'antiquité, t. I, L'Égypte, p. 14-15. — Mais nous parlons ici de la vallée du Nil à l'époque historique. Sur l'histoire primitive des bassins
de submersion, voir MARTIN, Description géographique des provinces de Beni-Soueyf
et du Fayoum, dans la Description de l'Égypte, t. XVI ; et P.-S. GIRARD, Mémoire
sur l'Agriculture, l'Industrie et le Commerce de l'Égypte, dans *Idem*, t. XVII.

[2] Nous nous permettons de renvoyer, pour l'exposé des conditions de cette révo-
lution économique, à un de nos articles : Les irrigations en Égypte, *Annales de
Géographie*, VI, 1897, p. 456-460. En ce qui regarde la personnalité si curieuse de
Mehemet-Ali et son œuvre générale, on doit consulter le livre de H. DEHÉRAIN, Le
Soudan égyptien sous Mehemet-Ali. Paris, Carré et Naud, 1898. — On lira encore
avec intérêt et profit le chapitre documenté que JAUBERT DE PASSA a consacré à
l'Égypte : chapitre III, Arrosages de l'Égypte, dans le tome III, p. 284-425, de ses
Recherches sur les arrosages chez les peuples anciens.

aval du Caire, puis permettre de les distribuer tout à loisir sur l'ensemble du Delta.

Ce barrage ne devait être terminé qu'après bien des vicissitudes en 1890 (voir p. 363). Mais la réforme de Mehemet-Ali alla se développant peu à peu, et, si plus de la moitié de l'Égypte est aujourd'hui arrosée par le moyen d'irrigations proprement dites, c'est à Mehemet-Ali qu'il convient d'en attribuer l'initiative première.

Cette véritable révolution n'avait pas, on le conçoit bien, un simple intérêt technique : elle tirait toute sa valeur et son importance des conséquences économiques qui devaient en résulter. Si l'eau devient ainsi pour l'homme un instrument plus maniable, si le cultivateur a une plus grande quantité d'eau à sa disposition et durant une plus longue durée annuelle, il peut songer à installer de nouvelles cultures, soit plus délicates, soit plus exigeantes, en tout cas plus rémunératrices. Et d'ailleurs, Mehemet-Ali n'avait conçu ce nouveau plan d'utilisation des eaux du Nil que comme un moyen de faire, des riches alluvions du Nil, des terres à coton et à canne à sucre. C'est bien encore du grand Pacha d'Égypte que date et dépend ce progrès économique continu qui a fait accroître sans cesse, depuis soixante ans, les parties du territoire égyptien consacrées à la culture du coton et à celle de la canne à sucre.

En résumé, l'irrigation qui a permis d'utiliser l'eau du Nil toute l'année a abouti à une extension de l'usage de l'eau *dans le temps* ; et d'autre part, en permettant d'utiliser l'eau du Nil bien au delà des limites de la région qui était autrefois submergée et à gagner sur le désert, l'irrigation a abouti à une extension de l'utilisation de l'eau *dans l'espace*. — Or la même quantité d'eau fournie par la crue annuelle étant ainsi soumise à une double extension, elle est devenue insuffisante. Et c'est là le grand fait qui domine toutes les questions économiques présentes : *l'eau manque en Égypte,* et étant donnée cette double progression fatale, qui multiplie les cultures annuelles sur une même terre et qui accroît sans cesse le territoire cultivé, l'eau menace de manquer de plus en plus.

En face de cette *situation actuelle* de plus en plus manifeste et de plus en plus critique, qu'ont fait les Anglais depuis vingt années [1] ? Ils ont projeté et entrepris deux œuvres, nées d'une même cause et des mêmes besoins, et se liant l'une à l'autre :

1° Ils ont voulu mettre en réserve une partie de la crue annuelle du Nil au moyen de barrages et de réservoirs, — *œuvre technique.*

2° Ils ont jeté les fondements d'une législation et d'une réglementation qui assurassent la meilleure distribution et la plus parcimonieuse économie de l'eau disponible, — *œuvre juridique et administrative.*

Après avoir exposé la situation actuelle et ses causes, nous devrons examiner les travaux d'art exécutés ou entrepris par les Anglais en vue de l'irrigation, puis l'organisation du Service de l'irrigation et la réglementation de l'eau.

---

[1] Nous possédons sur la situation de l'Égypte en 1882-1883 un dossier très précieux, encore que pessimiste et parfois partial : VILLIERS STUART, Egypt after the War being the Narrative of a Tour of Inspection (undertaken last Autumn). London, John Murray, 1883, in-8, xx + 492 p. — La préface est datée de novembre 1883. Voir ce qu'il est dit de l'irrigation dans le Delta, p 50-51, et une conversation avec un indigène, p. 52-53.

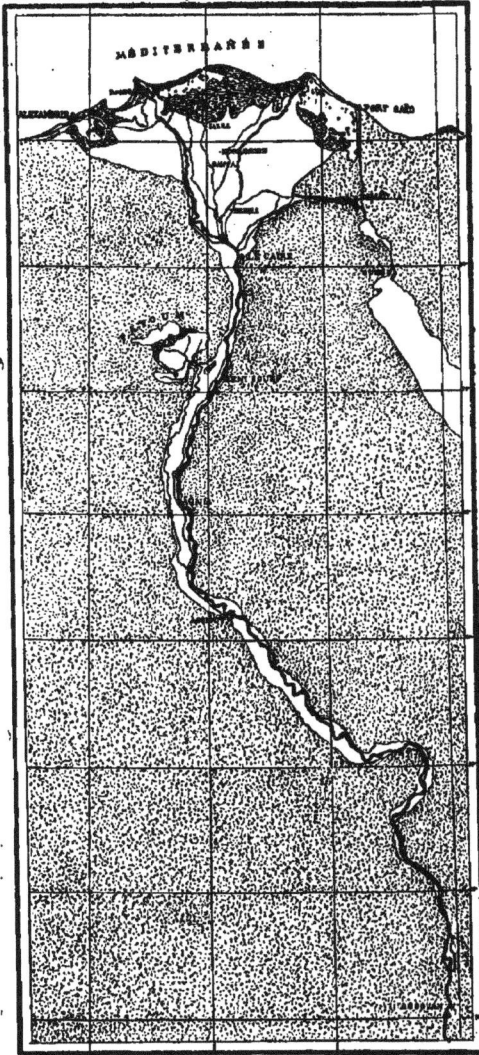

Régions désertiques   Terres salines et « bararis »   Terres cultivées

ÉGYPTE

LA VALLÉE DU NIL, DE LA CATARACTE D'ASSOUAN A LA MÉDITERRANÉE

Échelle 1 : 7 500 000.

CHAPITRE I

Physionomie générale et grandes divisions de l'Égypte irriguée (voir la carte VII). — En contemplant la vallée du Nil du haut de la grande Pyramide de Khéops, et durant l'hiver, la principale saison des cultures, on perçoit avec puissance la prodigieuse puissance de l'eau, agent de fertilité, agent de vie. Les hauteurs du Mokhattam, sur la rive droite, fer-ment l'horizon du côté de l'Est par une grande bande rougeâtre, horizontalement rayée, et sur laquelle se détachent les deux seules lignes blanches verticales des minarets d'albâtre de la mosquée Mohammed-Ali : d'autre part, la dernière marche du désert libyque, sur laquelle se dressent les Pyramides, donne une autre ligne claire qui se perd vers le Nord et vers le Sud : entre les deux s'étale la vallée du grand fleuve fécond, verte d'un bout à l'autre, d'un vert profond et éclatant, dont le ton se veloute et s'accentue encore à mesure que la lumière éclatante du soleil décroît.

La végétation et les cultures vont exactement aussi loin que va l'eau ; elles s'arrêtent au pied des falaises fauves ; et la ligne de démarcation entre la zone verte et le désert est une ligne aussi nette et pour ainsi dire aussi brutale que l'est, sur une carte, une division administrative, une frontière d'État ou de province.

Cette opposition entre la terre brûlée qui n'a à sa surface ni un arbre, ni un champ, et le ruban de cultures qui sans discontinuité s'allonge en bordure le long du Nil sur plusieurs centaines de kilomètres, se traduit partout avec la même éloquence et se manifeste toujours par une ligne de séparation aussi précise et aussi dure [1].

C'est sur les confins du désert que les dominateurs de la vallée du Nil ont de tout temps cherché pour leurs tombeaux une place et une base indestructibles : mâstabas, pyramides et hypogées bordent le désert, et jalonnent les deux rives de la contrée arrosée ; les Khalifes sont allés demander, eux aussi, au désert, un abri durable en vue de leurs sépultures, et les tombeaux des Khalifes s'élèvent à l'Est du Caire, en face des Pyramides de Gizeh. Entre ces deux lignes de monuments funéraires, l'eau du Nil développe, entretient et crée la vie.

Il ne nous appartient pas de nous étendre ici sur les caractères du Nil et sur les épisodes successifs de son inondation annuelle ; nous avons déclaré dès le début que nous nous garderions de reprendre les problèmes géographiques amplement exposés ailleurs [2] : non seulement des livres spéciaux comme ceux de Chélu [3] ou de Willcocks [4] ont traité en détail de sem-

---

[1] Et cette opposition tranchée entre la zone cultivée et le désert, on la retrouve partout où ne vient plus l'eau. En pleine région de cultures, vous apercevez des taches ou des tranches absolument grises et sèches : ce sont les canaux à sec, ou les champs déjà récoltés, ou les aires où l'on mène paître les ânes, terrains sans une herbe où ces pauvres bêtes mises à l'attache sont obligées de trouver de quoi tromper leur faim. — A côté de champs d'orges très hautes et très vertes, s'étend le sol nu, aride.

[2] A plus forte raison, ce serait sortir du cadre précis que nous nous sommes imposé que d'étudier la formation de la vallée du Nil et en particulier du Delta ; nous renverrons aux Leçons de géologie pratique d'Élie DE BEAUMONT, I, p. 405-492, et aux pages de SUESS, La face de la terre, traduction DE MARGERIE, II, p. 728 et suiv. Voir à l'Index alphabétique des cartes, ouvrages et articles utilisés ou cités dans ce volume, les principaux travaux de SCHWEINFURTH, de ZITTEL, de FOURTAU, etc. — Pour la préhistoire, consulter aussi l'ouvrage de J. DE MORGAN.

[3] Le Nil, le Soudan, l'Égypte, ouvrage déjà cité.

[4] Voir surtout : chapter II, The Nile, dans W. WILLCOCKS, Egyptian Irrigation, 2. edit., 1899.

blables sujets ; mais des livres courants, des « guides » qui se
trouvent entre les mains de tous les touristes ont résumé en des
introductions parfois très remarquables tous les faits essentiels [1].

Il nous suffira de rappeler que la crue du Nil commence à
s'annoncer, en Égypte, dès le début du mois de juin, qu'elle se
manifeste fortement dès la mi-juillet, qu'elle atteint généralement son maximum en septembre, et qu'elle disparaît progressivement en octobre et novembre. — Les appareils qui servent
à puiser l'eau soit dans le Nil lui-même, soit dans les canaux,
soit dans des puits en communication souterraine avec le fleuve
sont d'abord : le *chadouf* (l'équivalent de la *khotara* Sud-algé-
rienne, voir plus haut, p. 263), — la vis d'Archimède (employée
seulement dans les parties basses du Delta), — et le *tabout* ou
roue creuse en bois, percée de petites ouvertures (instrument qui
ne peut être employé que là où le niveau de l'eau reste constant
ou à peu près constant, voir un type spécial de *tabout*, le
tabout à palettes, usité au Fayoum, fig. 50). — Il convient
de mentionner à part comme spécialement importante la *saquieh*, ou roue à pots ; la saquieh est au fond le type égyptien
de la *noria* espagnole ; elle est bien adaptée aux conditions de
l'Égypte, car à mesure que le niveau de l'eau descend dans le
lit du fleuve ou dans le lit des canaux, on peut allonger la
chaîne qui porte les pots : la saquieh est mise en mouvement
en Égypte soit par des chameaux, soit par des ânes, mais le
plus souvent par des buffles (voir fig. 40). — Enfin les Européens ont introduit dans les grandes exploitations des pompes
à vapeur, dont nous aurons l'occasion de parler plus loin.

---

[1] Nous voulons signaler ici le guide BAEDEKER, qui est publié en allemand, en
anglais et en français, et dont la dernière édition allemande date de quelques semaines;
certaines parties de l'Introduction ont pour auteur SCHWEINFURTH lui-même ; —
le guide MURRAY, qui est illustré de très jolies cartes de BARTHOLOMEW ; — et le
guide JOANNE, Égypte, en 3 vol., Paris, Hachette, 1900, dont l'auteur est M. G.
BÉNÉDITE, conservateur-adjoint des antiquités égyptiennes du Louvre.

En règle générale, les habitants de l'Égypte profitent des
moindres parcelles cultivables pour leurs cultures ; ils ne négligent jamais par exemple de planter du dourah (maïs), ou du
bersim (trèfle), ou de l'orge, dans le fond des canaux lorsqu'après l'inondation ceux-ci sont à sec : ils ne négligent pas

Cliché de l'auteur, janvier 1899.

FIG. 40. — Une saquich mise en mouvement par un buffle, dans les environs du Caire.

non plus d'utiliser les rives immédiates du fleuve qui émergent
progressivement à mesure que le fleuve décroît : sur ces talus
que l'eau vient de quitter, ils disposent des cultures de melons,
ou bien souvent encore ils sèment des céréales, orge ou froment (voir fig. 41).

Le système de l'irrigation substitué au système de la submersion tend à être de plus en plus généralisé ; et le *Service de
l'irrigation* travaille très activement à l'organiser dans toute

l'Égypte[1]. Déjà, dans la Moyenne-Égypte, de grands travaux comme la construction du barrage de décharge de Kochechah (voir p. 386, n. 1) ont abouti à conserver durant un plus long temps les eaux de la crue à la disposition des cultivateurs ; mais si l'on considère que le terme désiré de l'organisation des irrigations est de permettre à l'homme d'avoir de l'eau à sa

Cliché de l'auteur, mars 1899.

Fig. 41. — Plantations d'orge sur les talus délaissés par le Nil décroissant. Ile d'Éléphantine.

portée et à sa disposition pendant toute l'année et même (on devrait dire : surtout) dans la période de sécheresse — février, mars, avril, mai, — on doit également considérer que les deux seules régions de l'Égypte qui jouissent aujourd'hui du bénéfice complet de l'irrigation proprement dite, de l'irrigation continue, de celle que les Anglais appellent « Perennial Irri-

---

[1] Voir les derniers Reports annuels du service de l'irrigation et notamment : Report upon the Administration of the Public Works Department for 1900. Cairo, 1901.

gation », sont le *Delta* et le *Fayoum*. Ces deux régions d'ailleurs ne se ressemblent pas, mais elles possèdent ce caractère
commun, que par places les arrosages y sont encore possibles,
permis et pratiqués jusque dans les derniers mois qui précèdent
l'arrivée de la nouvelle crue : partout ailleurs, partout où l'irrigation n'autorise pas cette extrême prolongation de l'activité

Cliché de l'auteur, mars 1899.

Fig. 42. — Les terres argileuses de l'Égypte desséchées et fendillées. Vue prise
près de Kalioub (Basse-Égypte).

agricole, les terres argileuses, même les plus riches, sont
dépourvues de toute végétation comme le désert lui-même :
« elles sont rayées à perte de vue de crevasses entre-croisées »[1] :
elles sont desséchées et fendillées à tel point que ni les hommes ni les bêtes ne peuvent y circuler sans danger (fig. 42).

*Accroissement continu des surfaces atteintes et vivifiées
par les canaux d'irrigation.* — Tout le Delta du Nil n'est pas
irrigué, ni cultivé : les cultures s'arrêtent approximativement
vers 31° 10′ Lat. N. La région inculte, qui s'étend au Nord du

---

[1] Maspero, Égypte et Chaldée, p. 23.

Delta, entre la mer et la zone cultivée, constitue ce qu'on appelle les *bararis* ; les *bararis* sont parsemés de grands lacs salés et de marécages ; les terres sont là trop salines et c'est la principale cause de leur aridité. Au reste le passage n'est point brusque des bonnes terres irriguées et cultivées aux *bararis* ; la transition au contraire est progressive. On sait que dans toute l'Égypte les arbres sont peu nombreux ; les palmiers-dattiers ne forment de vraies forêts qu'en amont du Caire et en quelques points du Fayoum ; la partie inférieure de la grande oasis égyptienne, le Delta, est particulièrement pauvre en arbres [1] : çà et là, quelques sycomores, quelques cactus, quelques tamarix ou quelques acacias du Nil, perdus au milieu des champs. Près des villages et dans les villages mêmes, les palmiers apparaissent comme des faits presque exceptionnels : un maigre bouquet de trois ou quatre palmes, quelquefois même un seul palmier se reflète dans la mare bourbeuse qui entoure ces misérables agglomérations de cases de terre où vivent les fellahs de la Basse-Égypte (voir fig. 43). Or, à mesure qu'on avance de l'intérieur du Delta vers la mer et vers le Nord, les arbres sont de plus en plus disséminés : ils deviennent à la fois encore plus rares et moins robustes ; ils finissent par ne plus se rencontrer qu'en lignes de bordure le long des routes ; et ce sont là des

---

[1] Nous exceptons ici bien entendu les arbres des beaux parcs princiers ou des jardins publics. D'après le patient travail que BOINET BEY a fait en 1887 pour établir une première statistique agricole de l'Égypte, il n'y avait à cette époque (parcs et jardins compris), dans l'ensemble de l'Égypte, que 69 arbres par 100 feddans (c'est-à-dire environ un peu plus de 150 arbres par kilomètre carré). Voir le tableau de la p. 26-27 dans Essai de statistique agricole, Superficie des diverses cultures de l'Égypte, 1887. Caire, 1888. Et cela n'empêche pas que dans l'ensemble de l'Égypte il y a environ 6 millions de palmiers-dattiers (d'après SCHWEINFURTH, *Rev. des cult. col.*, 5 fév. 1902, p. 83), c'est-à-dire au moins autant que dans toutes les oasis réunies du Sahara sud-algérien et tunisien dont nous avons parlé, — tant la surface irriguée en Égypte se trouve supérieure à la surface irriguée dans ces oasis disséminées ! En l'absence de statistiques sérieuses qui permettent une évaluation comparative précise, on peut du moins comparer nos cartes, établies à une échelle uniforme. — Pour les arbres au Fayoum, voir p. 352.

plantations nouvelles, car toutes ces routes sont récentes. On s'aperçoit aussi que les terres sont moins fertiles ; la couleur du limon est moins forte et moins chaude. Tout le paysage prend une teinte plus grise : les cultures sont plus chétives ; les bois

Cliché de l'auteur, mars 1899.

Fig. 43. — Un village des environs de Benha, type de village du Delta ; à droite, un cactus et un tamarix.

des cotonniers et les épis des blés sont plus petits ; le *bersim* (trèfle d'Égypte) est moins haut et moins dense. Et l'on atteint ainsi peu à peu la bande de ces terres septentrionales qui ne sont plus cultivées : là, les efflorescences salines qui marquent le sol d'énormes taches blanchâtres (fig. 44) indiquent assez clairement pourquoi ces *bararis* sont stériles et pourquoi les terres cultivées avoisinantes sont moins productives.

Toujours est-il que les *bararis* reculent devant l'invasion lente des cultures ; celles-ci se développent progressivement vers le Nord ; tous les ans quelques nouvelles terres nivelées, défrichées, puis aménagées en vue de l'irrigation, viennent s'ajouter à la zone cultivée. Et ce n'est pas seulement vers le Nord que les cultures s'avancent conquérantes; dans toutes les directions, elles gagnent sur le désert. Le grand canal de la

Cliché de l'auteur, février 1899.

Fig. 44. — Les terres salines du Nord du Delta, appelées « bararis ». Vue prise au Nord de Sakha.

province de Béhèra a considérablement accru la superficie des terres arrosées, et rejeté vers l'Ouest la limite du désert[1]. En

---

[1] La province de Béhèra, située sur la bordure même du Delta, à l'Ouest de la branche de Rosette, a présenté pour ses irrigations des difficultés spéciales : le Rayah (canal) de Béhèra traverse sur 3a kilomètres les sables mêmes du désert, et tous les ans il se trouvait ensablé de telle manière qu'il a fallu jadis un travail *annuel* de 20 000 hommes pendant 25 ou 3o jours pour le remettre en état. C'est alors que le gouvernement concéda le Béhèra à un ingénieur anglais, Easton, qui devait construire à 4o kilomètres au Nord du barrage de la Pointe du Delta une machine élevant l'eau pendant l'étiage et dispensant de cette partie du canal appelée Rayah de Béhèra. La Société anonyme d'irrigation du Béhèra, fondée en 188o, construisit immédiatement une usine où l'eau était élevée à l'aide de vis d'archimèdes, de fabrication anglaise ; elles ne survécurent pas à la 1re campagne, à celle de 1881 ; elles furent toutes brisées. On renonça aux vis, et on recourut à des pompes de construction française ; le nouvel établissement fut inauguré en juin 1886 : les pompes élèvent l'eau jusqu'à 3m,20. Le Béhèra se trouve ainsi arrosé aujourd'hui par le moyen de

tous points, dans le Delta, on reconnaît cette extension de la
zone atteinte par l'eau du Nil; aux portes du Caire, au N.-E.
de la ville, dans la région de l'ancienne Héliopolis, à Matarieh,
comme à Zeïtoun, on voit des canaux nouvellement creusés
dans le sable, en plein désert; et l'établissement de ces canaux
est de si fraîche date que sur leurs parois le sable est encore
visible : l'eau du Nil n'a pas encore assez souvent pénétré dans
ces ramifications nouvelles pour que la couche de limon qu'elle
apporte avec elle et qu'elle dépose ainsi à chacune de ses visites
ait une épaisseur de plusieurs centimètres ; l'argile superposée
au sable constitue un revêtement encore trop mince ; et lorsque
les canaux sont sans eau, la couche mince desséchée s'écaille
bien vite ; il semble que les parois des canaux perdent leur
peau ; ils « pèlent », et, entre les petits lambeaux d'argile mate,
racornie, on aperçoit les petites taches plus claires, plus lumi
neuses du sable fin. Aussi bien, dans les environs d'Alexandrie,
on constate, comme près du Caire, cette conquête par
l'eau sous sa forme la plus forcée et par conséquent la plus
saisissante ; le voisinage des agglomérations urbaines détermine

---

pompes installées sur les deux canaux Mahmoudieh et Khalatbeh. Willcocks
déclare que les expériences si malheureuses faites dans le Béhéra ont du moins
prouvé que les pompes sont un procédé beaucoup plus sûr et beaucoup plus sage
dans ces cas extrêmes (Egyptian Irrigation, 2ᵉ édit., p. 223). Il n'en reste pas
moins vrai que pour avoir voulu trop gagner de terres sur le désert à l'Ouest du
Delta, on a dû longtemps et vainement dépenser de très grands efforts et de très
grandes sommes ; voir l'extrait d'un Rapport de sir Colin Scott-Moncrieff de
1888, dans W. Willcocks, *ouvr. cité*, p. 188, et les extraits de deux Rapports de
l'ingénieur Forster de 1891 et de 1892, dans Idem, *ibid.*, p. 195-205. Et l'on n'a
abouti à des résultats satisfaisants que depuis l'introduction du système des rotations
dont nous parlerons plus tard. Le régime des rotations paraît avoir produit pour le
Béhéra de bons résultats, même durant la terrible année 1900, voir des extraits du
Rapport de la Société, dans *Rep. upon the Adm. of the Pub. Works Dep. for* 1900,
p. 138, 139. Voir surtout pour le Béhéra : Boghos Nubar, Les irrigations en Égypte,
dans *Génie civil*, X ; et N.-E. Verschoyle, Inspector of Irrigation, Note on Irrigation and Drainage, Behéra Province, dans W. Willcocks, *ouvr. cité*, Appendice
III, p. 466-470.

et permet la conquête artificielle et à grands frais [1] ; à Ramleh,
le parc du Casino San Stefano et les jardins des riches villas
sont entourés par le désert même : pas un palmier, pas un
arbrisseau en dehors des espaces enclos de murs ; partout, les
sables jaunâtres ou grisâtres qui bordent la mer, avec ces seules
petites éminences que maintiennent les touffes des intrépides
salicornes. C'est au milieu de ces sables que l'eau douce ins-
talle progressivement la végétation. Et c'est ainsi que l'eau
du flot annuel du Nil est appelée à étendre ses bienfaits un
peu plus loin chaque année, à se répandre sur une surface
chaque jour plus étendue.

En trouvant le moyen de mieux utiliser les eaux du Nil, on
tire du Nil un nouveau profit considérable ; mais cet avantage
immense ne va pas sans un danger : comment résister à la tentation de vouloir utiliser les eaux plus loin qu'il ne convient [2] ?
Comment trouver une limite qui s'impose à tous ? Comment
empêcher qu'en voulant conquérir trop de terres sur les espaces désertiques qui bordent le Nil, on ne prélève de trop grandes
quantités d'eau sur cette masse disponible et nécessaire à l'entretien de la zone cultivée ?

*Les cultures en Égypte. Les cultures nouvelles: coton
(surtout dans la Basse-Égypte) et canne à sucre (surtout dans
la Moyenne-Égypte).* — C'est dans la zone irriguée du Delta
que les cultures sont le plus nombreuses et se succèdent le plus
vite sur un espace donné. On connaît l'assolement triennal,
usité dans les meilleures terres : coton ; — bersim ou fèves,
pois ou légumineuses ; — jachère ou maïs ou riz (selon les
régions) ; — blé ou orge ; — riz ou maïs (selon les régions) ou

---

[1] Sur le développement de Ramleh, voir : Ramleh als Winteraufenthalt, Leipzig,
Woerl, 1900, in-4, 151 p. (l'auteur est le grand duc Ludwig SALVATOR), et Carl
PECNIK, Ramleh, die oleusische Riviera bei Alexandrien, Leipzig, Woerl, 1900,
in-16, 88 p.
[2] Voir la note précédente sur le Bohéra.

jachère ; — bersim ; soit un minimum de 5 récoltes en 3 ans ;
cet assolement se trouve représenté avec clarté par un schéma

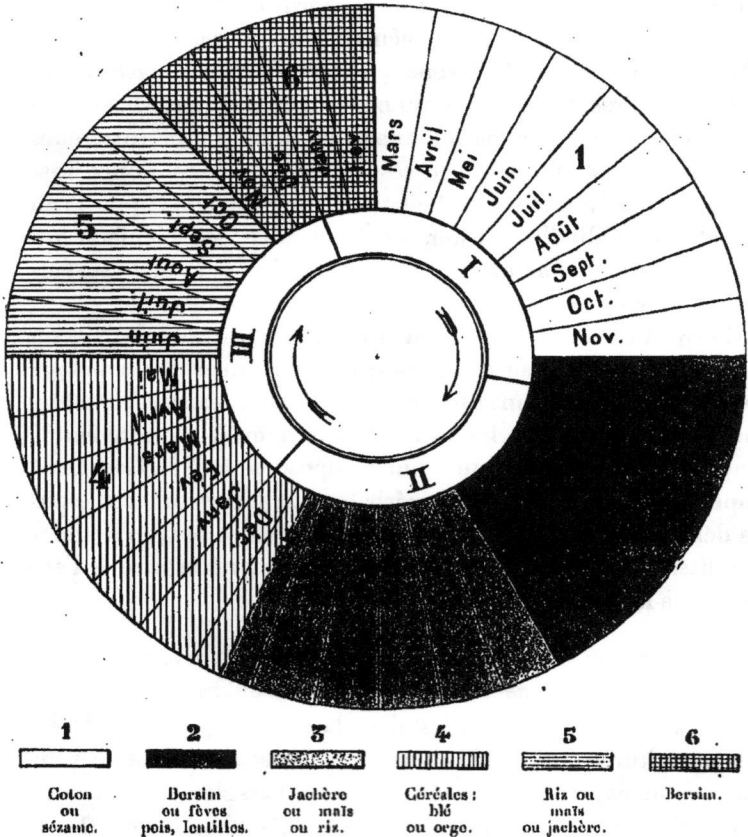

FIG. 45. — Succession coutumière des cultures en trois années sur les bonnes terres du Delta.

du dernier Compte rendu général de l'Administration des Domaines [1], ainsi que par notre figure 45.

[1] E. BOUTERON, J. GIBSON et MOHAMED-CHEKIB-PACHA, Administration des
Domaines de l'État égyptien, Compte général des opérations effectuées du 26 octobre
1878 au 31 mars 1898. Paris, imprimerie Chaix, 1898, in-4, 127 p. Voir Tableau
n° 4, p. 60.

On se fait difficilement une idée de ce que nous serions tenté d'appeler le « surmenage » de ces bonnes terres du Delta. Voici quelques épisodes de l'exploitation triennale ; la variété de trèfle qui est celle de l'Égypte, le bersim, est dans bon nombre d'endroits coupé ou plus exactement « brouté » au moins 8 à 10 fois en cinq mois ; car durant tout ce temps les bêtes sont nourries de bersim ; tous les animaux vivent aux champs, sur le bersim même ; ils sont rangés et attachés à des pieux, les uns à quelques pas des autres, alignés et mélangés au hasard, chameaux, ânes et buffles, et tous ont le même sort : ils broutent jusqu'au ras du sol toute l'herbe que dans leur cercle étroit ils peuvent atteindre[1]. Lorsque tout le bétail a ainsi vécu du bersim pendant bon nombre de semaines, on obtient encore une dernière « coupe » de bersim, qui est vraiment cette fois une coupe et qui est destinée à être séchée ; ou bien on l'enfouit dans le sol, comme engrais vert. Or, le bersim a déjà été précédé par le blé ou par l'orge récoltés en mai avant la crue, puis par le maïs semé en juin et récolté à la fin d'octobre ; quand cette terre a produit deux récoltes de céréales, puis dix coupes de bersim, croit-on qu'on soit satisfait, et que le propriétaire attende patiemment l'époque de la crue ? Comme il reste encore quelques brins d'herbe, le propriétaire loue son champ à des bédouins qui arrivent avec leurs moutons, et il recueille un dernier profit d'une terre qu'on ne laisse pas un jour inactive et dont on ne laisse pas une parcelle improductive.

La succession des cultures est si rapide dans la Basse-Égypte qu'en quelques jours le paysage change : là où vous avez vu des champs labourés, le blé a déjà poussé suffisamment pour

---

[1] Sur les inconvénients de cette alimentation exclusive de fourrage vert, voir une communication de Piot bey à l'Institut égyptien, Le régime du bersim, dans *Bull. de l'Institut égyptien*, 10 avril 1885.

que la couleur brune et noire de la terre soit toute parsemée
de petites touffes vertes ; — là où s'étendaient de vastes champs
de trèfle vous trouvez la terre encore verte mais tondue de
frais : tout un champ a été brouté ; — là où la terre était grise,
attendant une nouvelle culture, vous retrouvez une terre fraî-
chement retournée, prête pour les semailles, ayant changé sa
couleur terne de terre sèche contre une belle couleur sombre et
forte de limon riche.

Parmi les cultures très variées qui se succèdent aujourd'hui
en Égypte il faut faire une place exceptionnelle aux deux cultures principales, introduites par Mehemet-Ali : coton et canne
à sucre[1]. Si ces cultures sont les plus rémunératrices, ce sont
aussi celles qui sont le plus exigeantes ; elles épuisent la terre,
et elles ont besoin d'une grande quantité d'eau ; il leur faut de
fréquents arrosages et des arrosages très abondants. Or ces
cultures, qui ont besoin de prélever sur l'eau du Nil et des
canaux de si forts volumes, ont augmenté dans ces dernières
années dans des proportions considérables. Si par exemple le
cotonnier couvrait, en 1875, 871 847 feddans[2], il en couvrait

---

[1] Nous employons à dessein l'expression « introduites » ; en réalité, le coton était
connu auparavant en Égypte, mais c'est aux longues et savantes recherches de JUMEL
qu'est dû le magnifique essor de cette culture industrielle. D'après A. BOINET BEY.
Essai de statistique agricole, superficie des diverses cultures de l'Égypte, 1887, la
récolte du coton en 1821 n'atteignait même pas 1000 kantars, exactement d'après
le Tableau des p. 30, 31, 944 kantars (= 42 000 kilogrammes), tandis qu'en 1845
la récolte atteignait déjà le chiffre de 344 945 kantars (= 15 millions de kilogrammes). — Pour l'histoire du coton en Égypte, voir GRÉGOIRE, La culture du
coton en Égypte, dans Mémoires ou travaux originaux présentés et lus à l'Institut
égyptien, t. I, 1862, et DE REGNY BEY. Introduction de la culture du coton en
Égypte, Notice sur Jumel, son acte de décès, dans Bulletin de l'Institut égyptien,
19 mai 1876. Voir aussi une brève et intéressante notice : Le coton en Égypte, par
E. BOUTERON ; cette communication, datée du Caire, le 15 mai 1895, a été rédigée
à l'occasion du Congrès d'Anvers ; Charles PENSA, La culture du cotonnier, en Égypte,
dans VIe Congrès international d'agriculture, Paris, 1900, 2 vol., I, p. 678-683 ;
et enfin le chapitre de LECOMTE dans son livre Le coton, p. 158-176, et notamment
le carton, Distribution des cultures de coton en Égypte, p. 165.

[2] J.-G. MAC COAN, Egypt as it is, p. 192. Le feddan = 4 200 mètres carrés.

1 857 000, vingt-deux ans plus tard, en 1897[1], soit environ
1 million de feddans en plus : et pour parler de données plus
précises, plus faciles à évaluer et à connaître, si la récolte de
coton était en 1888 de 2 699 103 kantars, elle a atteint en 1897
le total de 6 511 955 kantars[2] soit en dix ans une augmentation
en poids de près de 150 pour 100. — De même le poids brut
de la canne à sucre traitée dans l'ensemble des usines de la Daïra
Sanieh (qui est la compagnie la plus importante de l'Égypte
pour les sucreries) était en 1883 de 8 445 247 kantars, et en
1896 de 15 815 112 ; le poids du sucre produit était en 1883
de 667 451 kantars et en 1896 de 1 230 373 kantars[3]. Les récoltes totales de canne à sucre dans toute l'Égypte ont donné
de 1896 à 1901 :

---

[1] Public Works Ministry Report, on the Administration of the Irrigation Department for 1897, Cairo, 1898, p. 10.

[2] D'après Government of Egypt, Statistical Returns, 1881-1897, petite brochure
officielle publiée au Caire (Nat. Printing Off.), en 1898, in-8, 73 p., et qui nous
fournit p. 39 un tableau récapitulatif des récoltes totales de coton de 1881 à 1896,
voici quelques données comparatives : (le kantar = 44^{kgr},493).

1881. 2 792 184 kantars.
1885. 3 629 000 —
1888. 2 722 954 — (au lieu de 2 699 103 donnés par l'autre document ; la
différence est insignifiante).
1892. 4 765 341 —
1896. 5 879 479 —

Enfin le Report upon the Administration of the Pub. Works Dep. for 1900,
Cairo, 1901, établit, p. 15, un petit tableau des récoltes de coton de 1888 à 1900,
dont nous extrayons les données suivantes :

1888. . . . . 2 699 103 kantars.
1892. . . . . 5 200 000 —
1896. . . . . 5 785 532 —
1899. . . . . 6 432 776 —
1900. . . . . 5 500 000 —

Ces chiffres reposent sur les évaluations très sérieuses du grand Syndicat égyptien
du coton, connu sous le nom de « Alexandria General Produce Association ».

[3] Id. Public Works Ministry, Report on the Administration of the Irrigation
Department for 1897, Cairo, 1898, p. 10 et 11.

RÉCOLTES ET CAMPAGNES SUCRIÈRES	POIDS DE CANNE BRUTE EN KANTARS	POIDS DE SUCRE EN KANTARS
De 1896-1897	20 711 374	2 083 995
1897-1898[1]	19 950 135	1 697 874
1898-1899	20 957 441	1 950 750
1899-1900	21 969 136	2 080 637
1900-1901[2]	20 134 223	1 975 337

Aujourd'hui tout le monde en Égypte rêve de pouvoir planter et récolter la canne à sucre ou le coton, et c'est un réel danger que le gouvernement est obligé de conjurer grâce à des règlements rigoureux et à une surveillance active.

----

[1] ID., *ibid.*, p. 12 et 13. L'hiver 1896-97 a été le plus froid qu'on ait subi depuis longtemps en Égypte, et c'est ce qui explique la diminution de la récolte en 1897 : c'est un fait exceptionnel. ID., *ibid.*, p. 10. Nous pouvons encore noter les chiffres qui sont fournis pour les années antérieures à 1897 par les Statistical Returns que nous citions tout à l'heure ; mais ils ne concordent pas absolument avec ceux des Rapports du Service de l'irrigation, et ils nous paraissent moins dignes de confiance : d'abord, en ce qui concerne les poids bruts de sucre produit, on les donne en kantars, alors que les chiffres fournis ne peuvent en tout cas se rapporter qu'aux poids en kilogrammes (et cette grave erreur a été reproduite dans Arthur SILVA WHITE, The Expansion of Egypt, p. 312). Moyennant ces réserves, voici quelques-unes de ces données :

1881..	13 977 550 kilogrammes.
1885..	44 659 420 —
1888..	42 355 647 —
1892..	55 248 742 —
1896..	73 597 218 —

Elles indiquent en tout cas le très rapide développement de la culture de la canne à sucre.

[2] D'après Report upon the Adm. of the Pub. Works Dep. for 1900, Cairo, 1901, p. 16. — Sur la culture de la canne à sucre, sur les sucreries et notamment sur la Société des sucreries de la Haute-Égypte, voir Ch. PENSA, La culture de la canne à sucre et les sucreries en Égypte, *Revue des cultures coloniales*, I, 1897; sur les sucreries de la Daïra Sanieh, voir p. 144 et suiv. — « Les plantations de canne à sucre égyptiennes ont parfois à souffrir du refroidissement nocturne qui descend quelquefois jusqu'à zéro. Ce phénomène vient de se produire pendant trois années consécutives, en causant de grands dégâts » ; voir L'extension géographique de la canne à sucre, dans *Revue des cultures coloniales*, VII, 1900, p. 601, article qui est un résumé de l'étude de Walter LUCK, publiée dans les *Beihefte der Tropenpflanzen* de Berlin.

On a peine à imaginer quelles étaient les préoccupations générales des savants et des cultivateurs en Égypte, il y a 40 ans,
tant la situation a changé! Si l'on consulte par exemple les
comptes rendus des séances de l'Institut égyptien, et le Bulletin du même Institut, on constate que vers 1860 tout le monde
parlait et s'occupait principalement de la question du blé [1].
L'Égypte paraissait devoir être avant tout comme jadis pour l'Ancien monde un « grenier à blé » [2]. Aujourd'hui du blé presque
personne n'a souci : le blé est devenu, dans les préoccupations
de ceux qui ont la direction des idées, la direction des affaires,
ou la direction de la politique en Égypte, une culture secondaire. Que sont devenues également des cultures jadis florissantes? La question de l'opium est pour ainsi dire finie; c'est à
peine si l'on ramasse maintenant quelques têtes de pavots [3]! Où
sont les oliviers, les vignes, les figuiers? On ne les retrouve
plus aujourd'hui que dans le Fayoum. Dans le Delta en particulier, le coton a presque tout remplacé.

*Le « dessalage » des terres et le drainage des eaux d'irri-
gation.* — Le savant Prof. Schweinfurth écrivait très justement

---

[1] Voir par exemple dans le *Bulletin de l'Institut égyptien* : D'ORJ, Mémoire sur la
culture du blé en Égypte, 21 octobre 1859; FIGARI BEY, Note sur la culture du blé
en Égypte, 17 février 1860; GRÉGOIRE, Du Khamsin et de son effet sur le blé,
19 octobre 1860 ; ou encore : D' SCHNEPP. Importance de l'étude de la conservation du blé, 7 octobre 1859; et D' ABBATE, Inutilité d'études pour la conservation
du blé en Égypte, etc., etc. — En 1887, le blé représentait encore pour la superficie cultivée le cinquième de toutes les cultures de l'Égypte entière, voir BOINET
BEY, Essai de statistique agricole, p. 4.

[2] « La culture des céréales, implantée aux bords du Nil, s'y développa dès les temps
les plus anciens au point de tout envahir, ... et l'Égypte devint ce qu'elle est de-
meurée jusqu'à nos jours (?) un vaste grenier à blé. » G. MASPERO, Égypte et
Chaldée. p. 67.

[3] Au contraire, en 1860, la culture du pavot intéressait l'opinion ; voir par exemple dans le *Bulletin de l'Institut égyptien* : AUBERGIER, La culture du pavot en
Égypte, 5 octobre 1860; GASTINEL, Sur les opiums de la Haute-Égypte, 7 septembre 1860, etc

au sujet du chimiste Sickenberger: « Le sel marin contenu dans
le sol nilotique était surtout l'objet de ses constantes recherches. Depuis l'année 1894, Sickenberger avait institué des ana-
lyses hebdomadaires de l'eau du Nil, afin d'établir les variations
quantitatives du sel marin dont elle est chargée. *Il regardait à
juste titre la question du sel comme la plus importante de la chi-
mie agricole en Egypte, et envisageait l'agriculture de ce pays
comme un combat incessant, une lutte perpétuelle contre l'envahis-
sement du sel* »[1]. Cette dernière phrase nous paraît caracté-
riser admirablement l'un des problèmes les plus graves sinon
les plus connus de la question des irrigations en Égypte. Le sol
de l'Égypte est imprégné de sels, en particulier de sel marin[2];
et c'est à cause de la salinité du sous-sol qu'il convient de labourer très légèrement et que l'introduction de la forte charrue
européenne a été dans les rares essais qu'on en a faits plus préjudiciable qu'utile : il ne faut pas que le soc de la charrue pénètre assez profondément pour faire remonter les sels à la surface[3]. Il faut au contraire que les eaux qui sont déversées à la
surface du sol soient assez abondantes pour laver les terres superficielles et entraîner les sels, ou encore pour pénétrer dans le
sol jusqu'à une profondeur de quelques centimètres au moins
et refouler pour ainsi dire ces éléments salins qui sont une
cause implacable de stérilité.

---

[1] *Bulletin de l'Institut égyptien*, 3e série, n° 7 (1896). Le Caire, 1897, Notice sur
Sickenberger, p. 13.

[2] Dans son livre Le jardinage en Égypte, *Manuel de l'horticulture dans la Basse-
Égypte*, Le Caire, Diemer, 1898, Walter DRAPER parle à diverses reprises de la
question du sel, si grave au point de vue agricole; il note p. 4 combien le terrain
sablonneux est imprégné de sel dans les environs d'Alexandrie.

[3] Voir la description de la charrue indigène ou *mehrât* dans la thèse remarquable
et beaucoup trop peu connue de Kamel GALI, Essai sur l'agriculture de l'Égypte,
Paris, 1889, p. 190-191 ; cette charrue n'a pas de versoir. Kamel GALI, tout
en reconnaissant que des améliorations devraient être apportées à ce type primitif de
charrue, en indique par ailleurs les avantages ; et l'on pourrait être sur ce dernier
point encore plus catégorique.

Avant que les terres profitent de l'eau nécessaire au développement et à l'alimentation des végétaux, elles doivent avoir reçu une quantité d'eau suffisante pour être en partie dessalées. Voilà qui complique encore le problème de l'irrigation, et qui augmente la quantité d'eau dont on doit pouvoir disposer.

Le problème serait encore simple, s'il se réduisait à ces termes que nous venons d'indiquer. Cette salinité très forte du sous-sol de l'Égypte est combattue par une circulation superficielle de l'eau ou par des arrosages qui pénètrent de la surface vers l'intérieur; si au contraire les eaux passent par infiltration d'une terre à une autre, située en contre-bas de la première, elles gâtent la seconde au lieu de l'améliorer, 1° parce qu'elles arrivent déjà chargées de sels, et 2° parce que ces eaux par capillarité montent jusqu'à la surface, s'évaporent au contact de l'air et par conséquent déposent les sels à la partie supérieure du sol : tout se passe comme si ces eaux qui pénètrent dans les terres en contre-bas allaient chercher les sels dans les couches profondes et les ramenaient à la surface: c'est ainsi que ces terres basses se recouvrent d'efflorescences salines qui les fait ressembler aux terres naturellement stériles, telles que les chotts sahariens ou les bararis du Nord du Delta ; la couleur blanchâtre de ces taches de sels, auxquelles le soleil prête un éclat aveuglant, révèle au voyageur le plus inexpérimenté l'infertilité, au moins temporaire, du sol qui en est revêtu.

Si la pénétration par infiltration des eaux qui proviennent de terres plus élevées dans les terres plus basses a pour conséquence d'en compromettre la fertilité, cette conséquence est particulièrement grave, lorsque ces terres basses, riches de leur nature et bien arrosées, sont déjà bien cultivées et en plein rapport. C'est en ce cas une perte, une ruine que rien ne saurait compenser. — On connaît par exemple cette dépression allongée qui représente le cours d'un ancien bras du Nil, fait communiquer le Delta du Nil avec le canal de Suez, et débouche vers le lac Timsah : c'est le Ouadi Toumilat, l'ancienne terre de

Gessen, région qui était jadis renommée pour sa fertilité[1]. Or, lorsqu'on voulut creuser le canal de Suez, on dut se préoccuper d'assurer une alimentation d'eau douce suffisante, d'abord aux chantiers temporaires échelonnés le long du tracé, puis à ces centres nouveaux et durables, qui portent chacun le nom d'un Khédive, Port Saïd, Ismaïlia et Port Tewfik (près de Suez); on creusa le canal Ismaïlia le long de la dépression; et, pour conserver aux eaux ainsi amenées un niveau assez élevé et pouvoir les conduire jusqu'aux deux extrémités du canal sur la Méditerranée et sur la Mer Rouge, on l'établit à mi-versant sur le flanc Nord de la dépression, au lieu de le faire passer par la ligne de plus bas niveau; les terres cultivées, se trouvant ainsi en contre-bas de ce canal d'eau douce, furent envahies par les eaux d'infiltration; et sur 27 000 feddans de bonnes terres en pleine culture, 22 000 furent perdus. Quand on va aujourd'hui de Tell el Kébir à Ismaïlia, on traverse des régions absolument incultes, parsemées de mares et couvertes d'efflorescences blanchâtres : le désert qui s'étend au Nord et au Sud a repris possession de l'oasis fertile[2].

De même, lorsque la région que l'on veut conquérir par l'irrigation est complètement inculte, il faut se résigner d'avance à sacrifier les zones qui sont à un niveau un peu inférieur par rapport à l'ensemble de la surface mise en exploitation. Le fait est aisément visible dans les contrées du Delta qui avoisinent

---

[1] Voir Major R. H. Brown, The Land of Goshen and the Exodus, London, 1899, 85 p., avec 2 cartes et 4 planches.

[2] Depuis trois ans des efforts sont tentés pour reconquérir une partie de ces bonnes terres perdues; on a installé un poste de pompes à Kassassin et creusé un grand drain qui s'écoule dans le lac Timsah; les résultats obtenus commencent à être satisfaisants, d'après le Report upon the Administration of the Public Works Department for 1900, Cairo, 1901, p. 26 et 36. — Charles Pensa, Les cultures de l'Égypte, Paris, André, 1897, cite un autre exemple emprunté à la Moyenne-Égypte, celui des champs de canne à sucre situés sur le parcours du canal Ibrahimieh; « le manque d'entretien du canal a empêché le lavage de certaines terres... qui furent sérieusement détériorées par les sels » (p. 26).

les bararis ; on s'aperçoit là que les différences de niveau constituent souvent les plus grandes différences de qualité entre les
terres ; on n'a qu'à lire les cotes sur une carte, et l'on sait quelle
est la fertilité de la surface considérée. Ainsi à l'Est et au Sud-
Est du village de Sakha qui est lui-même à la cote $4^m,64$ au-
dessus du niveau de la mer, on trouve des terrains qui sont
seulement à 4 mètres, d'autres même à $3^m,50$, comme Matboul,
ou à $3^m,30$ comme Nemreh. Et ce sont effectivement à Matboul
et à Nemreh, de très mauvaises terres : on dirait des poches où
les sels se sont accumulés, et qui sont pas conséquent stériles.
Il m'est arrivé de suivre dans les environs de Sakha un petit
chemin qui séparait deux champs de bersim sur une grande
longueur : le champ qui était à ma droite était situé à environ
15 centimètres au-dessous de celui qui était à ma gauche, et je
ne saurais assez dire à quel degré l'aspect plus chétif et moins
pressé du bersim de droite rendait significative cette différence
de niveau.

De la situation que nous venons d'exposer, il résulte que les
eaux d'irrigation elle-mêmes, destinées à l'arrosage proprement
dit, ne doivent pas séjourner trop longtemps sur les terres ; il
faut qu'elles soient fréquemment renouvelées : et il est par conséquent désirable qu'elles s'écoulent aussi vite et aussi aisément
qu'elles sont apportées. A ce besoin répondent les canaux de
drainage appelés *masrâfs* ; ils sont multipliés et développés tous
les ans de plus en plus ; toutefois leur nombre est loin d'être
encore assez considérable. Le Service de l'irrigation se rend
mieux compte aujourd'hui de leur nécessité, qu'il ne l'a fait
dans les premières années [1]. C'est depuis l'année 1894 seulement

---

[1] Les ingénieurs anglais qui venaient de l'Inde, où le sol est tous les ans abondamment lavé par les pluies de moussons, n'étaient pas préparés à comprendre et à
résoudre ce problème égyptien du « dessalage » des terres.

qu'un crédit spécial est consacré aux travaux de drainage[1]. Et
quoique l'on travaille activement à faire un réseau de *masrâfs*
en rapport avec le réseau touffu des canaux d'irrigation, on n'est
pas encore près d'avoir réalisé cet idéal[2]. En attendant, les
ingénieurs, dans toutes les exploitations agricoles habilement
dirigées, ne construisent jamais un canal d'irrigation sans creuser
en même temps un canal correspondant pour l'écoulement des
eaux ; le second est la condition de l'efficacité du premier ; ainsi
canaux d'irrigation et canaux de drainage, rigoles d'arrosage et
rigoles d'écoulement se correspondent et s'enchevêtrent ; je
dois à l'obligeance de M. Colani qui dirige à Sakha une des
belles exploitations de l'Administration des Domaines, et à la
bienveillante autorisation de M. E. Bouteron, la communication
de plans à 1 : 30 000 qui m'ont permis d'établir la figure 46 à
1 : 150 000.

Convenons enfin que la question est fort délicate ; un canal
de drainage doit avoir le plafond assez bas pour que les terres
voisines ne souffrent pas des infiltrations qui se produisent dès
qu'il est rempli ; et d'autre part, il doit avoir une pente assez
rapide pour que l'écoulement se produise avec une vitesse suffisante ; or ce sont là conditions qui se contredisent : car les parties
les plus élevées des deux tiers du Delta sont à moins de 12 mètres

---

[1] Voici, d'après les Statistical Returns, *ouv. cité*, p. 37, quels sont les crédits
annuels qui ont été depuis 1894 consacrés à cet ordre de travaux ; on remarquera
l'année 1897 qui marque le début de la véritable campagne de creusement des
masrâfs :

1894.	15 391 livres égyptiennes.
1895.	6 971 —
1896.	3 178 —
1897.	250 000 —

soit plus de 6 millions de francs.

[2] Consulter par exemple les excellentes cartes schématiques qui sont annuellement
publiées par le Ministère des Travaux publics d'Égypte, sous la direction de
RAVON BEY, Map of Lower Egypt showing the principal Canals and Drains : les
canaux d'irrigation sont indiqués en bleu et les canaux de drainage (*masrâfs*) en
vert.

au-dessus de la mer[1]. Comment donc combiner ces deux nécessités : abaisser le niveau du plafond autant que possible par

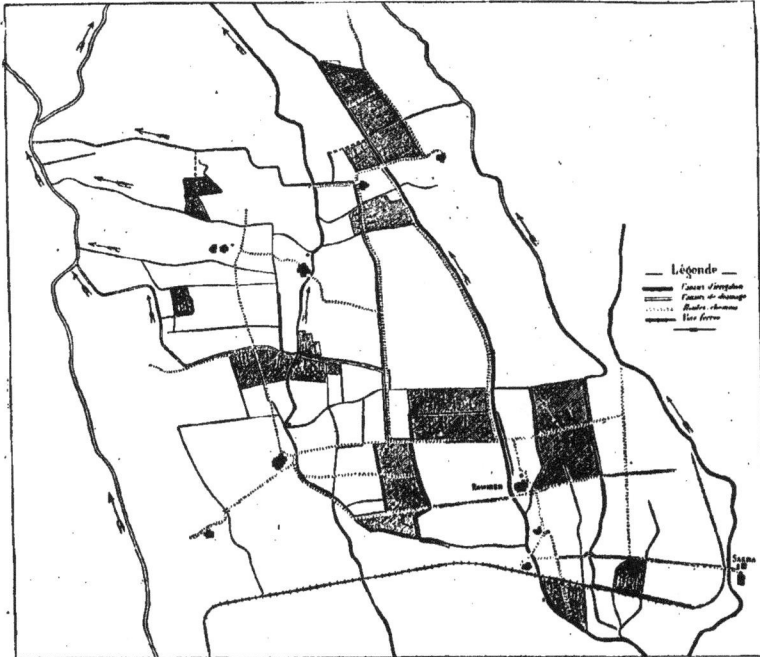

Fig. 46. — Sakha. Administration des domaines, Teftiche de Rowineh : Disposition et
enchevêtrement des canaux d'irrigation et des canaux de drainage (masrâfs) dans les parties septentrionales du Delta. 1 : 150 000.

rapport aux terres environnantes, et le maintenir aussi élevé que
possible pour conserver une pente qui permette aux eaux d'arriver promptement jusqu'à la mer[2] ? — Le problème technique

---

[1] Voir la carte du Delta avec courbes de niveau, dressée par WILLCOCKS, Egyptian
Irrigation, 2. édit., Plate 18, reproduite dans SUESS, La Face de la terre, traduction
de MARGERIE, II, fig. 123, p. 735.

[2] Nous ne pouvons traiter ici la question du drainage dans toute son ampleur et

exige des solutions très minutieusement étudiées. On ne doit
pas ignorer qu'en essayant de gagner à la culture des terres
un peu plus élevées et rapprochées de terres plus basses, on
risque de compromettre les secondes au profit des premières.
On ne doit pas ignorer surtout l'illustration saisissante que
fournit de cette vérité d'expérience cette petite oasis-annexe
de l'Égypte, le Fayoum.

Le Fayoum.

Le Fayoum est sans contredit l'un des petits coins d'Afrique
dont la littérature est le plus abondante. Depuis Hérodote,
Strabon, Diodore de Sicile et Pline, combien d'historiens, d'archéologues et d'ingénieurs ont voulu étudier la question du
fameux lac Moeris et élucider les problèmes du Fayoum[1] !

---

dans toute sa complexité : toutefois pour signaler à quel degré ce problème se complique dans la Basse-Égypte, nous voulons donner un spécimen des discussions
techniques auxquelles il a donné lieu, en citant quelques lignes de l'Introduction
que le major Brown a écrite pour le livre de W. Willcocks : « La seconde erreur
que M. Willcocks met à la charge du Département est la transformation des biefs
terminaux de plusieurs canaux en canaux de drainage. M. Willcocks a une qualité : c'est d'être toujours prêt à admettre la part qu'il a prise dans une erreur ; il
ne fera pas d'objection à ce que je relève dans la première édition de son livre,
p. 115, le passage où il montre qu'il était partie consentante à cette erreur, si erreur
il y a. Mais je conteste que cela ait été une erreur, et je ne peux admettre comme
exacte l'affirmation suivante : « Le Département eut ainsi à bon marché des drains
mal situés, mais perdit ses biefs d'égouttement (flood escapes). Par la suppression de
ces biefs terminaux, plus d'un canal a été changé en une mare stagnante durant
huit mois de l'année. » Je ne comprends pas comment les biefs d'égouttement sont
perdus ; le lit existe ; qu'on les appelle drains ou biefs d'égouttement ou comme on
voudra ; ils sont utiles pour entraîner l'excès de l'eau à une époque quelconque de
l'année... » (p. xxiii). « Cette idée de séparer les canaux de drainage et les biefs
d'égouttement est plus complètement développée dans le chapitre Drainage (VIII).
Le problème est de se débarrasser de l'excès de l'eau durant la saison de la crue et
durant l'hiver : il n'y a pas d'excès en été. M. Willcocks voudrait résoudre le problème en ayant un canal qui permit à l'excès de la crue de s'échapper, et un autre
qui servît au flot normal ainsi qu'au drainage d'hiver... Je ne vois pas pourquoi le
petit chat ne prendrait pas la même porte que le gros chat... » (p. xxiv).

[1] Les textes principaux des historiens anciens sont rassemblés dans le plus important travail qui ait été jusqu'ici consacré au Fayoum : la monographie du Major

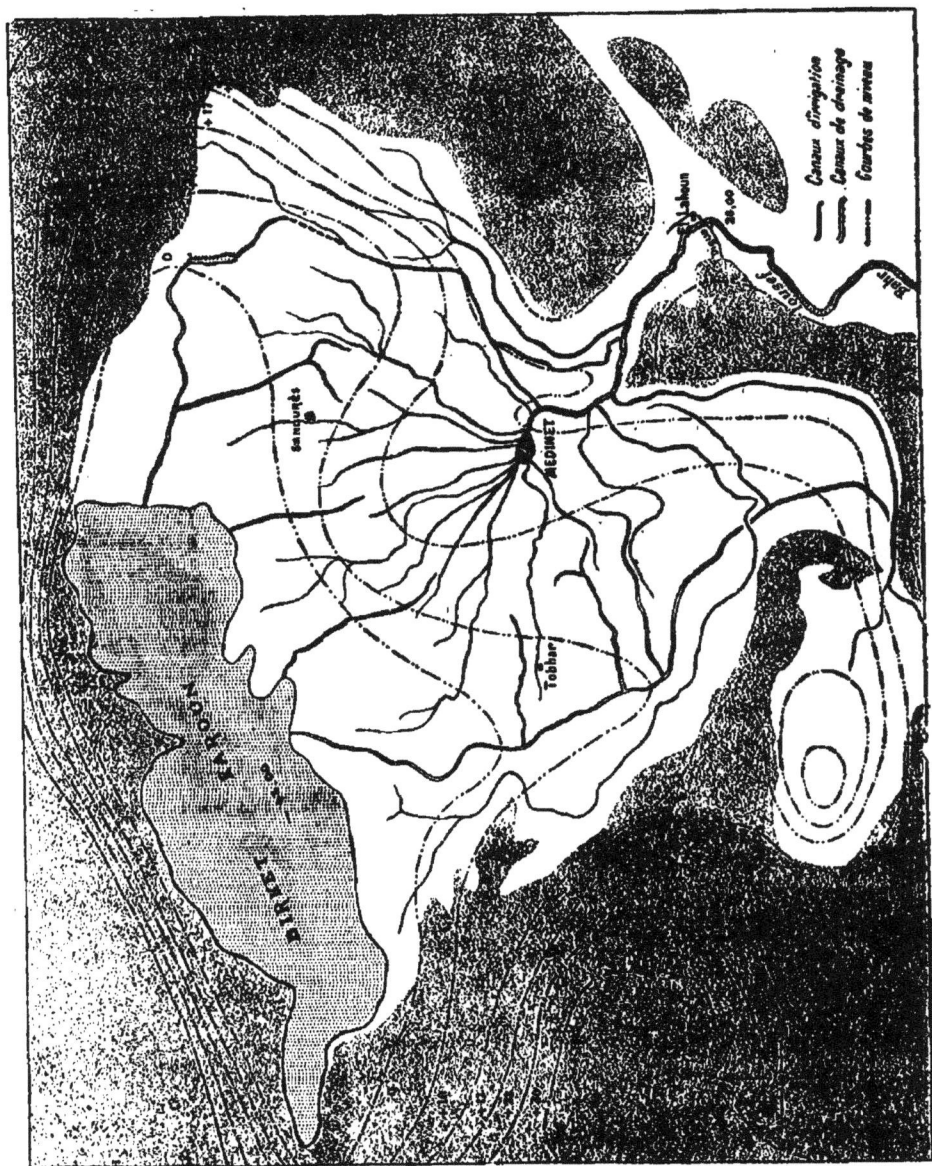

Fig. 47. — Le Fayoum. Courbes de niveau. Réseau d'irrigation et réseau de drainage. 1 : 800 000.

Entre les théories qui sont en présence, celle de Linant, celle de Flinders Petrie, celle du major Brown, celle de Fourtau, etc., ce n'est pas ici le lieu d'instituer un débat critique; nous reprendrons ailleurs cette discussion dont l'intérêt est purement historique.

Tandis que les historiens se disputaient, tandis que les géologues et les archéologues exploraient le pays et nous disaient les résultats de leurs courses ou de leurs fouilles, tandis que les ingénieurs nous exposaient en de savantes monographies techniques les travaux anciens et les travaux les plus récents, on n'a peut-être pas assez mis en lumière les traits géographiques qui donnent au Fayoum une physionomie spéciale. Ce sont ces traits que nous voulons d'abord brièvement indiquer et coordonner.

Le Fayoum est une petite Égypte, en ce sens qu'il doit toute sa fertilité à l'eau du Nil; le Nil y envoie ses eaux par un émissaire, le Bahr Yousef, qui entre dans le Fayoum à El Lahoun et qui se ramifie à la manière d'un véritable système artériel (voir fig. 47). Les eaux se réunissent dans la partie la plus basse de la dépression et forment le Birket Karoun : le niveau de cette grande lagune subit de loin les fluctuations atténuées de la crue du Nil; et au moment des fortes eaux, le Birket englobe tous les marécages qui l'entourent, tous ces bas espaces recouverts d'herbes et de tamarix et que peuplent de nombreux oiseaux.

Ainsi le Fayoum est une oasis du désert créée par le Nil, et il rappelle comment l'Égypte elle-même, malgré ses grandes dimensions qui pourraient le faire oublier, n'est pas autre chose qu'une oasis. Pourtant entre la vallée du Nil et le Fayoum, les

R. H. Brown, The Fayûm and Lake Mœris, London, Stanford, 1892, p. 19-24. — Voir encore G. Schweinfurth, Reise in das Depressionesgebiet im Umkreise des Fajûm im Januar 1886, dans *Zeitschr. der Gesellschaft für Erdkunde zu Berlin*, XXI, 1886, et Ueber die Topographie von Arsinoe-Krokodilopolis dans *Idem*, XXII, 1887, p. 54 et suiv., et pl. 2; et Fourtau, Le Nil et son action géologique, 2ᵉ partie, Le Fayoum et le lac Mœris, *Bul. Institut égyptien*, 3ᵉ série, nᵒ 6, 1895, p. 39-56.

différences ne sont pas insignifiantes. Dès les premières courses à travers le Fayoum on est frappé de certains aspects qui appartiennent bien plutôt à d'autres types géographiques qu'à la vallée du Nil. Et si le Fayoum est un département naturel de l'Égypte vraiment original, voici quelles sont en somme les principales raisons géographiques de son originalité : le Fayoum est *une Égypte avec des différences de niveau relativement grandes* et c'est *une oasis alimentée par un fleuve qui se présente comme un fleuve à régime relativement régulier.*

Différences de niveau au Fayoum. Conséquences. — Tandis que d'Assouan à la Méditerranée, le Nil ne descend que de 94 mètres sur une longueur de 1 200 kilomètres, tandis que du Caire à la mer, la pente est encore plus réduite (la ville du Caire est à 18^m,65 au-dessus du niveau de la mer), les eaux du Bahr Yousef à El Lahoun sont à la hauteur de 27 mètres (aux hautes eaux), et la surface du Birket Karoun est à 43 mètres *au-dessous* du niveau de la mer. Les eaux avant d'atteindre leur niveau de base ont donc à descendre de 70 mètres. Et comme la plus grande largeur du Fayoum est inférieure à 50 kilomètres, on voit que les profils d'équilibre des cours d'eau issus du Bahr Yousef et venant d'El Lahoun ont une pente beaucoup plus rapide que la pente du Nil de la première cataracte à la mer[1].

Ces différences de niveau, tout à fait exceptionnelles pour l'Égypte, marquent le Fayoum de quelques traits bien distinctifs.

Le Bahr Yousef, étant l'artère maîtresse du Fayoum et l'unique dispensateur de l'eau, est maintenu à un niveau aussi élevé que possible ; la pente en est ménagée parcimonieusement jusqu'à Medinet qui constitue le grand centre de dispersion (voir fig. 47). Mais dès qu'un canal se détache du Bahr Yousef, l'eau tombe de quelques dizaines de centimètres et ces petites chutes sont

---

[1] Voir en particulier dans W. WILLCOCKS. Egyptian Irrigation, 2. édit., Plate 4, en face de la p. 27, Plan of the Basin of the Nile à 1 : 12 000 000 ; Plate 18, en face de la p. 165, Plan of Lower Egypt à 1 : 1 600 000 ; et Plate 16, en face de la p. 151, Longitudinal Section of the Fayoum.

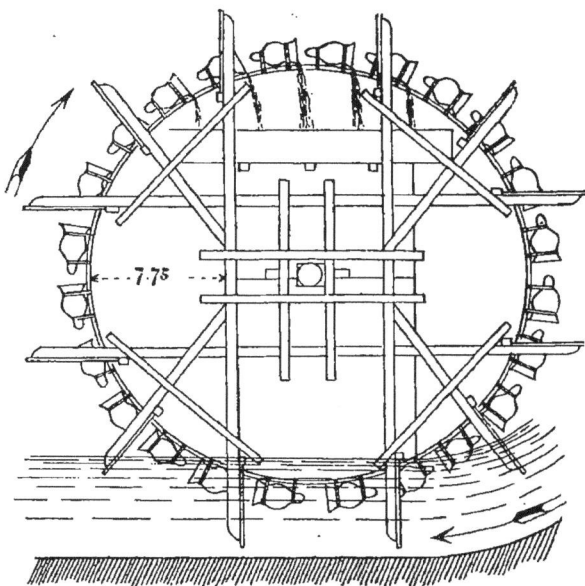

Fig. 48. — Une des roues (saquiehs) à pots et à palettes de Medinet.

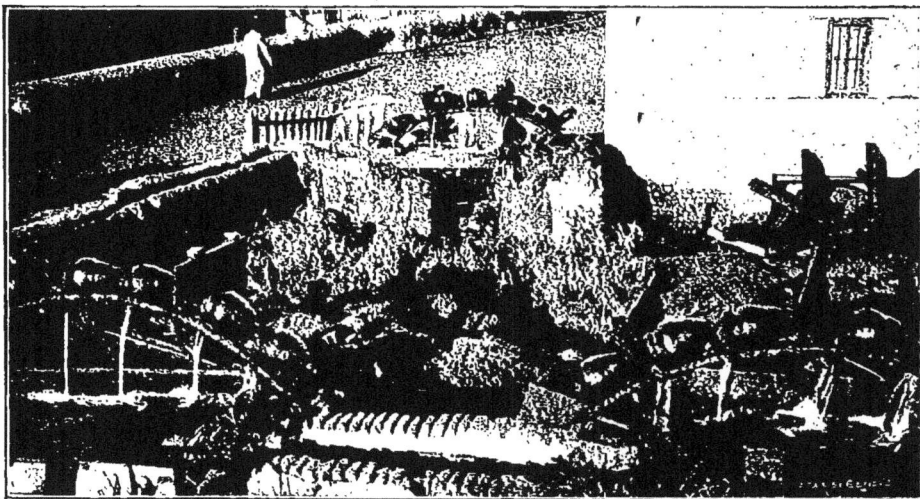

Cliché de l'auteur, février 1899.

Fig. 49. — A Medinet el Fayoum : parties supérieures de trois roues (saquiehs) à pots et à palettes.

immédiatement utilisées dans ce pays où l'on connaît l'emploi
des chutes d'eau comme forces motrices. Ces chutes suffisent en
effet à mettre en mouvement de grandes roues à volants accou-
plées à de grandes roues à pots, vraies *saquiehs*, destinées à
élever l'eau et mues par l'eau elle-même (voir fig. 48 et fig. 49).
Une chute de 55 centimètres sert dans quelques cas à élever

Cliché de l'auteur, février 1899.

Fig. 50. — Tabouts à palettes, près de Medinet el Fayoum.

l'eau jusqu'à 2ᵐ,40. De même des *tabouts* munis de palettes sont
mis en mouvement par l'eau (voir fig. 50). C'est là chose unique
en Égypte : en dehors du Fayoum, la seule force élévatrice,
exception faite des pompes hydrauliques récentes, est la force des
muscles humains et celle des animaux. Les grandes *saquiehs* ou
les *tabouts* à palettes sont une des particularités du Fayoum[1].

Bien plus, sur tous les canaux d'arrosage, comme sur les
moindres rigoles, on est beaucoup moins économe de la pente

_____

[1] Il y a quelques points de l'Espagne où l'on trouve aussi des roues à eau mues
par l'eau, notamment à Palma del Rio (voir plus haut, p. 130.)

que dans la Vallée et dans le Delta du Nil. Aux points de bifurcation on ne prend pas toujours la peine d'établir dans l'une
des deux branches une digue de terre bien tassée et soigneusement construite : un simple obstacle assez léger dérive l'eau
dans la branche secondaire où elle est entraînée grâce à une pente
relativement forte. C'est ainsi que parfois les dérivations sont
assurées par de simples barrages élémentaires en tiges de palmes
ou en tiges de cannes (voir fig. 51).

Sur les deux grands *Bahr* du Fayoum qui servent aujourd'hui
de canaux d'écoulement, de principaux *masrâfs*, au Nord et au
Sud, — il est encore moins besoin de ménager les pentes que
sur les canaux d'irrigation. Et d'ailleurs, ce sont d'anciens cours
d'eau naturels, dont la puissance d'érosion a jadis déterminé ces
lits profonds et raides en rapport avec le niveau de base du
Birket Karoun : dans ces véritables cañons à méandres, il a été
facile de créer, au moyen de petits barrages en pierre, des
chutes d'eau qui sont utilisées par des moulins à eau. Ces
moulins possèdent un mécanisme primitif identique à celui
des moulins de toute l'Égypte : ce sont toujours deux pierres
tournant l'une sur l'autre : mais, au Fayoum, de même que
pour la *saquieh* l'eau remplace le bœuf ou le buffle, de même
c'est l'eau qui remplace la bête pour mettre en mouvement ces
meules du petit moulin rudimentaire.

Régularité du régime du Bahr Yousef. Conséquences. —
Le Fayoum est encore unique en Égypte, parce que le cours d'eau
principal qui le traverse a le régime et la physionomie d'un
fleuve régulier coulant paisiblement entre des rives basses. C'est
que le Bahr Yousef est pour ainsi dire surveillé et maîtrisé par
le double régulateur d'El Lahoun (voir fig. 52); et grâce à ces
deux écluses il a un tempérament beaucoup plus régulier et
tranquille que le Nil[1]. Les habitants peuvent vivre jusque sur

---

[1] La différence de niveau entre les basses et les hautes eaux atteint rarement
1 mètre, voir Diagram of Gauges of Bahr Yusef, dans Report upon the Adm. of
the Pub. Works Dep. for 1900, Cairo, 1901, Plate I, face à la p. 74.

Fig. 51. — Entre Tobhar et Medinet el Fayoum, simple petit barrage de dérivation
en tiges de cannes.

Fig. 52. — L'un des deux régulateurs d'El Lahoun.

ses bords. Il ressemble à des cours d'eau d'un autre monde géographique; et, loin de le fuir, les hommes se sont immédiatement
rapprochés de lui. Dans la Haute, dans la Moyenne et dans la
Basse-Égypte, les maisons des villages et des villes se tiennent
toujours plus ou moins à l'écart des rives ; ce n'est que tout à
fait à l'extrémité du Delta, près de la mer, sur une branche du
Nil, alors que le flot de la crue se trouve fortement divisé et
brisé, qu'une ancienne ville s'élève avec de hautes maisons plongeant directement par leurs fondements dans les eaux du fleuve :
Damiette[1]. La capitale du Fayoum, Medinet, est encore plus en
contact avec le Bahr Yousef que Damiette ne l'est avec la branche
du Nil : autrefois même, des maisons et une mosquée (qu'on
vient de démolir) étaient bâties jusque sur le Bahr Yousef[2], et
ces ponts de Medinet couverts de constructions faisaient songer
à des villes bien éloignées de l'Égypte, — à Florence ou à
Nüremberg.

Autres caractères du Fayoum. — Dans la campagne, les
émissaires du Bahr Yousef serpentent irrégulièrement, formant
des méandres qui frappent l'œil, lorsqu'on vient de la Basse-
Égypte, où toute l'eau canalisée et endiguée circule entre deux
lignes droites et le plus souvent rigoureusement parallèles. Il y
a dans cette souplesse et cette variété des lignes un charme qui

---

[1] D'après la description d'Ednîsî, il semble qu'au xııe siècle, à l'extrémité d'une
autre branche du Nil, une autre ville, Alexandrie, se faisait remarquer par le même
caractère : « Les eaux de la branche occidentale du Nil, qui coule vers cette ville,
passent sous les voûtes des maisons, et ces maisons sont contiguës les unes aux
autres ». Description de l'Afrique et de l'Espagne, traduction Dozy et DE GOEJE,
p. ı66.

[2] On trouvera de belles reproductions de ces anciens « ponts habités » de Medinet dans l'excellente monographie du major Brown, The Fayûm and Lake Mœris ;
voir Plate II, Bridge carrying the Bazaar Street, Medinet el Fayûm, over the Bahr
Yûsuf, et Plate III, Tunnel on Bahr Yûsuf, over which the Kait Bey Mosque in
Medinet el Fayûm is built. — Dans une vieille description du Fayoum, récemment
publiée, nous lisons : « Le canal passe sous la mosquée métropolitaine construite
sur un pont qui, primitivement, avait quatre arches et qui aujourd'hui n'en a plus
que deux. » Ahmed-Zeki-Bey, Une description arabe du Fayoum au viie siècle de
l'Hégire, *Bul. Soc. khéd. géog.*, 1899, p. 281.

est un des principaux facteurs de cette impression plus fraîche, et sans doute « moins africaine », que le voyageur éprouve au Fayoum.

D'ailleurs, ce qui distingue nettement le Fayoum, c'est que toute la campagne ou à peu près y est parsemée d'arbres. L'arbre, si rare dans la Basse-Égypte, si rare en dehors des villages dans une grande partie de la Haute-Égypte, y apparaît par petits groupes, par gros bosquets ou même en véritables bois.

Il est des régions, comme par exemple dans toute la contrée centrale qui s'étend entre Tobhar, Abouxa, Sanhour, Sanourès et Medinet, où la vue est partout bornée par de longs alignements touffus de palmiers ; par delà les champs plats et homogènes de fèves ou de canne à sucre, l'arbre arrête et ferme l'horizon. Le grand nombre de palmiers-dattiers laisse bien vite deviner que souvent le palmier n'est pas là seulement un arbre de rapport, mais un protecteur et une condition de quelques autres cultures.

Les arbres et les arbustes au Fayoum ne sont pas seulement abondants, ils sont variés : les palmiers-dattiers, les oliviers et les cactus sont les plus nombreux : des figuiers de petite taille s'étendent aussi en vastes « champs » ; les orangers forment des jardins, et les vignes même sont disposées en treilles. — Comprend-on maintenant pourquoi le Fayoum exerce un attrait spécial sur les Européens ? — Les habitants des rives méditerranéennes y retrouvent le léger feuillage argenté de l'olivier et les haies irrégulières de cactus (figuiers de Barbarie) ; les eaux d'irrigation coulent dans de petites vallées pittoresques et accidentées (voir fig. 53), et sur les versants de ces vallées s'étagent même par places des cultures en terrasses, comme au village de Fademine.

De plus, les grands arbres, palmiers, sycomores, acacias-lébeks, les arbres fruitiers, figuiers, orangers, s'entremêlent avec des tamarix et des arbustes buissonneux tels que les jujubiers ; sous les hautes palmes, on aperçoit souvent une végétation

mêlée, un véritable sous-bois : double aspect, aspect de *taillis* et
aspect de *sous-bois*, qui est extrêmement rare en Égypte, où
l'arbre apparaît surtout isolé, se détachant seul et net sur l'horizon. Voilà pourquoi de tout temps les riches habitants de la
Vallée du Nil — à commencer par les vieux Pharaons[1] — ont
aimé à venir se reposer, ou se distraire, ou chasser au Fayoum.

Cliché de l'auteur, février 1899.

Fig. 53. — Petite vallée naturelle d'un canal d'irrigation, en amont de Fademine (Fayoum).

Voilà pourquoi beaucoup de villages, avec leurs jardins si variés,
clôturés de palmes liées, nous paraissent encore à nous plus
agréables et plus riches que les villages égyptiens. Voilà pourquoi
le Fayoum produit, dès l'abord, l'impression d'une contrée plus
fertile et plus prospère que le reste de l'Égypte.

   Cette impression, qui est réelle, est-elle juste ? Correspond-
elle à la réalité ?

---

[1] G. MASPERO, Égypte et Chaldée, p. 514 et p. 517.

BRUNHES.   23

Causes qui expliquent la moindre prospérité du Fayoum.
— Nous osons répondre que non. Nous avons contre nous l'opinion superficielle de beaucoup de voyageurs, mais nous avons
pour nous les faits et les statistiques ; nous avons pour nous les
documents archéologiques qui parsèment la contrée, les nombreuses ruines qui entourent même le Birket Karoun et qui attestent l'antique prospérité de tout le Fayoum [1]. Nous avons enfin
l'opinion d'un homme exceptionnellement compétent, W.
Willcocks [2]. Et d'ailleurs, quand on revient en chemin de fer du
Fayoum dans la vallée du Nil, on se trouve précisément en une
des régions les plus fertiles de la Moyenne-Égypte ; de Ouasta, si
l'on se dirige aussi bien au Nord vers Kafr'Amar qu'au Sud vers
Beni-Souef, on aperçoit de tous côtés des champs de blés ou de
fèves plus beaux, plus verts et plus précoces que les champs
qu'on a traversés dans le Fayoum [3] : les champs indéfinis de
fèves viennent drus jusqu'au pied de la digue d'El Lahoun (voir
fig. 54).

En réalité, seule la région voisine de Medinet el Fayoum et
de l'ancienne Crocodilopolis est très fertile parce que Medinet
est le grand centre de distribution des eaux ; mais dans le reste
du pays, encore plus visiblement que dans toute l'Égypte, on

---

[1] Voir G. Maspero, Égypte et Chaldée, p. 515, 516.

[2] L'autorité de W. Willcocks est reconnue même par ceux qui se séparent de
lui sur bien des points ; voici comment parle de lui le major Brown dans son Introduction à l'Egyptian Irrigation, 2ᵉ édit. : « M. Willcocks a été le premier à découvrir que le barrage (de la pointe du Delta) avait à tort été classé parmi les Incurables... Comme Inspecteur d'irrigation pour les provinces du centre de Delta, il fit
preuve d'une énergie et d'un enthousiasme qui fascinèrent tous ceux avec qui il eut
affaire... Une telle série de travaux eut une heureuse influence sur un esprit très
apte par nature à s'assimiler des connaissances diverses et à tirer parti de l'expérience ; tout cela a contribué à faire de M. Willcocks, et dans une mesure exceptionnelle, un auteur dont l'autorité est extraordinaire en ce qui concerne l'irrigation
égyptienne » (p. xviii).

[3] Edrisi écrivait déjà au xiiᵉ siècle : « Tout ce pays est tellement peuplé que les
villes ne sont distantes l'une de l'autre que d'une journée ou de deux au plus et que
les champs cultivés se succèdent sans interruption sur les deux rives du fleuve. »
Description de l'Afrique et de l'Espagne, traduct. Dozy et de Goeje, p. 59.

compromet la richesse générale en voulant trop étendre la zone
qui peut être arrosée par irrigation. Le Fayoum permet encore
plus que l'Égypte d'aussi regrettables exagérations. Le Fayoum,
c'est-à-dire la dépression qui porte ce nom est trop étendue
relativement à la quantité d'eau fournie par le Bahr Yousef, et
les hauteurs qui enceignent cette dépression sont situées bien
au delà des limites que l'eau peut raisonnablement atteindre :

Cliché de l'auteur, février 1899.

Fig. 54. — Moyenne Égypte : les champs de fèves au pied de la digue d'El Lahoun
du côté de la vallée du Nil.

comment veut-on obtenir des propriétaires qui vivent sur
les confins des territoires irrigués et fertiles qu'ils renoncent à
étendre davantage leurs propres cultures et leurs bénéfices ?
Aussi, tandis que toute la vallée du Nil — sauf dans la partie septentrionale du Delta — est caractérisée par le passage brusque
des cultures au désert, le Fayoum passe beaucoup plus insensiblement de la région cultivée à la région désertique. En revenant du Birket Karoun vers le centre on est frappé de la lenteur

des transitions ; sur les bords du Birket, il n'y a absolument
aucune culture ; puis ce sont quelques touffes de tamarix nains
qui se détachent légèrement en gris poussiéreux sur la teinte
grisâtre du sable salin. Viennent ensuite les dernières cultures
chétives, sur des espaces à grand'peine arrachés au désert et que
le sable parfois reconquiert ; les derniers sillons préparés pour
le blé sont parfois recouverts par le sable avant que le blé ait
poussé. Ici rien ne fixe d'aucun côté les limites du désert aussi
nettement que les falaises du Nil ; et sur le pourtour entier du
Fayoum on constate cette même indécision entre les cultures et
le désert qui caractérise également le Nord de la Basse-Égypte,
la région des *bararis*. C'est dès lors une tentation fatale pour
tous les cultivateurs que d'étendre trop loin ces cultures jusqu'en
des points où les cultures ne sont pas assurées de résister et de
pouvoir se développer.

Là n'est pas encore la principale cause de la mauvaise
situation actuelle. On sait que les différences de niveau au
Fayoum sont relativement considérables : de très ancienne date,
le Fayoum a été divisé en trois bassins successifs par des espèces
de digues continues ; ainsi se superposent trois étages principaux qui sont séparés les uns des autres par des dénivellations
de 3 ou 4 mètres et à l'intérieur desquels la pente est ménagée.
Avec une semblable disposition, on a pu se rendre compte des
effets produits par les infiltrations, effets dont nous parlions
tout à l'heure. De fait, le bassin inférieur se trouve aujourd'hui
presque complètement délaissé et les efflorescences salines s'y
étalent de toutes parts. On a voulu garder le plus d'eau possible
et garder l'eau le plus longtemps possible dans les bassins supérieurs pour y développer au maximum les territoires cultivés
et multiplier sur une même terre la succession des cultures. Il
n'est plus resté pour assurer le lavage des terres dans la zone la
plus basse une assez grande quantité d'eau ; ou bien même il
n'est resté que des eaux chargées de sels ; d'ailleurs les eaux d'infiltration ont fait remonter les éléments salins vers la surface.

Bref le troisième bassin, celui qui, a priori, aurait pu paraître le plus facile à fertiliser, celui qui pouvait être pourvu le plus aisément d'eaux abondantes, est aujourd'hui le plus misérable d'aspect. Dans les environs de Sanhour, du haut du *kôm* de décombres qui s'élève au Nord du village, j'en ai contemplé la désolation terne [1]. La culture est de plus en plus difficile et presque impossible en cette steppe conquise par les tamarix et les salsolacées ; et l'aspect morne de cette steppe presque vide d'habitants est loin d'être contredit par la réalité. — Rien ne peut mieux mettre en lumière les considérations que j'ai précédemment exposées. J'aurai l'occasion de dire plus tard dans quelle mesure le Fayoum peut servir à ceux qui ont la charge des intérêts de l'Égypte de véritable leçon expérimentale.

L'accroissement de la population en Egypte : conséquences économiques et sociales.

Il me reste à mentionner un dernier ordre de considérations, qui se rattache, comme on le verra, aux problèmes que nous discutons. La population de l'Égypte s'est accrue depuis le premier quart de ce siècle dans une proportion qui est loin d'être négligeable. — « Dans un pays où l'on n'enregistre ni les naissances, ni les morts, disait avec vérité le savant correspondant de l'Institut de France, Edward William Lane, il est presque impossible d'indiquer avec précision le nombre des habitants » [2]. Lane a néanmoins tâché de nous fournir quel-

---

[1] Les deux villages de Fademine et de Sanhour sont très voisins l'un de l'autre ; mais l'un est situé en deçà et l'autre au delà de la dernière « marche » du Fayoum ; aussi quelle différence d'aspect ! Sanhour est presque dépourvu d'arbres ; et tout autour du village les orges sont beaucoup moins belles et les cactus moins hauts que dans les environs de Fademine.

[2] Edward William LANE, correspondent of the Institute of France, An Account of the Maners and Customs of the Modern Egyptians, written in Egypt during the years 1833-34 and 35, partly from notes made during a former visit to that Country

ques indications, et qui sont pour nous d'autant plus précieuses.
Ils nous rapporte d'abord que d'après un compte approximatif
des maisons existant en Égypte, compte fait quelques années
avant qu'il écrivît, on était arrivé au nombre de 2 500 000 habitants ; puis, d'après ses observations critiques, il croit pouvoir
réduire ce nombre à un peu moins de 2 millions. Nous pouvons
donc admettre le chiffre de 2 millions pour 1835. — D'après
le recensement officiel de 1847-48 publié par le Gouvernement,
l'Égypte aurait eu 13 ans plus tard une population plus que
double : 4 542 620 habitants : mais il faudrait encore sans doute
réduire cette évaluation officielle. Le recensement de 1882,
également sujet à la critique, donne une population totale de
6 814 921 habitants. Enfin, le recensement de 1897, beaucoup
plus sérieux, le premier même qui soit digne d'être considéré
comme une œuvre sérieuse, aboutit au total de 9 734 405 habitants dont 8 971 761 musulmans [1]. — Je crois qu'on peut, sans
aucune exagération, affirmer que dans l'espace de 70 ans la
population de l'Égypte est passée en gros de 2 millions à
10 millions ; elle a ainsi augmenté d'environ 400 pour 100. Si
l'on craint de remonter aussi haut, qu'on prenne seulement les
chiffres des deux derniers recensements : de 1882 à 1897, nous
constatons déjà un accroissement de 43 pour 100.

Aussi bien rappelons des faits qui ont leur valeur. Il y a
trente ans, le problème de la population était grave en Égypte,
mais les préoccupations étaient exactement en sens inverse des

---

in the years 1825-26-27 and 28. Fifth Edition, edited by his nephew Edward
Stanley Poole. London, J. Murray, 1871, 2 vol. in-12, xxiii + 386 p. et 379 p.,
I, p. 26. — La population de l'Égypte dans l'antiquité semble avoir été beaucoup
plus considérable qu'au commencement de notre siècle (environ 7 millions d'habitants), s'il faut en croire Diodore et Josèphe, voir G. Perrot et C. Chipiez, Histoire de l'art dans l'antiquité, t. I, L'Égypte, p. 477.
    [1] Ministère des Finances. Gouvernement égyptien. Recensement général de
l'Égypte, 1er juin 1897. — 1er Moharrem 1313. Le Caire, Imp. Nat., 1898, 3 vol.
in-4 ; (ces 3 vol. ont été simultanément publiés en français et en arabe) ; voir I,
p. xxxix.

préoccupations d'aujourd'hui : on redoutait alors la disette
d'hommes : la culture intensive pratiquée dans la Basse-Égypte,
et les travaux d'entretien des digues, des canaux d'irrigation et
des canaux de drainage nécessitaient déjà une main d'œuvre
très abondante ; et comme la population d'alors ne pouvait
suffire aux besoins qui résultaient de l'essor économique nouveau de l'Égypte, et des grands travaux exécutés de toutes parts
sous l'impulsion du Khédive Ismaïl (le Prodigue), on avait
même pensé à faire venir, pour exploiter les terres des Princes,
des coolies chinois. La question, en un quart de siècle, a totalement changé d'aspect. La main-d'œuvre est aujourd'hui très
suffisante, et c'est une heureuse condition qui assure l'exécution
des travaux actuellement entrepris. D'autre part, elle crée
des exigences économiques qui peuvent devenir très graves,
dans le cas où la crue du Nil est très faible, comme durant les
années 1900 et 1901. — Et puis si l'accroissement se continue
suivant la même progression, que fera-t-on ? Il faudra toujours
procurer à toute cette population, par ailleurs imprévoyante,
et toujours sans ressources [1], un travail incessant, pour qu'elle
puisse manger, — et comme elle s'accroît sans cesse, un travail sans cesse croissant. — Or l'Égypte produira-t-elle toujours
assez de cultures alimentaires pour nourrir toutes ces masses
humaines ? Il conviendrait en tous cas de s'en préoccuper.

Il conviendrait d'autant plus de s'en préoccuper que cette
multitude qui se multiplie si rapidement, étant de plus en plus
incapable d'effort et d'initiative, est à la merci des événements.
Les fellahs qui cultivent la terre, dans la Basse-Égypte en particulier, se trouvent surmenés et épuisés par la culture inces-

---

[1] Il semble que cette tradition d'imprévoyance remonte à la plus haute antiquité :
« Ouvriers, fellahs, employés, petits bourgeois, on vivait sans cesse de la main à la
bouche dans l'Égypte des Pharaons ». G. MASPERO. Égypte et Chaldée, p. 343. —
Lire la très intéressante Causerie ethnographique sur le Fellah de PIOT BEY, Bull.
de la Soc. khéd. de Géog., 5e série, n° 4, 1899, p. 203-248.

sante et intensive. Le maïs d'Égypte (*dourah*) joue un rôle prépondérant dans l'alimentation du fellah, qui se nourrit de pain de maïs ; sait-on à quel prix le fellah doit s'assurer la quantité de maïs qui lui sera indispensable ? Les grands propriétaires qui veulent faire du coton par exemple, louent leurs terres entre la récolte de novembre et les semailles du coton, c'est-à-dire durant trois mois, aux fellahs qui y plantent et récoltent du maïs. Cela permet aux plus pauvres non propriétaires, d'avoir de quoi manger. Mais cela permet aussi trop souvent aux grands propriétaires de les exploiter ; ceux-ci louent parfois 3 ou 4 livres (75 ou 100 francs) un feddan pour trois mois ; encore le fellah est-il tenu de mettre sur cette terre louée une quantité donnée de fumier ou d'engrais, qu'il doit se procurer à ses propres frais. Or le fellah ne peut jamais avoir de grandes économies, puisque la journée de travail dans la Basse-Égypte est régulièrement payée 2 piastres, c'est-à-dire 50 centimes. Le gain annuel du fellah ne dépasse jamais et n'atteint même pas 8 livres (200 francs).

Le régime auquel les hommes sont soumis est donc plus anormal encore que celui auquel les terres sont assujetties ; les ouvriers agricoles ont durant la période de crue à travailler très activement pour veiller à l'entretien et à la protection des digues et des canaux : puis après la décrue ils doivent se livrer au très pénible labeur du curage des canaux [1] : ils travaillent ainsi toute l'année, sans interruption, sans repos.

A coup sûr ce sont des populations indolentes et qui sont loin de songer à se révolter ; mais cette misère croissante et irrémédiable des fellahs de la Basse-Égypte, qui les laisse sans ressources et sans provision aucune à la merci de la crue du Nil, peut en cas de famine compliquer et aggraver sérieusement

---

[1] Le travail des curages représente l'enlèvement de 1 million et demi de mètres cubes pour les seuls canaux Ibrahimieh, Ismaïlieh et Mahmoudieh. A. RONNA, Les irrigations, III, 1890, p. 565.

la situation ; une crise économique est toujours à craindre ; en outre, une crise économique persistante ne pourrait-elle pas déterminer un jour sinon une crise proprement sociale, du moins un réveil momentané du fanatisme musulman ?

Résumons la situation actuelle de l'Égypte au point de vue agricole et économique : — 1° L'eau de la crue du Nil est distribuée sur une beaucoup plus grande étendue grâce à tout un réseau de canaux d'irrigation, grâce aussi à des travaux d'art anciens ou nouveaux qui mettent en réserve une partie du flot annuel ; il en est résulté, nous a-t-il semblé, qu'on a étendu démesurément la zone que peut arroser, *avec un réel profit pour la terre*, l'eau du fleuve. — Il faut ajouter à cette constatation une considération qui en renforce les conclusions : l'eau ne doit pas servir seulement, sur le territoire de l'Égypte si fortement imprégné de sels, à arroser les terres en vue de la culture, mais encore à les arroser en vue du dessalage, ce qui exige une proportion d'eau beaucoup plus grande par unité de surface.

2° Les assolements actuellement pratiqués ne laissent jamais de repos à la terre, et cette terre, sur laquelle les cultures se succèdent sans discontinuité, doit être bien plus souvent arrosée ; elle a besoin d'eau à de multiples reprises dans l'année. De plus les cultures le plus nouvellement introduites et qui sont aujourd'hui développées avec le plus d'intensité, sous l'influence des entreprises ou des administrations à capitaux européens, sont la canne à sucre et le coton. Ces cultures ont d'incroyables exigences d'eau ; elles nécessitent même en vue des semailles (comme le coton) des labours répétés en pleine saison sèche : et les labours ne sont alors possibles qu'après des arrosages préliminaires. — Il en résulte encore qu'il faut une proportion d'eau annuelle beaucoup plus grande par unité de surface.

3° Ces cultures industrielles servent à des intérêts qui sont hors de l'Égypte ; et le produit en est exporté ; or, en se déve-

loppant tous les jours davantage, elles réduisent la surface relative occupée par les céréales ; peut-être cette surface occupée
par des céréales ou des plantes alimentaires a-t-elle crû d'une
façon absolue ; a-t-elle crû en tout cas proportionnellement à
l'accroissement très rapide de la population ? nous ne le pensons
pas. — Avec quoi pourtant nourrira-t-on cette population
indigène de l'Égypte ? Il faudrait mettre beaucoup de terres
nouvelles en culture pour que les récoltes de blé, de maïs ou
de bersim, nécessaires à l'alimentation des fellahs et de leurs
bêtes, n'eussent pas à souffrir de l'extension progressive et
voulue de la canne et du coton. Mais en Égypte peut-il être
question de nouvelles terres cultivées sans qu'on se soit d'abord
assuré de nouvelles quantités d'eau disponibles ? Et voilà comment le problème que fait surgir l'accroissement prodigieux de
la population indigène, en posant comme postulat prochain et
nécessaire un accroissement proportionnel de l'eau destinée à
l'irrigation, augmente encore les difficultés de la situation
actuelle.

Quels sont les *travaux* exécutés ou projetés par les Anglais
et quelles sont les *méthodes* suivies par eux, dont les conséquences tendent à corriger les effets de cette crise croissante ?

CHAPITRE II

Le grand barrage de la Pointe du Delta. — Il y a longtemps qu'on se préoccupe en Égypte d'assurer aux terres irriguées une plus copieuse distribution de l'eau du Nil.

On sait d'abord que le grand barrage projeté par Mehemet-Ali à la pointe du Delta, commencé en 1843 sur les plans d'un Français, Mougel bey, partiellement exécuté, puis abandonné, a été restauré, complété et terminé par les soins des ingénieurs anglais du Service de l'irrigation de 1886 à 1890, sous la direction de Sir Colin Scott-Moncrieff[1]. Cet ouvrage est situé à 23 kilomètres en aval du Caire au point où le Nil se sépare en deux branches, la branche de Rosette et la branche de Damiette, qui enveloppent la Pointe du Delta jadis appelée par les Arabes le «Ventre de la Vache »[2]. Sur chacune des deux branches du Nil on a construit un barrage muni d'écluses (voir fig. 55). Grâce aux travaux complémentaires exécutés par les Anglais, on a pu élever le plan d'eau du Nil,

---

[1] Voir surtout Major R.-H. Brown, History of the Barrage at the Head the Delta of Egypt, with an introductory Note by W.-E. Garstin, with illustrations. Cairo, Diemer, 1896, in-4, 66 p.

[2] On trouvera une carte du « Ventre de la Vache » avant l'exécution du barrage de la Pointe du Delta dans le très bel ouvrage que J. Charles-Roux vient de publier : L'isthme et le Canal de Suez. Paris, 1901, p. 162.

non pas de 4 mètres ou 4ᵐ,50 comme l'avait projeté Mougel, mais de 1 mètre environ. — Qu'il nous soit permis de recueillir un aveu assez curieux de ce fait que la restauration du barrage de la Pointe du Delta a produit un effet utile restreint ; le major Brown, l'historien du barrage, écrivant en 1899 l'Intro-duction de la *Seconde Edition* de l'*Egyptian Irrigation* de Willcocks, réfute certaines affirmations de celui-ci, et il s'appuie précisément sur cet argument que la restauration du barrage de la Pointe du Delta n'a guère modifié la situation de la Basse-Égypte : « Il y a entre nous, dit le major Brown, quelques divergences d'opinion en ce qui regarde le sujet traité aux pages 173 et 175 du chap. vi. M. Willcocks laisse enten-dre au lecteur que dans la Basse-Égypte un grand dommage est résulté du fait qu'on a maintenu les eaux dans les canaux à un niveau élevé, hiver comme été. Quand ce danger fut signalé, il y a de cela quelques années, je fis faire par les ins-pecteurs d'irrigation deux cartes représentant la surface qu'ir-riguaient respectivement le flot libre (*free flow*) et le flot sur-élevé (*lift*) à diverses époques de l'année, l'une de ces cartes se rapportant à la période qui a précédé la restauration du barrage et l'autre à la période qui l'a suivie. Les conclusions tirées de l'étude de ces cartes furent que l'accroissement des surfaces irriguées grâce au « flot d'hiver et d'été » était décidément petit depuis la restauration du barrage... Aussi me paraît-il bien exagéré de prétendre que « plus de cent milliers d'acres » sont affectés par les résultats d'une semblable irrigation »[1].

De 1898 à 1901, les ingénieurs anglais, préoccupés d'assurer plus d'efficacité au grand barrage de la Pointe du Delta ont de nouveau consolidé, complété et amélioré les deux barrages de Rosette et de Damiette ; et quoique ces travaux nouveaux, ne datant que d'hier, n'aient pas encore subi l'épreuve décisive

---

[1] *Ouv. cité*, p. xxi.

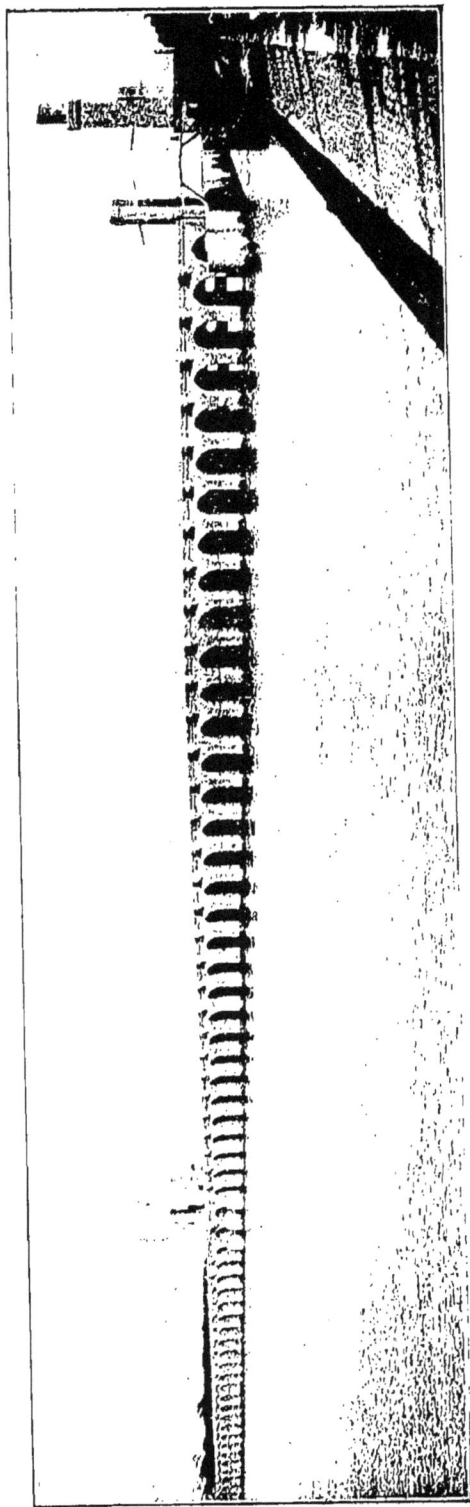

FIG. 55. — Le grand barrage de la Pointe du Delta : barrage de la Branche de Rosette.

de nombreuses crues successives et diverses, il semble bien qu'on a réussi à en accroître l'effet utile [1].

Divers projets anciens et actuels. — Si cet ouvrage ancien a été achevé et permet aujourd'hui de relever le plan d'eau dans tous les canaux de la Basse-Égypte en refoulant les eaux en amont du barrage, combien d'autres travaux ont été seulement étudiés et proposés ! Les nombreux projets de réservoirs et de barrages, élaborés depuis vingt ans, constituent à eux seuls toute une littérature ! Quelques-uns d'entre eux méritent cependant d'être rappelés à titre de projets, car ils représentent des idées vraiment heureuses et qui seront sans doute reprises en partie un jour ou l'autre (voir fig. 56).

Projet de Kalabcheh. — Environ à 60 kilomètres en amont de la première cataracte, le Nil traverse un défilé, le défilé de Kalabcheh, ancienne « cataracte » sans doute, qui est déterminée comme la plupart des cataractes par l'affleurement d'une masse de granit et qui présente la même physionomie générale que

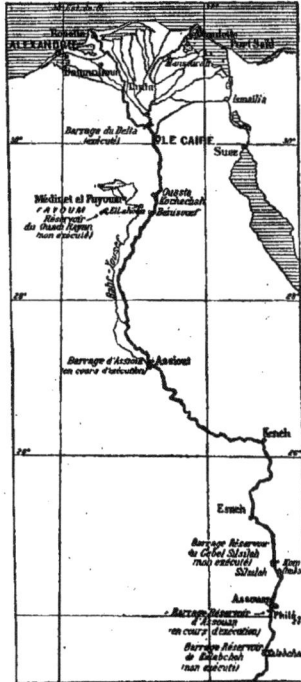

Fig. 56. — Emplacement des principaux barrages et réservoirs exécutés ou seulement projetés, dans la vallée du Nil en Égypte. 1 : 10 000 000.

---

[1] Voir notamment Rep. upon the Adm. of the Pub. Wroks Dep. for 1900. Cairo, 1901, p. 167-174, et aussi le report de l'année précédente (for 1899), Cairo, 1900, p. 165-178.

le rapide d'Assouan ; en un point où un banc de syénite formant plusieurs îlots divise le Nil en un triple chenal principal, il semble que les conditions puissent être favorables à l'établissement d'un barrage-réservoir ; c'est du moins l'une des idées qu'avait émises un Français intelligent et très actif, M. de la Motte, l'auteur bien connu du projet suivant[1].

Projet du Gebel Silsileh. — Le Gebel Silsileh, situé à 6o kilomètres environ en aval d'Assouan, se présente comme une véritable barre de grès nubien perpendiculaire au Nil, et à travers laquelle le Nil a frayé son lit. Au moyen de barrages qui auraient rétabli en quelque sorte la continuité de cet obstacle, M. de la Motte avait proposé de créer en amont du Gebel Silsileh, dans la plaine de Kom Ombos, un large réservoir naturel, et la *Société d'Études du Nil*, s'appuyant sur l'autorité de l'ingénieur, M. Jacquet, avait longtemps insisté pour la réalisation de ce projet[2].

---

[1] De la Motte a été le vrai promoteur de l'idée des réservoirs : il est bon de le rappeler, surtout aujourd'hui. C'est lui qui, après 15 ans de voyages, d'observations et de recherches dans la vallée du Nil, détermina en 1881 la formation de la *Société d'Études du Nil*, qui adopta les idées de de la Motte, les compléta et les précisa. Voir notamment Le Nil, Paris, au siège de la Société d'études du Nil, s. d., in-4, 28 p. et 2 planches ; — Bassin du Nil, Soudan, Nubie, Égypte. Paris, Soc. d'études du Nil, 1883, in-4, 26 p. ; — Société d'études du Nil, note du Comité, rapport de M. l'ingénieur Cotard, lettre de M. Faroue, Paris, Soc. d'études du Nil, août 1892, in-4, 23 p. Cette Société avait mérité par son activité et sa connaissance des intérêts de l'Égypte que le gouvernement égyptien lui fit à diverses reprises la promesse de s'adresser à elle, au cas où la construction d'un réservoir serait décidée. Cette promesse, qui n'a pas été tenue, explique sans doute certaines particularités que nous signalerons plus loin dans l'histoire de l'élaboration et de l'exécution des projets actuels. Comme les publications de la Société d'études du Nil sont assez difficiles à retrouver, nous renverrons pour le projet de Kalabcheh à quelques ouvrages plus généraux et où le lecteur trouvera des indications générales suffisantes (nous ferons de même pour les projets suivants). Pour Kalabcheh, voir Government of Egypt, Ministry of Public Works, Perennial Irrigation and Flood Protection for Egypt, Plans, Atlas, in-fol., 1894. Plate n° 11, Plan of the Kalabsha Gate of the Nile à 1 : 5o 000 ; et Plate n° 12, Plan of the proposed Kalabsha Reservoir Dam, à 1 : 2 000.

[2] Voir A. Chélu, Le Nil, le Soudan, l'Égypte, p. 448-454, avec une carte du projet à 1 : 5 000, planche n° 65, p. 449, et dans Gouvernement égyptien,

Projet du Ouadi-Rayan. — Un Américain, M. Cope Whitehouse, a fortement préconisé l'idée de profiter comme réservoir naturel du Ouadi-Rayan, grande dépression du désert
libyque, analogue au Fayoum quoique beaucoup moins étendue, et toute proche du Fayoum vers le Sud.

Cette dépression de 670 kilomètres carrés devait être, dans
les prévisions de l'auteur du projet, remplie au moment des
hautes eaux, puis déchargée dans la vallée du Nil au moment des
basses eaux et en proportion des besoins annuels de l'agriculture [1].

Projets du Haut-Nil. — Enfin un ingénieur français, qui a
fait la plus grande partie de sa carrière en Égypte, M. Prompt,
s'était préoccupé depuis longtemps de la manière dont on pourrait emmagasiner l'eau du Haut-Nil en amont de la première
cataracte, en amont même de la zone des cataractes, en particulier de la création possible d'un barrage à quelques kilomètres
à l'aval du confluent du Nil et du Sobat [2].

Ministère des Travaux Publics. Projet d'irrigation pérenne et de protection contre
l'inondation en Égypte, par W. Willcocks. Le Caire, imp. Nat., 1894, in-4 :
1° Note sur l'irrigation pérenne et la protection contre l'inondation en Égypte, par
W.-E. Garstin, p. 30-32 ; 2° Rapport sur l'irrigation pérenne et la protection contre
l'inondation en Égypte, par W. Willcocks, p. 20-24. A ce volume est adjoint un
Atlas grand in-fol. de Plans : voir Plate n° 2 (A). Plan of the Nile from Gebel Silsila to Wadi Halfa, à 1 : 100 000 : Plate n° 1 (B). Longitudinal section of the Nile
from Wadi Halfa to Gebel Silsila, longueurs à 1 : 500 000, hauteurs à 1 : 1 000 ;
et surtout Plate n° 6, Plan of the Silsila Gate showing ancient course of the Nile,
à 1 : 20 000 ; et Plate n° 7 (B), Plan of the proposed Gebel Silsila reservoir Dam,
à 1 : 2 000.

[1] Voir colonel Scott-Moncrieff, Note on the Wadi Raian Project, Cairo, Nat.
Printing Office, 1889, in-8, 10 p. ; Cope Whitehouse, How to save Egypt (*Fort-
nightly Review*, novembre 1893) ; W. Willcocks, Egyptian Irrigation, London,
Spon, 1889, in-8, 307 p., p. 302-322, avec un Plan of proposed Wâdi Ryân Reservoir à 1 : 500 000 ; — A. Chélu, *ouv. cité*, p. 454-459 (également avec un plan à
1 : 500 000) ; Major R.-H. Brown, The Fayûm and Lake Moeris. London, 1892,
chapter v : The Fayûm in the Future, and possible Utilisation of the Wadi Raiân,
p. 105-110 ; et dans Government Egyptian, etc. *Ouv. cité* : 1° Note *citée*, par W.-E.
Garstin, p. 32-44 ; 2° rapport par M. W. Willcocks, p. 29-39 ; 3° appendice X (15 p.) ; 4° appendice XI, question 6, Opinion sur le projet du Ouadi Rayan
par le Major Brown, p. 19-21 ; et 5° dans l'Atlas de plans annexé à cette publication (voir plus haut) : Plate n° 15, Wadi Rayan Reservoir general Plan, à 1 : 100 000.

[2] Prompt, La puissance de réservoir des cataractes du Nil, Communication faite

Ces projets de Prompt ont été longtemps regardés comme utopiqués ; mais voilà que l'attention se porte de plus en plus vers le Haut-Nil, et que l'on parle aujourd'hui d'établir de grands barrages à la sortie même des Grands Lacs. W. Willcocks propose de construire une digue immédiatement en aval du lac Victoria et une autre en aval du lac Albert [1]. Il énumère sept grands travaux à exécuter sur le Nil blanc, sur le Nil bleu ou sur l'Atbara [2]. De son côté lord Cromer adopte comme siennes les conclusions d'un important rapport de sir William Garstin, consacré aux projets d'irrigation sur le Haut-Nil, et le fait publier in extenso dans un Livre bleu [3]. Les uns comme les autres, non contents de s'occuper du Nil des Grands Lacs, s'occupent du Nil d'Abyssinie ; ils rêvent de fermer le lac Tsana par une digue énorme et d'en faire un grand réservoir, pourvoyeur d'eau pour toute l'Égypte ; et tandis que Willcocks avec sa franchise rude qui n'admet pas les arrière-pensées déclare que ce sont là « rêves » et « projets fantastiques » [4], tandis qu'il déclare même naïvement « il ne serait pas politique de faire dépendre un des grands travaux publics de l'Égypte du bon plaisir absolu de l'empereur abyssin » [5], — lord Cromer et sir William Garstin insistent au contraire sur les avantages et sur

---

à l'Institut Égyptien dans la séance du 7 mai 1897, Le Caire, 1897, in-8, 22 p. IDEM. Vallée du Nil. Réservoir des Girafes. La crue du Nil Blanc en réserve. Communication faite à l'Institut Égyptien le 6 mai 1898. Le Caire, 1898, in-8, 25 p. : cette brochure contient beaucoup de renseignements intéressants et trois cartons : A. Courbe des débits du Nil Blanc au Sobat. B. Courbe des débits du Nil Blanc à Khartoum après la construction du barrage. C. Réservoir des Girafes. Coupe transversale à 0m,005 par mètre.

[1] The Nile Reservoir Dam at Assuân and After, London et New-York, 1901, voir Plate, n° 8.

[2] Idem, p. 24.

[3] Egypt, n° 2 (1901), Despatch from His Majesty's Agent and Consul-General at Cairo, inclosing a Report as to Irrigation Projects on the Upper Nile, etc. by sir William Garstin, with twelve Maps, July 1901.

[4] W. WILLCOCKS, The Nile Reservoir Dam, etc., p. 26.

[5] IDEM, id., p. 9.

l'urgence d'un tel ouvrage pour indiquer combien il est impossible aux gouvernements de l'Égypte et du Soudan Égyptien de « se désintéresser » de l'Abyssinie[1].

A cette série de projets passés ou actuels, plus ou moins et plus ou moins tôt réalisables, il importerait d'en ajouter quelques autres qui ne seront jamais repris : il s'agit des projets qui se rapprochaient du barrage-réservoir actuellement exécuté à Assouan : barrage en amont de Philé, divers barrages en aval, etc.

Grands travaux en cours d'exécution. — L'historique des projets actuellement en voie d'exécution est curieux, et mérite d'être brièvement reconstitué et rapporté. Ce fut W. Willcocks qui reçut le titre de *Directeur général des réservoirs* et qui fut chargé par le Ministère des Travaux Publics de faire une étude critique et comparative, très approfondie, de tous les travaux proposés ; Willcocks consacra quatre années à cet examen (de 1889 à fin 1893) ; il nous a laissé comme résultats et témoignages de ses observations et de ses recherches le *Rapport sur l'irrigation pérenne* et l'*Atlas* (1894), auxquels nous venons de renvoyer à diverses reprises[2]. Il manifestait nettement ses préférences pour un grand barrage à la cataracte d'Assouan, en aval de l'île de Philé, laquelle devait être ainsi submergée. Le sous-secrétaire d'État aux Travaux publics, sir William Garstin, rédigea un rapport sur ce rapport (ce rapport précède le rapport Willcocks dans le volume ci-dessus indiqué). Il fut décidé qu'on nommerait et consulterait une Commission technique internationale pour reprendre tous les problèmes en discussion et pour chercher la meilleure solution[3]. Les résultats de la con-

---

[1] Egypt, n° 2 (1901), Despatch, etc., July 1901, p. 5.
[2] Le rapport a été officiellement traduit et publié en français par F. Roux, Ingénieur des Réservoirs.
[3] Cette commission fut composée d'un Anglais, sir Benjamin BAKER, d'un Français, Aug. BOULÉ, et d'un Italien, Giacomo TORRICELLI.

sultation de la Commission furent consignés dans une série de
rapports publiés aussi en 1894 et précédés d'une Note du sous-
secrétaire d'État[1].

Le sous-secrétaire d'État, sir William Garstin, concluait que
la majorité de la Commission[2] ayant nettement indiqué le site
d'Assouan comme le meilleur pour l'établissement d'un grand
barrage et ayant considéré comme bon, en principe, le projet
Willcocks, il ne s'agissait plus que d'étudier les moyens de
préserver ou de sauver les merveilles archéologiques de l'île de
Philé. Les trois solutions proposées étaient les suivantes ; ou
exhausser le niveau de l'île, ou transférer sur une île voisine
les temples et les ruines, ou faire le sacrifice de l'ensemble en
transportant dans un musée les parties les plus précieuses
(p. xvi-xvii de la *Note*).

Cette *Note* de sir W.-E. Garstin est datée du 11 mai 1894.
Depuis ce jour, l'histoire publique des projets de réservoirs et
de barrage est pour ainsi dire interrompue, et nous entrons
dans l'histoire privée. A ma connaissance, il n'y a pas eu, durant une période de quatre ans, un seul rapport officiel im-
primé ; les documents indispensables pour les entrepreneurs
ont été seulement autographiés ; les *Rapports annuels du Service de l'irrigation* sont restés muets sur cette question pourtant
capitale jusqu'en 1898[3] ; les neuf planches qui constituaient les

---

[1] En français : Irrigation pérenne et protection contre l'inondation en Égypte,
Rapport de la Commission technique sur les Réservoirs et Note p. W. E. GARSTIN.
Le Caire, Imp. nat., 1894, in-4, LXVIII + 62 p. — et en anglais : Perennial Irrigation
and Flood protection for Egypt Report of the Technical Commission on Reservoirs,
with a Note by W.-E. GARSTIN, National printing Office, 1894, in-4, xvi + 58 p.

[2] M. BOULÉ ne voulut pas admettre toutes les conclusions des deux autres commissaires.

[3] Dans les Reports qui ont précédé l'année 1895, alors que les projets qui devaient
aboutir aux travaux actuels commençaient seulement à être étudiés, il était toujours fait une mention explicite et quelquefois assez longue de ces travaux futurs
voir notamment Report, etc., for the year 1891, Cairo, 1892, p. 141-143 ; Report,
etc., for 1892, Cairo, 1893, p. 31 ; Report, etc., for 1893, Cairo, 1894, p. 35-36 ;
Report, etc., for 1894, Cairo, 1895, p. 27-28 ; à partir du Report, etc., for 1895.

plans du réservoir d'Assouan n'ont été qu'exceptionnellement communiquées et distribuées ; bref les nouveaux travaux, qui intéressaient cependant au plus haut point toute l'Égypte, semblaient avoir été décidés et traités comme une affaire privée.

C'est aussi presque comme une affaire privée que la question se présenta et fut résolue au point de vue financier. Il n'y a pas eu de mise en adjudication publique. Un entrepreneur général, un « contractor » anglais, John Aird, s'est offert à exécuter les deux grands travaux dont nous allons parler ; les fonds lui ont été assurés et fournis par un groupe de banquiers de Londres [1] ; le capital engagé est de 2 millions de Livres (50 millions de francs). L'entrepreneur, John Aird, est payé au fur et à mesure par les banquiers sur la signature, sous le contrôle et par l'entremise de celui des ingénieurs du Service de l'irrigation qui a le titre et les fonctions de Directeur général des réservoirs [2], mais sans que le gouvernement égyptien intervienne directement dans l'affaire. Le Gouvernement s'est uniquement engagé vis-à-vis des banquiers, et doit leur rembourser le capital sous la forme de 60 versements semestriels de 78 613 Livres à partir du 1er juillet 1903 [3].

Ainsi le trait d'union essentiel entre le « contractor » exécuteur des travaux sur le Nil et le gouvernement de l'Égypte est à

Cairo, 1896 ; aucune nouvelle n'est plus donnée concernant les Nile Reservoirs. En 1898 seulement, dans le Rapport officiel annuel de lord CROMER, Report by H. Maj. Agent and Consul-General on the Finances, Administ. and Condition of Egypt and the Sudan in 1898, figure de nouveau une note brève de Sir W.-E. GARSTIN sur les travaux d'Assouan et d'Assiout.

[1] CASSEL., HIRSCH, Karl MEYER et ROTHSCHILD. C'est sir Ernest CASSEL qui est venu en Égypte comme représentant et mandataire du groupe.

[2] Ce titre de Directeur général des réservoirs donné à W. WILLCOCKS durant la période des travaux préparatoires, a été successivement donné durant la période d'exécution à WILSON, mort en 1900, puis à A. WEBB.

[3] En faisant connaître ce curieux contrat dans les *Annales de géographie* du 15 mai 1899, j'avais parlé d'un remboursement du capital en dix annuités ; il ressort des faits aujourd'hui publiés que les conditions consenties par les capitalistes anglais étaient encore plus favorables au Trésor égyptien.

Londres. Cette entreprise, comme on le voit, mériterait encore
d'être envisagée sous son aspect politique. Mais cela nous entraî-
nerait trop loin, et ce n'est pas l'objet de ce livre [1]. Qu'il nous
suffise d'ajouter que les Anglais n'ont point cherché à dissimuler ce caractère complémentaire, témoin les manifestations et
cérémonies qui ont accompagné la pose de la première pierre
de la digue d'Assouan par le duc de Connaught [2].

En quoi consistent ces projets actuels, barrage-réservoir d'Assouan et barrage d'Assiout ? — Bien peu de personnes, même
en Égypte, en étaient informées, lors de mon voyage de mission en 1899. Les uns croyaient que l'on exécutait le barrage
proposé par Willcocks comme conclusion de son rapport de
1894. D'autres disaient au contraire que le projet Willcocks
avait été complètement abandonné ; et comme Willcocks avait
quitté peu de temps auparavant le Service de l'irrigation et
l'Administration des Travaux publics, il semblait en effet que
ce ne devait pas être de ses propres conceptions qu'il s'agissait
alors, car pourquoi l'ancien directeur général des réservoirs en
aurait-il laissé à d'autres l'exécution [3] ? En somme, les idées les

---

[1] Nous avons indiqué en détail dans quelle large mesure l'affluence des capitaux
anglais a servi la pénétration anglaise en Égypte : voir Jean Brunhes, De quelques
formes spéciales de la pénétration anglaise en Égypte, *Questions diplomatiques et
coloniales*, 15 avril 1901, III, Les Capitaux en Égypte, p. 461-465.

[2] Notons un fait particulier qui a une signification générale : Quinze jours après
avoir posé la première pierre du barrage, le duc de Connaught a profité de son
voyage pour poser encore la première pierre d'une église ritualiste à Assouan
(27 février 1899). Les Anglais savent toujours associer aux intérêts des affaires et au
souci de la diffusion de la langue le zèle de la propagande religieuse. Certains
Français, au contraire, en Algérie notamment, affectent d'une manière officielle de
dédaigner les manifestations catholiques et la religion catholique : c'est ainsi qu'au
commencement de l'année 1900, lors de l'inauguration à Biskra du monument du
cardinal Lavigerie, le Secrétaire général du Gouvernement, représentant le Gouverneur général d'alors, et le Préfet de Constantine s'abstinrent ostensiblement d'aller
à l'office solennel célébré à l'église, et qui était évidemment aux yeux de tous,
musulmans et catholiques, une des parties essentielles du programme officiel des
fêtes. Ajoutons que les représentants de la France en Égypte et dans le Levant ont
toujours fait preuve d'une intelligence beaucoup plus avisée des intérêts français.

[3] Willcocks est maintenant à la tête d'une grande administration, analogue à
l'Administration des Domaines de l'État : la Daïra Sanieh.

Cliché de l'auteur, février 1899.

Fig. 57. — La première pierre de la grande digue du barrage-réservoir d'Assouan.
La photographie a été prise huit jours après la pose officielle de la première pierre.

Cliché de l'auteur, février 1899.

Fig. 58. — Premiers travaux du barrage d'Assiout.

plus contradictoires et les plus vagues étaient quotidiennement énoncées.

Pourtant les travaux préparatoires avaient commencé dès le milieu de l'année 1898, et les travaux proprement dits depuis plusieurs mois déjà ; c'était le 12 février 1899 que la première pierre du réservoir d'Assouan avait été posée (voir fig. 57) ; et le 19 février les huit pompes d'Assiout avaient commencé à vider la partie du cours du Nil, où devait s'élever l'écluse du barrage (voir fig. 58) ; c'est alors qu'au cours de mon voyage d'études dans la vallée du Nil, j'ai pu visiter Assouan et Assiout ; et à l'aide des renseignements que j'ai recueillis sur les chantiers mêmes, j'ai fait connaître dans un article des *Annales de Géographie*[1] les données d'ensemble de ces grandes entreprises, qui sont destinées à modifier dans une mesure si sensible les conditions économiques d'une partie notable de l'Égypte.

Réservoir d'Assouan. — Ce réservoir est établi à la première cataracte du Nil ; on profite du resserrement de la vallée et des obstacles naturels qui barrent le lit pour construire une grande digue et créer en amont un immense bassin. Le nom de réservoir de Chellâl indiquerait mieux que celui de réservoir d'Assouan la situation exacte de l'ouvrage, car ce n'est pas à l'aval de la cataracte que les travaux sont projetés et commencés, mais bien dans la partie d'amont, près de Chellâl, un peu au-dessous de l'île de Philé (Voir fig. 59 et 60)[2].

---

[1] Les grands travaux en cours d'exécution dans la vallée du Nil, réservoir d'Assouan et barrage d'Assiout, *Annales de Géographie*, 15 mai 1899, p. 242-251, avec six reproductions de photographies.

[2] On trouve une carte de la première cataracte à 1 : 80 000 dans A. CHÉLU, Le Nil, le Soudan, l'Égypte (Paris, Chaix et Garnier, 1891), planche n° 31, p. 66, et une autre à 1 : 100 000 dans le guide BAEDEKER (Égypte) (édit. française, 1898, p. 333). Mais elles ne sont point concordantes et j'ai relevé des erreurs sur l'une et sur l'autre. L'Atlas du Rapport de WILLCOCKS (1894) contient un plan de la partie méridionale de la cataracte à 1 : 10 000 (Plate n° 8, Plan of the Assuân Cataract), et sur ce plan est tracé le projet Willcocks ; mais il n'avait pas été publié de levé rigoureusement exact de la cataracte jusqu'en 1900 : en 1900 le Public Works Mi-

Le projet qu'on exécute n'est pas le projet Willcocks proprement dit ; mais il serait pourtant injuste d'enlever à cet ingénieur le mérite de la conception et des études préalables du réservoir actuel. W. Willcocks en est indirectement l'auteur, mais sans avoir le bénéfice de la paternité officielle. On a gardé son projet en le transformant légèrement et, surtout, en le réduisant. Au cours de ce bref exposé, nous indiquerons les principales différences entre le projet Willcocks du rapport de 1894 et le barrage-réservoir en construction.

Le projet de Willcocks prévoyait une retenue d'eau d'environ 3 milliards et demi de mètres cubes ; mais il avait provoqué les protestations de tous les archéologues, car avec un pareil barrage la délicieuse île de Philé devait être submergée durant cinq mois tous les ans ; il est vrai que Willcocks proposait d'en transporter tous les monuments et toutes les ruines sur l'île voisine de Bigeh, morceau par morceau et pierre par pierre : à voir ainsi démolir et rebâtir l'incomparable kiosque et le Temple d'Isis, les archéologues ne pouvaient consentir [1]. Le réservoir actuellement en construction refoulera les eaux beaucoup moins haut et retiendra seulement 1 milliard de mètres cubes.

La digue en maçonnerie s'élèvera jusqu'à la cote 109 mètres. Tandis que les basses eaux sont en général à Chellâl à 86 mètres et les hautes eaux à 98 mètres, on a calculé que la digue permettrait d'élever le plan d'eau jusqu'à 106 mètres. La digue,

---

nistry a publié une carte remarquable à 1 : 10 000 en 7 feuilles, First or Assuan Cataract, sheet A-F ; c'est d'après cette carte que nous avons dressé le carton de la fig. 60.

[1] W. Willcocks avait même primitivement proposé une autre solution pour « éviter » la disparition complète des ruines de Philé : « L'aspect général du temple est pauvre, bien que les détails en soient magnifiques. On peut tirer profit de ce fait en tournant la perte de l'Égypte en gain et en vendant le temple de Philoe en détail aux musées européens et en obtenant ainsi une somme de L. E. 100 000 qui rembourserait l'indemnité d'expropriation des terrains à prendre dans la vallée du Nil et réduirait d'autant le coût du travail. » Rapport W. Willcocks, Réservoirs en Égypte dans Min. des Trav. publiques, Rapports sur les Réservoirs du Nil (Le Caire, Impr. Nationale, 1891, in-8, 83 p.), p. 41.

Fig. 59 — L'entrée de la première cataracte, aperçue de l'île de Philé.

Le dernier plan visible sur la figure correspond d'une manière approximative à l'emplacement du barrage.

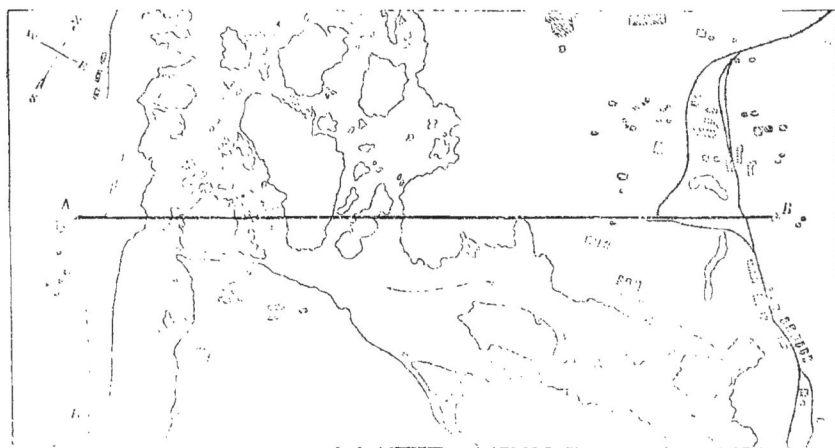

Fig. 60 — La cataracte d'Assouan dans sa partie d'amont

A B, Emplacement de la grande digue du réservoir.

C D, Canal destiné à la navigation

1 : 20 000.

à sa partie supérieure, aura 7 mètres de largeur (dont 1 mètre pour chacun des parapets [1], 1 mètre pour les appareils destinés au fonctionnement des vannes mobiles, et 4 mètres pour une voie de circulation).

La digue qui s'appuiera à la rive droite n'atteindra pas directement la rive gauche du rapide. C'est entre la rive gauche et la digue qu'on doit ménager un canal pourvu de quatre écluses et qui permettra la circulation d'aval en amont aussi bien que d'amont en aval (Voir le canal de navigation CD sur la fig, 60).

Les travaux ont commencé sur la rive droite, complètement émergée aux basses eaux ; on a ensuite détourné le Nil successivement et toujours aux basses eaux de chacun des quatre chenaux principaux qui séparent les rives et les îlots granitiques ; on a eu l'avantage capital de pouvoir presque partout travailler à sec.

Le projet de W. Willcocks prévoyait une digue composée de divers tronçons curvilignes qui se rejoignaient aux points où l'on était sûr de trouver la roche dure. Le nouveau projet comporte une digue rectiligne de 2 000 mètres ; il semble se présenter avec plus de simplicité et d'élégance, mais à l'exécuter, on a éprouvé quelque surprise. On espérait, par exemple, trouver en profondeur le beau granite rouge d'Assouan en masse compacte et homogène ; on l'a bien trouvé à l'extrémité Est, là où l'on avait posé la première pierre, mais en beaucoup d'autres points, on a trouvé au-dessous du granite, d'abord une roche beaucoup plus dure et plus sombre, qui a retardé le travail de creusement, puis des couches de schistes altérés, friables, et très humifères [2]. Bref, on a été contraint d'approfondir,

---

[1] Volontairement nous négligeons ici la largeur des corniches extérieures des deux parapets.

[2] J'avais noté ces observations dans mon article déjà cité des *Annales de Géographie*, dès le mois de mai 1899 ; le fait avait été alors contesté. Aujourd'hui il est confirmé par les rapports officiels, voir notamment le Rapport de sir W. E. GARSTIN, dans Report upon the Adm. of the Pub. Works Dep. for 1900, p. 38.

plus qu'on n'avait supposé, la tranchée destinée à l'établissement
de la maçonnerie ; et, l'approfondissant, on a dû naturellement
en élargir l'ouverture, double travail supplémentaire qui s'est
poursuivi jusqu'à ce qu'on atteignît une assise étanche et
solide.

Le barrage est *insubmersible* et *mobile* : la digue (voir fig. 61)
comprend 180 arches, toutes munies de portes en fer :
ces vannes mobiles resteront levées durant toute la crue
du Nil ; tant que s'écouleront les eaux chargées de limon,
appelées « l'eau rouge », les vannes ne fonctionneront pas ; on
n'abaissera les portes que progressivement à partir du commencement de décembre. Et l'on attendra le moment où les
eaux deviennent insuffisantes, la fin de février ou de mars, pour
distribuer avec une sage économie l'eau emmagasinée en amont
de la digue.

Tel est le projet colossal qui s'achève en ce moment même,
en cette année même, 1902. — A l'époque où j'ai visité les
chantiers (février 1899) 6 000 ouvriers environ y travaillaient
(500 ouvriers italiens et 5 500 indigènes). Depuis lors, les travaux ont été poursuivis encore plus rapidement qu'on ne
l'espérait, à cause des deux très faibles crues successives du
Nil, en 1900 et en 1901 [1].

Barrage d'Assiout. — C'est un projet modeste à côté du
précédent ; mais ce barrage a encore 650 mètres de longueur ; en outre, du côté de la rive gauche, il se termine par
une écluse de 16 mètres de largeur. C'est par la construction
de l'écluse que l'on a commencé les travaux. A Assiout, on n'a
pas eu l'avantage de pouvoir travailler à sec comme à Assouan

---

[1] Au mois de juin 1900, par exemple, 9 308 ouvriers travaillaient sur les chantiers d'Assouan ; voir Rep. upon the Adm. of the Public Works Dep. for 1900,
p. 39. — Le Report, etc., for 1899, contient aussi de nombreux renseignements et
de belles planches concernant les travaux d'Assouan, Report on the Nile Reservoir
Works 1899 by W. J. WILSON, p. 213 et suiv.

Fig. 61. — Barrage-réservoir d'Assouan : aspect général de la digue achevée.

et, par un système de batardeaux, on a dû créer des bassins
artificiels ; c'est dans un bassin établi sur le côté gauche du
fleuve, et épuisé par un jeu de huit pompes, que l'on a commencé par jeter les fondements de la maçonnerie de l'écluse [1].
Les fondations du reste du barrage ont été faites au moyen de
pieux jointifs sur lesquels on a posé 2 mètres de béton et ciment ;
et le radier en briques de 1 mètre d'épaisseur atteind la cote

Fig. 62. — Barrage d'Assiout : aspect schématique du barrage achevé.

43^m,30, alors que les plus hautes eaux atteignent 53^m,30. Au-
dessus du radier, s'élève une maçonnerie à arches, chaque
arche ayant 5 mètres, d'ouverture, et chaque pile 2 mètres
d'épaisseur (voir le schéma, fig. 62).

Comme on le voit, le barrage d'Assiout produira un simple
refoulement des eaux ; mais ce refoulement est d'une importance considérable, car c'est entre la ville d'Assiout et le barrage que se détache du Nil, sur la gauche, le grand canal Ibrahi-

---

[1] Le calcaire de la falaise du plateau de Libye est assez éloigné des chantiers
d'Assiout ; sur place on ne trouvait que l'argile du Nil ; aussi a-t-on cherché à utiliser cette terre limoneuse autant qu'il était possible ; c'est au moyen de sacs remplis de terre, par exemple, qu'on a construit les batardeaux (voir plus haut, fig. 58).
On a fabriqué aussi, sur les lieux mêmes, un nombre très considérable de briques,
soit chaque jour 20 000 à la machine et 30 000 à la main ; un grand four était
installé sous la direction de M. GRECH, d'où l'on retirait toutes les vingt-quatre
heures 30 000 briques cuites ; 20 000 autres étaient cuites à l'extérieur selon les
procédés anciens utilisés dans toute l'Égypte.

mieh, cet émissaire, ce bras du Nil, qui prend plus loin le nom
de Bahr Yousef, et qui, après avoir donné de l'eau à une longue
bande de terre de la Haute-Égypte, pénètre dans le Fayoum
par les régulateurs d'El Lahoun, et apporte à cette oasis voisine
de la vallée du Nil toute l'eau dont elle bénéficie.

Au reste le barrage d'Assiout comporte comme œuvre annexe
et complémentaire un régulateur et une écluse à la tête du
canal Ibrahimieh, travaux qui sont aussi très avancés.

Les travaux d'Assiout vont être également achevés au milieu
de cette année, 1902 [1].

Telles sont les grandes lignes de ces œuvres, dont la première
surtout a une importance exceptionnelle. Le réservoir d'Assouan
constitue l'ouvrage le plus considérable en ce genre qui ait
été jamais construit. Et ce sera une entreprise colossale que de
régler avec sagesse la distribution d'un milliard de mètres
cubes d'eau sur une contrée qui s'étend en aval jusqu'à plus de
1000 kilomètres du barrage! — Dans l'intéressante et brève
monographie de W. Willcocks : *The Nile Reservoir Dam at
Assuân and After* [2], c'est à juste titre que l'auteur s'exprime

----

[1] Les Anglais ont, en outre, entrepris et exécuté, dans la Haute et dans la Basse-
Égypte, un nombre considérable de travaux de second ordre, tel que par exemple
ce Régulateur de Nazlet El Abid (province de Minia) qui vient d'être construit en
1899 et 1900. La simple énumération de ces travaux serait beaucoup trop longue,
et ce n'est pas ici le lieu de les mentionner : nous renvoyons à la collection des
Rapports sur l'irrigation ; on y trouvera de précieuses monographies techniques.
On nous permettra du moins de signaler parmi les ouvrages exécutés un des plus
importants, le barrage de décharge de Kochochah, c'est-à-dire le grand travail en
maçonnerie pour l'échappement des eaux du bassin de Kochechah (entre Beni-Souef
et Ouasta, Moyenne-Égypte). Voir Major R. H. Brown, *Kosheshah Basin Escape,
Middle Egypt, and the Basins between Assiout and Kosheshah which discharge
their contents through it*, (*Professional Papers of the Corps of Royal Engineers*,
Occasional Paper Series, 1892, vol. XVIII, paper II, in-8, 22 p. et planches I-X).
Voir aussi Gouvernement égyptien, Ministère des travaux publics, Projet d'irrigation péronne et de protection contre l'inondation en Égypte. Le Caire, Impr. nat.,
1894, in-4, Appendice II, p. 19-20.

[2] London, Spon, 1901, avec 13 planches hors texte, dont plusieurs figuraient déjà
d'ailleurs dans la 2ᵉ édition de l'*Egyptian Irrigation*. Pour tous les détails techniques,
nous renvoyons bien entendu à cet ouvrage, écrit par un homme si compétent.

ainsi : « La digue d'Assouan est un travail d'un type qui est
sans précédent sur notre terre. Si ce travail réussit, il mar-
quera une date dans la construction des digues. Il doit y avoir
des sites sur les rivières torrentielles des régions arides ou
semi-arides de l'Afrique du Sud, de l'Australie et de l'Amérique du Nord où des digues de ce type, dont Assouan offre
le spécimen unique, répondraient à des besoins depuis longtemps reconnus » [1].

-----

[1] P. 4.

CHAPITRE III

Aspect général et intérêt de la question. — Les Français
d'Égypte se sont peut-être trop exclusivement figuré que le problème de l'irrigation était uniquement un problème technique ;
exécuter les grands travaux nécessaires, c'est une partie de la
tâche, mais ce n'en est qu'une partie. Le problème de l'irrigation, on l'a bien vu, exige non seulement des canaux, des barrages, des digues, etc., mais aussi des règlements, une organisation d'ensemble : problème économique et législatif qui a une
importance égale au premier, et auquel nos ingénieurs ont été
souvent moins attentifs [1].

Les ingénieurs anglais, qui depuis bientôt 20 ans font prévaloir en Égypte leur influence et leurs idées en matière d'irrigation, sont loin d'être restés inattentifs à cet ordre de nécessités. Et c'est une des raisons de l'autorité qu'ils ont conquise.

---

[1] Il faut aussi dire et répéter qu'avec notre défiance de toute complication, de
toute affaire, nous décourageons les meilleures initiatives des Français à l'étranger.
Voici le jugement d'un homme qui ne peut pas être suspect de partialité à l'endroit
des ingénieurs français : « Si on avait laissé les coudées franches aux ingénieurs
français, leurs efforts auraient été sans doute couronnés par le même succès qui a
couronné les efforts de leurs successeurs anglais ; mais leurs avis et leur action
n'étaient pas soutenus par une autorité suffisante. » Arthur SILVA WHITE, The Expansion of Egypt, p. 16.

Il est vrai que les représentants de l'Angleterre en Égypte ont eu l'intelligence de faire appeler sur la terre du Nil des ingénieurs de l'Inde [1] ; les Moncrieff, les Brown, les Wilson venaient tous de l'Inde anglaise ; Willcocks, le plus énergique artisan de l'œuvre des irrigations égyptiennes, avait fait toute sa carrière dans le Service indien des irrigations ; il était même né dans l'Inde, sur un des canaux du vaste réseau d'irrigation de la vallée du Gange. Tous étaient ainsi préparés et prédisposés à comprendre tous les aspects de l'entreprise à exécuter ; ils étaient habitués à savoir ce qu'est l'eau dans les pays où l'eau est tout ; ils ne se sont pas contentés de faire terminer ou commencer les travaux dont nous venons de parler ; ils ont progressivement travaillé, selon un plan bien déterminé et avec une persévérance infatigable, à assurer, puis développer, puis préciser une organisation des irrigations autonome et, en vérité, souveraine [2].

---

[1] Eugène Aubin a bien caractérisé les ressemblances entre l'Inde et l'Égypte : Les Anglais aux Indes et en Égypte, Paris, 2ª édit., 1900, p. 137. Dans : Public Works Ministry, Irrigation Branch, Report for 1884, qui est en vérité le premier Rapport du Service anglais dans de l'irrigation, nous lisons ces lignes caractéristiques : « Notre éducation indienne nous a aidés à reconnaître la très grande similitude de certaines conditions naturelles entre l'Égypte et l'Inde septentrionale. Aussi n'y eut-il pas pour nous de difficultés à reconnaître les défauts de l'irrigation en Égypte ni à indiquer les grandes lignes des réformes à accomplir. Mais à un autre point de vue les difficultés étaient fort grandes. L'Égypte n'était pas une « table rase » sur laquelle on pouvait établir le système de canaux le plus parfait, mais un pays où toute vie dépendait d'un système complètement développé et très mauvais » (p. 4). — C'est en mai 1883 que Scott-Moncrieff fut nommé Inspecteur général de l'irrigation, et c'est lui qui demanda et obtint, grâce à l'appui de lord Dufferin, qu'on fît venir de l'Inde quatre ingénieurs comme inspecteurs auxiliaires ; les quatre premiers inspecteurs furent le major J.-C. Ross et W. Willcocks, qui arrivèrent en Égypte dès le mois de décembre 1883, et le capitaine R.-H. Brown et E.-W.-P. Foster, qui arrivèrent en avril 1884. — Et cette tradition est encore maintenant suivie ; la mort de Wilson ayant déterminé une vacance en 1900, on a fait venir de l'Inde un jeune ingénieur des irrigations, Williams.

[2] On pourrait ajouter que lord Cromer (sir Evelyn Baring), qui a été toujours le si puissant et si intelligent protecteur du Service de l'irrigation, est lui aussi passé par l'épreuve préliminaire de l'Inde ; il y a séjourné en qualité de Ministre des finances avant d'être appelé à représenter au Caire les intérêts de Sa Majesté Britannique.

Avant la mainmise des Anglais sur les irrigations en Égypte : débuts de la législation des eaux. — Il est juste de reconnaître que, même avant les événements politiques de 1882 qui devaient introduire en Égypte la domination de l'Angleterre, le besoin d'une législation spéciale concernant les eaux s'était fait confusément sentir ; et des mesures diverses avaient été prises et avaient déjà une orientation et un caractère très significatifs. Nous résumerons brièvement tout ce qu'il est nécessaire de rappeler pour que la situation actuelle soit bien comprise.

Mehemet-Ali, en 1808, avait aboli, par un acte d'arbitraire souveraineté, tous les titres privés de propriété, aussi bien dans les territoires tributaires dits *kharadjieh* que dans les territoires *oushurieh* ; il avait déclaré le Gouvernement propriétaire non seulement de tous les fonds, mais même de l'usufruit ; presque tout le territoire cultivé et habité de l'Égypte était ainsi mis dans la main d'un seul propriétaire et maître, qui s'engageait seulement à servir une simple pension viagère aux propriétaires dépossédés [1].

C'est grâce à ce *dominium* effectif que Mehemet-Ali put concevoir et réaliser son grand dessein de substituer l'irrigation à l'ancienne submersion, et qu'il put introduire les cultures nouvelles, canne à sucre et coton.

Tant que dura la domination de Mehemet-Ali, c'est-à-dire pendant près d'un demi-siècle [2], toute l'œuvre complexe des

---

[1] Voir J.-C. Mc. Coan, Egypt as it is. London, Paris et New-York, Cassell Peter et Galpin, S. D. (probablement 1877). Chap. ix. Agriculture, p. 176-184. Voir au sujet de l'histoire et des vicissitudes de la propriété foncière en Égypte : Yacoub Artin-Bey (aujourd'hui Pacha), La propriété foncière en Égypte, Le Caire, imp. Nat., 1883, in-8, 348 p. ; et une note de Kamel Gali, Essai sur l'agriculture de l'Égypte, p. 129. — Dans les Codes des Tribunaux mixtes d'Égypte précédés du règlement d'organisation judiciaire, Alexandrie, Carrière, 1896 ; petit in-8, 677 p., voir Code civil au chap. iv, Des servitudes, art. 52, 53 et 54, les 3 articles essentiels concernant les eaux, au point de vue de l'irrigation, p. 36.

[2] Mehemet-Ali mourut le 2 août 1849.

irrigations et des cultures put être poursuivie sans interruption.
Mehemet-Ali s'était assuré le concours d'ingénieurs français
d'un très haut mérite, tel que Linant de Bellefonds et Mougel.
Ceux-ci étaient chargés des ouvrages techniques. Quant au reste,
exécution et surveillance des digues et des canaux, distribution
des eaux, etc., le pouvoir le plus arbitraire et le mieux obéi y
pourvoyait ; et la *corvée* mettait à la disposition de ce pouvoir
tous les bras nécessaires. A quoi bon dès lors une législation
spéciale concernant les eaux ? L'usage que chacun pouvait faire
de l'eau du Nil dépendait, comme tout en Égypte, de la volonté
du souverain.

Mais les successeurs de Mehemet-Ali héritèrent de son pouvoir sans hériter de son autorité. De plus, les Européens, en
s'immisçant de plus en plus dans les affaires politiques, financières et économiques de l'Égypte, rendaient de moins en moins
forte l'influence effective du pouvoir central.

Et tandis que cette autorité centrale diminue, on sent de plus
en plus, d'une manière au moins inconsciente, qu'elle est indispensable pour le développement et la marche normale du système des
irrigations. Il faut substituer à l'intervention toute-puissante,
arbitraire et capricieuse, du gouvernement khédivial, un orga-
nisme central qui assure un fonctionnement sage et régulier de
toutes les activités qui coopèrent à l'utilisation des eaux du Nil.

Cette œuvre commencée il y a trente ans s'est peu à peu pré-
cisée ; elle n'est pas encore achevée.

On crée, en Égypte, dès 1871, des Conseils d'agriculture et
des Conseils d'étude ; mais comme la distribution des eaux n'est
encore réglée que dans les canaux principaux et non point dans
les innombrables artères secondaires, les conflits surgissent de
toutes parts : la nécessité d'une centralisation plus effective se
fait sentir ; on crée un Ministère des Travaux Publics qui comprend spécialement pour l'irrigation un Service d'inspection.
Quant à la réglementation proprement dite, elle ne date que de
1881, mais elle va tous les jours se précisant. Le décret du 25

janvier 1881 définit le rôle de l'Etat en ce qui concerne les travaux à exécuter sur le Nil et sur ses dérivations [1].

Les créations faites et les mesures prises sous l'influence des Anglais. — Le bombardement d'Alexandrie date de juillet 1882, et, dès 1883, le *Service de l'irrigation,* l'*Irrigation Department,* est créé au Ministère des Travaux publics ; en réalité, c'est une sorte de nouveau Ministère qui est constitué ; dès 1884, est publié le premier rapport annuel du Service de l'Irrigation [2] ; et les dimensions croissantes de ce Rapport annuel indiquent la prépondérance croissante du Service [3]. La création

---

[1] On trouvera le texte intégral de ce décret aux *Notes et pièces justificatives, L.* — A. Chélu, Le Nil, le Soudan, l'Égypte, fournit d'abondants renseignements sur les faits que nous venons de résumer.

[2]. De 1880 à 1882, il n'y avait même pas eu de compte rendu publié du Ministère des Travaux Publics, ainsi qu'en fait foi le compte rendu publié à la fin de 1882, Compte-rendu des exercices 1881-1882, p. 2. Comme nous l'avons dit plus haut, le Service de l'irrigation fut réorganisé par C.-C. Scott-Moncrieff, nommé Inspecteur général de l'irrigation en mai 1883. Le premier rapport auquel nous faisons allusion est signé de Moncrieff et porte comme titre Public Works Ministry, Irrigation Branch, Report for 1884. Il est naturellement en anglais, ce qui est important, si l'on songe à la date à laquelle il a été publié. Il ne faut pas s'étonner de l'expression Irrigation Branch. En réalité, on disait au début The Irrigation Officers (Public Works Ministry, Irrigation Report for 1885, p. 3) ; et non pas The Irrigation Department : cette expression officielle ne s'est pour ainsi dire constituée que peu à peu. En 1888 le rapport annuel porte encore pour titre extérieur Public Works Ministry, Irrigation Report for the Year 1888, mais en haut de la page 3 nous lisons Report of the Administration of the Department of Irrigation for the Year 1888. C'est l'année suivante que pour la première fois le titre extérieur est le suivant : Report of the Administration of the Department of Irrigation for the Year 1889. Le même titre est adopté en 1891 et en 1892. Enfin, en 1893 on lit Report of the Administration of the Irrigation Department for 1893. Ce ne sont pas là des détails oiseux ou insignifiants ; cette marche progressive n'est pas le fait du hasard ; les mots servent d'étiquettes exactes à la réalité.

[3] Voici le titre du dernier rapport annuel de l'Irrigation Department : Public Works Ministry, Report on the Administration of the Irrigation Department for 1897, Cairo, 1898, in-8, 248 p., 2 cartes. A partir de l'année 1898, le rapport du Service de l'irrigation se trouve englobé dans un *Report* plus général, et dont il constitue d'ailleurs la partie essentielle et la plus considérable : Ministry of Public Works, Report upon the Administration of the Public Works Department for 1898, by sir W.-E. Garstin, etc. Cairo, 1899, in-8, 243 p., pl. et cartes, etc., etc.

de l'*Irrigation Department* a été, il faut le reconnaître, une très utile mesure : l'eau est bien plus importante en Égypte que l'instruction publique : elle mériterait même, à elle seule, tout un Ministère. En réalité, si le Service de l'irrigation ne porte pas le nom de Ministère, il faut constater que le nom seul lui manque. A partir de 1883, l'histoire de ce Service et l'histoire même des irrigations se confondent.

En 1888, la crue du Nil fut insuffisante, et les cruels inconvénients de la situation apparurent avec plus de netteté. Sous l'influence de ce fait géographique, l'œuvre fut hâtée. Le 12 avril 1890 fut publié un décret qui détermina définitivement les droits de propriété et *organisa* véritablement l'usage et la distribution des eaux en Égypte. L'article 1ᵉʳ du décret déclare que *tous* les canaux font partie du Domaine public, et seront entretenus aux frais de l'État. Deux articles importants (art. 11 et art. 14) se résument en un principe qui peut être ainsi conçu : Lorsqu'une rigole n'est pas assez large pour alimenter la terre d'un des fellahs, le pouvoir central a le droit de faire élargir la rigole et par conséquent de diminuer la terre d'un autre propriétaire ; inversement, lorsqu'une rigole est regardée comme nuisible, le pouvoir central a le droit d'en décider la suppression [1].

---

[1] Voir le texte des articles ici visés et de tout le décret du 12 avril 1890 aux **Notes et pièces justificatives, M.** — Notons en outre le texte des articles de deux lois françaises non abrogées et qui permettront de faire la comparaison avec les prescriptions des décrets égyptiens : Loi du 29 avril 1845 : « Article premier. — Tout propriétaire qui voudra se servir pour l'irrigation de ses propriétés des eaux naturelles ou artificielles dont il a le droit de disposer, pourra obtenir le passage de ces eaux sur les fonds intermédiaires à la charge d'une juste et préalable indemnité. Sont exceptés de cette servitude les maisons, cours, jardins, parcs et enclos attenant aux habitations ». — Loi du 11 juillet 1847 : « Article premier. — Tout propriétaire qui voudra se servir pour l'irrigation de ses propriétés des eaux naturelles ou artificielles dont il a le droit de disposer pourra obtenir la faculté d'appuyer sur la propriété du riverain opposé les ouvrages d'art nécessaires à sa prise d'eau, à la charge d'une juste et préalable indemnité. — Sont exceptés de cette servitude les bâtiments, cours et jardins attenant aux habitations » H. DE LALANDE, Législation annotée du régime des eaux, Paris, Rousseau, 1896, p. 107-108.

En résumé, l'État, représentant la collectivité, est propriétaire des eaux et de tous les travaux d'art exécutés ; il est responsable de leur exécution. Il se charge de la répartition équitable de l'eau entre tous et surveille continuellement l'emploi que chacun en fait. Les délégués du pouvoir central, c'est-à-dire les inspecteurs d'irrigation, ont non seulement un pouvoir illimité de surveillance, mais un pouvoir d'intervention et parfois d'intervention sans appel. Il convient de lire le texte entier du décret pour se rendre compte du rôle qui est attribué aux inspecteurs d'irrigation : c'est pour eux une véritable charte d'investiture.

Tels étaient les principes posés. Il s'agit de savoir si les faits se sont bien accordés et s'accordent bien avec les principes alors édictés.

Nous avons deux moyens d'observer cette concordance, et deux ordres de documents à consulter ou de renseignements à recueillir : nous pouvons d'une part reconnaître les progrès de cette doctrine économique étatiste en matière de propriété de l'eau, en notant les décisions et les jugements des divers tribunaux ; nous devons, d'autre part, rechercher si les pratiques du Service de l'irrigation, les règlements qu'il impose, les idées dont il s'inspire, et le rôle que jouent les ingénieurs de ce Service deviennent de plus en plus des manifestations de cette tendance à l'organisation centralisée et pour ainsi dire despotique de l'eau.

Outre les faits que nous avons constatés nous-mêmes et les conversations et propos qui nous ont éclairé, deux recueils nous ont permis d'appuyer notre jugement définitif sur des documents nombreux et indiscutables : 1° en ce qui concerne la jurisprudence, l'excellent et récent répertoire de M. Milt. Lantz[1] ; 2° en

---

[1] Lantz (Milt.), Répertoire général de la jurisprudence égyptienne mixte et indigène. Première partie : Jurisprudence de la Cour d'Appel mixte d'Alexandrie contenant par extraits, tous les arrêts rendus pendant les vingt premières années, 1875-1895, et publiés dans le *Recueil officiel de la Cour, Bulletin de législation et juris-*

cê qui concerne les pratiques administratives du Service de l'irrigation, la collection des *Reports* annuels de ce Service[1].

Les déclarations et indications de la jurisprudence. — Le second décret par nous cité est de 1890. C'est à partir de l'année 1892 que nous trouvons formulé, comme une vérité fondamentale, ce principe que « *dans une matière qui, comme celle des irrigations, relève exclusivement de l'État,* les déclarations faites par lui, sur la base de constatations opérées et d'avis émis par les pouvoirs compétents, ont incontestablement l'autorité d'une décision administrative que les tribunaux mixtes ne sauraient interpréter ou arrêter, alors surtout qu'il s'agirait de statuer sur la propriété du domaine public »[2]. On trouve une déclaration tout à fait équivalente dans un Arrêt de la même Cour d'Appel mixte d'Alexandrie du 11 février 1892 ; il y est dit encore : « dans une matière, qui, comme le service des irrigations, relève exclusivement du Gouvernement[3]. »

Nous ne pouvons ici qu'indiquer brièvement l'évolution visible de la jurisprudence. Nous nous contenterons de mettre en parallèle un Arrêt de la Cour d'Appel mixte de 1886 et de deux Arrêts de la même Cour de 1894 : s'il n'y a pas contradiction proprement dite entre les textes (et nous n'avons trouvé aucune contradiction de cet ordre), on conviendra facilement que l'esprit, et, si l'on peut dire, le ton des Arrêts, est sensiblement

---

prudence égyptiennes et codes annotés de Mᵉ BORELLI-BEY. Seconde partie : Jurisprudence des tribunaux indigènes et de la Cour de Cassation publiée dans le *Recueil périodique* : « Al-Kada » de Mᵉ SCHIARABATI, avocat au Contentieux de l'État, 1894-1896. Bruxelles, Weissenbruch, Paris, Marchal et Billard, Le Caire, typolithographie Cadéménos et Dessyllas, 1897, in-4, ix + 806 p., 26 fr.

[1] Nous pourrions ajouter, comme sources d'information fort précieuses, le chapitre XIII de la Second édition de WILLCOCKS, Administrative and Legal (p. 400-422); et le chapitre XII, Duty of Water and Agricultural (p. 365-399). ·

[2] Arrêt de la Cour d'Appel mixte d'Alexandrie du 21 décembre 1892, *Recueil officiel des arrêts de la Cour d'Alexandrie*, XVIII, p. 75. Voir LANTZ, Réport., etc., n° 1619, p. 185. C'est nous qui avons souligné les premiers mots cités.

[3] Arrêt du 11 février 1892 (*Bulletin de législation et de jurisprudence égyptienne*, IV. p. 118). Voir LANTZ, Réport., etc, n° 1478, p. 168.

différent ; on y parle tout autrement en 1886 et en 1894, du
Service de l'irrigation, et l'on sent dans le texte de 1894 une
conception beaucoup plus forte des servitudes qu'imposent les
nécessités générales de l'irrigation.

Arrêt de la Cour d'Appel mixte d'Alexandrie du 16 décembre 1886 :
« S'il est vrai qu'aux termes de l'article II du règlement d'organisation
judiciaire, les tribunaux de la réforme ne peuvent ni interpréter, ni
arrêter l'exécution d'une mesure administrative, c'est à la condition
que cette mesure a été prise dans un but d'utilité publique, dans l'intérêt général, conformément aux lois et décrets en vigueur et dans le
cercle des attributions de l'agent qui l'a ordonnée.

« En conséquence, l'acte par lequel un ingénieur, chargé de procéder
au règlement des eaux entre propriétaires voisins, ordonne la fermeture ou l'ouverture de certaines rigoles, peut ordonner ouverture à
une demande en complainte de la part du propriétaire lésé » [1].

*Deuxième et troisième paragraphes de l'Arrêt de la même Cour du
15 février 1894 :* « II. — L'article 54 du Code civil réglant la servitude de passage d'eau doit être interprété d'une façon large et favorable
aux intérêts de l'agriculture. Le passage au profit du fonds le plus
éloigné de la prise d'eau est dû, si ce fonds manque d'eau et ne peut la
recevoir d'une façon rationnelle et pratique qu'au moyen de ce passage ;
il n'est pas indispensable qu'il soit d'une façon absolue impossible de
faire venir l'eau d'un autre côté ; il suffit que le passage demandé soit
le seul moyen certain et pratique d'arroser les terres.

« III. — En présence d'une demande de passage d'eau, le propriétaire du fonds suivant ne saurait refuser le passage sous prétexte que
la prise d'eau projetée serait amorcée sur un canal privé du moment
qu'il ne s'en attribue pas la propriété » [2].

---

[1] *Recueil officiel des arrêts de la Cour d'Alexandrie*, XII, p. 54. Voir LANTZ,
Réport., n° 2998, p. 39.
[2] *Bulletin de législation et jurisprudence égyptiennes*, VI, p. 153. Voir LANTZ,
Réport., n° 351, 45-46.

Autre Arrêt de la même Cour du même jour, 15 février 1894 : « Le caractère public d'un canal ne se prouve pas par des témoignages mais par les soins du gouvernement et du Service de l'irrigation »[1].

Nous avons montré, en d'autres études sur l'organisation des irrigations notamment des irrigations dans le Far-West Américain, qu'une des idées qui se retrouvent le plus généralement dans les lois et règlements concernant l'usage et la propriété de l'eau était celle-ci : C'est l'usage de l'eau, c'est-à-dire le travail effectif qui crée et qui maintient le droit de propriété ; — avec ce principe complémentaire plus ou moins explicitement exprimé : il n'y a pas de propriété sans travail utile[2]. — Ces idées apparaissent aussi de plus en plus dans la jurisprudence égyptienne.

Les décisions et les pratiques du Service de l'irrigation. — Rien ne saurait mieux montrer quelle attitude nouvelle a été adoptée et quelles initiatives ont été prises par les ingénieurs anglais du Service de l'irrigation que ce récit tiré du livre très célèbre de sir Alfred Milner, *England in Egypt*. C'est avec un orgueil visible et non déguisé que Milner raconte le fait suivant :

« Dans l'année mauvaise de 1888, quand la crue du Nil fut exceptionnellement pauvre, il y eut un vaste territoire dans la province de Girga qui fut menacé, comme bien d'autres dans la Haute-Égypte, d'une privation totale de l'eau d'inondation. Le flot du canal qui arrosait ordinairement ce district spécial était à un niveau tel que l'eau ne pouvait arriver jusqu'à la surface des champs, et que plusieurs milliers d'acres semblaient condamnés à une stérilité absolue. Un cri de désespoir s'éleva dans toute la contrée. Qu'y avait-il à faire ? L'un des inspecteurs anglais des irrigations qui se trouvait par hasard sur

---

[1] *Idem.*, VI, p. 153. Voir LANTZ, *Répert.*, n° 1620, p. 185.

[2] Voir en particulier ce que nous avons dit au sujet de la législation des États de Colorado et d'Idaho dans Les Irrigations de la « région aride » des États-Unis, *Annales de géog.*, IV, 1894-1895, p. 28.

les lieux se détermina promptement à jeter une digue temporaire à travers le canal. L'idée était hardie, le temps était court, le canal était large ; et, quoique le niveau fût plus bas que de coutume, le canal roulait encore un volume d'eau considérable dont la vitesse d'écoulement était très rapide. Naturellement aucun préparatif n'avait été fait pour une œuvre dont la nécessité n'avait jamais été entrevue. Mais l'inspecteur ne devait pas être arrêté par la perspective de cette tentative quasi désespérée. En tout cas la main-d'œuvre ne devait pas lui manquer, car la population, qui voyait la famine la regarder en face, n'avait pas besoin d'être contrainte pour donner avec bonheur son concours à une entreprise, présentant même de très faibles chances de salut.

« L'inspecteur ramassa hâtivement les meilleurs matériaux qui étaient à sa portée, il fit transporter son lit sur le bord du canal et, nuit et jour, ne quitta pas le théâtre des opérations jusqu'à ce que le travail fût achevé. Et le plan réussit. A la surprise de tous, il se trouva que la digue fut assez solide pour résister au courant. L'eau fut élevée au niveau voulu, et le pays fut effectivement arrosé.

« La joie et la gratitude de la population ne connurent pas de limite; il fut décidé de faire des prières d'actions de grâce dans la mosquée du chef-lieu de district, et l'événement fut considéré comme étant d'une telle importance générale que le Ministre des Travaux publics se fit un devoir spécial d'assister à la cérémonie. Mais l'enthousiaste population ne se contenta pas de la présence des hauts dignitaires indigènes. Elle insista pour que le fonctionnaire anglais y assistât lui aussi. Elle ne consentait pas à célébrer sa délivrance par une cérémonie d'actions de grâce sans avoir parmi elle l'homme qui en avait été l'artisan. Chacun sait combien profond est le préjugé qui existe dans les contrées musulmanes contre la présence d'un chrétien dans la mosquée. Dans les grandes cités d'Égypte, visitées par les touristes, ce sentiment s'affaiblit, mais, dans les districts de la campagne, il est aussi fort que jamais. Dans ces districts c'est une chose incroyable qu'un chrétien puisse être présent à une cérémonie religieuse, et plus qu'incroyable qu'il y soit présent sur les instances des croyants musulmans eux-mêmes. Mais, dans le cas particulier, le sentiment universel de gratitude et d'admiration fut plus fort que le fanatisme le plus profondément enraciné. Pour la première fois, sans aucun doute, dans l'histoire de cette contrée, il fut permis et même demandé avec insis-

tance par les indigènes à un Anglais et à un chrétien de prendre part
à une manifestation solennelle d'une foi habituellement exclusive et in-
tolérante » [1].

La citation est longue, mais elle nous paraît significative. Il
faut bien croire que ce fait a été regardé comme ayant une portée
singulière, puisqu'un homme de la valeur d'Alfred Milner, jadis
sous-secrétaire des finances en Égypte et dont on connaît les
destinées présentes, y insiste avec une telle complaisance. Cela
prouve déjà que les autorités anglaises, loin de jamais songer à
blâmer une initiative grave et même hardie d'un de leurs agents
en prennent toute la responsabilité avec une imperturbable
fierté.

Examinons maintenant le fait en lui-même. Hâtons-nous de
déclarer que nous ne songeons certes point à le critiquer ; nous
admirons profondément cet acte de hardiesse inspiré par l'unique
désir de sauver tout un district d'une situation très critique.
Nous savions déjà et nous savons aujourd'hui officiellement [2]
que l'auteur de cette entreprise improvisée et heureuse n'était
autre que l'ingénieur Willcocks : nous aimons à l'imaginer,
surveillant ces travaux hâtifs, gouvernant toute cette foule
d'Arabes, avec cette autorité nette, vigoureuse, irrésistible et
pourtant douce aussi, que tout dans sa personne paraît si bien
représenter et exprimer : le corps est maigre et élancé, d'une
taille supérieure à la moyenne ; la tête, allongée, est extraordinairement énergique ; l'œil est clair, le regard est à la
fois dominateur et bon. Willcocks était bien l'homme capable
de concevoir et d'exécuter un pareil dessein. Mais, à tout prendre, la question présentait de graves difficultés et non pas au

---

[1] A. MILNER, England in Egypt, London, Arnold, 1892, p. 312-314.
[2] Dans l'Introduction qu'il a écrite pour la Second Edition de WILLCOCKS, le
major BROWN nous dit en effet que « le héros de l'histoire racontée dans le livre de
MILNER » est bien l'auteur de l' « Egyptian Irrigation », voir p. XVIII.

seul point de vue technique. L'eau apportée par le canal devait, en principe, aller encore plus loin et était destinée à arroser aussi d'autres territoires situés au delà du point qui fut choisi pour l'établissement de la digue. La digue une fois établie, l'eau s'est trouvée arrêtée, et pour ainsi dire définitivement confisquée au profit du district en question, et au détriment des terres plus éloignées. En réalité, la crue a été si basse que ces terres plus éloignées n'ont pas été frustrées de la quantité d'eau sur laquelle elles pouvaient compter, puisque, même sans la digue construite en amont, le niveau dans le canal serait toujours resté trop bas. Mais au moment où Willcocks a pris son énergique décision, — et c'est bien là ce qu'il importe de considérer — la crue n'était pas achevée, et l'on pouvait toujours espérer un subit accroissement qui, déterminant un débit normal et moyen, eût été capable de satisfaire à tous les besoins culturaux des terres riveraines et cela *sur toute la longueur du canal.* Construire une digue, c'était nettement sacrifier tous les territoires situés vers l'aval, c'était accumuler toute l'eau, toute la richesse disponibles sur une partie des terres, plutôt que de laisser toutes les terres sans eau. Encore un coup, nous ne blâmons pas une pareille détermination, mais on conviendra qu'elle était audacieuse. Un agent subalterne du Service de l'irrigation a pris sur lui de faire, — si l'on peut employer une pareille expression en parlant de l'eau, — de faire la part du feu, et de décider, d'une manière autoritaire, définitive, et en somme arbitraire, que toute l'eau d'un canal serait concentrée sur une partie du territoire à arroser. A supposer même qu'un seul propriétaire d'un seul champ eût dû être par ce moyen privé d'eau radicalement et sans espoir, n'était-il pas extraordinaire de faire exécuter une pareille mesure sans avoir obtenu son consentement préalable ? Et bien entendu on ne s'est point occupé ni d'obtenir, ni même de demander le consentement des propriétaires d'aval. En vérité des mesures tout à fait analogues sont prises, on se le rappelle, en bien d'autres oasis d'irrigations dans les cas d'extrême sécheresse : dans la *huerta* de Valence les syndics ont le pouvoir discrétionnaire de concentrer ainsi toutes les eaux des canaux sur une partie des terres, afin de sauver au moins une partie des récoltes. Du moins ces syndics sont élus par tous les propriétaires de la *huerta*, et le pouvoir discrétionnaire qu'ils possèdent dans ces cas extrêmes a été non seulement consenti mais voulu par l'ensemble des propriétaires.

Il semble, par ailleurs, résulter de cette comparaison naturelle entre le régime et la réglementation adoptés dans les centres d'irrigation du type Valence, et les pratiques qui ont été introduites et propagées en Égypte par les ingénieurs du Service de l'irrigation que les analogies deviennent de plus en plus nombreuses et manifestes entre l'Égypte contemporaine et ces centres précédemment étudiés. C'est là précisément ce que nous nous proposions de montrer : c'est ce que nous voulions laisser apparaître jusqu'à l'évidence par l'examen critique du fait sur lequel nous avons insisté longuement et à dessein. Et c'est enfin ce qu'un petit nombre d'autres faits brièvement indiqués vont tout à fait confirmer.

Les rotations d'été et les rotations permanentes. — Le régime des rotations d'été est organisé d'année en année, avec une rigueur de plus en plus précise. Vers les mois d'avril, mai, juin, c'est-à-dire durant la période qui précède la nouvelle crue, les eaux sont de moins en moins abondantes. On établit alors une sorte de « roulement » : successivement et à tour de rôle, l'ensemble des riverains de tel canal ou de telle portion de canal reçoit l'interdiction de prendre l'eau du canal : cette interdiction est généralement maintenue pendant une semaine : puis viennent une ou deux ou trois semaines durant lesquelles toute liberté est laissée de puiser l'eau dont ils ont besoin : c'est le plus souvent au bout de deux semaines de liberté que revient la semaine de prohibition.

A ce régime de rotations d'été, on a récemment ajouté un

régime de rotations qui s'applique en hiver, au printemps et
en automne, c'est-à-dire tout le reste de l'année : de là le nom
anglais qu'on lui donne : *permanent rotations*. C'est une innovation de fraîche date ; les rotations permanentes ont été inau-
gurées en 1897 seulement ; et jusqu'en 1899, elles n'ont été
expérimentées que dans le Delta[1]. Mais le système tend à se
généraliser de plus en plus. C'est pour éviter les infiltrations
qui se produisent avec une intensité et une gravité particulières lorsque les canaux de drainage sont trop remplis, qu'on
interdit de temps à autre les arrosages sur certaines terres
durant une semaine ; les canaux de drainage peuvent ainsi se
vider ; l'écoulement a le temps de se produire[2].

Quoi qu'il en soit, les rotations sont imposées aujourd'hui
toute l'année dans le Delta, et elles le seront bientôt durant
toute l'année dans *toute* l'Égypte. Le régime de surveillance,
garantie d'une distribution méthodique et précise de l'eau, va
ainsi se précisant chaque jour.

Dans la pratique, les difficultés de ce régime sont assez
grandes. A l'époque des rotations permanentes, les machines à
vapeur sont seules soumises au repos forcé durant un nombre
de jours déterminé : les *saquiehs* et les *chadoufs* peuvent continuer à travailler ; on considère en effet que la quantité d'eau
qui est puisée dans les canaux par ces appareils traditionnels et
un peu primitifs n'est pas assez grande pour être, à ce moment
de l'année, l'objet d'une sévère réglementation. Mais à l'époque
des basses eaux et des rotations d'été, appelée couramment
« le temps des rotations », le Service de l'irrigation exerce une
surveillance très active ; ni les *saquiehs*, ni les *chadoufs* ne
peuvent alors fonctionner, et ils sont soumis à l'observation du

---

[1] Report on the Administration of the Irrigation Department for 1897, Cairo,
1898, p. 8 et 9.
[2] Report on the Administration of the Irrigation Department for 1896, Cairo,
1897, p. 7 et 8.

même temps de repos que les machines à vapeur. Il faut encore considérer que les grands propriétaires, seuls propriétaires de machines élévatoires à vapeur, ou les chefs de culture, dépendant de grandes Administrations, savent en ce cas utiliser le *bakhchich* pour faire fonctionner les machines même durant la semaine d'arrêt. Aussi bien la situation est excessivement critique. C'est à cette époque de l'année que de fréquents arrosages sont nécessaires pour la culture du coton qui vient d'être semé, et le volume d'eau attribué à chaque feddan de coton par le Service de l'irrigation, soit 25o à 3oo mètres cubes par tour d'arrosage, est, de l'avis de tous les ingénieurs du Delta que j'ai pu interroger, complètement insuffisant ; ils estiment qu'environ 6oo mètres cubes par feddan sont nécessaires pour chaque arrosage. Or, le coton, nous l'avons vu, est la grande culture rémunératrice sur laquelle comptent les propriétaires et les Administrations ; et pour assurer une belle récolte de coton, tout semble non seulement permis mais légitime : il faut avoir de l'eau en quantité suffisante, quelque risque que l'on courre, par ailleurs. Et si, même en faisant travailler nuit et jour les machines à vapeur durant les semaines où l'arrosage est permis, on n'arrive pas à donner aux terres ensemencées le volume d'eau jugé nécessaire, on est tout naturellement entraîné à violer la règle de rotation durant la semaine qui suit. De plus, les grandes exploitations commencent à être distribuées et organisées de telle manière qu'elles aient accès sur deux ou trois canaux différents ; or les canaux importants ne sont jamais simultanément fermés ; ils sont au contraire fermés à tour de rôle ; dès lors, par une disposition habile des canaux et des rigoles de distribution, les chefs des grandes exploitations peuvent toujours faire puiser en un point donné l'eau indispensable et la porter sur les terres qui en ont besoin. Les règlements de rotation, respectés par les petits, sont souvent violés par les grands. Et si l'observation de ces règlements est déjà maintenant difficile à assurer parce que la quantité d'eau calculée pour chaque terre et pour chaque culture est estimée insuffisante, la tâche ne sera-t-elle pas encore plus difficile dans l'avenir ? Il est important, en tous cas, d'indiquer non seulement que cette réglementation est actuellement appliquée, mais que par la force des choses elle doit aller en se développant, en devenant plus précise, plus minutieuse, et nous serions presque tentés de dire plus tracassière.

Les lois et règlements concernant les machines élévatoires à vapeur. — Si l'on veut se rendre compte de la marche des idées, en matière de réglementation, depuis 1881, on n'a qu'à comparer les mesures aujourd'hui appliquées avec les mesures prévues par l'article 9 du décret du 8 mars 1881, *concernant l'établissement des machines élévatoires* :

« Pour cause d'utilité générale en cas d'étiage exceptionnel, ou quand le débit d'un canal deviendra notoirement inférieur aux besoins des cultures qu'il dessert, les Services des Travaux publics [c'était avant la création du Service de l'irrigation] pourront, par mesure générale applicable à tout un canal ou à un seul bief d'un canal, ordonner l'arrêt momentané des machines élévatoires ou fixer une marche réduite de celles-ci, en tenant compte, s'il y a lieu, de l'importance relative des appareils et des terrains qu'ils arrosent, sans qu'en pareil cas le Gouvernement puisse encourir aucune responsabilité pour dommages causés aux cultures. »

Ce qui était prévu, en 1881, comme mesure exceptionnelle à prendre dans un cas particulier, est devenu aujourd'hui la règle coutumière.

Ce premier acte, l'acte fondamental, a été interprété dans le sens le plus strict par les règlements subséquents et les pratiques adoptées.

Les machines élévatoires, actionnées par des locomobiles à vapeur, soit sur place soit de loin grâce à un ingénieux sys-

tème de transmission [1], élèvent des volumes d'eau que l'on ne
saurait comparer aux volumes d'eau élevés par les anciennes
machines ; aussi l'établissement des machines à vapeur loin
d'être favorisé et propagé par le Service de l'irrigation est
redouté. — Il y a déjà dans le Delta beaucoup trop de machines
à vapeur : tel est le sentiment du Service ; et que ferait-on si les
machines se multipliaient ? — Il devient de plus en plus difficile
d'obtenir l'autorisation nécessaire pour établir une nouvelle machine, et bienheureux sont les propriétaires qui se
sont avisés de demander de telles autorisations, il y a quelque dix ans ! Même les machines antérieurement établies sont
soumises non seulement à la surveillance dont nous parlions
au paragraphe précédent mais à ce que l'on pourrait appeler
une vérification périodique du rôle qu'elles doivent jouer : on
vérifie en effet si le propriétaire d'une machine à vapeur possède toujours une propriété qui soit en rapport avec la puissance de la machine ; si la propriété diminuait d'étendue, la
machine à vapeur devrait être ou réduite, ou supprimée. — J'ai
vu, moi-même, près de Benha, dans le Delta, le fait suivant :
Une propriété de 5ooo feddans appartenait jadis à un des
princes de la famille khédiviale, Abbas-pacha ; cette propriété
possédait une grande pompe à valeur dont les tuyaux avaient
27 pouces de diamètre. A la mort d'Abbas deux de ses enfants
en ont hérité ; mais les héritiers n'ont pu ni s'entendre, ni
même se supporter et l'on a dû partager la propriété. Comme
chaque propriété ne comptait plus que 2 5oo feddans, aucune
des deux n'a pu obtenir le droit de conserver la pompe de
27 pouces et d'en user. Même sur cette propriété princière,

---

[1] M. Souter, ingénieur français de l'Administration des Domaines à Korachich,
a installé un réseau de transmission électrique de la force produite par une machine
à vapeur au centre de l'exploitation, et a pu ainsi supprimer 9 locomobiles à vapeur.
Voir dans le *Bulletin de l'Institut égyptien*, 1896, la note de Souter présentée par
Piot bey, Transport électrique de la force à grande distance.

il a fallu démolir l'installation de la grande pompe et la remplacer par deux pompes, qui ne pouvaient avoir chacune, au maximum, qu'un diamètre de 18 pouces ; quand j'ai visité cette propriété, on était précisément occupé à établir l'une de ces nouvelles installations à côté de la grande installation primitive délaissée et, de par la loi, mise hors d'usage. — On pourrait résumer d'un mot la situation actuelle : la machine à vapeur est l'ennemie du Service de l'irrigation. Peut-être l'expression est-elle quelque peu outrée, mais la pensée qu'elle exprime est vraie : et l'on ne saurait en être surpris quand on comprend pourquoi une telle conception devait logiquement prévaloir[1].

A la fin de 1882, il y avait sur les canaux et sur le Nil 2 206 machines élévatoires locomobiles représentant une force de 20 071 chevaux, et 419 machines fixes représentant une force de 9 382 chevaux[2]. En 1900, il n'y avait encore sur les canaux et sur le Nil que 3 353 machines élévatoires locomobiles représentant une force de 29 328 chevaux, et 622 machines fixes représentant une force de 11 673 chevaux[3]. L'augmentation en nombre et en force totale est incroyablement faible, parce qu'on fait tout pour la ralentir.

Autres mesures et autres faits. — Nous aurions encore à signaler beaucoup d'autres mesures et d'autres faits qui compléteraient cet exposé. — La *corvée* a été officiellement supprimée, mais cela ne veut pas dire que la participation aux travaux d'intérêt public ne soit pas encore imposée de force ; il ne

---

[1] Voir l'intéressante discussion qui a été soulevée au Conseil législatif sur les machines et chaudières à vapeur, *Journal officiel*, n° 24, 3 mars 1900.

[2] Nous avons pu arriver à cette évaluation en nous appuyant sur le tableau de la p. 54 de : Ministère des Travaux Publics, Compte rendu des exercices 1881-1882.

[3] Nous appuyons cette seconde évaluation sur les chiffres des 2 tableaux : Appendix IX, Details of Water-Lifting Machines in Upper Egypt, et Appendix X, Details of Water-Lifting Machines in Lower Egypt, dans W. Willcocks, Egyptian Irrigation, 2. edition, p. 476 et 477.

saurait d'ailleurs en être autrement. Si ce travail est souvent imposé moyennant salaire, il est encore en bien des cas exigé gratuitement ; quand il s'agit par exemple d'exécuter les travaux de protection des villages contre l'inondation, les travailleurs sont rassemblés, bon gré, mal gré, et surveillés par des Arabes qui tiennent à la main la fameuse *courbache* et savent encore la manier ; (des fellahs assez nombreux essaient d'échapper à cette corvée véritable en se sauvant). De grands faits, qui intéressent absolument tous les habitants de l'Égypte, comme la crue annuelle du Nil, comme l'utilisation de cette eau pour les irrigations, impliquent une participation de plus en plus précise de tous aux énormes travaux indispensables. Et la suppression officielle de la corvée ne doit pas sur ce point nous induire en erreur[1].

De même il ne faudrait pas croire que l'eau du Nil fût distribuée gratuitement en Égypte ; en réalité, tous paient l'eau d'irrigation, sinon d'une manière directe, du moins d'une manière indirecte. Car l'impôt foncier est énorme, il est fixé d'après la valeur locative des terres et il est égal au *tiers* de cette valeur locative : si l'État n'était pas censé faire payer de la sorte tous les travaux d'intérêt général qui assurent la distribution de l'eau, cet impôt serait injuste et scandaleux et non plus seulement exorbitant.

Enfin l'on devrait encore insister sur l'autorité que prennent de plus en plus les petits ingénieurs des irrigations, les ingénieurs des villages, qui sont le plus souvent indigènes. Ce sont les dernières ramifications de ce Service, qui, comme l'eau du Nil, s'efforce d'introduire son influence et de faire sentir son action jusque dans les villages les plus insignifiants et les plus éloignés. Ils constituent le réseau administratif qui surveille le

---

[1] En 1900 par exemple la corvée a encore représenté un total de 1 543 900 journées de travail.

réseau des canaux et des rigoles, et qui comme ce réseau
embrasse toute l'Égypte. Et si ces fonctionnaires derniers ne
s'efforcent pas toujours d'imiter les exemples d'impeccable
honnêteté que leur donnent leurs chefs supérieurs, ils n'ou-
blient jamais d'imiter les habitudes autoritaires qu'entraîne
presque forcément une pareille organisation de l'eau sur un
aussi vaste territoire! A ne considérer que les règlements,
l'ingénieur indigène peut déjà de sa propre autorité, et à la seule
condition d'en référer à l'ingénieur de la moudirich, imposer
à tout cultivateur une amende et un jour d'emprisonnement. Il
n'est pas besoin d'ajouter que ces sous-officiers d'un genre
particulier dépassent souvent la consigne qui leur est donnée
et les pouvoirs qui leur sont conférés. Ils tendent de plus en
plus à mettre en échec les autres autorités du village. Ils ont
cet avantage de relever d'un Service « plus homogène que tout
autre » qui a la mission d'être autoritaire, et qui, nous l'avons
vu, ne manque pas à sa mission. C'est une nouvelle preuve à
l'appui de notre thèse : l'eau du Nil a créé l'Égypte et la recrée
tous les ans ; le Service de l'irrigation, discret, silencieux, mais
très agissant et partout présent, en surveillant la distribution
de l'eau du Nil, est aussi en train de recréer l'Égypte, ou mieux
de créer une Égypte nouvelle.

**La faible crue du Nil en 1900 et les résolutions du Service
de l'irrigation.** — La crue du Nil en 1900 a été exceptionnellement basse, plus basse qu'elle n'avait jamais été observée depuis qu'il y a sur le Nil des nilomètres[1]. Le Service de l'irrigation, pour éviter un grand désastre, a dû prendre des mesures
exceptionnelles ; et cette année 1900 a permis de constater
expérimentalement quelles deviennent de plus en plus les

---

[1] Sur les caractères de cette crue, voir p. 511-513 les indications précises, contenues
dans le document officiel qu'on trouvera aux **Notes et pièces justificatives, N.**

tendances et la tactique du Service : les faits très récents que nous allons raconter en sont l'illustration concrète la plus significative.

Nous donnons textuellement et en entier aux *Notes et pièces justificatives*, *N*, le rapport du sous-secrétaire d'État aux Travaux publics, sir William Garstin, tel qu'il a paru au *Journal officiel* du Caire[1]. C'est un document d'une importance capitale. Il est écrit avec cette dignité flegmatique qui n'abandonne jamais les Anglais même dans les circonstances les plus critiques. Il mérite une lecture attentive.

S'il est permis d'en résumer le sens général en deux phrases, en voici la conclusion pratique : toute l'eau était réservée pour la culture du coton au détriment des cultures alimentaires, riz et maïs ; le riz était radicalement sacrifié ; le maïs était abandonné à son sort.

A coup sûr, les cultures de coton sont les plus rémunératrices, et, de plus, ce sont celles qui tiennent la première place dans les préoccupations et dans les intérêts de toutes les grandes exploitations capitalistes de l'Égypte. Or, à la situation de ces exploitations, comme les *Domaines de l'État*, la *Daïra Sanieh*, etc.[2], sont étroitement liés les intérêts du Trésor même ; mais

---

[1] *Journal officiel du gouvernement égyptien*, 24 janvier 1900. J'ai été, je crois, le premier en Europe à faire connaître et à publier ce document, voir : La faible crue du Nil en 1900 et les récentes mesures prises en Égypte par le Service des irrigations, *Revue d'économie politique*, juillet 1900, p. 642-666.

[2] L'Administration des Domaines de l'État a été constituée, sous la direction de trois commissaires (un Anglais, un Français et un Indigène), pour surveiller, gérer et liquider les terres données comme garantie d'un emprunt de 8 500 000 livres sterling consenti par MM. Rothschild. Cette Administration s'est trouvée au début à la tête d'une superficie à peu près égale au septième de l'Égypte cultivée. L'Administration des Domaines de l'État a dû principalement sa fortune au rôle prépondérant et à l'infatigable énergie du commissaire français, le seul d'ailleurs qui ait fait partie de la commission depuis l'origine jusqu'à nos jours (E. BOUTERON). Voir tous les renseignements utiles dans E. BOUTERON, J. GIBSON et MOHAMED-CHEKIB-PACHA, Administration des domaines de l'État égyptien, Compte général des opérations effectuées du 26 octobre 1878 au 31 mars 1898. Paris, imp. Chaix, 1898, in-4,

il ne s'ensuit pas que le fellah puisse se nourrir de coton ; et
que deviendrait la population de la Basse-Égypte, si toutes les
cultures alimentaires étaient condamnées à périr ? L'État Égyptien, représenté par le Service de l'irrigation, s'est-il bien rendu
compte qu'il risquait ainsi d'amener le peuple égyptien à la
famine ? Il a pourtant été averti. Le *Conseil législatif*, qui est le
corps officiel indigène, tout naturellement chargé de défendre
les intérêts des indigènes, a vivement protesté contre les décisions prises. Il convient de lire le procès-verbal de la séance du
28 février 1900, tel que l'a publié le *Journal officiel* [1] :

« Le gouvernement, dit l'un des membres, Hassan bey Abdel
Razek, a-t-il voulu par cette exception interdire au cultivateur de
profiter de la rotation pour l'arrosage des terres charaki [2] de crainte
que ceux des villageois qui ont cultivé une partie de leurs terres en
coton et qui désirent destiner l'autre partie à la culture du maïs ne
négligent l'irrigation de la culture du coton pour procéder à l'ensemencement du maïs, ce qui causerait préjudice au rendement du
coton ? Le gouvernement a tort de vouloir agir ainsi, car le fellah a
moins besoin de coton que de maïs qui forme sa principale nourriture
et celle de sa famille.

« Si donc le gouvernement tient à sauvegarder le rendement du
coton seulement, sans s'inquiéter de la nécessité dans laquelle se
trouve le fellah d'avoir du maïs chez lui, il fera preuve d'imprévoyance,

---

127 p. La Daïra Sanieh, que dirige maintenant W. WILLCOCKS, est également une
grande Administration de biens cédés par l'État comme garantie d'emprunts. V.
A. CHÉLU, Le Nil, le Soudan, l'Égypte, p 120 et suiv. ; v. encore, si l'on veut des
renseignements plus récents, un bon article de tête dans le *Journal du Caire*,
13 février 1899.

[1] Nº 28, du 12 mars 1900, p. 370-372.

[2] Les terres de l'Égypte se divisent en terres *raï*, c'est-à-dire submergées directe-
emnt par les eaux du Nil au moment de la crue, et en terres *charaki*, c'est-à-dire
soumises à l'irrigation proprement dite, partant, arrosées par le moyen de machines
élévatoires ou d'instruments.

car il sait pertinemment que le fellah privé de sa nourriture en maïs n'aura pas suffisamment de force pour s'occuper de la terre cultivée en coton et avoir un bon rendement malgré l'abondance des eaux...

« Et si l'on soutient qu'il était d'usage, il y a quinze ans, d'arroser la culture du maïs par les eaux de la haute crue, la réponse sera facile à trouver, car à cette époque le coton cultivé était en minime quantité, de sorte qu'au commencement de la haute crue les eaux coulaient dans les canaux et les fellahs en usaient pour l'ensemencement du maïs. Mais, à présent, le coton cultivé est en plus grande quantité et les eaux de la haute crue sont d'abord utilisées pour cette culture, ce qui occasionne du retard pour l'ensemencement du maïs.

« En un mot, tout fellah, lorsque son tour viendra pour l'arrosage de ses terres, pourra en profiter à sa guise, c'est un droit comme les autres. S'il contrevenait au système de rotation, il subirait les peines édictées dans les règlements spéciaux établis à cet effet, et, de cette façon on peut se dispenser du projet actuellement à l'étude et qui n'a aucune raison d'être... »

Il convient d'ajouter que le Conseil législatif est purement consultatif, et comme il n'a aucun pouvoir législatif effectif, on lui a démontré que ses protestations n'étaient pas fondées ; en tout cas, on n'a guère paru en tenir compte. Le *Journal officiel* du 14 mars 1900 [1] a publié une réfutation officielle de la thèse du Conseil législatif, sous ce titre : *Note sur le projet de décret concernant les charaki*, par W.-E. Garstin.

Quoi qu'il en soit, la solution adoptée aurait eu de terribles conséquences si le Nil n'avait pas démenti les prévisions très pessimistes faites par le Service même de l'irrigation. La crue n'a été ni aussi faible ni aussi tardive que sir William Garstin le prédisait dans le document cité plus haut.

Dès le mois de juillet 1900, dans notre article de la *Revue*

---

[1] No 29, p. 389-390.

d'Économie politique, nous discutions les craintes de sir William Garstin, et nous les estimions exagérées. Il est certain que la calamité a été moins grande qu'on ne le redoutait[1]. Le major Peake, avec 2 000 prisonniers derviches, a travaillé à couper le *sadd* sur le Nil Blanc, et a mené cette opération avec un succès inattendu[2]; de ce chef, la crue du Nil s'est trouvée certainement augmentée. Bref, le Nil, tout en étant en juillet beaucoup plus bas qu'en 1899, semblait tendre à se rapprocher du niveau qu'il avait atteint l'année précédente ; la différence entre le niveau de 1899 et celui de 1900 allait s'atténuant, comme le prouvait le tableau résumé suivant, que nous avions dressé dès cette époque, à l'aide de renseignements divers[3] :

---

[1] Outre les mesures dont on vient de lire l'exposé, le Service de l'irrigation a pris quelques mesures d'ordre plus spécialement techniques ; sur la proposition du major R.-H. BROWN par exemple, on a établi sur la branche de Damiette une digue appelée Sadd (V. une lettre de R.-H. BROWN, Inspector general of Irrigation, lettre n° 14 du 3 janvier 1900, dans *Journal officiel,* 20 janvier 1900, n° 8, p. 97). Mais nous ne voulons naturellement insister ici que sur les faits et les considérations d'ordre économique.

[2] On ne saurait trop louer l'intelligente énergie du major PEAKE-BEY. Voir le long télégramme envoyé de Khartoum le 27 avril 1900, par sir William GARSTIN à lord CROMER, publié dans le *Journal officiel* du 28 avril 1900, et dans l'*Egyptian Gazette* du 30 avril. Voir aussi Note on the Soudan, by sir William GARSTIN, Cairo, 1899, et le résumé qu'en a donné H. SCHIRMER dans la Bibl. de 1899 des *Annales de géog.,* n° 729 ; The « Sadd » of the White Nile dans *Geographical Journal,* XV, mars 1900, p. 234-239, 5 photographies ; M. ZIMMERMANN, *Chronique géographique, Annales de géographie,* IX, 15 mai 1900, p. 280-281 ; le chapitre The swamps of the Upper Nile and their effect on the water-supply of Egypt dans le livre de Ewart S. GROGAN and Arthur H. SHARP, From the Cape to Cairo, London, 1900 ; et par-dessus tout l'important dossier remarquablement illustré (12 cartes) que constitue le Livre bleu déjà cité, Despatch from His Majesty's Agent and Consul-General at Cairo inclosing a Report as to Irrigation Projects on the Upper Nile, etc., by sir William GARSTIN, July 1901. — On appelle *sadd* ou *sedd* ou *sudd,* ces amas de roseaux qui s'accumulent sur les hautes branches du Nil et qui encombrent par endroits complètement le lit du fleuve et de ses affluents. Le Professeur SCHWEINFURTH, l'éminent explorateur et botaniste, s'est tout spécialement occupé des plantes qui constituent ces masses végétales, et qu'il a été l'un des premiers à reconnaître et à décrire.

[3] *Revue d'économie politique,* juillet 1900, p. 665.

DATES	COTES EN PICS ET EN KIRATS AUX NILOMÈTRES			
	d'Assouan		de Rodah	
	en 1900	en 1899	en 1900	en 1899
1er avril.	0,03	4,14	9,7	10,12
10 avril.	0,1	4,2	9	10,9
20 avril.	0,1	3,15	8,16	10,8
1er mai.	0,3	3,1	8,10	10,8
10 mai.	0,0	1,77	8,8	10,8
20 mai.	0,0	2,12	8,7	10,6
1er juin.	0,3	1,22	8,4	10,3
10 juin.	0,9	2	8,3	10,3
20 juin.	1,3	2,15	8,11	10,1
1er juillet.	1,18	2,20	8,20	10,4
			du Barrage (1)	
10 juillet.	2,6	3,15	13,63	14,11
20 juillet.	5,12	6,12	13,81	14,25

Qu'on consulte maintenant la figure 63 qui représente le niveau des eaux du Nil à Assouan durant les mois d'août, septembre et octobre 1900, et l'on y verra, sous la forme graphique, la suite immédiate du tableau précédent ; la crue très retardée se manifeste brusquement pour atteindre au milieu d'août une cote très élevée, puis les eaux descendent jusqu'au milieu de septembre ; durant la seconde moitié de septembre une recrudescence passagère de la crue survient qui ajoute à ces faits hydrologiques de 1900 un nouveau trait singulier ; et cette singularité apparaît nettement sur la figure 63, soit par la comparaison avec les courbes des crues de certaines autres années, soit

---

[1] Il s'agit ici du barrage qui est situé à la Pointe du Delta, un peu en aval du Caire. — L'île de Rodah, dont le vieux nilomètre est très célèbre, est située au contraire un peu en amont du Caire. N'ayant pu nous procurer les cotes du Nil à Rodah pour le mois de juillet, nous avons indiqué les cotes du nilomètre le plus voisin, de celui du Barrage.

par la comparaison avec la courbe de la crue moyenne de 20
années (1873-1892)[1].

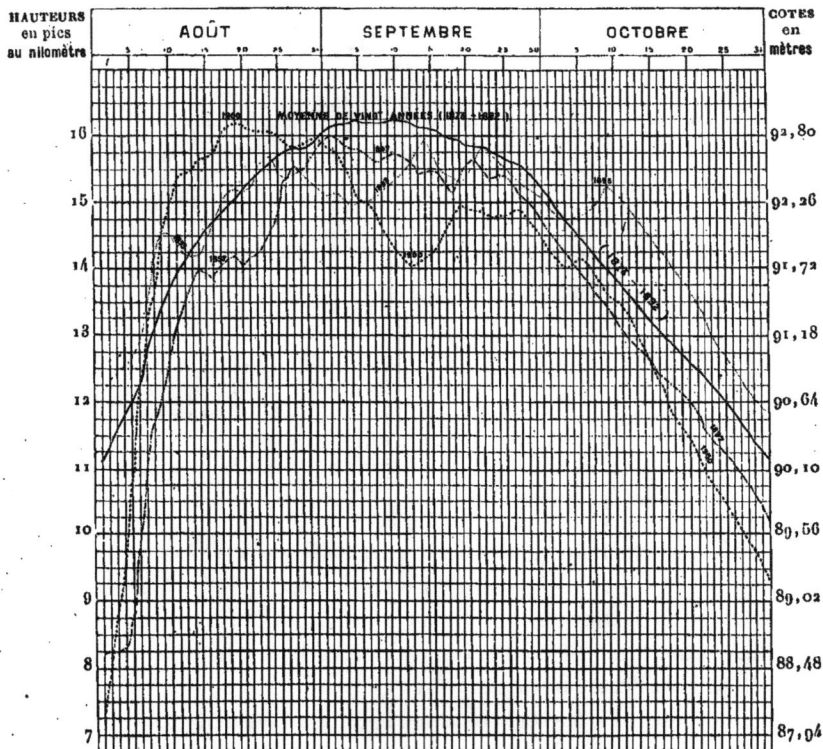

Fig. 63. — Crues du Nil à Assouan, du mois d'août à la fin d'octobre : la crue de 1900
comparée aux crues de quelques autres années.

Il nous importe avant tout de constater ici la signification et
la portée de cette réglèmentation exceptionnelle de l'année 1900.

---

[1] Les cotes des nilomètres sont toujours indiquées en pics et en kirats. Il ne faut
pas confondre le *pic* employé comme mesure de longueur par les architectes, et le
ic employé pour les échelles des nilomètres; le second est plus court que le premier ; il est égal seulement à 0m,54.

Ainsi que l'annonçait la *Note* du Service de l'irrigation publiée le 24 janvier, l'interdiction des cultures *charaki* devait tout naturellement prendre fin dès que la nouvelle crue se serait produite. C'est effectivement le 27 juin qu'a paru à l'*Officiel* un arrêté déclarant que cette interdiction « cesserait le 23 juillet 1900 ». Les mesures exceptionnelles prises par le Service de l'irrigation contre le maïs ont donc duré jusqu'à la fin juillet ; durant toute cette période, le pauvre fellah, qui avait le droit d'arroser sa terre durant trois ou quatre jours par mois, ne pouvait user de l'eau que s'il avait semé du coton ; il ne pouvait absolument pas disposer de cette même quantité d'eau, s'il avait l'intention de la consacrer au maïs.

Il va sans dire d'autre part que même après la suppression de l'interdiction des cultures *charaki,* le système des rotations a continué à être rigoureusement appliqué. Il est vrai que les programmes successifs, annoncés par le Service de l'irrigation, ont été mis en vigueur un peu plus tard qu'on ne l'avait d'abord prédit ; mais dans l'ensemble le projet élaboré a été exécuté comme il avait été prévu [1]. Durant les mois de juin et de juillet les plantations de coton elles-mêmes n'ont pu être arrosées qu'une fois tous les 28 jours. Néanmoins les efforts si ingénieux qu'a tentés le Service de l'irrigation pour sauvegarder cette précieuse culture industrielle ont abouti, on doit le reconnaître, à un heureux résultat ; en cette année si défavorable et si dure pour l'Égypte et pour les Égyptiens, la récolte de coton a été malgré tout satisfaisante [2].

L'anné 1900, qui est une date dans l'histoire du Nil, marque

---

[1] *Journal officiel,* Supplément du n° 23, 28 février 1900 ; *Supplément* du n° 24, 4 mars ; *Supplément* du n° 25, 5 mars ; n° 23, 26 mars, p. 451 ; n° 37, 5 avril, p. 530 ; n° 44, 28 avril, p. 656 ; *Supplément* du n° 45, 30 avril ; *Supplément* du n° 48, 7 mai ; *Supplément* du n° 49, 9 mai, etc.

[2] Voir Report upon the Adm. of the Pub. Works Dep. for 1900, Cairo, 1901, p. 15.

une date caractéristique dans l'histoire du Service de l'irrigation.

En fin de compte le besoin s'est fait sentir d'organiser avec précision la distribution des eaux ; on a compris que le régime ancien de la libérale diffusion de l'eau ne pouvait convenir à cette situation nouvelle qu'avaient créée la transformation, l'amélioration et la multiplication des cultures dans toute l'Égypte et surtout dans la Basse-Égypte. L'on a ébauché, puis précisé, puis établi une réglementation générale qui prévoit de plus en plus tous les détails et qui assure de plus en plus l'action et le respect de l'autorité croissante de l'organe central, — grand pourvoyeur et grand distributeur d'eau, — le Service anglais de l'irrigation [1]. C'est encore l'eau du Nil, bienfaisante, mais inconstante et irrégulière, qui est la cause géographique responsable de l'établissement et des progrès de cette organisation étatiste.

---

[1] Il viendra un temps où l'on imposera à chaque propriétaire l'ordre des cultures à suivre ; déjà il est interdit de faire produire du coton à une terre plus d'une fois tous les trois ans.

RÉSUMÉ ET CONSÉQUENCES

Ce que n'a pu et ne pourra jamais modifier le Service de l'irrigation, ce sont les conditions géographiques initiales de la vallée du Nil et de l'Égypte. L'eau des crues pourra être plus habilement distribuée, plus rigoureusement employée, mais il convient de ne jamais oublier que cette eau de la crue ne *représente jamais tous les ans le même débit : c'est un fait périodique, mais irrégulier,* et l'irrégularité du phénomène, sa variabilité sont dignes de retenir ici l'attention d'une façon particulière. Car les très grandes différences entre la crue d'une année et la crue de l'année suivante peuvent créer un véritable danger pour ceux qui auraient disposé de l'eau du Nil d'après le débit moyen. Si le débit annuel du Nil était constant comme celui d'une source, il n'y aurait aucun inconvénient (bien au contraire) à poursuivre jusque dans le détail l'utilisation possible des moindres parcelles de ce volume permanent et constant. Mais, si ce volume est irrégulier, il est à craindre qu'une utilisation trop habile, trop heureuse, trop complète du volume d'eau supérieur ou égal au volume moyen, n'entraîne — le jour où ce volume sera inférieur au volume moyen — une situation économique critique et désastreuse.

On se trouverait dans la situation d'un industriel qui calculerait ses dépenses et son train de vie d'après le maximum de ses recettes. Qu'advient-il de cet industriel l'année où ses recettes se trouvent sensiblement diminuées?

BRUNHES.   27

L'eau du Nil suffit à peine aujourd'hui aux besoins des hommes qui sont établis sur ses bords, et ce serait une erreur de croire que cette eau du Nil pourra suffire dans l'avenir à des besoins indéfiniment croissants.

Il importerait, non pas de vouloir atteindre la plus grande extension de la zone irriguée, ni la production la plus intensive, mais de chercher cette limite, cette mesure dans l'extension des cultures et dans la production qui correspondraient à l'exploitation la plus sage et à la mise en œuvre normale du souverain agent de fertilité et de prospérité, le Nil. — Il doit y avoir, pour les terres de l'Égypte, un maximum de récoltes correspondant à un minimum d'épuisement, comme il y a, pour une machine, un maximum de rendement, correspondant à un minimum d'usure : la vitesse de la machine, qui assure un effet normal de cet ordre, s'appelle la *vitesse de régime*. Ceux qui président à la transformation économique de l'Égypte par le développement des irrigations ne devraient jamais perdre de vue cette conception fondamentale de la *vitesse de régime*.

C'est un lieu commun qu'en Égypte toutes choses sont immobiles et immuables. Il nous semble au contraire qu'il est au monde peu de pays où les modifications économiques, géographiques et historiques soient à l'heure actuelle aussi profondes et aussi rapides. Dans le domaine des irrigations, que de transformations depuis Méhemet-Ali ! Et nous pouvons même dire : que de transformations depuis quinze ans ! Le travail précis et clairvoyant de J. Barois date de 1887[1] ; l'ouvrage capital de Willcocks, — historien et avocat des transformations nouvelles, dont il fut l'un des plus actifs initiateurs, — date de 1889[2] ;

---

[1] J. BAROIS, L'Irrigation en Égypte (extrait du *Bulletin de la Direction de l'hydraulique agricole*). Paris, imp. Nat., 1887, 1 vol. (texte) in-8, 143, p., 1 vol. (planches) in-8, 22 planches ou cartes.

[2] WILLCOCKS, Egyptian Irrigation, cité plus haut. — On peut rappeler encore ici l'intéressante communication faite le 22 février 1887 par W. WILLCOCKS lui-même à l'Institution of Civil Engineers, de Londres, et les discussions qui l'ont suivie (Voir les *Proceedings* de cette Société, Paper n° 2219, 69 pages).

l'utile volume de A. Chélu, riche en renseignements et en documents de toutes sortes, est de 1891 [1] ; l'ouvrage général de Buckley date de 1893 [2] ; et malgré cela la seconde édition de l'*Egyptian Irrigation* de W. Willcocks (1899) a eu l'intérêt et la valeur d'un livre nouveau, tant les faits ont marché plus vite que les livres ! Bien mieux voilà qu'on parle à présent de faire coopérer les parties les plus lointaines du bassin du Haut-Nil à l'arrosage méthodique de la terre des Pharaons. — Quel sera cependant l'avenir de ces grandioses transformations ? Il serait téméraire de le prédire dès maintenant avec exactitude.

Quoi qu'il en soit, le Fayoum devrait être considéré, et, si je puis dire, interprété comme un champ d'expériences pour toute l'Égypte, Haute et Basse. Aujourd'hui qu'on agite la question de multiplier indéfiniment les réservoirs et les barrages, le Fayoum peut représenter l'idéal que poursuivent certains. — Le grand barrage du Delta, celui qui est situé en aval du Caire, à la bifurcation des deux branches de Rosette et de Damiette, ne peut, malgré tous les efforts tentés, retenir qu'une toute petite partie de la crue du Nil : il donne au Delta un bénéfice d'eau, à coup sûr important, mais insignifiant par rapport au volume total apporté annuellement par le Nil ; le Fayoum, au contraire, offrant un territoire plus petit, arrosé par un émissaire beaucoup plus faible, s'est prêté plus aisément aux expériences humaines. Les hommes qui rêveraient d'utiliser toute l'eau du Nil en irrigations et de ne plus en laisser parvenir une goutte à la Méditerranée, peuvent contempler leur rêve comme réalisé, ou à peu près, dans le Fayoum. De plus en plus, l'irrigation au Fayoum a été substituée à l'inondation, et un volume d'eau de

---

[1] A. CHÉLU, Le Nil, le Soudan, l'Égypte, cité plus haut.
[2] R.-B. BUCKLEY, Irrigation Works in India and Egypt (Indian Public Works Department). London, Spon, 1893 (nombreuses cartes et planches).

plus en plus petit parvient jusqu'au Birket Karoun. De plus en plus on étend le champ des terres irriguées, et on convertit les terres hautes en terres de culture.

Quel est le résultat? Nous l'avons précédemment indiqué : le Fayoum, tant célébré, n'est plus digne de son antique splendeur. Les terres basses perdues par les infiltrations dues aux irrigations des terres hautes ont été envahies par les sels et perdent tous les ans de leur fertilité. Des hectares de terre près du Birket sont laissés en friche.

Pourtant le Fayoum est merveilleusement doté de limon et d'eau. Les environs de Medinet témoignent par leur fertilité de ce que peut être la terre du Fayoum, l'ancien « nome d'Arsinoë ». Malgré ces environs immédiats, le Fayoum n'est pas ce qu'il devrait être. — Le sort du Fayoum attend-il toute l'Égypte, ou du moins la Basse-Égypte? C'est là la question.

Par ailleurs, rien ne montre aussi bien que l'histoire des irrigations en Égypte au xixᵉ siècle comment l'utilisation de l'eau en vue de l'irrigation proprement dite exige et détermine nécessairement une intervention centrale étatiste et une direction autoritaire, à défaut d'une solide organisation collective.

Le pouvoir absolu et souverain de Mehemet-Ali a été le facteur indispensable de la mise à exécution des grands projets dont cet homme a été l'initiateur. Grands projets qui ont fait l'Égypte moderne, qui ont enrichi l'Égypte à coup sûr, qui l'ont merveilleusement transformée, mais grands projets qui ont aussi entraîné de très dures conséquences pour le peuple de l'Égypte. Le grand pacha d'Égypte a usé et abusé de la corvée, et c'est parce qu'il disposait du temps, de la force vive et de la vie même de ses sujets qu'il a pu créer ce nouveau mode d'utilisation de l'eau du Nil.

Ses successeurs ont eu le même pouvoir arbitraire et capricieux, et comme ils l'ont fait servir à la satisfaction de fantaisies personnelles et à des labeurs égoïstes, l'obligation de la corvée, qui ne pouvait guère être plus lourde que sous Mehemet-Ali, mais qui était moins destinée aux besoins collectifs du pays, a été supportée avec plus de difficulté : et naturellement les fellahs tâchaient de plus en plus de s'y soustraire.

C'est alors que sont arrivés les Anglais en Égypte : leur énergie à poursuivre les desseins grandissants de la *Greater Britain*, leur perspicace volonté de tenir l'Égypte par l'eau et d'y réorganiser l'irrigation, et leur persévérance à imposer toutes les conditions qu'exigeait l'entreprise, comme à soutenir tous les agents qui en étaient les collaborateurs, ont suppléé, en attendant une réglementation précise et régulière, à l'absence de toute organisation : cette cohérence dans les efforts et cette protection toute-puissante des agents anglais, voilà le pouvoir non officiel mais effectif qui a été le véritable héritier du pouvoir arbitraire de Mehemet-Ali [1]. Pouvoir central qu'impose d'ailleurs une tâche aussi gigantesque que la prévoyante répartition de ce flot annuel du Nil. Et les vastes projets d'irrigation n'ont retrouvé un regain de vie que lorsque force, cette agissant au nom de la collectivité, a été de nouveau reconstituée.

D'autre part, il faut le reconnaître, les Anglais étaient le seul peuple européen capable d'assez d'audace pour jouer ainsi dans un pays qui n'était pas *le leur* et qui ne devenait pas *leur* officiellement, le rôle capital de grands distributeurs d'eau, c'est-à-dire de souverains dispensateurs de fertilité et de richesse.

Il est bon de rappeler encore une fois l'influence qu'a eue la domination anglaise dans l'Inde sur les affaires d'Égypte. L'Inde a fourni aux Anglais cette expérience première qui fait apprécier la valeur dominatrice de l'eau. Et c'est l'Inde en effet qui a

---

[1] Pour connaître les ambitions anglaises dévoilées sans détour, il faut lire le livre si remarquable de Arthur SILVA WHITE, The Expansion of Egypt under Anglo-Egyptian Condominium, London, 1899 ; nous en avons donné des citations caractéristiques dans notre étude : De quelques formes spéciales de la pénétration anglaise en Égypte, *Questions diplom. et coloniales*, 15 avril 1901, voir p. 467-470.

fourni tous les premiers ingénieurs anglais du Service de l'irrigation.

Nos ingénieurs français ont dépensé et quelques-uns dépensent encore sur la terre d'Égypte l'inappréciable effort de leur dévouement désintéressé : ils ont semé à profusion les idées fécondes et les ingénieux desseins : ils ont même fait de grandes œuvres, ils n'ont pas fait *une* œuvre [1]. Il leur a toujours manqué d'avoir auparavant vécu dans un pays où l'eau est tout. C'étaient d'industrieux ingénieurs des Ponts et Chaussées, théoriciens calculateurs et praticiens habiles : mais ils n'étaient et ne pouvaient être que les hommes des grands barrages et des gros œuvres de maçonnerie. Ils n'étaient pas, ils ne pouvaient guère devenir des organisateurs despotiques de l'eau.

Les Anglais qui arrivaient de l'Inde se trouvaient, par habitude et par expérience, encore plus que par nature et par tempérament, tout préparés à cette conception d'un Service de l'irrigation tout à fait indépendant et fortement centralisé. A cela ils ont donné leurs premiers soins, leur premier effort. Avec les idées économiques dites libérales qui ont si longtemps régné sans partage dans nos Écoles officielles, un Français ne pouvait

---

[1] Au cours de cet ouvrage, je parle, ce me semble, avec assez d'indépendance des travaux et des actes des Français en Égypte pour avoir le droit de signaler — avec un très vif regret — les jugements injustes et partiaux qui sont trop souvent portés en certains livres anglais sur l'œuvre de civilisation et sur le fécond labeur scientifique dont l'Égypte du XIXᵉ siècle est redevable à la France. Ne voulant rien avancer sans preuves à l'appui, nous citerons en exemple deux ouvrages par ailleurs très remarquables : Alfred MILNER, England in Egypt, London, Arnold, 1892, in-8, VIII-448 p. (ce livre a été traduit en français) ; les renvois aux passages les plus significatifs contre la France ou les Français d'Égypte ont été rassemblés par l'auteur lui-même au mot *France* dans son *Index*, p. 446 ; voir dans le livre notamment p. 71 et 415-428. — W. FRASER RAE, Egypt To-Day, The First to the Third Khedive, London, Bentley, 1892, in-8, 331 p. ; voir p. 164, 175, 176, et surtout p. 144 ; parlant ici de l'Administration des Domaines qui a dû toute son organisation et la bonne marche de ses affaires à l'activité de M. E. BOUTERON (voir plus haut), W. FRASER RAE dit : « On ne trouverait nulle autre part une organisation plus absurde (proprement plus contraire à l'esprit des affaires, *unbusinesslike*) que celle des Domaines de l'État, si ce n'est dans l'île de Laputa. »

concevoir ce rôle futur du Service souverain de l'irrigation que comme une usurpation de pouvoir. L'Angleterre, prétendue patrie des idées libérales, qui a toujours eu le talent d'accréditer dans le monde les théories qui pouvaient le mieux servir ses intérêts, ne s'est jamais piquée de libéralisme envers les peuples étrangers, et elle n'avait point de tradition gênante pour s'implanter en Égypte et y devenir la maîtresse du Nil, la maîtresse de l'eau.

Aujourd'hui les capitalistes anglais, les entrepreneurs anglais et les ingénieurs anglais ont associé leurs efforts pour doter l'Égypte d'un réservoir d'un milliard de mètres cubes d'eau au-dessus d'Assouan. D'Assouan, on va lancer pour ainsi dire l'eau du Nil dans les provinces que l'on voudra arroser et sur les points précis que l'on voudra fertiliser. Ce grand barrage-réservoir d'Assouan qui va être incessamment inauguré est à la fois le couronnement de l'œuvre commencée il y a 20 ans, et le symbole le plus expressif de l'influence conquise et exercée par le Service de l'irrigation.

Les eaux du Nil, surabondantes au temps des Pharaons, ne peuvent satisfaire que très difficilement à tous les besoins nouveaux [1]. On est passé, par suite de cette transformation de l'emploi que l'homme a fait des eaux, d'un type de région aride où l'eau est abondante à un type de région où l'eau exige une scrupuleuse distribution, où l'eau ne peut être suffisante que si elle est très bien répartie ? L'État, représentant de la collectivité, doit s'occuper et s'occupe en effet avec une précision de plus en plus grande de la répartition de l'eau entre tous et surveille continuellement l'emploi que chacun en fait.

---

[1] W. WILLCOCKS déclare que « 2 000 millions » de mètres cubes supplémentaires seront d'abord nécessaires rien que pour répondre aux besoins des terres actuellement cultivées, « afin d'assurer effectivement l'irrigation pérenne aux surfaces qui sont aujourd'hui destinées à ce mode d'irrigation » ; voir Egyptian Irrigation, 2. édit., p. xxvi. Et c'est ce véritable besoin d'eau nouvelle qui donne un intérêt si actuel aux projets de grands travaux sur le Haut-Nil.

L'Égypte pharaonique répondait au type de Grenade. L'Égypte
moderne répond de plus en plus au type de Valence.

Et l'influence des conditions géographiques est telle que les
hommes s'acheminent inconsciemment vers les formes économiques qui peuvent, seules, les protéger contre la misère et la
ruine; malgré les dimensions de l'Égypte, malgré les difficultés
d'une organisation générale, malgré l'absence de traditions historiques touchant cette matière, malgré le courant naturel des
idées modernes européennes qui inspirent le gouvernement
égyptien, malgré la dissemblance du système politique actuel
et des systèmes anciens, — nous trouvons, nés d'hier en Égypte,
un régime et une organisation qui sont tout à fait analogues,
dans leur objet et dans leur effet, au régime et à l'organisation
des eaux dans la vieille *huerta* de Valence.

CONCLUSION GÉNÉRALE

I. — L'IRRIGATION EN PAYS ARIDE

En cette grande zone de transition qui s'étend depuis l'Espagne jusqu'aux énormes Areg sahariens, — Ibérie sèche et Berbérie sèche — une série complète de termes variés et nuancés nous a permis d'étudier l'insensible gradation de la sécheresse ; et nous avons terminé l'examen critique et raisonné des steppes et déserts de la Péninsule ibérique et de l'Afrique du Nord en nous portant au Nord-Est de l'Afrique, en plein désert libyque et arabique. Domaine immense où l'industrieux labeur des hommes a opéré et accomplit encore aujourd'hui l'une des plus belles œuvres humaines, l'une des plus fécondes : la transformation de parcelles arides en îlots de culture, la conquête partielle du désert par l'irrigation. L'irrigation en pays aride est l'œuvre qui par excellence marque en traits saisissants sur la surface de la terre les résultats de l'activité persévérante de notre espèce : l'observateur le plus superficiel est frappé du contraste entre l'oasis verdoyante et le cadre terne qui l'entoure ; et nul ne peut se défendre d'éprouver une impression d'aise et un sentiment d'admiration en pénétrant dans ces jardins, — beaux et soignés comme des jardins de luxe, — que des hommes pauvres, — avec patience et sans orgueil, — disputent incessamment aux agents climatiques tout-puissants qui font les déserts.

Au cours de cette étude, l'eau nous est apparue sous tous ses aspects géographiques ; et des steppes de la Manche jusqu'aux sables qui bordent le Canal de Suez nous avons pu observer comment l'homme s'ingéniait à l'utiliser sous toutes ses formes : l'eau qui filtre, l'eau qui sourd, l'eau qui jaillit ; — l'eau des pluies d'hiver qui ruisselle, l'eau d'averses qui se précipite, l'eau que la fonte des neiges réserve pour le printemps et l'été. Tantôt c'est l'eau de crue que l'on arrête, et tantôt c'est l'eau d'orage que l'on recueille : tantôt c'est l'eau profonde que l'on puise, et tantôt l'eau des nappes artésiennes à laquelle on procure une issue vers la surface.

Partout, en ces territoires pauvres en eau, c'est l'eau qui a été l'objet principal de nos investigations géographiques ; l'eau acquiert aux yeux de l'homme une valeur singulière quand elle lui est dispensée avec avarice ; l'eau s'impose à l'homme avec d'autant plus de puissance qu'elle est la richesse rare, peu abondante et peu répandue. Au désert l'activité humaine, l'activité même des nomades, est liée à l'eau ; à plus forte raison, on l'a vu, la répartition de l'activité des sédentaires est calquée sur la distribution de l'eau. Cette activité est vouée à une répartition sporadique comme l'eau elle-même. Nous devions considérer avec une attention particulière, au point de vue de la géographie humaine, ces cas de répartition sporadique du travail humain qui sont les oasis : les faits humains ont d'autant plus de chance d'être variés que ces oasis sont plus éloignées les unes des autres ; ces grands espaces infertiles, ces grandes zones seulement parcourues par des nomades vivant sous la tente, créent entre les sédentaires de vraies cloisons étanches ; l'esprit d'imitation mêle et uniformise plus difficilement que dans nos pays à nous les modes de culture, les types d'habitation, et toutes ces habitudes qui règlent le travail et la vie [1]. Le désert en

---

[1] Les populations des oasis résistent à toute innovation. Le commandant Pujat, le grand constructeur du Sud m'a raconté qu'au moment où il a fait construire le bordj d'El Oued (Souf) il avait fait creuser et organiser un ou deux puits du type

isolant les groupes d'hommes leur conserve une originalité puissante ; la tradition a beaucoup moins à redouter les innovations ou du moins cette propagation de proche en proche qui sous d'autres climats est inévitable. Le désert impose à l'homme une sorte de régime insulaire ; et comme dans les îles, les hommes manifestent plus clairement leurs relations directes avec les conditions géographiques locales. Ainsi, sur le littoral méditerranéen de l'Algérie-Tunisie, et surtout dans la Péninsule ibérique, — c'est-à-dire au voisinage des zones humides, — les faits d'irrigation des zones sèches présentent en une même zone des caractères de ressemblance et d'homogénéité qui vont s'atténuant à mesure que s'accentuent vers le Sud les influences désertiques.

Cette variété dans les conditions géographiques générales et cette diversité des cas particuliers nous autorisent donc à dégager brièvement de ces études quelques conclusions générales.

Si les types d'organisation des irrigations sont liés au climat, le climat est lui-même lié au relief. En Espagne comme en Algérie-Tunisie, les massifs saillants, Sierra Nevada, Djurjura, Aurès, déterminent un accroissement des pluies annuelles ; et, conséquence immédiate, l'irrigation est plus aisée dans les vallées qui sillonnent ces massifs : *vega de Grenade et vallées des Alpujarras, vallées de Kabylie, vallées de l'oued Abdi, de l'oued el Abiod*, etc. : et, conséquence de cette conséquence, les irrigations se développent, mais sans que l'on ait besoin de recourir au régime serré de la réglementation.

Les plaines littorales de la *région de Valence* restent le type par excellence de la bonne organisation des irrigations en pays

---

du M'zab ; ces puits sont pourtant très répandus, nous l'avons dit, dans le Sud (en Tunisie, à Djerba, etc.), mais ils sont inconnus au Souf ; malgré tous les efforts du commandant, ce type de puits a été mal accueilli, et aucun indigène n'a voulu suivre l'exemple donné.

aride ; on a simplement profité de la disposition topographique
de ces terres de bordure, en se préoccupant avant tout de res-
serrer par des liens administratifs la solidarité économique des
cultivateurs : peu de grands travaux, mais une ingénieuse distribution et une forte organisation collective : telles sont les
causes de la prospérité de ces *huertas*.

Il convient de ne jamais s'écarter à l'excès des conditions
primordiales : mieux vaut multiplier les petits barrages de dérivation que de tenter l'effort dispendieux et souvent imprudent
que nécessitent les grands barrages surtout les barrages-réservoirs.
Comme on l'a fait à *Murcie* et à *Bel-Abbès*, à *Biskra* et dans la
vallée de la Mina, on doit viser à une modification et à une
amélioration de la nature qui soient le plus possible une simple
adaptation des conditions naturelles aux besoins agricoles de la
culture en pays aride. Toute entreprise d'irrigation exige l'esprit de souplesse, le sens de l'extrême diversité des cas géographiques.

La *zone Sud-orientale de l'Espagne* a fait l'expérience des
grands barrages-réservoirs, et la *zone de l'Ebre* a fait l'expérience des grands canaux. Cette double expérience, par les
vicissitudes souvent désastreuses de ces énormes entreprises,
doit nous apprendre avec quelle prudence il convient de forcer
les conditions naturelles, et quelle série de complications entraîne une trop brutale transformation de la circulation naturelle des eaux.

Loin de dispenser d'une forte organisation collective, ces
grands travaux imposent une plus rigoureuse répartition et une
plus implacable surveillance. Règle sans merci qui a été plus
d'une fois négligée dans la *province occidentale du Tell algérien* ; et voilà pourquoi les barrages du type hispanique n'ont
causé que surprises et déceptions à ceux qui les ont construits
comme à ceux qui espéraient en tirer profit. Si *l'Egypte moderne* multiplie ces grands travaux, du moins se prépare-t-elle
à cette situation nouvelle : le Service de l'irrigation élabore une

législation et une réglementation étatistes qui vont se précisant à mesure que se multiplient les barrages et les réservoirs. Tandis que les blocs de granite s'amoncelaient dans le lit du Nil en amont d'Assouan, les fellahs se sont trouvés de moins en moins libres de disposer à leur gré des eaux du Nil ; de plus en plus solidaires les uns des autres en un cycle d'intérêts qui va se resserrant, ils sont de plus en plus étroitement liés à l'organisation autoritaire du Service de l'irrigation. Il y a là une conséquence fatale de l'exploitation de plus en plus exigeante des eaux de la crue. Et si l'on a le droit de tirer de ces faits quelque conclusion pratique, une vérité expérimentale s'en dégage : lorsqu'on entreprend de conquérir à la culture par l'irrigation un territoire des régions arides et désertiques, on doit avoir pour premier soin non pas seulement de faire avec exactitude l'enquête scientifique et de dresser avec scrupule le dossier des ressources en eau, mais de chercher quels sont les modes de répartition, de réglementation et d'administration de l'eau qui seront heureusement adaptés à ces ressources initiales.

L'élaboration et l'exécution de tout grand projet d'irrigation doivent comporter deux parties aussi essentielles l'une que l'autre : l'œuvre technique et l'organisation économique et administrative.

Et tout comme la conception qui préside à la préparation de l'œuvre technique, la conception qui préside à la préparation de l'organisation économique doit reposer sur une étude consciencieuse de géographie critique.

II. — RELATIONS RÉELLES ENTRE LA NATURE ET L'HOMME. CONDITIONS NATURELLES *RESTRICTIVES* ET CONDITIONS NATURELLES *INFLUENTES*.

Je me suis résolument borné à étudier un seul ordre de faits et le même ordre de faits en des zones analogues. — Une étude de géographie critique doit-elle et peut-elle dès l'abord affronter et tenter un exposé encyclopédique de tous les faits naturels et humains dont une contrée est le théâtre ? et n'est-il pas plus sage de commencer, tout comme dans les autres sciences d'observation, par « sérier » les faits et par comparer ceux qui sont vraiment comparables ? Dans le domaine de la géographie humaine qui est si complexe, cette méthode s'impose encore davantage en raison de cette complexité même. Par l'étude comparative des faits qui se produisent dans les zones naturelles de même type et par cette étude seule, on peut espérer faire le départ exact entre les faits humains qui sont en connexion réelle avec les conditions naturelles et ceux qui en sont indépendants.

Les forces de la nature physique sont liées les unes aux autres dans leurs conséquences, dans leurs rapports, et dans les conséquences de ces rapports[1]. L'homme n'échappe pas à la loi commune ; son activité est comprise dans le réseau des phénomènes terrestres ; mais si l'activité humaine y est ainsi englobée, il ne s'ensuit pas qu'elle soit fatalement déterminée. L'homme reste toujours lié à l'ensemble des phénomènes physiques, mais il n'est pas lié à tous par des liens également nécessaires ; il ne subit pas fatalement toutes les actions qui s'exercent sur lui ; il peut réagir contre elles ; il peut même à son tour les accélérer, les arrêter ou les transformer. Tandis qu'un monticule rocheux subit fatalement l'effet destructeur de l'érosion, l'homme peut à son gré travailler à la protection ou hâter la destruction de ce monticule. Il doit cependant déployer une activité d'autant plus grande et user de moyens d'autant plus puissants que le but à atteindre s'éloigne davantage des faits qui seraient la résultante naturelle du jeu des forces physiques laissées à elles-mêmes.

Tous s'accordent à reconnaître cette connexion entre l'activité

---

[1] « L'idée que la terre est un tout dont les parties sont coordonnées fournit à la géographie un principe de méthode dont la fécondité apparaît mieux à mesure que s'étend son application ». VIDAL DE LA BLACHE, Le principe de la géographie générale, *Annales de géog.*, 15 janvier 1896, p. 129.

humaine et la nature, ainsi que cette réaction personnelle de l'homme[1]. Mais quels sont les véritables caractères de ces liaisons et partant quelle est la véritable mesure de ce pouvoir humain d'action et de réaction ? Question précise, dont la solution exige des études de détail et à laquelle on a trop souvent répondu par des généralisations hâtives, qui étaient exagérées ou pour le moins inexactes[2].

La puissance et les moyens dont l'homme dispose sont limités, et l'homme en premier lieu se heurte dans la nature à des bornes infranchissables. Notre œil et notre oreille ont aussi des pouvoirs restreints; ils ne perçoivent l'un et l'autre que les mouvements vibratoires compris entre certaines limites; nous pouvons, dans ces limites, varier les sensations que nous procurons à nos sens; nous pouvons même quelquefois, par suite d'un nouveau progrès accompli, reculer une de ces limites, et accroître ainsi la richesse de nos perceptions auditives ou visuelles; il n'en est pas moins vrai cependant que le pouvoir de nos sens est et restera toujours borné. De même, notre acti-

---

[1] Le Prof. WOEIKOF a repris récemment ce thème et a su le rénover par le grand nombre d'aperçus et de faits précis qu'il a introduits dans son exposé : De l'influence de l'homme sur la terre, *Annales de géog.*, X, 1901, p. 97-114, et p. 193-215; voir Jean BRUNHES, Les résultats géographiques de l'action de l'homme sur la nature, d'après une étude récente du Pr WOEIKOF, dans *Bulletin de la Société fribourgeoise des sciences naturelles*, IX, 1901, p. 43-47.

[2] « Des historiens, frappés de cette solidarité entre l'homme et la nature, se sont efforcés d'expliquer les faits historiques par des causes naturelles ; c'est une tendance dont le principe est légitime, mais qui est très périlleuse ; trop souvent ces historiens ont exagéré la valeur ou faussé le caractère de cette solidarité ; ils ont failli transformer l'histoire en une sorte de déterminisme fataliste. Ce danger était d'autant plus difficile à éviter qu'ils ont commencé par introduire cette conception dans l'histoire proprement politique; or l'histoire politique tient de beaucoup moins près à la terre que l'histoire économique et l'histoire sociale. Aussi cette conception « physique », « naturaliste » de l'histoire, après le succès éclatant de MICHELET, a fortement risqué d'être à tout jamais compromise : ce n'était pas sans raison. » — A la suite de ces lignes (Les principes de la géographie moderne, *Quinzaine*, 16 septembre 1897, p. 250), j'étudiais, à l'aide d'exemples précis, les « analogies » que MICHELET a voulu reconnaître entre l'aspect extérieur de la terre et quelques traits saillants de tels ou tels groupes humains; voir aussi mon étude : Michelet, Paris, 1898, p. 12 et suiv.

vité, à la surface de la terre, se trouve-t-elle restreinte par ce que je me suis permis d'appeler le *cadre géographique*. Elle peut, entre certaines limites, varier son jeu et ses mouvements : mais elle ne peut pas faire que ce cadre n'existe pas : le modifier lui est souvent permis, le supprimer, jamais.

Il est des régions naturellement arides, où l'homme introduit la culture grâce à l'irrigation. L'homme peut ainsi modifier les conditions naturelles qui lui sont imposées. Mais il ne le pourra faire que dans celles de ces régions où l'eau, sous une forme ou sous une autre, sera en quantité suffisante pour lui permettre d'organiser l'irrigation. Il ne crée pas l'eau, il utilise l'eau qu'il découvre ou qu'il recueille. Il ne peut donc pas irriguer partout où il le voudrait : il est des régions arides condamnées à une irrémédiable aridité. Nous l'avons dit et redit, les entreprises d'irrigation ne sont possibles que dans certaines conditions naturelles. Le principe est évident, mais la conséquence qui en doit être déduite a été si fréquemment méconnue ! Il faut en effet perdre cette illusion qu'une oasis de culture en une zone aride est susceptible d'une amélioration indéfinie, qu'on peut à son gré par exemple multiplier en une oasis les plantations de palmiers. Qui tente trop et dépasse la mesure correspondant aux conditions naturelles empire la situation au lieu de l'améliorer. — Les exemple de *Lorca*, de *Bou-Saâda*, de *Ghardaïa*, du *Fayoum*, l'exemple que telles ou telles provinces du *Delta* et de la *vallée du Nil* nous offriront peut-être demain sont ou seront là pour en témoigner.

Ainsi, quoique nous paraissions dans un grand nombre de cas dominer la nature, elle garde pourtant ses droits de prééminence, car sur tous les points de la terre elle impose à notre activité des conditions *restrictives*.

Notre activité, restreinte dans ses modes et dans ses effets, subit encore l'influence des conditions naturelles dans les limites où elle a la possibilité de s'exercer.

Les hommes gardent la liberté d'user ou de ne pas user de

certaines richesses, ressources ou forces naturelles ; mais s'ils veulent les utiliser, ils entrent eux-mêmes dans le réseau géographique des causes et des effets qui sont liés sur notre terre à ces produits ou à ces forces.

Lorsqu'il s'agit d'exploiter l'eau dans les régions arides, c'est-à-dire dans les contrées où l'eau est l'agent par excellence de toute richesse, les hommes ne peuvent pas ne pas subir la solidarité effective que l'eau souvent leur impose ; dans plusieurs cas où l'eau « exploitée » leur est fournie par une « source » *une* (source proprement dite, cours d'eau, canal, barrage-réservoir, etc.) et où cette exploitation de l'eau les a conduits à l'aisance et à la prospérité, c'est qu'ils ont clairement compris ou, du moins, nettement accepté cette nécessité de la liaison collective des intérêts individuels. Mais c'est aborder ici la question la plus délicate : sur quoi repose en vérité cette correspondance entre un ensemble de faits naturels et un autre ensemble de faits humains ?

Lorsque le débit des eaux disponibles est régulièrement soumis à des variations considérables (*Valence* ou *Murcie, Sidi-bel-Abès* ou *M'sila*), le cultivateur des zones arides courra les plus grands risques, si une organisation précise ne règle pas la distribution : il est dans l'incertitude de la quantité d'eau qui sera utilisable ; il est dans l'incertitude de la quantité d'eau que ses voisins laisseront parvenir à son champ ou à son jardin ; car les surprises de la nature peuvent être pour lui d'autant plus préjudiciables qu'elles facilitent les accaparements arbitraires. C'est en de telles conditions géographiques que les hommes sont naturellement inclinés à se libérer de cet état psychologique d'incertitude et d'inquiétude en associant par des lois fixes leurs intérêts communs ; ils cherchent alors une situation normale et paisible par le moyen d'une réglementation et même d'une administration qui seront l'une d'autant plus rigoureuse et l'autre d'autant plus autoritaire que les eaux seront dispensées par des causes plus capricieuses.

La réglementation collective n'est pas déterminée directement par les conditions naturelles influentes, mais elle est la suite, la conséquence d'un état d'esprit déterminé lui-même par les conditions naturelles. Et s'il existe une relation nécessaire entre ces conditions naturelles irrégulières, menaçantes pour l'individu en proportion de leur irrégularité, et l'état psychologique d'insécurité, il n'existe pas une relation de même nécessité entre ce fait psychologique et les conséquences économiques qui souvent en résultent. Il ne faut jamais oublier que l'homme peut être impuissant à se délivrer de cette inquiétude, ou hésiter, ou renoncer à s'en délivrer. L'égoïsme de quelques-uns ou la faiblesse de tous peuvent maintenir l'anarchie. Du moins, si l'homme, loin d'obéir aux nécessités dérivant de cet état d'insécurité, et de se plier lui-même aux conditions naturelles influentes, néglige ou contredit ces conditions, celles-ci manifestent inévitablement leur action qui persiste par l'effort dispendieux et anormal qu'elles exigent toujours de l'activité humaine ou par le démenti qu'elles lui infligent : ce démenti, c'est la misère, c'est le désordre, c'est l'échec économique : c'est la vente aux enchères de *Lorca,* ou c'est l'insuccès des entreprises hydrauliques de la *vallée du Chéliff.*

Nous avons dit qu'il existe une relation nécessaire entre les conditions naturelles irrégulières et une certaine disposition générale de l'esprit des cultivateurs ; cette relation est nécessaire ; mais elle dépend étroitement — il convient d'insister sur ce point — du caractère des besoins qu'éprouvent les individus, des besoins auxquels ils obéissent consciemment ou non ; telle relation est nécessaire, une fois que les hommes vivant en ces territoires arides veulent s'adonner à la culture ; les mêmes hommes vivraient en nomades en élevant des troupeaux que la relation également nécessaire serait autre entre les conditions naturelles et leur propre activité. Un des deux facteurs reste constant, mais l'autre varie au gré des impulsions humaines ; par suite le rapport entre les deux varie lui-même suivant les besoins ou les désirs que l'homme cherche à satisfaire. Ne généralisons pas la nécessité de cette relation : elle est fonction d'un facteur toujours variable.

Dans les études présentes, ce facteur variable était déterminé : c'était toujours le besoin et le désir de produire par la culture une nourriture végétale suffisante en des zones naturellement arides.

Quoi qu'il en soit, l'effet psychologique général que produisent sur les esprits d'un groupe d'hommes telles ou telles conditions naturelles joue le rôle d'intermédiaire obligé entre la nature et les faits économiques. Et si ce trait d'union est le criterium essentiel qui permet de classer les combinaisons de faits, au point de vue de l'activité humaine, on doit s'enquérir avant tout de reconnaître cet effet. Or rien ne nous autorise à croire que cet effet soit toujours déterminé par les mêmes causes naturelles : il est au contraire démontré que des causes naturelles diverses peuvent entraîner des formes analogues d'activité humaine.

Telle est l'une des constatations qui résultent des observations de ce livre ; et elle mérite d'être mise en relief : Des formes analogues d'activité humaine correspondent en réalité à des cas géographiques très différents.

L'eau est fournie à l'homme en quantité surabondante (*Grenade, Kabylie* ou *oasis de l'Aurès*); l'eau lui est fournie avec une plus ou moins grande parcimonie mais sous un volume constant (*Tozeur, Ziban* ou *Laghouat*); l'eau lui est fournie en grande ou en petite quantité par des puits individuels creusés aussi nombreux que l'on voudra sur la propriété de chacun (*Tortosa* ou *Djerba*): tels sont trois cas géographiquement très différents. Et voilà pourtant qu'au point de vue de l'activité humaine, ils sont je ne dirai pas identiques mais analogues : ils constituent bien en un certain sens une même famille.

Dans le premier cas l'homme n'a pas à craindre la disette

d'eau, et il se livre en toute tranquillité d'esprit à ses travaux agricoles. Dans le second cas, une répartition exacte des eaux à débit constant doit être établie, mais une fois cette répartition fixée, quelque minutieuse qu'elle soit, chaque cultivateur est sûr du lendemain et il travaille la terre sans avoir à craindre de manquer d'eau. Dans le troisième cas, l'homme ne courra non plus aucun risque, et il sera toujours certain d'avoir à sa portée, au fond de son puits, l'eau qui lui est indispensable. Dans ces trois cas, *Grenade*, *Tozeur* et *Tortosa*, les conditions naturelles sont telles que les dispositions d'esprit du cultivateur sont en ce qui concerne l'eau des dispositions d'une entière sécurité.

Dans ces trois cas, *Grenade*, *Tozeur* et *Tortosa*, il aura seulement à redouter ces accidents naturels et fortuits qui tarissent les sources et les nappes d'eau vive, de même que les paysans de zones plus humides peuvent toujours redouter la sécheresse relative d'une année moins pluvieuse.

Même en ces circonstances critiques et exceptionnelles, à quoi servirait à un individu de s'irriter contre son voisin, qu'accable un sort identique au sien ? Il s'incline en fataliste devant les forces dont la direction ne lui appartient pas : tous sont égaux devant le malheur général qui est la disette d'eau. Et nul ne songe à recourir à une réglementation collective des intérêts individuels.

Nous pourrions multiplier les exemples qui légitiment et confirment l'importance que nous avons attribuée et reconnue à l'effet psychologique comme organe de transmission entre les faits de l'ordre physique et les faits économiques ; nous pourrions invoquer d'autres exemples en dehors du sujet que nous avons étudié : n'est-il pas frappant en effet que les grandes entreprises de desséchement en territoire marécageux inclinent les hommes vers les mêmes formes d'organisation collective que les grandes œuvres d'irrigation en pays aride ? Mais nous réservons pour un travail ultérieur la comparaison entre ces faits.

Les considérations précédentes éclairent un dernier ordre d'observations : si l'on a constaté en combien de cas divers l'homme ne tire de l'eau le maximum de profit et ne peut l'utiliser avec la plus grande perfection, qu'en recourant à une organisation économique et administrative d'un type déterminé, on a également constaté que cette organisation n'est pas toujours la même, qu'elle n'est pas la même dans toutes les « oasis » d'une même zone, ni même dans toutes les oasis d'un même type géographique. Tantôt la libre perception de cet intérêt commun aboutit à ces admirables « communautés hydrauliques » de *Valence* ou de *M'sila,* tantôt l'État se trouve conduit, comme dans l'*Égypte contemporaine,* à coordonner lui-même avec plus ou moins d'habileté les intérêts des individus.

Pourquoi cette diversité ? Ce n'est plus la tâche des géographes de l'expliquer. Ces types d'organisation peuvent être rattachés à des combinaisons variées d'influences ethniques ou historiques, juridiques ou politiques. Toute recherche historique, toute hypothèse ethnographique, toute étude juridique portant sur ces faits doit être à coup sûr précédée et accompagnée d'une étude géographique. Mais à ce point la géographie s'arrête. Du moins ces types divers intéressent les géographes comme révélant l'état psychologique général d'un groupe humain vivant dans un cadre géographique donné. Elles sont des manifestations concrètes de faits plus ou moins conscients mais réels ; et dans la mesure où elles expriment ces faits, elles ont à leur tour une signification géographique. Par là uniquement elles se rattachent à la géographie, par là, c'est-à-dire par leur point de départ et par leur orientation générale : peu nous importent ici leurs conséquences dernières. Au même besoin plus ou moins confusément senti de coordination des intérêts de tout un groupe répondent par exemple des syndicats libres et des organisations étatistes : et c'est pourquoi ces types d'organisation, que séparent pourtant de si profondes divergences économiques, se trouvent ici — à dessein — rapprochés et je dirai presque confondus.

En ce sens, et moyennant ces réserves, les formes organisées de l'activité humaine doivent toujours, pour durer, correspondre soit à des modes, soit du moins à des stades de l'adaptation parfaite de cette activité au cadre géographique.

Comment les conditions géographiques *influentes* se traduisent dans les faits économiques, tel a été en résumé l'objet précis du travail que j'ai entrepris.

Je me suis efforcé de mettre en lumière cette manière indirecte mais réelle dont l'homme se trouve assujetti à la nature. Les uns ont exagéré cette dépendance, les autres l'ont niée : il y a là un enchaînement qui, tout en étant en un sens rigoureux, n'a pas du tout la fatalité exigeante des phénomènes de géographie physique[1]. Les faits géographiques doivent se grouper au point de vue de leur influence sur l'homme tout autrement qu'au point de vue de la pure géographie physique. La critique géographique ne peut donc pas se contenter de les observer en eux-mêmes ; elle doit observer et discerner l'effet psychologique naturel et général que ces faits produisent sur les hommes, sur les hommes obéissant à telles ou telles suggestions instinctives ou traditionnelles, cherchant la satisfaction de tels ou tels besoins soit primordiaux et nécessaires, soit même factices. Elle ne doit jamais oublier que les faits de géographie humaine ne trouvent ni leur explication complète, ni leur unique principe de coordination dans les seules causes géographiques : *la répercussion psychologique des causes géographiques sur l'être humain*, tel est bien le facteur subtil et complexe, qui doit prévaloir en toute étude de géographie humaine : le facteur qui permet de distribuer et de coordonner — tout à la fois par rapport aux

---

[1] L'enchaînement des faits en matière de géographie physique est tout à fait différent de l'enchaînement des faits en matière de géographie politique et de géographie économique : je me suis expliqué sur cette distinction fondamentale dans Différences psychologiques et pédagogiques entre la conception statistique et la conception géographique de la géographie économique, etc., p. 82 et suiv.

causes naturelles et par rapport à l'homme —, les faits géographiques résultant de la collaboration de l'activité humaine avec les forces naturelles.

C'est à cette considération qu'il faut toujours en revenir, lorsqu'il s'agit d'introduire une classification rationnelle dans les phénomènes de géographie humaine.

III. — PORTÉE CRITIQUE DE LA GÉOGRAPHIE HUMAINE

Voilà comment nous sommes amenés à étudier en géographes l'action de l'homme dans la nature. Cette *géographie humaine* n'est pas seulement intéressante en elle-même. Elle est destinée à réformer et à rénover par cette préoccupation constante de la localisation et de l'explication géographiques des faits toutes les théories historiques, juridiques, sociales qui ont commis l'erreur de « spéculer sur je ne sais quel homme abstrait partout et toujours le même »[1]. Sans nous perdre nous-même en des considérations abstraites et générales, nous avons abordé l'examen d'une série de faits précis en des régions bien déterminées, persuadé que les généralisations outrées doivent être avant tout combattues par l'étude critique des faits positifs. Et c'est ainsi que l'observation méthodique des formes diverses de la propriété des eaux telles qu'elles se présentent en rapport avec les conditions géographiques dans les zones arides et désertiques de la Péninsule ibérique et de l'Afrique du Nord fait évanouir pareillement toutes les théories à priori et absolues, — celles qui posent en dogme la propriété individuelle comme seule forme de la propriété acceptable par la raison humaine, et celles qui tendent à faire concevoir la propriété collective étatiste comme devant s'appliquer à tous les pays de la terre. La

---

[1] Marcel DUBOIS, Leçon d'ouverture du cours de géographie coloniale, *Annales de géog.*, III, p. 123.

terre est plus diverse, et l'adaptation aux forces naturelles exige plus de souplesse que les partisans des thèses adverses ne le présupposent les uns et les autres.

Les études de géographie humaine rappellent ainsi sans cesse que l'homme n'est pas un être abstrait, indépendant et isolé : nous ne sommes pas des automates fatalement dirigés, mais nous ne sommes pas non plus des autonomes capricieusement arbitraires. L'homme vit sur les parties superficielles de l'écorce terrestre et dans les couches de l'atmosphère les plus voisines du sol : l'air et la terre ne sont pas seulement les cadres, mais ils déterminent les conditions physiques de son existence. De plus, l'homme vit non pas seul, mais au milieu d'autres hommes, en même temps que d'autres hommes : et ce fait social détermine d'autres conditions de son existence. La géographie humaine, qui est tout entière fondée sur ces données premières, a pour effet inévitable d'introduire ces notions concrètes dans les sciences qui s'occupent de l'homme.

Il revient aux géographes de rechercher, de discerner et de préciser quelle est la mesure exacte et quels sont les modes variés de ces répercussions — tantôt brutales, tantôt subtiles — des conditions géographiques fondamentales sur les manifestations de notre activité économique et sociale.

VU ET LU :
En Sorbonne, le 25 février 1902,
Par le Doyen de la Faculté des Lettres de l'Université
de Paris,
A. CROISET.

VU ET PERMIS D'IMPRIMER :
Le Vice-Recteur de l'Académie de Paris,
GRÉARD.

NOTES ET PIÈCES JUSTIFICATIVES

A

Cédula de 1239. Acte de Concession des eaux et canaux de Valence aux habitants de la région [1].

JACOBUS PRIMUS REX

Per nos é per los nostres donám é otorgam per tots temps á vos tots ensemps é sengles habitadors é pobladors de la Ciutat é del Regne de Valencia, é de tot lo terme d'aquell Regne, totes é cascunes cequies franques é lliures, majors, é mijanas é menors, ab aygües é ab manaments, é ab duhiment d'aygües, é ancara aygües de fonts, exceptát la Cequia Real que va à Puçol, de les quals cequies é fonts hajats aygua, é duhiments é manaments d'aygües en tots temps, continuament, de dia é de nit, en axi que puscats d'aquelles regar é pendre aygües sen alcuna servitud, é servici é tribut, é que prenats aquelles aygües, segons que antiguament es é fou establít é acostumat en temps de sarrahins.

B

Irrigations du Júcar : Ordonnance royale du 9 janvier 1880 [2].

Visto al expediente promovido en el gobierno de la provincia de Valencia por el Presidente de la Junta de gobierno y el Sindicato de la Real Acequia del Júcar en solicitud de que se declare el preferente

---

[1] Nous donnons ce texte d'après Andrés LLAURADÓ, Tratado de Aguas y riegos, II, p. 310.

[2] Nous donnons ce texte d'après Andrés LLAURADÓ, Tratado de Aguas y Riegos, II, p. 296 et suiv.

derecho que para aprovechar las aguas del río Júcar tienen sobre las acequias de Escalona y Carcagente ;

Resultando que la primera concesion de estas aguas se hizo en 20 de Junio de 1273, por privilegio expedito por el Rey D. Jaime de Aragon á favor de la villa de Alcira para fertilizar los terminos comprendidos desde Antella hasta el pueblo de Albal, y que, á pesar de los deseos del fundador no pasó la acequia del sifon de Guadasuar;

Resultando que otorgado en 16 de Enero de 1404 un nuevo privilegio por el Rey D. Martin para impulsar la realizacion de esta obra, no pudo llevarse á cabo hasta que el Duque de Híjar acometió su ejecucion en virtud de la concesion hecha por el Rey D. Carlos III en 1771 con arreglo al antiguo privilegio de 1404, construyendo, en prolongacion de la de Alcira, la que constituye la segunda seccion desde Guadasuar hasta el barranco de Catarroja, y cuya totalidad se conoce para los efectos administrativos con el nombre de Real Acequia del Júcar ;

Resultando que en 27 de Febrero de 1593 el Rey D. Felipe II otorgó otra concesion que fué confirmada por D. Felipe III en 1604 para que se regasen las tierras de la baronía de Cárcer y Villanueva, aprovechando las aguas del río Júcar en su confluencia con el Escalona por medio de una presa situada aguas arriba de la de Antella, tomando esta derivacion el nombre de Real Acequia de Escalona y Villanueva de Castellon ;

Resultando que por privilegio expedido en 31 de Octubre de 1654 por el Rey D. Felipe IV se concedió á la villa de Carcagente el derecho de regar sus tierras con las aguas del referido río, autorizándola para establecer la presa de toma entre las de Escalona y Antella, y para cruzar con su acequia los ríos Sellent y Albaida ;

Resultando que á instancia de la Real Acequia de Alcira se consignó en esta concesion la cláusula de que en ningun tiempo se originase perjuicio á dicha acequia y litis-consortes, y que si algun daño resultase estuviese siempre la villa de Carcagente obligada á indemnizarle, pidiendo al mismo tiempo que esta cláusula se entendiera y aplicara igualmente á la concesion que hizo á Escalona el Rey D. Felipe II ;

Considerando que si en la concesion otorgada á Escalona no se hizo salvedad alguna respecto de los derechos anteriormente adquiridos, es indudable que aquella se limitó al aprovechamiento de las aguas sobrantes del río Júcar, despues de respetar las concedidas por el Rey D. Jaime, y de las cuales ya estaba en posesion la Real Acequia de Alcira ;

Considerando que si la acequia construida por el Duque de Híjar, llamada *Proyecto*, pretende tener su derecho desde el privilegio otorgado por el Rey D. Martin en 1404, este era condicional, no fué dado á persona determinada, y no podia constituir derecho miéntras no se llenasen los requisitos con que se concedió ;

Considerando que estas condiciones no se han cumplido hasta fines del siglo pasado, en que el Duque de Híjar las aceptó, quedando desde aquella época constituido su perfecto derecho ;

Considerando que desde 1404 en que el Rey D. Martin expidió el privilegio para la prosecucion de la acequia llamada *Proyecto*, hasta el siglo pasado en que se llevó á cabo, todos los sucesores de aquel Monarca pudieron con igual soberanía conceder la parte de las aguas que en aquella fecha eran libres ó de dominio público ;

Considerando que el preferente derecho al aprovechamiento de las aguas del río Júcar arranca de la época en que las respectivas concesiones se llevaron á cabo, y que siendo la acequia construida por el Duque de Híjar la última de todas ellas, no puede reconocérsele mayor antigüedad que la de 1771 en que se realizó ;

Considerando que por no haberse fijado en las cartas de concesion la cantidad de agua cuyo aprovechamiento se autorizaba, ni la extension exacta de la superficie regable, ha resultado la inevitable consecuencia de que los riegos fuesen aumentando con el beneficio de la produccion en cada una de las acequias hasta llegar el caso de no bastar todas las aguas del río para satisfacer las necesidades de los actuales riegos, creados unos con la debida autorizacion y otros sin ella ;

Considerando que este anómalo estado debe desaparecer, si se ha de dar la debida proteccion á los derechos legítímos y se han de corregir los abusos que por aquella causa surgen ;

Considerando que la Administracion debe evitar estas irregularidades, aplicando lo dispuesto en los articulos 197 de la ley de 3 de Agosto de 1866 y el 152 de la de 13 de Junio del año último ;

Considerando que en virtud de estas disposiciones, y previa audiencia de los interesados, puedo tomarse por base el estado ó padron de riegos que sirve para los repartos de reparacion y conservacion de las acequias, y fijar, por consiguiente, la cantidad de agua necesaria para la de Escalona y Cargagente, obligando á las respectivas Juntas á establecer los módulos ó aparatos necesarios en el orígen de sus cauces;

Considerando que si del sobrante resultase no haber agua suficiente en la toma de Antella, y hubiere de hacerse uso del derecho de propiedad, primero sobre la de Carcagente y despues sobre la de Escalona, conviene demarcar tambien las tierras de la antigua Comunidad de Alcira, comprendidas entre Antella y el sifon de Guadasuar, que deben tener siempre á su disposicion el agua necesaria, aunque para ello hubiesen de quedar sin riego las correspondientes al *Proyecto,* Cargagente y Escalona,

S. M. el Rey (Q. D. G.), conformándose con lo propuesto por esa Direccion general, de acuerdo con lo informado por la Junta consultiva de Caminos, Canales y Puertos, ha tenido á bien resolver lo siguiente :

1º. El derecho preferente á la toma y aprovechamiento de las aguas del río Júcar entre las cuatro acequias usuarias se aplicará por el órden de antigüedad, en esta forma : primero, la primitiva de la Comunidad de regantes de Alcira ; segundo, la de Escalona ó Villanueva de Castellon ; tercero, la de Carcagente ; y cuarto, la del *Proyecto,* prolongacion de la de Alcira :

2º. La obligacion subsidiaria de prestar auxilio, cediendo respectivamente las aguas de su dotacion en favor de la acequia Real de Alcira se hará por el siguiente órden : primero, la acequia del *Proyecto,* que es prolongacion de la de Alcira ; segundo, la de Carcagente ; y tercero la de Escalona ó Villanueva de Castellon :

3º. El caudal de aguas correspondiente á las acequias se fijará con arreglo á la extension de la superficie regada actualmente en cada una de ellas, segun preceptúa el art. 152 de la vigente ley de 13 de Junio de 1879, estableciéndose los correspondientes módulos ó aparatos de toma en el origen de las de Escalona y Carcagente ;

Y 4º. Que para el más exacto cumplimiento de cuanto se previene en las clausulas anteriores, se dé la debida intervencion á todas las Juntas ó Sindicatos interesados en dichos riegos, y se manifiesten á la Superioridad las disposiciones que de comun acuerdo se adopten para que desaparezca el actual estado de cosas.

C

Tableau récapitulatif des barrages-réservoirs de l'Espagne
(barrages actuels et barrages détruits).

NOMS DES BARRAGES	COURS D'EAU sur lesquels ils ont été établis	DATE de leur construction	NOTES DIVERSES
D'Almansa.	Un torrent affluent du Vinalapó.	XVIᵉ siècle (sous Philippe II).	Hauteur de la retenue d'eau : 20ᵐ,69. Capacité : 1 400 000 mètres cubes.
De Tibi ou d'Alicante.	Monegro.	1579–1594 (sous Philippe II).	Hauteur de la retenue d'eau : 42ᵐ,70. Capacité : 5 millions de mètres cubes ; fournit à l'arrosage 80 millions de mètres cubes par an.
D'Elche.	Vinalopó.	(Sous Philippe II).	Hauteur de la retenue d'eau : 23ᵐ,20.
De Huesca.	Isuela.	Fin du XVIIᵉ siècle.	Capacité : 1 780 000 mètres cubes ; on a travaillé à l'augmenter dans ces dernières années.
Del Gasco.	Guadarrama.	1788.	Détruit en partie le 14 mai 1789, et abandonné.
De Puentes ou de Lorca (réservoir détruit).	Confluent des ruisseaux Vélez et Luchena.	1785–1791 (sous Charles III).	Détruit lors de la catastrophe de 1802. Sa capacité était de 53 millions de mètres cubes.
De Valdeinfierno.	Luchena.	1792.	Comblé. La hauteur de la retenue d'eau était de 35ᵐ,50.
De Nijar.	Torrent du Carrizal.	1850.	Ce barrage peut contenir 15 millions de mètres cubes ; mais cette capacité est excessive relativement à la médiocrité des pluies.
De la Oliva.	Lozoya.	1852.	Destiné à amener les eaux à Madrid ; la capacité utile du réservoir ayant été insuffisante, on a été obligé de construire à la distance de 27 kil. en amont le barrage-réservoir « del Villar ».
Del Villar.	Lozoya.	1870.	Également pour l'alimentation de Madrid.
De Puentes ou de Lorca (nouveau réservoir).	Au même confluent que l'ancien réservoir.	1880–1885.	Voir la fig. 10. Hauteur dans la partie centrale : 48 mètres. Capacité : 31 550 000 mètres cubes. Les fondations ont été descendues jusqu'à 22 mètres au-dessous du thalweg.
De Hijar.	Martin.	1880–1887.	Ce sont deux réservoirs établis dans la province de Teruel, dont l'un a une capacité de 6 millions de mèt. cubes et l'autre de 11 millions.

D

Note sur le « Ruisseau de las Canals » de Perpignan.

Ce canal d'irrigation existait déjà en 1341 ; il fut longtemps en régie sous l'administration directe des consuls de Perpignan [1] ; puis il fut affermé en vertu d'un arrêt du Conseil d'État du 13 mars 1725 ; alors surtout les abus se multiplièrent. Nous renvoyons au livre très complet de Jaubert de Passa, Mémoire sur les cours d'eau et les canaux d'arrosage des Pyrénées orientales, Paris, 1821, et nous citerons seulement, d'après le rapport de Héricart de Tury qui précède le travail même de Jaubert, un des faits les plus typiques :

« L'ordonnance du 20 décembre 1729 n'avait maintenu, après la vérification générale des titres des usagers que 19 œils [2] et en avait réformé 72 dont la fermeture fut ordonnée. Cette mesure sévère fut renouvelée en 1737 et 1787, mais toujours sans succès. La Révolution survint ; les biens des émigrés furent aliénés, et par le fait des actes publics et irrévocables de leur vente, les prises d'eau arbitraires ou illégales se trouvèrent tout d'un coup légitimées, puisque le gouvernement vendit des propriétés arrosées à des acquéreurs qui devinrent alors usagers, non seulement de l'œil qui avait été contesté à leurs prédécesseurs, mais encore des rigoles et des saignées qui leur apportaient les eaux. La nouvelle vérification a donc été obligée de reconnaître ces usages, dont l'arrêt du préfet Martin avait éludé la difficulté, et le devis du 10 octobre 1816, qui a constaté les droits acquis par la vente des biens nationaux, a réglé définitivement tous les intérêts, en fixant à 81 le nombre d'œils sur toute la longueur du canal, et en déterminant l'emplacement de chacun avec la maçonnerie qui doit en garantir la conservation : mais il résulte aussi de l'homologation de tous ces œils que la ville et la citadelle, qui étaient en droit d'exiger deux

---

[1] JAUBERT DE PASSA, Mémoire sur les cours d'eau et les canaux d'arrosage des Pyrénées-Orientales, etc., p. 201. C'est en vertu de l'ordonnance du roi Jaime du 5 novembre 1541 que les consuls de Perpignan intervinrent pour la première fois dans la législation des eaux.

[2] Les œils sont des trous circulaires pratiqués dans des pierres placées verticalement ; et c'est par ces trous que se mesure l'eau à laquelle les divers canaux ont droit. On retrouve un système de distribution analogue dans le Sud-Oranais.

meules [1] d'eau par jour, et qui ne peuvent plus les obtenir réclament contre ces dernières opérations, et demandent l'exécution de l'inféodation de 1488, et des chartes postérieures qui avaient maintenu leurs droits » [2].

Ainsi le même volume d'eau qui était autrefois divisé en 19 œils doit l'être aujourd'hui en 81 [3]. Évidemment, lorsque l'ingénieur A. Ronna déclare : « L'histoire des canaux d'irrigation en France n'est pas édifiante dans le passé ni encourageante pour l'avenir » [4], il exagère lui-même son propre pessimisme ; mais il est certain qu'il faut regretter l'influence désorganisatrice qu'ont eue trop souvent les révolutions politiques sur certaines de nos plus anciennes institutions économiques et sociales.

Malgré ces vicissitudes historiques, on retrouve, dans les règlements actuels, des mesures primitives, et ce sont précisément ces mesures qu'il serait curieux de comparer à la réglementation de certaines oasis espagnoles. On se rappelle ce que nous avons dit plus haut de la proclamation de l' « état de sécheresse » à Valence ; à titre de comparaison, nous extrayons du *Règlement du Ruisseau de las Canals du 12 avril 1843*, règlement encore en vigueur à Perpignan, les articles qui concernent le « cas de pénurie » [5] :

CAS DE PÉNURIE

Art. 29. — Lorsque l'eau devient rare, le Maire de Perpignan déclare, par arrêté, qu'il y a pénurie d'eau.

Art. 30. — Dès que la pénurie aura été déclarée par le Maire, le bannier d'Ille sera tenu, chaque jour et au lever de l'aurore, de prendre

---

[1] On appelle *meule* le volume d'eau nécessaire pour mettre en mouvement un moulin à farine.

[2] Rapport de Héricart de Thury dans Jaubert de Passa, Mémoires sur les cours d'eau et les canaux d'arrosage des Pyrénées-Orientales, p. 30 et 31.

[3] En 1843, Nadault de Buffon écrivait : Le Ruisseau de las Canals « a, pour le service de l'irrigation 82 [et non 81] petites bouches circulaires de $0^m,19$ à $0^m,24$, dont le débit moyen est d'environ 32 litres par seconde... Le long de ce canal, l'irrigation est souvent en souffrance ; notamment par suite des fréquentes contestations qui se renouvellent à chaque sécheresse, entre les arrosants et l'autorité militaire... D'après cela, le nombre d'hectares régulièrement arrosés ne dépasse guère 1 800. » Des canaux d'arrosage de l'Italie septentrionale dans leurs Rapports avec ceux du Midi de la France, etc., I, p. 142.

[4] A. Ronna, Les irrigations, t. III, p. 781.

[5] Je remercie M. Henry Peytraud, professeur au Collège de Perpignan, d'avoir bien voulu me faire prendre une copie complète de ce *Règlement* à la Préfecture même de Perpignan.

les mesures convenables pour amener dans le canal la plus grande
quantité d'eau possible, et, après avoir vérifié à la pierre du pont du
Tuf quelle est la quantité d'eau qui coule dans le canal, il se rendra
en toute hâte à l'œil Darnius, où devra se trouver le bannier de
Millas, et, en présence de celui-ci, le bannier d'Ille déposera, dans une
boîte fermant à clef, des marques ou marrons indiquant la quantité
d'eau qu'il a amenée jusqu'à l'œil Darnius.

Le bannier de Millas se rendra avec la boîte dans le plus bref délai,
à l'œil de Puig, et constatera de la même manière que le précédent
et en présence du 3me bannier, la quantité d'eau qu'il a amenée à
l'œil de Puig.

Le bannier de la 3me section conduira l'eau jusqu'à l'œil Tardiu ou
Arenya où il constatera de la même manière que les précédents et en
présence du 4me bannier, la quantité d'eau qu'il a amenée jusqu'à l'œil
Tardiu ou Arenya et ainsi successivement de l'un à l'autre bannier,
jusqu'à ce que la boîte soit arrivée au bannier de la section à laquelle
l'eau est destinée.

Le bannier de la 5me section devra transmettre au territoire inférieur
une meule de plus que celle qui lui aura été amenée à l'œil de Sau,
à cause de la meule que le ruisseau de Thuir doit fournir au-dessous
de cet œil.

Art. 31. — Le bannier de la section en tour d'arroser et le bannier
de la section immédiatement supérieure se rendront ensemble à la
mairie de la commune à laquelle l'eau est destinée et y déposeront la
boîte à marrons, et déclareront à l'autorité quelle est la quantité d'eau
qui coule dans le ruisseau. Le Maire sera invité à faire inscrire cette
déclaration sur un registre à ce destiné et à faire afficher à la porte de
la Mairie une copie de cette déclaration.

Art. 32. — Chaque bannier sera tenu de veiller nuit et jour à ce
que la quantité d'eau qui a été amenée jusqu'à la pierre, parvienne à la
section en tour d'arroser.

Art. 33. — Les banniers des sections inférieures à celle en tour
d'arroser pourront être envoyés dans les sections supérieures, pour
mieux assurer l'arrivée de l'eau au lieu de sa destination.

Art. 34. — Si dans le courant de la journée, l'eau venait à diminuer de manière qu'il y eût impossibilité pour le bannier d'Ille de
maintenir dans le ruisseau la quantité d'eau qu'il y a mise le matin,

celui-ci se rendra dans le plus bref délai au territoire de Millas, pour donner connaissance au bannier de la 2me section de la diminution survenue ; le 2me bannier s'empressera d'annoncer le fait au 3me et ainsi successivement jusqu'à ce que la nouvelle soit parvenue au bannier de la section en tour d'arrosage. Ce dernier bannier et celui de la section immédiatement supérieure se rendront ensemble à la mairie de la commune en tour d'arroser, où ils déclareront l'heure et la quotité de la diminution. Cette déclaration sera inscrite sur le registre et affichée à la porte de la mairie.

ART. 35. — Le bannier de la section en tour d'arrosage, en cas de diminution dans le volume de l'eau, devra se transporter dans la section ou dans les sections supérieures pour rechercher et constater les causes de cette diminution. Il pourra requérir les autres banniers pour faire les mêmes recherches. Chacun des banniers des diverses sections que devait parcourir l'eau devra transmettre dans le plus bref délai au maire de la ville de Perpignan les procès-verbaux par lui dressés et un rapport indiquant la quotité, la durée et les causes connues ou présumées de la diminution de l'eau.

ART. 36. — Dans le cas de diminution de l'eau, prévue par l'article précédent, les propriétaires arrosants pourront se livrer eux-mêmes aux recherches des causes de cette diminution, faire dresser procès-verbal des contraventions par toutes autorités compétentes, faire un rapport au maire de Perpignan, qui, suivant les cas, poursuivra les délinquants et prendra les mesures convenables pour faire cesser les abus.

ART. 37. — Chaque commune, chaque propriétaire, pourra avoir un garde particulier pour veiller à ce que son commettant puisse jouir de son droit d'arrosage, conformément au présent règlement.

ART. 38. — Dès que la pénurie aura été déclarée par M. le maire de Perpignan, le garde général sera tenu chaque semaine, de parcourir les bords du ruisseau, depuis la section en tour d'arrosage jusqu'à la rivière de la Tet, deux fois en remontant et deux fois en descendant, et ce, à jours indéterminés, de manière qu'on ne puisse jamais connaître le jour de son départ de Perpignan. Après chaque tournée, il sera tenu de remettre un rapport écrit au Maire de la ville.

Etc., etc.

BRUNHES. 29

E

Extraits de Kanoun Kabyles du Versant méridional du Djurjura.

E. Masqueray dans son ouvrage : Formation des cités chez les populations sédentaires de l'Algérie (Kabyles du Djurdjura, Chaouïa de l'Aourâs, Beni Mezâb), Paris, 1886, a publié en *Appendice* 9 « kanoun » des Kabyles du versant méridional du Djurjura. Ces kanoun, recueillis dans l'oued Sahel par M. Sautayra, premier président de la Cour d'appel d'Alger, ont été traduits par Masqueray lui-même.

Dans ces documents, il est incontestable que l'eau joue un plus grand rôle que dans l'ensemble des « kanoun » cités par Hanoteau et Letourneux (La Kabylie et les coutumes Kabyles, Paris, 1873). Hanoteau et Letourneux n'avaient publié complètement que deux kanoun de Tribus du Versant Sud : « tribu des Imecheddalen » qui est la « tribu des Mechedalah » de Masqueray, et « tribu des Aït Kani » qui est la « tribu des Beni Kani », puis des extraits beaucoup trop brefs et arbitraires de quelques autres kanoun. [Masqueray a donc fait œuvre utile en faisant cette publication de textes ; mais pourquoi n'a-t-il pas mentionné ceux de ces textes qui avaient été déjà publiés, et n'en a-t-il pas indiqué et discuté les variantes ? Il paraît dire au contraire (p. 263) qu'il est le premier à publier *tous* les Kanoun qui suivent]. — Toujours est-il que dans ces kanoun du versant méridional du Djurjura, il y a d'abord de plus fréquentes prescriptions (ou « interdits » suivant l'expression de Masqueray), prévoyant des délits se rapportant aux irrigations : « Quiconque a rompu la rigole d'arrosage avant son tour paie un demi-douro d'amende » (art. 17 du kanoun de la Tribu des Beni Mansour, dans Masqueray, *ouv. cité,* p. 264) ; — « Si un homme arrose son champ ou son jardin à son tour, et si quelqu'un détériore le canal d'irrigation, ce dernier paye un demi-douro d'amende et perd son tour d'arrosage au profit du lésé » (art. 43 du kanoun de la Tribu des Cheurfa, p. 279) ; — « Si un homme arrose un jardin ou un champ au moyen d'une saguia, quiconque rompt cette saguia, paye un demi-douro d'amende » (art. 91 du kanoun de la Tribu de Sebkha, p. 289) ; — Même mesure ou à peu près, avec une amende d'un douro (art. 45 du kanoun des Ahel el Oçar, p. 321). — D'autre part ces kanoun contiennent de simples règles de distribution, analogues à

celles que nous avons indiquées plus haut dans notre texte ; mais ces règles
sont ici plus nombreuses, plus fréquentes : « Si un homme possède une
digue dont il se sert pour l'arrosage et si un autre en possède une en
contre-bas, le propriétaire de la digue inférieure n'a droit qu'à l'eau qui
déborde par dessus la première » (art. 52 du kanoun de la Tribu de
Sebkha, *ouv. cité*, p. 285) ; — prescription analogue, art. 52 du kanoun
de la Tribu des Mechedalah, p. 293 ; — « Quand une digue le long de
laquelle court de l'eau est ancienne, le propriétaire du terrain sur lequel
elle passe n'a pas le droit d'empêcher les propriétaires des terrains inférieurs de se servir de l'eau. Ces derniers ont à charge de l'entretenir. La
saguia supérieure doit toujours être remplie avant l'inférieure » (art. 98
du même kanoun, p. 297) ; — « Un homme possède une digue dont il se
sert pour l'arrosage ; un autre en possède une en contre-bas ; si la digue
supérieure a été construite la première, ce dernier n'a droit qu'à l'eau qui
déborde par dessus cette digue. En cas de travail à ladite digue, l'eau qui
s'échappe est partagée par moitié. Si la digue inférieure a été construite
la première, et si la supérieure est la plus récente, le propriétaire d'en
dessous le cède toujours à celui d'en dessus » (art. 72 du kanoun de la
Tribu des Beni Jala, p. 302). — Une seule fois on voit apparaître
l'idée de la distribution par jours, et encore sous une forme bien vague ;
« Quiconque possède un barrage qui lui sert à irriguer son champ doit,
s'il existe un barrage en dessous appartenant à un autre propriétaire,
laisser l'eau s'écouler suivant la pente à certains jours » (art. 14 du kanoun
des Ahel el Oçar, *ouv. cité*, p. 319). Mais que peut-on imaginer de plus
rudimentaire et de plus simple, en fait de distribution que cet article-ci :
« Chez nous, l'eau qui court dans les canaux d'irrigation est divisée entre
les gens d'en haut et ceux d'en bas » (art. 53 du kanoun de la Tribu des
Beni Kani, p. 313) ? Et si nous découvrons enfin dans un seul des kanoun
reproduits une indication concernant la répartition, il s'agit d'une répartition qui est la même pour les jardins et pour les champs, et qui démontre
péremptoirement que même sur ce versant Sud, l'eau d'irrigation ne
risque pour ainsi dire jamais de faire défaut : « Au moment de l'arrosage
des jardins potagers, l'eau de la saguia y est répartie entre les propriétaires
à tour de rôle, comme elle l'est entre les propriétaires des champs ensé-
mencés ; et l'homme a la priorité sur la femme » (art. 46 du kanoun de
la Tribu des Cheurfa, Masqueray, *ouv. cité*, p. 279).

F

Tableau récapitulatif des barrages-réservoirs de l'Algérie
(barrages actuels et barrages détruits).

NOMS DES BARRAGES	COURS D'EAU sur lesquels ils ont été établis	DATE de leur construction	NOTES DIVERSES
1. Des Cheurfas.	Sig.	1849, puis 1880-1882.	Deux murs en maçonnerie à 80 m. de distance. Retenue : 3 millions de m. cub. Brisé le 8 fév. 1885.
1bis. Des Cheurfas.	Id.	1886-1892.	Retenue possible : 18 millions de mètres cubes.
2. Du Tlélat.	Oued Tlélat.	1860.	En terre, détruit le 2 nov. 1862.
2bis. Du Tlélat.	Id.	1869-1870.	En maçonnerie. Retenue : 730000 mètres cubes.
3. De l'oued Fergoug ou de l'Habra.	Sur l'Habra, en aval du confluent de l'oued Fergoug, à 11 kil. en amont de Perrégaux.	1865-1871.	Le déversoir a été emporté en 1872 ; le barrage a été détruit le 15 décembre 1881.
3bis. De l'oued Fergoug ou de l'Habra.	Id.	1882.	Retenue : 30 millions de mètres cubes.
4. Du Hamiz.	Oued Hamiz. (Mitidja)	1869-1886 ; complètement terminé seulement en 1894.	Retenue : 14 millions de mètres cubes.
5. De Meurad.	Oued Nador. (Mitidja)	»	Retenue : 830000 mètres cubes.
6. De la Djidiouïa.	Djidiouïa.	1875-1877.	Envahi par les vases. Retenue actuelle : 120000 mètres cubes.
7. De l'oued Magoun.	Oued Magoun.	1879-1887.	Terre et maçonnerie. Retenue : 1 million de mètres cubes.

G

Décrets de la Régence de Tunis.

Grâce à l'obligeance de M. Boulle, j'ai pu consulter, dans les bureaux de l'Hydraulique agricole, à Tunis : Recueil des Lois, Décrets, règlements et circulaires concernant les Services dépendant de la Direction générale des Travaux Publics de la Régence de Tunis, 1ᵉʳ vol., 1885-1ᵉʳ janvier 1897, Sousse, imp. Vendel et Recurt, 1894-1896, in-8, 395 p. ; et même le 2ᵉ vol. 1ᵉʳ janvier 1897 (pas de nom de ville, pas de pagination générale) qui n'est pas achevé, et qui est constitué progressivement à la Direction de l'hydraulique agricole. Le Décret du 24 septembre 1885 sur le Domaine Public en Tunisie est inséré aux p. 16 et 17 du 1ᵉʳ vol. Voici le texte détaillé des premiers articles :

Décret sur le Domaine public, 24 *septembre* 1885.

ARTICLE PREMIER. — Le Domaine public comprend :

Le rivage de la mer et les lacs jusqu'à la limite des plus hautes eaux ;

Les sebkas ;

Les rades, ports, et leurs dépendances ;

Les phares, fanaux, balises et, en général, tous les ouvrages des-tinés à l'éclairage et au balisage des côtes ;

Les cours d'eau de toutes sortes et les terrains compris dans leurs francs-bords ;

Les terrains et ouvrages servant à l'exploitation. Les passages d'eau et de bacs destinés au service public ;

Les sources de toute nature ;

Les aqueducs, puits et abreuvoirs à l'usage du public ainsi que leurs dépendances ;

Les canaux de navigation, d'irrigation ou de dessèchement exécutés dans un but d'utilité publique, les terrains qui sont compris dans leurs francs-bords et les autres dépendances de ces canaux ;

Les routes, rues, chemins de fer, tramways publics et leurs dépen-dances ;

Et en général, toutes les parties du territoire et tous les ouvrages qui ne sont pas susceptibles de propriété privée,

ART. 2. — Néanmoins sont reconnus et maintenus tels qu'ils existent, les droits privés de propriété, d'usufruit ou d'usage, légalement acquis sur les cours d'eau, les sources, abreuvoirs ou puits antérieurement à la promulgation du présent décret, et les tribunaux restent seuls les juges des contestations qui peuvent s'élever sur ces droits...
. ART. 3. — Le Domaine public est inaliénable et imprescriptible.

Dans le même volume, voir aussi, p. 346–351 : Circulaire du Directeur général des Travaux publics aux ingénieurs chefs de service, 20 décembre 1876. Établissement d'un catalogue des ressources et des installations hydrauliques de la Régence. L'idée de ce catalogue, de cette enquête a été très heureuse et féconde en bons résultats.

Décrets plus récents :

Décret réglant les conditions d'exécution des travaux d'aménagement de points d'eau et d'alimentations rurales déclarés d'utilité publique, 25 janvier 1897 :

ART. 1er. — Les travaux, etc..., qui seront déclarés d'utilité publique sur la demande des collectivités indigènes intéressées, pourront être subventionnés jusqu'à concurrence de 50 o/o des dépenses par le gouvernement tunisien, qui assurera la charge de l'exécution...

Décret sur la dépense de l'hydraulique agricole, 15 sept. 1897 :

ART. 1er. — Le Directeur Général des Travaux publics est autorisé à faire, pour le compte des propriétaires intéressés à une entreprise d'hydraulique agricole, des travaux de premier établissement nécessaires à l'utilisation des eaux ainsi que les avances que comporteront ces travaux, sous la condition que ces propriétaires auront été préalablement réunis en association syndicale, approuvée par Nous, après avis du Directeur de l'Agriculture et du Commerce, et que le Syndicat aura souscrit l'engagement cautionné de rembourser le montant des avances par annuités égales dans un délai maximum de 25 ans...

Dans une *Note* du 8 Février 1898 qui doit être de M. Boulle et qui est adressée aux agents des Ponts et Chaussées, j'ai trouvé l'indication complémentaire suivante : « Le principe de la constitution d'associations syndicales en vue d'entreprises collectives d'irrigation qui est posé par le décret du 15 sept. dernier, n'est d'ailleurs pas nouveau dans la Régence ; il a déjà reçu plusieurs applications. Je citerai entre

autres l'arrosage par les eaux du puits artésien n° 1 de Zarzis, qui a
donné lieu en 1896 à un décret de concession et à un règlement cons-
titutif que vous trouverez annexés à la présente note. Les associations
qui ont été formées jusqu'à ce jour fonctionnent de la manière la plus
satisfaisante, bien qu'elles ne comprennent presque que des indigènes. Il n'est donc pas douteux que des aménagements d'eau analo-
logues, etc... »

Le décret visé par la *Note* est le décret relatif au Syndicat d'arrosage du
puits artésien n° 1 de Zarzis, du 1er juillet 1896.

H

Extraits des Arrêtés concernant les eaux du Bou-Merzoug et du Hamma.

1. Bou-Merzoug. Arrêté du 3 Juillet 1880.

Le Préfet du département de Constantine,

Vu l'arrêté de réglementation générale des eaux du Bou-Merzoug,
en date du 29 mai 1875 ;

Vu notamment les articles 4, 5, 6, 7, 9, 11 et 16 bis, qui, soit
explicitement, soit implicitement, admettent qu'on pourra arroser à
discrétion les terrains en amont des moulins, au moyen du canal
d'amenée de ces moulins ;

Vu l'article 22 du règlement général qui réserve à l'Administration
le droit de supprimer les arrosages à discrétion, s'ils donnent lieu à
des abus.

Considérant que des abus se sont produits dans une proportion qui
compromet gravement les intérêts des riverains d'aval, et qu'il importe
de remédier à cette situation ;

Vu, etc...

Arrête :

ARTICLE PREMIER. — Les irrigations à discrétion sont supprimées
dans la vallée du Bou-Merzoug.

[Suit un règlement très détaillé].

Constantine, le 3 juillet 1880.

Le Préfet,
G. GRAUX,

2. *Vallée du Hamma. Arrêté du 3 Juillet 1880.*

Le Préfet de Constantine,

Vu, etc...

Arrête provisoirement et à titre d'essai :

ARTICLE PREMIER. — Les eaux de toutes les sources du Hamma sont affectées exclusivement à l'agriculture, excepté celles de la source inférieure du Hamma qui sont partagées entre l'agriculture et l'industrie comme il sera dit ci-après :

ART. 2. — Pour la répartition des eaux affectées à l'agriculture, il est établi des catégories de culture qui sont : jardins, vergers, céréales, prairies, vignes.

ART. 3. — Une surface déterminée recevra des quantités d'eau proportionnelles aux coefficients :

$$0,90 \text{ pour les jardins,}$$
$$0,30 \text{ pour les vergers,}$$
$$0,16 \text{ pour les céréales,}$$
$$0,20 \text{ pour les prairies,}$$
$$0,16 \text{ pour les vignes.}$$

. . . .

Pour les terres d'une même catégorie la quantité d'eau sera proportionnelle à la surface de chaque parcelle, corrigée de la manière suivante :

Si S est sa surface et D sa distance exprimée en mètres à l'origine du canal qui la dessert, elle sera comptée comme si sa surface était

$$S \left(1 + \frac{D}{10000} \right)$$

ART. 4. — Les quantités d'eau que reçoit chaque canal ne sont pas des quantités absolues et invariables. Elles sont proportionnelles et variables avec le débit des sources.

. . . .

ART. 22. — Dans chaque canal les eaux partagées comme il a été dit seront données aux irrigants aux jours et heures indiqués par le tableau joint au présent règlement.

. . . .

ART. 28. — Le Préfet du département de Constantine approuvera chaque année le budget des dépenses qui sera dressé par le Service des Ponts et Chaussées et soumis à une enquête, ainsi que le rôle des taxes.

Celles-ci seront recouvrées comme en matière de contributions publiques.

. . . .

ART. 31. — Il est stipulé que les eaux d'arrosage sont une dépendance de la terre, sans qu'il soit loisible à un propriétaire de vendre la terre en conservant la jouissance des eaux.

Toutefois, cette clause ne fera pas obstacle à ce que, sur le même canal, le propriétaire d'une parcelle puisse céder la portion d'eau qui lui est attribuée, à la condition que l'eau ne rétrogradera pas.

Le droit ci-dessus accordé ne constitue en rien, pour les irrigants, un droit de propriété ou d'usage sur les eaux.

L'administration conserve, d'une façon absolue, la propriété de l'eau dont elle concède, seulement, la jouissance à titre précaire et révocable, et elle se réserve le droit de modifier ou de supprimer, en tout ou en partie, lesdites jouissances si elle le jugeait nécessaire, plus tard, dans un but d'intérêt général, sans qu'il y ait lieu à indemnités quelconques.

. . . .

ART. 33. — Les contestations relatives à la distribution des eaux et à la répartition des taxes seront portées devant le Conseil de Préfecture.

. . . .

Fait à Constantine, le 3 juillet 1880.

Le Préfet,

G. GRAUX.

J'ai extrait ce qui précède d'une brochure : Réglementation des eaux de la vallée du Hamma (Arrêté du 3 juillet 1880), Constantine, typographie L. Arnolet, Ad. Braham successeur, 1880, brochure in-4, 43 p. — Le texte de l'Arrêté est suivi de tableaux très détaillés sous le titre : Irrigations du Hamma, Répartition horaire, p. 13-43.

I

Statuts actuels du Syndicat des eaux d'irrigation de Sidi-bel-Abbès

Acte d'association syndicale autorisée, constituée conformément à la loi du 21 juin 1865 par les propriétaires des communes de Sidi-bel-Abbès, Sidi-Lhassen, Sidi-Brahim et les Trembles, pour l'irrigation de leurs propriétés et la mise en mouvement de leurs usines.

TITRE Iᵉʳ

But de l'entreprise.

ART. 1ᵒʳ. — L'Association a pour but :

1ᵒ De distribuer et réglementer les eaux de la Mékerra pour les faire servir à l'irrigation des terres des sociétaires, telles qu'elles sont indiquées et déterminées aux plans et aux tableaux ci-annexés ; chacun en proportion du volume d'eau auquel il a droit pour l'irrigation de son terrain [1], l'eau y étant amenée jusqu'à la vanne d'arrosage, les pertes d'eau restant à la charge de l'association.

2ᵒ De pourvoir à l'entretien, à la conservation et à l'amélioration des ouvrages servant actuellement à l'aménagement et à la distribution des eaux, tant pour l'irrigation des terrains que pour la mise en activité des usines faisant partie de l'association.

3ᵒ De construire les ouvrages neufs qui seront nécessaires au complément ou au perfectionnement du système des irrigations et des canaux servant à alimenter les usines intéressées.

---

[1] Qu'il me soit permis d'attirer l'attention sur ce point : On a fixé au début dans la région oranaise le principe de la distribution de l'eau proportionnellement à la superficie et non point d'après les cultures ; de là de graves inconvénients ; suivant la culture qu'il entreprend, le cultivateur a trop d'eau ou pas assez. D'autre part et avec raison on ne peut pas vendre l'eau. Le régime est en somme trop rigide et pas assez souple. Les conditions naturelles ont fini par vaincre, mais indirectement, la rigidité des règles primitives ; et c'est dans la plaine du Sig qu'on inaugura les échanges de tour d'arrosage durant un certain temps sous le nom de « transferts » (Léon Pochet, Mémoire sur la mise en valeur de la Plaine de l'Habra, Paris, 1875, p. 97). Et les « transferts » ont soulevé de très vives protestations. Malgré tout le syndicat de Saint-Denis-du-Sig, dès 1875, et presque à l'unanimité, s'est prononcé pour le maintien des « transferts » sans restrictions. Pourtant cela ne va pas sans de grandes perturbations. A Bel-Abbès, nous l'avons dit, on a dû faire fléchir le principe général en faveur des cultures maraîchères qui ont le coefficient 10. (*Note de l'auteur*).

4° De répartir équitablement les taxes selon les charges imposées à la communauté, ainsi qu'à chaque zone d'irrigation de manière que les irrigants des différentes zones ne soient pas obligés à payer une surtaxe pour une zone qui aurait besoin d'élever le quantum de la taxe pour arriver à couvrir ses dépenses.

5° Dans le but d'arriver à l'économie dans les dépenses pour chaque zone ou localité, il sera établi un budget séparé qui comprendra : 1° les dépenses générales communes à toute l'association ; 2° les dépenses de la zone.

TITRE II
Voies et moyens d'exécution.

Art. 2. — L'association se subdivisera en zones spéciales à chaque territoire ou à chaque groupe de propriétaires ayant des intérêts communs. Le nombre de ces zones est fixé à huit ainsi dénommées :

1° *Sidi-bel-Abbès,* rive droite ;
2°   id.   rive gauche ;
3° *Muley Abd El Kader et le Rocher* ;
4° *Sidi-Brahim ;*
5° *Sidi-Lhassen ;*
6° *Sidi-Khaled ;*
7° *Trembles ;*
8° *Zélifa.*

Chacune de ces zones désignera suivant son importance un ou plusieurs syndics, ainsi qu'il sera expliqué à l'article 9.

Les usiniers formeront entre eux une zone et auront également un syndic.

Art. 3. — Tout membre de l'association (irrigant ou usinier) concourra aux dépenses que nécessiteront à l'association ou à la zone où sera situé son terrain ou son usine les travaux spécifiés à l'article 1er ainsi qu'aux frais de surveillance et d'administration qui seront déterminés plus loin, chacun en proportion de l'intérêt qu'il retirera de ces travaux ou des dépenses qu'il occasionnera.

Art. 4. — A cet effet, il sera dressé chaque année, dans le courant du mois d'octobre, pour l'année suivante, un rôle des taxes à payer par chaque usager, tant pour les dépenses de l'association que pour celles de la zone.

Ces taxes seront calculées comme il est dit ci-dessus en raison de l'intérêt de chacun des contribuables et sur des bases préalablement arrêtées par le syndicat.

La répartition des taxes aura lieu selon le volume d'eau attribué pour l'irrigation des terres et la force motrice des usines calculée par paire de meules mise en mouvement.

Art. 5. — Le rôle des taxes sera soumis à une enquête de quinze jours ouverte au siège du syndicat et à celui de chaque zone autre que celles de Sidi-Bel-Abbès ; dans le cours de cette enquête, tous les intéressés seront admis à présenter leurs observations ou réclamations sur un registre déposé à cet effet dans chaque localité. Il sera ensuite soumis à l'homologation préfectorale et ne pourra être mis en recouvrement qu'après l'accomplissement de cette double formalité.

Art. 6. — Le recouvrement des cotes inscrites au rôle d'irrigation sera fait comme en matière de contributions diverses.

Art. 7. — Les réclamations pour décharge ou réduction de taxes seront présentées, instruites et jugées comme celles relatives aux contributions directes.

TITRE III
Administration.

Art. 8. — L'association sera administrée par une commission qui prendra le titre de syndicat des eaux d'irrigation de Sidi-bel-Abbès. Elle aura son siège à Sidi-bel-Abbès.

Art. 9. — Le Syndicat sera composé de douze membres titulaires élus dans les proportions suivantes, par les huit zones ci-dessus désignées à l'article 2.

Sidi-bel-Abbès, rive droite	3	syndics.
id. rive gauche.	1	id.
Muley Abd El Kader et le Rocher,	1	id.
Sidi-Brahim	1	id.
Sidi-Lhassen	1	id.
Sidi-Khaled	1	id.
Les Usiniers	1	id.
L'Administration	1	id.
Les Trembles	1	id.
Zélifa	1	id.

Il y aura autant de membres suppléants qu'il y a de syndics titulaires.

ART. 10. — Les syndics titulaires ou suppléants seront élus dans chaque zone au scrutin et à la majorité absolue des suffrages exprimés.

Dans le cas où aucun candidat ne réunirait la majorité exigée par le paragraphe précédent, il sera procédé à un scrutin de ballottage à la suite duquel ceux des concurrents qui auront obtenu la majorité relative des voix seront élus.

ART. 11. — Les syndics et leurs suppléants seront nommés pour trois ans et renouvelés par tiers chaque année ; les membres sortant à l'expiration de la 1re et de la 2e année seront désignés par le sort.

Ils seront indéfiniment rééligibles, pourvu qu'ils continuent de réunir les conditions exigées ci-après.

Les opérations électorales seront jugées en premier ressort par la Commission Syndicale, sauf recours au Conseil de Préfecture, comme juge d'appel.

ART. 12. — Nul ne pourra être nommé syndic, s'il ne dispose personnellement dans l'assemblée de la zone qui le nommera, d'une voix au moins, comme il sera établi plus loin, et s'il n'a son domicile réel et sa résidence ordinaire dans le ressort du district de Sidi-bel-Abbès.

ART. 13. — En cas d'absence ou d'empêchement, les syndics titulaires seront remplacés de droit par leurs suppléants ; en cas de convocation adressée au syndic titulaire, celui-ci devra transmettre la convocation à son suppléant et en informer le Directeur.

ART. 14. — Tout syndic qui, sans motif légitime, aura manqué à trois convocations successives et régulièrement faites, sera considéré comme démissionnaire.

ART. 15. — Outre qu'il représentera au syndicat la zone qui l'aura nommé, il sera chargé de surveiller la garde et la conservation des canaux de cette zone et des travaux qui s'y rapportent, ainsi que la juste répartition des eaux entre les usagers.

ART. 16. — Tout syndic démissionnaire ou décédé sera remplacé lors de la plus prochaine réunion de l'assemblée particulière de la zone à laquelle il appartient, suivant le mode établi par l'article 10 ci-dessus.

Les syndics ainsi nommés ne resteront en fonctions que le temps pendant lequel les membres remplacés avaient droit à y rester eux-mêmes.

ART. 17. — Les syndics éliront parmi eux un directeur et un directeur adjoint dont les fonctions dureront trois années. Ils seront indéfiniment rééligibles.

ART. 18. — En cas d'absence ou d'empêchement le directeur sera remplacé de droit par le directeur adjoint.

ART. 19. — Si le directeur et le directeur adjoint étaient absents ou empêchés simultanément, la Présidence serait dévolue à l'un des syndics, dans l'ordre de l'inscription au tableau, tel qu'il aura été établi lors de la première réunion du syndicat.

ART. 20. — Si le directeur ou le directeur adjoint étaient tous deux décédés ou démissionnaires, les syndics pourvoiraient à leur remplacement par voix d'élection, dans le délai d'un mois au plus tard.

ART. 21. — Ainsi qu'il a déjà été dit aux articles 2 et 9, les usiniers seront représentés au sein du syndicat, par un syndic spécial, qui sera élu dans une assemblée des usiniers intéressés.

Du directeur.

ART. 22. — Le directeur ou, à son défaut, le directeur adjoint, est chargé de la surveillance générale des intérêts de la communauté et de la conservation des plans, registres et autres documents relatifs à l'administration de la société.

Il convoque les syndics pour les réunions ordinaires qu'il préside, ainsi que les assemblées générales ; il assure l'exécution des délibérations prises dans ces assemblées, nomme à tous les emplois dont la nomination n'est pas attribuée par le présent acte au syndicat ou à l'assemblée générale.

Il révoque ces mêmes agents.

Il ordonnance au profit des ayants droits, sur la production des justifications réglementaires et dans les limites des crédits ouverts au budget, les dépenses faites pour le compte de l'association.

ART. 23. — Le directeur ou son suppléant représentera l'association en justice tant en demandant qu'en défendant, en vertu de l'autorisation qui pourra lui être donnée par le syndicat.

ART. 24. — Il contractera, au nom et pour le compte de l'association, les emprunts qui auront été autorisés par l'assemblée générale.

ART. 25. — Il passera tous les baux et marchés, procèdera à toutes les adjudications des travaux de la société dans les formes voulues par les lois et règlements et d'après les bases fixées ou les cahiers des charges arrêtés, suivant le cas par le syndicat ou l'assemblée générale.

Il souscrira dans les mêmes formes, et suivant les mêmes règles, les actes de vente, échange, partage, acceptation de dons et legs, aliénation, acquisition, transaction, etc.

Il poursuivra, lorsqu'il y aura lieu, en vertu d'une délibération du syndicat, et en se conformant aux lois et règlements en vigueur, l'expropriation pour cause d'utilité publique, des terrains nécessaires à l'association, et il agira dans les mêmes conditions, pour assurer l'exécution des lois des 20 Avril 1845 et 11 Juillet 1847.

ART. 26. — Dans le courant du mois de Novembre de chaque année, le Directeur établira et présentera au syndicat un projet de budget des recettes et dépenses de l'association pour l'exercice suivant.

ART. 27. — A l'époque ci-dessus fixée, il soumettra successivement au syndicat et à l'assemblée générale le compte rendu de la situation financière de l'association ainsi que les plans, devis et projets des travaux neufs et d'entretien à exécuter pendant l'année suivante.

ART. 28. — Sauf en ce qui concerne l'homologation du rôle des taxes, tous les actes du Directeur sont affranchis de l'approbation préfectorale et ne peuvent être contrôlés que par l'assemblée générale ou le syndicat.

Du Syndicat.

ART. 29. — Le syndicat est chargé d'assurer la répartition des eaux conformément aux droits de chacun des usagers ; de régler le mode d'administration des biens de l'association, les conditions des baux, marchés, adjudications à passer pour le compte de la société ;

D'examiner les réclamations des intéressés et d'y faire droit, s'il y a lieu ;

D'employer tous les moyens de conciliation pour mettre fin aux discussions qui pourraient naître entre les membres de l'association au sujet de l'usage des eaux ;

De surveiller l'exécution des travaux qui se font pour le compte de l'association ;

De contrôler et arrêter les comptes administratifs du Directeur, ainsi que la comptabilité du caissier de l'association.

ART. 30. — Le syndicat discute et vote chaque année le budget de l'association qui lui est remis par le Directeur et, en général, toutes recettes et dépenses tant ordinaires qu'extraordinaires.

Il arrêtera chaque année, après que les projets auront été soumis à une enquête publique dont la durée est fixée à quinze jours, le tableau de la répartition des eaux entre les usagers de chaque zone, et le quantum de la taxe des eaux, pour servir de base à l'établissement du rôle dans chaque zone.

ART. 31. — Le syndicat sera appelé à délibérer sur les acquisitions, aliénations, échanges, etc., qui pourront lui être proposés ; sur les acceptations de dons, de legs faits à la société, sur les actions judiciaires, transactions, et généralement sur tous les objets pouvant intéresser l'association.

ART. 32. — Il approuve, rejette ou modifie les projets qui lui sont soumis par le Directeur, des travaux nécessaires pour l'entretien, la conservation ou l'amélioration des ouvrages existants, ainsi que pour l'exécution des travaux neufs.

Toutefois, lorsque les travaux énumérés au paragraphe précédent ne pourront être exécutés au moyen des ressources ordinaires de l'association, c'est-à-dire lorsqu'ils donneront lieu, soit à une taxe supplémentaire, soit à un emprunt, ils devront être approuvés par l'assemblée générale.

ART. 33. — Le syndicat ne pourra délibérer qu'autant qu'il y aura sept membres présents au moins. Néanmoins, lorsqu'après deux convocations successives faites régulièrement à huit jours d'intervalle, les syndics ne se trouveront pas réunis en nombre suffisant, les délibérations prises à la suite d'une troisième convocation seront valables, quel que soit le nombre des membres qui y ont pris part.

ART. 34. — Les délibérations du syndicat seront prises à la majorité des membres présents. En cas de partage, celle du Directeur ou de son suppléant sera prépondérante.

ART. 35. — Les délibérations seront inscrites par ordre de date, sur un registre coté et paraphé par le Directeur ; elles seront signées par tous les syndics présents à la séance, où mention sera faite des motifs qui les auront empêchés de signer.

Tous les membres de l'association auront droit de prendre communication sans déplacement des délibérations du syndicat.

ART. 36. — Les délibérations du syndicat seront exécutoires sans qu'il soit utile de les soumettre à l'approbation du Préfet, sauf celles relatives à la comptabilité.

Des assemblées générales ou locales.

Art. 37. — L'assemblée générale se compose des sociétaires de toutes les zones pouvant disposer d'une voix.

L'assemblée locale se compose de tous les sociétaires d'une zone pouvant disposer d'une voix.

Art. 38. — Pour avoir droit à une voix, tout propriétaire, membre de l'association devra être intéressé pour l'irrigation d'un hectare au moins, les jardins comptant pour dix fois le chiffre de leur étendue réelle et la zone intermédiaire comptant pour quatre fois.

Les usiniers auront droit à deux voix par paires de meules ou par moteur de quatre chevaux vapeur, si l'usine n'est pas affectée à la mouture.

Art. 39. — Les usagers qui auront personnellement un intérêt supérieur au minimum ci-dessus fixé auront droit à autant de voix que ce minimum est contenu de fois dans leur intérêt.

Art. 40. — Toutefois, quelle que soit l'importance de l'intérêt qu'il représente, un seul associé ne pourra disposer dans l'assemblée générale ou locale de plus de 40 voix.

Art. 41. — Les membres absents pourront se faire représenter à l'assemblée générale ou locale par un mandataire porteur de pouvoirs réguliers.

Si le mandataire est usager, les voix de son mandat s'ajouteront à celles dont il disposera personnellement, mais seulement jusqu'à concurrence du maximum fixé à l'article 40 ci-dessus.

Art. 42. — Les veuves et les femmes mariées autorisées par leur mari pourront faire partie de l'assemblée générale, au même titre et dans les mêmes conditions que les autres usagers.

Art. 43. — Les mineurs interdits et autres incapables pourront y être représentés conformément aux dispositions de l'article 4 de la loi du 21 juin 1865.

Assemblées locales.

Art. 44. — Les assemblées locales seront appelées, en session ordinaire, au mois d'octobre, à délibérer sur toutes les questions intéressant la zone qu'elles représentent. Elles entendront le compte rendu de la situation financière, tant au point de vue des travaux exécutés, que de leur participation aux frais généraux. Elles se prononceront sur le sujet du budget de l'exercice suivant, lequel sera préparé par le syndic, de concert avec le Directeur.

ART. 45. — Outre la session ordinaire, le Directeur convoquera également à leur chef-lieu les assemblée locales pour procéder aux élections, ou extraordinairement, pour toutes les autres causes à apprécier par lui ou le syndicat, s'il y a lieu.

Assemblées générales.

ART. 46. — L'assemblée générale sera convoquée par le Directeur, en session ordinaire, au mois de novembre, aussitôt que les assemblées locales auront clos leurs opérations.

La présidence en sera offerte à M. le Sous-Préfet ou à M. l'ingénieur des Ponts-et-Chaussées de l'arrondissement.

ART. 47. — Elle pourra, en outre, être réunie extraordinairement, pour une convocation de l'administration préfectorale, par l'organe du Directeur, ou sur la demande adressée par écrit au Directeur par un nombre d'associés représentant au moins le quart des voix comprises dans l'association, suivant les dispositions déterminées par l'article 38.

Art. 48. — L'assemblée générale est appelée : 1° A délibérer sur les projets d'emprunt ou de taxes extraordinaires ; 2° A approuver les plans et travaux neufs ou d'entretien à exécuter au moyen d'emprunts ou de taxes extraordinaires ; 3° A vérifier, contrôler et approuver les comptes administratifs du Directeur, ainsi que la comptabilité du caissier de l'association.

ART. 49. — L'Assemblée générale émettra en outre son avis et prendra telles délibérations que de droit dans ses réunions ordinaires, sur toutes les questions qui pourront lui être soumises, soit par le Directeur, soit par tous autres membres de l'association, sous la réserve qu'ils en auront saisi par écrit, le Directeur avant la séance.

L'assemblée générale en session extraordinaire ne pourra s'occuper que des questions pour lesquelles elle aura été réunie.

ART. 50. — Les délibérations des assemblées locales et de l'assemblée générale seront valables si le tiers des voix attribuées à la totalité des usagers est représentée.

Toutefois, si après deux convocations successives faites à 20 jours d'intervalle, ce nombre de voix ne peut être réuni, l'assemblée générale sera valablement constituée par la présence d'un nombre d'usagers représentant le quart des voix attribuées à l'association.

Art. 51. — Dans le cas où après trois convocations successives, le nombre d'usagers ci-dessus déterminé ne serait pas réuni et où, par suite, l'assemblée générale ne pourrait pas délibérer, la commission syndicale trancherait définitivement les questions proposées.

DES TRAVAUX, DE LEUR MODE D'EXÉCUTION ET DE LEUR PAIEMENT

Art. 52. — L'étude et la direction des travaux à faire pour le compte de l'association, seront confiées ainsi que le décidera le syndicat, soit au service des ponts et chaussées, soit à un architecte spécial. Si le service des ponts et chaussées est chargé de cette direction, il lui sera alloué les remises déterminées par les règlements en vigueur.

Dans le cas contraire, le syndicat fixera le taux des remises ou le traitement à allouer à l'architecte spécial.

Art. 53. — Les projets des travaux seront rédigés par les hommes de l'art choisis par le syndicat comme il est dit ci-dessus, ils seront examinés et approuvés par le syndicat, soit directement, soit sur le rapport d'une commission formée à cet effet et composée de membres choisis par lui.

Art. 54. — Les travaux seront adjugés d'après le mode adopté par le syndicat, en présence du Directeur, assisté de deux membres de cette assemblée, du caissier de l'association et de l'agent qui aura préparé les projets.

Les procès-verbaux seront signés par tous les membres du Bureau et par l'adjudicataire.

Art. 55. — Les travaux seront exécutés sous le contrôle du Directeur et du syndic de la zone où ces travaux seront exécutés.

Art. 56. — La réception en sera faite par l'ingénieur des ponts et chaussées ou l'architecte spécial, en présence du Directeur et du syndic de la zone.

Le procès-verbal de réception devra constater que les travaux ont été exécutés conformément aux projets approuvés et selon les règles de l'art.

Art. 57. — Les paiements d'à-compte pour les travaux exécutés par entreprises, seront faits en vertu de mandats du directeur, délivrés sur le vu de certificats du conducteur des travaux, visés par le syndic de la zone.

Les dépensses en régie seront également payées sur mandats du directeur, auxquels devront être jointes des feuilles d'attachement, constatant l'état des dépenses résultant desdits travaux, dressées conformément aux dispositions de l'article 56.

Surveillance.

Art. 58. — Des gardes des eaux en nombre suffisant seront nommés par le Directeur du Syndicat et spécialement chargés, sous les ordres et sous la surveillance des syndics de chaque zone, d'assurer la distribution et la répartition des eaux telle qu'elle aura été arrêtée par le syndicat, de veiller à la conservation des canaux, des vannes et de tous les ouvrages dépendant du service des irrigations.

La nomination des gardes des eaux sera faite par le Directeur sur la proposition du syndic de la zone et sera soumise à l'agrément de M. le Sous-Préfet.

Ils prêteront serment devant M. le Juge de Paix ; ils constateront les délits et contraventions aux règlements généraux sur la police des eaux et aux règlements intérieurs publiés par le syndicat, par des procès-verbaux que le directeur transmettra aux tribunaux compétents.

Ils visiteront fréquemment les canaux placés sous leur garde, ils tiendront un registre coté et paraphé par le Directeur, sur lequel ils insèreront sans blanc, ni rature, ni interligne, le rapport de tous les faits reconnus dans leurs tournées et particulièrement les délits ou contraventions qu'ils auront constatés.

Ce registre sera représenté à toute réquisition du directeur ou sous-directeur ou du syndic de la zone et visé par celui-ci au moins une fois par semaine.

Art. 59. — Les fonctions des gardes des eaux sont permanentes ou temporaires. Le traitement de ces agents sera fixé par le syndicat, il lui sera payé mensuellement sur mandat du Directeur [1].

---

[1] Les gardes des eaux sont ici nommés par le directeur du Syndicat et payés par le Syndicat : et cela crée une différence assez importante entre eux et les « ayguadiers» de la région orientale du Tell Algérien, voir plus haut, p. 176 (*Note de l'auteur*).

De la rédaction des rôles et de leur recouvrement.

ART. 60. — Le recouvrement sera fait par le Receveur des Contributions diverses, le Receveur municipal ou un caissier spécial qui sera nommé par le syndicat, lequel tiendra le Directeur au courant des retardataires.

ART. 61. — Le caissier spécial fournira un cautionnement proportionné au montant des taxes. Il prêtera le serment voulu par la loi.

Si la gestion financière du syndicat est confiée au Receveur des Contributions diverses ou au Receveur municipal, il pourra ne pas être exigé de cautionnement et il aura droit à la remise fixée par les règlements en vigueur.

Dans le cas où ces fonctions seraient confiées à un agent spécial, les remises ou le traitement à allouer seront fixés par le syndicat et payés sur mandat du directeur, accompagné des justifications réglementaires.

ART. 62. — Au moyen de cette remise ou de ce traitement, le Receveur ou le caissier spécial dressera les rôles des taxes, d'après l'état de répartition et les autres éléments fournis par le syndicat.

ART. 63. — Il acquittera les mandats délivrés conformément aux dispositions du présent acte.

Il sera rendu annuellement compte au syndicat, avant le 1ᵉʳ mai de chaque année, des recettes et des dépenses qu'il aura faites pendant l'exercice précédent, dans la forme prescrite en matière de taxes communales.

Il ne lui sera pas tenu compte des paiements irrégulièrement faits. Il devra se conformer en tous points aux dispositions qui régissent la comptabilité des communes ; sa responsabilité sera la même que celle des Receveurs municipaux.

ART. 64. — Le syndicat vérifiera le compte annuel du Receveur, ainsi qu'il est dit à l'article 27, et le soumettra ensuite à l'assemblée générale, conformément aux dispositions de l'article 48, après quoi ce compte sera transmis au Conseil de Préfecture, qui l'arrêtera définitivement s'il y a lieu.

ART. 65. — Le Directeur du syndicat vérifiera, lorsqu'il le jugera convenable, la situation de caisse du Receveur qui sera tenu de lui communiquer toutes les pièces de comptabilité.

Dispositions générales.

Art. 66. — Les réclamations relatives à la confection des rôles et recouvrements de taxes, seront portées devant le Conseil de Préfecture (article 16 de la loi du 21 juin 1865).

Art. 67. — Il en sera de même des contestations relatives à l'exécution des travaux neufs, laquelle exécution devra toujours être précédée d'une déclaration d'utilité publique provoquée par le syndicat.

Art. 68. — Comme conséquence de ce qui précède, et, attendu d'ailleurs que les travaux existants ayant été effectués par l'administration ont le caractère de travaux publics, les contraventions ou délits qui auront pour résultat la dégradation des ouvrages destinés aux irrigations, seront constatés par procès-verbaux et jugés par le Conseil de Préfecture, comme en matière de grande voirie.

Art. 69. — Les procès-verbaux de constatation des délits et contraventions seront soumis au visa du Directeur qui aura plein pouvoir de transiger ou de déférer les dits procès-verbaux aux Tribunaux compétents, les droits des Sociétaires étant réservés.

Les actions en dommages-intérêts ou indemnités seront exercées à la diligence du Directeur au profit de la zone intéressée, en faveur de laquelle la renonciation des associés sera de droit si, huit jours après la constatation, ils n'ont pas notifié par écrit au bureau du syndicat leur intention d'intervenir comme parties civiles.

Art. 70. — Tous les règlements de service intérieur et de police faits et publiés par le syndicat, dans la limite des pouvoirs qui lui sont conférés par la loi et par le présent acte, seront obligatoires pour tous les membres de l'association, sauf recours au Conseil de Préfecture.

Nul propriétaire ou usinier compris dans l'association ne pourra, après un délai de 4 mois, à partir de la publication du 1er rôle des taxes, contester sa qualité d'associé ou la validité de l'association.

Art. 71. — L'obligation contractée par les membres de la présente association est inhérente à la terre engagée et la suivra en quelques mains qu'elle puisse passer comme une servitude réelle.

Toutefois, il est formellement stipulé qu'il n'y aura dans aucun cas aucune solidarité entre les associés et qu'ils ne pourront être poursuivis que pour les sommes dont ils sont personnellement débiteurs par le fait de l'usage des eaux.

Art. 72. — Les associés déclarent en outre se soumettre aux dispositions des lois et règlements en vigueur ou à intervenir sur le régime et la propriété des eaux en Algérie.

Art. 73. — Les dispositions du présent acte ne pourront être modifiées qu'en assemblée générale et à la majorité déterminée par l'article 12 de la loi du 21 juin 1865.

Art. 74. — Un extrait du présent acte sera publié à la diligence du Directeur, dans le délai d'un mois à partir de sa date, dans un des journaux d'annonces légales de l'arrondissement ou du département ; il sera en outre transmis au Préfet, pour être inséré dans le recueil des actes de la Préfecture (article 6 de la loi du 21 juin 1865).

Le présent acte, renfermant les statuts de l'Association Syndicale des eaux de Sidi-bel-Abbès, avec les modifications proposées par la Commission Syndicale, dans la délibération du 10 juin 1888, a été dressé et établi par nous, Directeur du Syndicat des Eaux d'Irrigation de Sidi-bel-Abbès, soussigné.

Sidi-bel-Abbès, le 23 août 1889.

Signé : Thiedey.

Vu et approuvé :

Oran, le 28 mai 1889.

P. le Préfet,
Le Conseiller de Préfecture délégué,

Signé : Cellière.

J

Oasis de M'sila. Arrêté provisoire du 15 juin 1880 ; et Notice sur la situation actuelle.

I.

Nous publions in extenso l'Arrêté provisoire du 15 juin 1880 : ce document représente une distribution des eaux qui ne peut plus être appliquée aujourd'hui, puisque le barrage dit *Sba el Gharbi* a été détruit ; aussi

l'Arrêté est-il pour ainsi dire introuvable : je l'ai cherché vainement à
M'Sila même ; c'est à Constantine, dans les bureaux des Ponts et Chaussées, que j'ai retrouvé une vieille affiche en donnant le texte ; la publication
qui suit est faite d'après cette vieille affiche. Je remercie M. Godard,
ingénieur en chef des Ponts et Chaussées à Constantine, de m'avoir très
obligeamment aidé dans mes recherches.

RÉPUBLIQUE FRANÇAISE

DIVISION DE CONSTANTINE

CERCLE DE BORDJ-BOU-ARRERIDJ

Arrêté :

*Réglementation provisoire des eaux de l'Oued-Ksob depuis le Hammam
jusques et y compris le barrage de Mezrer à l'aval de M'Sila.*

Nous, Général commandant la Division de Constantine,
Vu le décret du 31 mai 1570 sur l'Administration générale de l'Al-
gérie,
Vu la loi du 29 floréal an X ;
Vu l'arrêté du gouvernement du 19 ventôse an VI ;
Vu la loi du 16 juin 1851, classant en Algérie tous les cours d'eau
dans le domaine public ;
Vu les lois des 29 avril 1845 et 11 juillet 1847, sur les irrigations,
promulguées en Algérie par le décret du 5 septembre 1859 ;
Vu les arrêtés portant concession de chute d'eau aux usiniers de
l'Oued-Ksob, en amont du barrage de Mezrer ;
Vu le projet de règlement présenté par M. l'Ingénieur en chef des
Ponts et Chaussées de la circonscription de Constantine, pour la distribution des eaux de l'Oued-Ksob, entre le Hammam et Mezrer ;
Considérant qu'un règlement définitif serait peut-être d'une application immédiate difficile, sinon impossible ; que cependant il convient de procéder dès aujourd'hui à une réglementation en vue de
supprimer des abus qui peuvent à un moment donné compromettre
l'alimentation de la ville de M'Sila et l'irrigation de ses jardins ;
Considérant que, dans ces conditions, il y a lieu de procéder par

voie de réglementation provisoire, laquelle pourra être modifiée ultérieurement suivant les résultats de son application, de manière à préparer, après cet essai, la promulgation d'un règlement définitif ;

Vu les rapports des Ingénieurs des Ponts et Chaussées et le plan à l'appui ;

Vu l'avis favorable émis par le Conseil de Préfecture dans sa séance du 5 novembre 1879 ;

Vu la dépêche de M. le Gouverneur général en date du 5 février 1880,

Arrêtons :

CHAPITRE Ier. — *Répartion des eaux.*

ARTICLE PREMIER. — Le présent règlement a pour objet la répartition provisoire entre les divers propriétaires usagers, des eaux de la rivière de l'Oued-Ksob, dans la partie de son cours, comprise entre les sources chaudes du Hammam, en aval de Medjez, et le barrage de Mezrer, à l'aval de M'Sila.

ART. 2. — A partir du Hammam, toute l'eau devra être laissée à la rivière jusqu'au barrage de Bou-Djemline. Toutes les prises d'eau actuellement existantes sur ce parcours seront supprimées.

ART. 3. — Quatre répartitions différentes seront appliquées suivant que le débit de l'Oued-Ksob, constaté au barrage de Bou-Djemline sera :

1° Inférieur ou égal à 103 litres par seconde ;

2° Compris entre 103 et 170 litres par seconde ;

3° Compris entre 170 et 1 843 litres par seconde ;

4° Supérieur à 1 843 litres.

1er cas. — Répartition correspondante ou inférieure à un débit égal à 103 litres par seconde.

ART. 4. — Dans le cas où le débit de l'Oued-Ksob, jaugé au barrage de Bou-Djemline, sera inférieur ou égal à 103 litres par seconde, les superficies arrosées seront les suivantes :

3 hectares de jardins par le canal de Bou-Djemline ;

2	, id.	Bou-Hafia ;
25	id.	du Gharbi ;
41	id.	Sba-el-Guebli.

Art. 5. — Le débit de la rivière devra être réparti entre les quatre barrages ci-dessus dénommés, proportionnellement aux chiffres suivants :

Bou-Djemline.	$3^{lit},15$
Bou-Hafia.	,2 35
Sba-el-Gharbi.	34 5o
Sba-el-Guebli.	63
Total.	1o3 litres.

2ᵉ cas. — **Répartition correspondante à un débit compris entre 103 et 170 litres par seconde**

Art. 6. — Dans le cas où le débit de la rivière, jaugé au barrage de Bou-Djemline, sera compris entre 1o3 et 17o litres par seconde, la répartition se fera comme il suit :

Bou-Djemline.	$3^{lit},15$
Bou-Hafia.	2 35
Sba-el-Gharbi.	34 5o
Sba-el-Guebli.	63

Barrage du moulin Petit : le reste du volume.

3ᵉ cas. — **Répartition correspondante à un débit compris entre 170 et 1 843 litres par seconde.**

Art. 7. — Dans le cas où le débit de la rivière jaugé au barrage de Bou-Djemline serait compris entre 17o et 1 843 litres par seconde, la répartition se fera de la manière suivante :

Art. 8. — On donnera d'abord comme quantités fixes :

Au Bou-Djemline, pour l'irrigation de 3 hectares de jardins.	$3^{lit},15$
Au Bou-Hafia, pour l'irrigation de 2 hectares de jardins. .	2 35
Au Sba-el-Gharbi, pour l'irrigation de 25 hectares de jardins.	34 5o
Au Sba-el-Guebli, pour l'irrigation de 41 hectares de jardins.	63
Au barrage du moulin Petit, pour la mise en marche de l'usine.	67
Total.	17o lit.

Art. 9. — Le surplus du débit sera employé à irriguer :

Par le Bou-Djemline. . . . .   135 hectares de céréales.
Par le Sba-el-Gharbi. . . . .   1 100   id.
Par le Sba-el-Guebli.   792   id.
Par le Khebeb. . . . .   1 100   id.
Par le moulin Petit, la rivière jusqu'au
  barrage de Mezrer. . . . .   2 200   id.
Par le Guerfala. . . . .   1 100   id.

            TOTAL. . . . . .   6 427 hectares de céréales.

ART. 10. — Ce surplus du débit devra être réparti entre les six
barrages dénommés à l'art. 9, proportionnellement aux chiffres suivants :

Bou-Djemline.   20
Sba-el-Gharbi.   263
Sba-el-Guebi.   184
Khebeb.   297
Barrage Petit.   628
Guerfala.   281

            TOTAL. 1 673

4ᵉ oas. — Répartition correspondante à un débit supérieur à 1 843 litres par seconde.

ART. 11. — Dans les cas où le débit de la rivière, jaugé au barrage de Bou-Djemline, dépasserait 1 843 litres par seconde, il sera
employé jusqu'à concurrence de 1 843 litres comme il est dit aux
articles 8, 9 et 10. Le surplus sera attribué aux terres en aval de Mezrer.

                CHAPITRE II. — *Dispositions générales.*

ART. 12. — Sur tout le parcours de la rivière, les eaux pourront
être rejetées en telle proportion qu'il sera jugé nécessaire dans les canaux d'amenée des usines pour en permettre le fonctionnement, en
tant qu'il n'en résultera aucun préjudice pour les irrigations d'aval.

ART. 13. — En cas d'extrême pénurie des eaux, l'Administration
se réserve le droit de mettre en vigueur tels systèmes d'ayguades
qu'elle jugera convenables, en vue d'assurer l'alimentation de la ville
de M'sila et l'irrigation de ses jardins.

ART. 14. — Il sera établi sur chaque canal des ouvertures maçonnées, fermées par des vannes à vis munies de cadenas. Le règlement

de ces vannes sera fait par l'ayguadier de manière à donner à chaque canal la part d'eau qui lui revient, d'après le débit total de la rivière.

ART. 15. — Le jaugeage de la rivière se fera par un déversoir muni d'une échelle graduée en cuivre qui sera placée en tête du canal de Bou-Djemline.

ART. 16. — Les vannes et déversoirs seront établis sous la surveillance du service des Ponts et Chaussées.

La distribution des eaux entre les divers barrages, la surveillance et la police des irrigations seront sous le contrôle du commandement supérieur, confiées à un ou plusieurs ayguadiers.

La nomination et la révocation de ces agents qui seront assermentés, appartiendront à M. le Général commandant le division de Constantine, qui fixera leurs appointements.

ART. 17. — Chaque usager des eaux, usinier ou irriguant contribuera aux dépenses d'utilité commune.

ART. 18. — Les dépenses d'utilité commune seront divisées en deux groupes.

Les dépenses du premier groupe comprennent l'entretien et le perfectionnement des barrages existants, l'entretien des vannes sur chaque canal, les curages normaux ou accidentels des canaux.

Les dépenses du second groupe comprennent l'entretien du déversoir, les paiements des ayguadiers et toutes autres dépenses générales.

ART. 19. — Les dépenses du premier groupe seront réparties entre les usagers que les travaux intéressent directement. En d'autres termes, chaque barrage avec ses accessoires et le canal ou les canaux y aboutissant, seront entretenus et curés aux frais des usagers de ce canal ou de ces canaux, usiniers ou irriguants, d'après les bases indiquées à l'art. 21 ci-après.

Les dépenses du second groupe seront réparties entre tous les usagers, usiniers ou irriguants, d'après les mêmes bases générales.

ART. 20. — Les dépenses nécessaires à l'établissement des rigoles et des vannes secondaires seront à la charge des particuliers directement intéressés à ces travaux.

ART. 21. — Les dépenses du premier groupe et du deuxième groupe seront réparties ainsi qu'il suit :

Un hectare de jardin paiera comme quatre hectares de terrain cultivé en céréales.

Lorsqu'un moulin sera établi sur un canal, sa part contributive sera pour chaque paire de meules égale à celle de quatre hectares de jardins, ou de 16 hectares de terrain cultivé en céréales.

ART. 22. — Les usiniers seront tenus de curer à vif fond et d'entretenir en bon état toute la partie du canal comprise entre le barrage de prise d'eau et l'extrémité du canal de fuite. D'autres (*sic*) part, les usagers irriguants devront tenir en bon état d'entretien toutes les parties de canaux qui traversent leurs propriétés.

ART. 23. — Sont expressément réservés les droits de propriété ou d'usage des eaux qui pourraient être revendiqués par les propriétaires situés en amont ou en aval des périmètres irrigables.

ART. 24. — M. le Général commandant la subdivision de Sétif, M. l'Ingénieur en chef des Ponts et Chaussées de la circonscription de Constantine, et M. le Directeur des Contributions diverses sont chargés d'assurer, chacun en ce qui les concerne l'exécution du présent arrêté qui sera affiché à Constantine, à Sétif, à Bordj-bou-Arréridj et à M'sila, et inséré dans un des journaux de Constantine aux frais des usagers.

Fait à Constantine, le 15 juin 1880.

Le Général commandant la Division,
L. FORGEMOL.

2.

La Notice dont le texte suit fait partie du volumineux dossier qui a été constitué à M'sila depuis 25 ans en exécution du sénatus-consulte. J'en dois la communication et la copie à M. Bruguier-Roure, qui était en 1900 administrateur civil à M'sila et qui est aujourd'hui administrateur de la Commune mixte de Hammam Rirha.

Constantine, le 2 août 1897.

Notice sur le régime des eaux d'arrosage dans la tribu de M'Sila [1].

Dans la tribu de M'Sila, comme dans tout le Sud algérien, les

---

[1] Nous avons établi la présente notice sans nous préoccuper de savoir si les coutumes exposées ci-après sont oui ou non conformes aux règlements en vigueur. La circulaire du 31 janvier 1893 prescrit d'ailleurs de constater des faits et non de les apprécier (*Note des enquêteurs*).

terres ne sont généralement susceptibles de produire qu'à la condition d'être arrosées ; aussi, dans cette région l'eau est très recherchée et plus appréciée que la terre ; depuis les temps les plus reculés elle est considérée comme Melk et fait l'objet de transactions.

On distingue dans la tribu trois catégories de terres qui sont :

1° La terre Haï, labourable et irriguée, sous certaines conditions que nous indiquerons plus loin, à l'aide de barrages établis sur l'Oued Ksob ou M'Sila ;

2° La terre Djelf, labourable comme la précédente, mais ne recevant pour la vivifier que les eaux tombant directement du ciel ou détournées de leur cours au moment des crues, grâce à de petits ouvrages de canalisation créés dans les environs immédiats ;

3° La terre inculte dite Hammada ou Bour.

Nous donnons ci-après, sur chacune des deux premières catégories de terres qui précèdent, certains renseignements qu'il est indispensable de connaître pour comprendre ce qui va suivre.

Terre Haï. — L'étendue de terre recevant l'eau d'un barrage prend le nom de ce barrage. C'est ainsi, par exemple, qu'on désigne sous le nom de « Mesrir » la région irriguée à l'aide du barrage de ce nom.

La quantité d'eau revenant régulièrement à chaque barrage étant insuffisante pour arroser convenablement, dans le courant d'une même année toute la région correspondante, on a divisé chaque région en plusieurs zones. Chacune de ces zones s'appelle « Tebdila » et reçoit toute l'eau du barrage pendant que les autres sont laissées en jachère.

Dans la région de Mesrir, par exemple, qui comprend trois Tebdilas, chacune d'elles n'est cultivée que tous les trois ans. On s'explique ainsi que la plupart des propriétaires de M'Sila possèdent dans toutes les tebdilas les mêmes parcelles avec les mêmes parts d'eau.

On entend par « Nouba » une étendue variable de terre recevant toute l'eau d'une seguia pendant 24 heures, et par « Semcha » une demie nouba.

L'eau est répartie dans les Tebdilas au moyen de seguias (canaux) dont l'importance est variable, et, du nombre de noubas dont dispose chaque seguia dépend le moment où les usagers peuvent irriguer. De telle sorte, par exemple, que si une seguia comprend trente noubas, le tour de chacune d'elles reviendra tous les 30 jours, à la condition toutefois qu'il y ait assez d'eau pour les arroser toutes successivement.

Nous nous empressons d'ajouter que rarement il en est ainsi.

On constate, en effet, que le débit de la rivière (Oued M'Sila) étant depuis un certain nombre d'années insuffisant pour arroser une Tebdila toute entière, certaines noubas ne reçoivent l'eau qui leur revient, en principe, qu'à l'occasion des crues. Il se peut, dès lors, qu'à un moment donné, dans une seguia comprenant 30 noubas, 20 seulement, les plus rapprochées du barrage, puissent être irriguées ; dans ce cas, le tour de ces 20 noubas privilégiées revient tous les 20 jours au lieu de tous les 30 jours.

D'autre part, le débit de la rivière n'étant pas constant, il s'ensuit forcément que le nombre des noubas irrigables varie lui aussi. Enfin, dans la période de sécheresse, la djemâa diminue dans une certaine proportion les droits de tous les usagers, afin de faire revenir plus tôt le tour de chacun.

Ce qui précède explique : premièrement que la valeur d'une nouba est d'autant plus grande qu'elle est plus rapprochée du barrage ; deuxièmement que les tours d'eau ne reviennent pas à des époques fixes. D'ailleurs, les indigènes du pays aussi bien dans leur conversation que dans leurs écrits, se bornent à indiquer la durée des tours d'eau (Noubas) (Semchas) sans spécifier à quels moments ils se produisent.

Si l'étendue de terre correspondant à une nouba est variable, ainsi que nous l'avons dit plus haut, il arrive parfois que certaines surfaces n'ont droit à aucune part d'eau. Ce sont, autrement dit, des terres « Djelf » enclavées dans des terres « Haï » ; inversement aussi quelques propriétaires possèdent sur des seguias des parts d'eau sans avoir des terres aux points où cette eau devrait normalement être employée. Ces propriétaires s'arrangent avec leurs voisins pour utiliser leur tour, mais de façon à ne léser les droits de personne.

Cette situation doit être attribuée à ce fait, qu'à M'Sila la terre et l'eau sont des propriétés qui peuvent faire séparément l'objet de transactions.

Il est admis que lorsque dans un acte quelconque il n'est question que du mot (Nouba), on doit entendre par là un tour d'eau de 24 heures avec une certaine étendue de terrain correspondante.

Dans le cas contraire, où l'on ne veut parler que d'un tour d'eau, sans terre, on emploie l'expression « Nouba d'eau ».

Les travaux d'entretien et de réfection des barrages et seguias sont faits ou exécutés à leurs frais par les usagers qui y participent, proportionnellement à leurs droits à l'eau. Il est toutefois à remarquer que la non-participation, pour une raison quelconque à ces travaux, n'entraîne pas pour son auteur la perte de ses droits [1].

Enfin, d'après une coutume très ancienne, toutes les eaux arrivant au barrage Seba el Gharbi [2], du 15 mai au 15 octobre de chaque année, c'est-à-dire pendant le temps qui s'écoule entre l'époque des labours et celle des moissons, doivent être exclusivement affectées aux jardins de la tribu de M'Sila. Pendant cette période, et afin d'éviter dans la mesure du possible les pertes provenant de l'évaporation et de l'infiltration des eaux, deux seuls barrages, ceux de Seba el Gharbi et de Seba el Guebli, recueillent l'eau destinée aux jardins.

Terre Djelf. — Les terrains Djelf sont disséminés dans les bas-fonds et le long des ravins, c'est-à-dire dans les points où les eaux peuvent être facilement recueillies. Les parties intermédiaires sont des terres incultes où les propriétaires des Djelfs font des petits travaux de canalisation pour amener les eaux chez eux ; autour de chaque Djelf et principalement en amont se trouve ainsi une zone qui dépend du Djelf en ce sens que les propriétaires voisins n'ont pas le droit d'y faire des travaux pour détourner à leur profit les eaux qui y parviennent.

Il va sans dire que pour les terrains Djelfs il ne peut être question de Tebdilas, de Noubas, etc..., etc..., les propriétaires labourent à leur gré et principalement dans les années qui s'annoncent comme devant être pluvieuses.

Barrages.

En descendant le cours de l'Oued Ksob, dans sa traversée de la tribu de M'Sila, on rencontre successivement les barrages de Seba el Gharbi, Seba el Guebli, Khabbeb, Fournier, Guerfallah, Souagui, El Kouch, Mesrir et El Rabah.

---

[1] Les usagers récalcitrants sont cités devant le Cadi local par le Cheikh délégué de droit de la djemâa. Sous l'autorité militaire ils étaient punis de prison et d'amende. (*Note des enquêteurs*).

[2] Le barrage Seba el Gharbi est situé en amont de tous ceux qui servent aux irrigations de la tribu de M'Sila (*Note des enquêteurs*).

Tous ces ouvrages, sauf le barrage Fournier, sont construits selon la coutume indigène, ils sont, en ce moment, réglementés par l'arrêté du 15 juin 1880. Cet arrêté a été pris sur les propositions du service des Ponts et Chaussées, après une étude des droits d'usage anciens qui devaient être respectés en vertu de la loi du 16 juin 1851, mais il ne répond plus aux besoins actuels étant donné notamment que depuis 1880, l'administration elle-même a fait des plantations d'une assez grande importance. Il est résulté de ce fait une situation d'autant plus difficile pour les usagers qu'elle s'est aggravée par la disparition, à la suite d'une crue, du barrage de Seba El Gharbi.

Un autre arrêté du 1er juin 1881 décide que chaque année toute l'eau de l'Oued Ksob en amont du Hammam, sera laissée en rivière pendant les 15 premiers jours des mois de décembre, janvier, février et mars pour les arrosages de la région en aval du Hammam.

Nous croyons devoir donner ci-après quelques renseignements sur chacun des barrages cités plus haut.

Barrage de Seba El Gharbi.
(Détruit depuis 1887.)

Ce barrage irriguait autrefois les Tebdilas de Dris, Nekhla, et Bouffegous, ainsi que les jardins de la rive droite de M'Sila (ceux-ci, toutefois, concurremment avec le barrage d'El Kouch) pendant la période des céréales, c'est-à-dire du 15 octobre au 15 mai, enfin du 15 mai au 15 octobre il arrosait à lui seul tous les jardins de la rive droite.

L'eau se répartissait de la façon suivante :

1° Pendant la première période, un quart de l'eau du barrage que l'on divisait en 19 noubas, revenait à un certain nombre de jardins de la rive droite (les autres jardins de cette rive étant irrigués à l'aide du barrage d'El Kouch) et les trois autres quarts tous les trois ans à chacune des Tebdilas de Dris, Nekhla et Bouffegous. La Tebdila de Dris comprenait cent douze noubas, celle de Nekhla 112 noubas et une semcha, et celle de Bouffegous 99 noubas et une semcha.

2° Pendant la seconde période, le Seba El Gharbi irriguait tous les jardins de la rive droite.

12 noubas étaient attribuées aux jardins qui, pendant la première période étaient arrosés à l'aide du barrage d'El Kouch, et la différence, soit : ..... était affectée aux autres jardins.

BRUNHES. 31

Le Seba El Gharbi a été détruit une première fois en 1875, il fut construit en 1887 sans la participation de l'État, mais une nouvelle crue l'entraîna encore dans le courant de la même année.

On reconnut depuis qu'il était impossible de le reconstruire à son ancien point.

Toutes les terres de Seba El Gharbi sont donc privées d'eau, et l'Administration supérieure recherche actuellement les moyens à employer pour irriguer la Tebdila de Dris, qui a été séquestrée presque entièrement à la suite des faits insurrectionnels de 1871.

L'État, dans cette circonstance ne paraît se préoccuper que de ses intérêts ; il serait cependant à désirer pour le bien général du pays, qu'il songeât également à venir en aide aux autres usagers du barrage ; ceux-ci d'ailleurs accepteraient avec empressement de payer une taxe pour amener chez eux leurs parts d'eau par les moyens que l'État voudrait bien mettre à leur disposition.

Les jardins de la rive droite de l'Oued M'Sila, autrefois irrigués par le Seba el Gharbi, reçoivent actuellement l'eau par le barrage et le canal Fournier, grâce à une convention passée entre les intéressés.

Cette convention a assuré jusqu'à ce jour tant bien que mal l'existence des jardins en question, mais elle est la source de continuels conflits qu'il est du devoir de l'Administration de faire cesser au plus tôt. (Voir le paragraphe consacré au barrage Fournier.)

Barrage Seba el Guebli.

Ce barrage irrigue trois Tebdilas qui sont :

Dehar 103 noubas et une semcha.

Semara 147 noubas.

Redifa 120 noubas.

Pendant la période du 15 mai au 15 octobre il recueille à lui seul les eaux destinées aux jardins de la rive gauche de l'Oued M'Sila.

Barrage du Khabbeb.

Ce barrage quoique situé dans la tribu de M'Sila n'est qu'à l'usage du douar M'Turfa (ancienne tribu des Ouled Derradj) et d'une partie de la tribu des Souama.

Il ne fonctionne que du 15 octobre au 15 mai, c'est-à-dire pendant la période des céréales.

Cependant, quelques indigènes de M'Sila ont droit à la totalité de
l'eau du Khabbeb pendant deux noubas et demie tous les 24 jours.
Ce droit leur a été accordé pour les dédommager du préjudice à eux
causé par le passage sur leurs terres de la seguia Khabbeb.

Barrage Fournier[1].

Le barrage Fournier est situé à 4 kilomètres environ en amont de
la ville et des jardins de M'Sila ; il a été construit pour détourner
l'eau nécessaire à la marche du moulin Fournier, mais il sert également depuis 1887 aux irrigations des jardins privés d'eau à la suite
de la destruction du barrage de Seba El Gharbi.

Bien que l'usine Fournier ait été régulièrement autorisée, la
djemâa de M'Sila proteste contre son fonctionnement du 15 mai au
15 octobre. Elle soutient qu'en permettant à ce moulin de marcher à
cette époque de l'année, on ne tient pas compte d'un usage très
ancien en vertu duquel toute l'eau arrivant à M'Sila après la moisson
et jusqu'au moment des labours, doit servir exclusivement à l'alimentation des gens et des animaux de M'Sila et à l'arrosage des
jardins. Cependant, ajoute-t-elle, le canal Fournier prend l'eau en
amont de la ville et la rend à la rivière à un endroit où elle ne peut
plus servir aux jardins.

Nous laissons le soin à l'Administration supérieure d'apprécier la
valeur de ces prétentions.

Nous regrettons, toutefois, que la djemâa n'ait pas tenté de faire
valoir ses prétendus droits lors de l'enquête qui a précédé sans doute
l'autorisation donnée au premier propriétaire du moulin.

Le service des Ponts et Chaussées en préparant l'arrêté de réglementation du 15 juin 1880, paraît s'être préoccupé d'assurer avant
tout l'arrosage des jardins, et il a ainsi tenu compte, tout au moins
en partie, du précédent usage ancien invoqué par la djemâa.

Malheureusement, outre que le volume de 103 litres d'eau reconnu
nécessaire par le service des Ponts et Chaussées pour l'irrigation des
jardins de M'Sila, n'est pas toujours obtenu à la rivière pendant la

---

[1] Le barrage et le moulin Fournier sont les mêmes que le barrage et le moulin
Petit qui figurent dans l'Arrêté du 15 juin 1880 (*Note de l'auteur*).

période estivale, il est notoirement insuffisant aujourd'hui, étant données les plantations nouvelles effectuées, soit par la commune, soit par quelques européens acquéreurs du Domaine.

Aux inconvénients qui résultent de cette situation ce sont encore ajoutés ceux provenant de la disparition du barrage Seba el Gharbi.

En effet, les usagers de ce barrage propriétaires sur la rive droite de l'Oued M'Sila, se sont entendus une première fois, en 1887, avec M. Fournier, pour prendre à la rivière leurs parts d'eau au moyen du canal et du barrage de cet usinier. Les conditions de cette convention, qui était annuellement révocable, ont été plusieurs fois modifiées.

La convention de 1887 par exemple, était ainsi conçue :

« Les soussignés s'engagent à payer à M. Fournier en espèces les
« dépenses de curage du canal et de l'entretien pendant le courant de
« l'année ; en compensation, le propriétaire du moulin s'engageait à
« laisser profiter de l'eau toutes les fois que le moulin serait arrêté,
« et à arrêter ce moulin une journée par semaine, le vendredi. »

Quant à celle actuellement en vigueur, elle est la suivante :

« Il a été convenu : 1° Que si le moulin ne travaillait pas pendant
« la période estivale 3 nuits consécutivement, il aurait le droit de
« moudre le vendredi ; 2° Que le moulin ne moudrait pas le vendredi,
« s'il n'y avait pas eu deux nuits d'arrêt dans la semaine. »

Il ressort de ce qui précède que les propriétaires de jardins de la rive droite de l'Oued M'Sila n'arrosent que lorsque, pour une raison quelconque, M. Fournier arrête son moulin. Cet usinier ne fait qu'user du droit que lui donne la précédente convention acceptée par les intéressés pour ne pas laisser dessécher leurs jardins.

D'un côté les arrêts du moulin, lorsqu'ils ont lieu, ne durent pas plus d'un jour, les propriétaires de jardins n'ont pas le temps d'irriguer à tour de rôle. Chaque fois alors, il s'engage entre eux une lutte dans laquelle les plus audacieux ont évidemment le dessus.

L'Administration estimera sans doute, après cet exposé, qu'il est indispensable de faire cesser au plus tôt une aussi déplorable situation.

Elle y arrivera, croyons-nous, en remplaçant d'abord d'une façon quelconque le barrage détruit de Seba el Gharbi, et en revisant l'arrêté, provisoire d'ailleurs, du 15 juin 1880.

K

Oasis de Tozeur. Documents divers.

1. *Règlement des eaux.*

Nous extrayons ces notes sur le « Règlement des eaux » à Tozeur d'un article détaillé, Les dattiers des oasis du Djerid, publiés par F. Masselot dans le *Bulletin de la Direction de l'agriculture et du commerce de la Régence de Tunis*, 6ᵉ année, nᵒ 119, avril 1901, p. 114-161. L'extrait qu'on va lire va de la page 137 à la page 142.

L'unité de temps qui sert au partage de l'eau dans le Djerid s'appelle *gadous*. Elle est mesurée par un récipient percé à sa partie inférieure d'un trou, par lequel il se vide en cinq minutes. La gadous équivaut donc au douzième de l'heure.

Un jardin d'un hectare disposant de onze gadous d'eau est très suffisamment arrosé. Pour bien comprendre qu'une unité de temps suffit à déterminer le volume d'eau auquel chaque jardin a droit, il faut, par un examen attentif de ce qui va suivre, se rendre compte qu'à toute heure du jour et de la nuit, dans l'oasis de Tozeur, par exemple, il y a constamment le même nombre de jardins arrosés à la fois par l'oued principal, chacun d'eux ayant ainsi une fraction constante de l'eau de cet oued pendant dix, douze, quinze gadous, c'est-à-dire pendant cinquante, soixante ou soixante-quinze minutes.

L'heure est souvent indiquée par la longueur de l'ombre d'un homme, mesurée par le pied de celui qui la porte : tel jardin a droit à onze gadous d'eau à partir de l'heure où l'ombre a quinze pieds. Néanmoins, les gadous règlent presque exclusivement la marche du temps dans les oasis du Djerid.

Ce sont les khammès eux-mêmes qui prennent l'eau lorsque l'heure d'arrosage de leurs jardins est venue. Le khammés du jardin qui la cède doit, en général, être présent à la déviation. Cette façon de procéder, toute primitive qu'elle soit, donne rarement lieu à des désaccords ou des querelles. Les contestations qui pourraient se produire sont tranchées par les gardiens des barrages diviseurs, très au courant de ces questions, et, si cela est nécessaire, par le caïd lui-même.

Division des eaux dans l'oasis de Tozeur. — Indépendamment des eaux réunies qui forment l'oued, deux sources, *Aïn El-Hafir* et *Aïn El-Ancel*, arrosent, la première, trente jardins et la deuxième, douze, situés en amont du partiteur général des eaux. Ces sources appartiennent en commun aux propriétaires de ces jardins et servent exclusivement à leurs usages.

Pour examiner la répartition des eaux de l'oued, nous le descendrons à partir du point où il a acquis son plus fort débit et nous examinerons successivement les différentes divisions que nous rencontrerons en suivant son cours.

La division des eaux est faite au moyen d'un tronc de palmier horizontal placé perpendiculairement au courant et creusé d'entailles d'un nombre égal à celui des divisions que l'on veut obtenir. Si l'oued doit être, par exemple, divisé en deux parties représentant respectivement les 5/9 et les 4/9 de la totalité de l'eau, on creusera sur le tronc du palmier servant de diviseur neuf entailles, dont cinq serviront à l'alimentation de la première partie et quatre à la seconde.

La première division de l'oued s'appelle Sakiet-el-Djeja (ruisseau de la poule). C'est plutôt une prise d'eau qu'une division, car le cours d'eau de l'oued n'est entravé en cet endroit par aucun barrage : une simple poutre de palmier, creusée d'une entaille de 1^m,32, ou cinq pieds de longueur, règle l'entrée de l'eau dans cette *saguia*. Elle a été construite par les anciens cheikhs de Bleb-el-Ader, pour l'alimentation de leurs écuries et de leurs poulaillers, d'où lui vient son nom de *Sakiet-el-Djeja*. Son courant devait au début être juste assez fort pour pouvoir entraîner une paille ; actuellement il est admis et reconnu par tous que la hauteur de l'eau dans l'entaille du palmier doit être d'un doigt, ou plus exactement de 0^m,09.

En aval de *Sakiet-el-Djeja* se trouve le partiteur général des eaux de l'oued Bargouga, qui les divise en deux parties représentant respectivement les 3/9 et les 6/9 de la totalité. Les trois premières parties forment, à droite, l'oued *Abbès* ; les six autres forment, à gauche, *Mencher-Srir*.

Le barrage de l'oued Bargouga se compose de trois entailles égales, d'une longueur de 1^m,19, dans lesquelles la hauteur d'eau atteint sur le bord aval de la *khechba* $0^m,161$ et sur le bord amont $0^m,172$. Chacune de ces entailles laisse écouler le tiers des eaux de l'oued.

De Mencher-Srir s'alimente une saguia, appelée *El-Guernaze*, qui, comme Sakiet-el-Djeja, est une simple prise d'eau dont l'entaille a pour longueur une fois et demie la longueur d'une des entailles de la *berka* (barrage situé en aval), et, comme hauteur d'eau sur la khechba, une hauteur égale à celle qui se trouve sur celle de la berka.

El-Guernaze prend à Mencher-Srir un vingt-huitième de la totalité de son eau et un septième de l'eau que Mencher-Srir fournit à l'oued Saboun. Mencher-Srir est ensuite divisé, au barrage romain, en deux parties : à droite, l'oued Saboun, ou oued El-Oust, qui prend les $6/14$ de l'eau de Mencher-Srir, et, à gauche, Seguiat-R'bot, qui en a les $7/14$ plus la hauteur de deux doigts, destinée à l'alimentation de la ville.

La division de Mencher-Srir se fait par quatre entailles ; les deux de droite, ayant chacune comme longueur $1^m,11$ et comme hauteur d'eau $0^m,15$, forment l'oued Saboun ou oued El-Oust ; les deux de gauche, dont l'une est exactement pareille à celle qui alimente l'oued Saboun et l'autre a $0^m,63$ de plus en longueur et toutes deux la même hauteur d'eau, forment Seguiet-R'bot.

Seguiet-R'bot se divise ensuite, au barrage d'El-Aguili, en sept parties, au moyen de sept entailles semblables ayant chacune $0^m,62$ de longueur et $0^m,09$ de hauteur d'eau. Celle de droite se nomme El-Aguili, tandis que les six autres continuent sous le même nom de Seguiet-R'bot jusqu'au barrage d'El-Berka. Ce dernier porte neuf entailles, sur lesquelles six seulement sont ouvertes à la fois, mais lorsque l'entaille d'El-Aguili est fermée et que Seguiet-R'bot a par conséquent conservé toute l'eau qu'il a prise à Mencher-Srir, sept entailles sont ouvertes à El-Berka ; de sorte que chacune des entailles qui coule à El-Berka correspond au $1/21^e$ de la totalité des eaux.

Les entailles de la berka ont chacune $0^m,62$ de longueur et $0^m,09$ de hauteur d'eau. L'entaille de gauche, qui longe la ville et sert à l'alimentation d'une partie des habitants, a sa longueur portée à $0^m,66$.

L'Oued Saboun, qui formait avec Seguiet-R'bot, la seconde division de Mencher-Srir, se divise à El-Garahman en six parties correspondant chacune à $1/21^e$ de l'oued. Les entailles de ce barrage sont de la dimension de celles de El-Berka. Cette condition n'est d'ailleurs pas nécessaire, pourvu qu'une parfaite égalité entre elles soit conservée.

Nous avons vu plus haut que le barrage de l'oued Bargouga, indépendamment de Mencher-Srir, formait encore l'oued Abbès, composé d'un tiers de ses eaux. Comme Seguiet-R'bot à El-Aguili, Oued-Abbès se divise à Reguiga en sept parties par des entailles ayant $0^m,57$ de longueur et $0^m,12$ de hauteur d'eau. Une septième forme à droite Reguiga, et les six autres septièmes s'écoulent jusqu'au barrage de Babjarou qui les divise en sept parties égales.

En amont de ce diviseur, sur la rive gauche, une petite prise d'eau, destinée à l'arrosage de trois cents palmiers environ, s'alimente directement dans l'oued, sans aucun barrage, par une entaille en pierre qui a pour largeur l'écart compris entre le pouce et l'index et comme hauteur d'eau une phalange et demie. Ces mesures correspondent à $0^m,19$ sur $0^m,04$. Cette prise d'eau se nomme Menchia.

Comme El-Aguili, on supprime quelquefois Reguiga en obstruant son entaille, ce qui fait que Babjarou a alors l'intégralité de l'eau de l'oued Abbès.

A partir d'El-Berka, d'El-Garahman et de Babjarou, des saguias, qui se subdivisent elles-mêmes, conduisent dans les jardins les eaux divisées en vingt et unièmes par ces trois barrages. Ces subdivisions secondaires sont essentiellement variables, car elles peuvent être modifiées par les arrangements entre leurs différents bénéficiaires, la vente ou l'échange des eaux étant malheureusement d'une pratique courante. Seules les grandes divisions de l'oued jusqu'aux vingt-et-unièmes sont immuables et forment la base même de la répartition des eaux.

Il a paru utile de l'exposer dans cette étude, bien qu'elle sorte un peu du cadre du sujet. Mais il est à remarquer qu'un seul indigène, actuellement âgé de quatre-vingts ans, la connaît parfaitement, l'ayant apprise de son père, qui la tenait lui-même de ses ascendants.

Cet indigène, nommé Mohamed ben Abderrahman, amine des eaux de l'oasis, a cherché à enseigner à son frère cadet ce système que Ben Chabat a trouvé et mis en usage à Tozeur; mais il paraît que son élève n'offre pas toutes les conditions voulues pour lui succéder dignement, et c'est pour éviter que ces traditions ne se perdent qu'elles ont été consignées ici.

La division des eaux dans l'oasis de Tozeur a été faite jadis par un savant nommé Ben Chabat, dont le tombeau est encore, à Bled-el-Ader, l'objet de la vénération générale. Cette répartition est en effet un véritable chef-d'œuvre, dont la perfection n'a nulle part été atteinte.

La répartition des eaux dans l'oasis de Nefta est loin d'égaler en régularité celle de Tozeur, et Ben Chabat lui-même, qui s'en était aperçu, offrit aux Nefti le concours de son expérience et de son talent ; mais ces derniers accueillirent si mal son offre, qu'il ne crut pas devoir la renouveler. Cette répartition est restée ce qu'elle était jadis, un à peu près relatif, suffisant aux besoins de la population mais n'excluant pas, comme à Tozeur, les controverses et les discussions.

Garde des eaux. — Dans l'oasis de Tozeur, un poste de deux gardiens est établi auprès de chaque barrage important. A l'oued Bargouga, ils sont trois. Onze hommes veillent ainsi jour et nuit, du milieu du mois de mai jusqu'au mois d'octobre. Leur mission consiste à surveiller la répartition, à empêcher l'obstruction des entailles et à ouvrir ou fermer celles-ci aux heures indiquées pour la distribution des eaux.

Ces gardiens sont sous la direction de l'amine el-ma.

Ils reçoivent pour salaire un régime de ftimi par jardin arrosé par le barrage qu'ils gardent, de sorte que les gardiens des barrages les plus importants sont les mieux payés. Ceux de l'Oued Bargouga, par exemple, reçoivent ce régime de tous les jardins de l'oasis.

L'amine el-ma a le droit également de choisir dans chaque jardin, après les khammès, le régime de ftimi qui lui convient le mieux.

Les autres gardiens, comme le kenatri, reçoivent celui que l'on coupe au moment où ils se présentent.

Un propriétaire de l'oasis, indépendamment des plus beaux régimes qu'il doit donner aux ouvriers employés à la récolte et à ses khammès, est encore imposé de huit autres régimes parmi lesquels un est également au choix de l'amine des eaux. Ce sont : les trois régimes destinés aux gardiens des barrages ; celui du kenatri ; celui de l'amine el-ma ; celui du crieur public ; celui du tambour qui l'accompagne (sorte d'abonnement pour la publication des bêtes perdues ou volées) ; enfin, celui que reçoit l'amine de l'oasis, juge des contestations entre propriétaires et fermiers.

Jadis le nombre des régimes donnés était bien plus grand. Indépendamment de ceux énumérés ci-dessus, il y avait : le régime du courrier du caïd, celui du garçon du caïd, celui du balayeur de la place où le caïd s'asseyait, celui destiné à l'entretien du khandak El Kebir, etc.

Saguias. — Les Saguias sont les ruisseaux ou les fractions de l'oued qui amènent l'eau du barrage aux jardins. Elles sont entretenues par les khammès intéressés. Lorsque le besoin s'en fait sentir, et après entente entre eux, les travailleurs se rassemblent à l'heure indiquée par le crieur ou à l'appel de la conque.

Les khammès qui manquent à l'appel sont punis par le caïd d'une amende d'une piastre et d'un régime de ftimi, qui sont partagés entre les travailleurs présents.

Khandaks. — Le curage des drains, ou khandaks, est à la charge des propriétaires ou locataires des jardins (qu'il ne faut pas confondre avec les khammès), que ces khandaks desservent, chacun se réservant le travail sur son terrain.

Un khandak peu borner simplement une propriété, ou en séparer deux ; son entretien est dans le premier cas à la charge du possesseur du terrain borné, dans le deuxième cas, à celle des propriétaires des terrains séparés.

Les khandaks compris entre les jardins de l'oasis, à la sortie de celle-ci, et le khandak El Kebir, qu'ils alimentent tous, se nomment *farch* ; leur entretien revient au groupe des propriétaires qui s'en servent et cela proportionnellement au chiffre de gadous qui est attribué à chacun dans la répartition des eaux.

A Tozeur, le khandak El Kebir est un immense fossé qui entoure l'oasis du nord-est au sud-ouest et dans lequel se déversent toutes les eaux de drainage et l'excédent des eaux d'irrigation.

Avant l'occupation française, ce fossé, qui servait aussi à protéger contre les incursions des nomades du Nord, Hammamas et Fréchiches, la partie de l'oasis opposée à la ville, était continuellement tenu profond et plein d'eau.

Des patrouilles le surveillaient sans cesse pour empêcher l'établissement des ponts et pour prévenir au besoin les Tozeri, qui accouraient en foule pour en empêcher le passage.

Ces hommes de patrouille recevaient pour leur surveillance un régime par jardin.

Le curage de ce khandak se faisait en octobre et occasionnait presque toujours de graves épidémies.

Actuellement, ce travail est abandonné et le khandak El Kebir ne sert plus qu'à conduire les eaux de l'oasis jusqu'au Chott.

2. *Tozeur, d'après El-Bekri (xi° siècle).*

« Touzer est arrosé par trois ruisseaux qui se partagent et forment six canaux d'où rayonnent une quantité innombrable de conduits, construits en pierre d'une manière uniforme ; aussi ont-ils tous la même dimension... Pour avoir régulièrement une provision de quatre *cadès* d'eau, on donne un *mithcal* « dix francs » par an ; si l'on veut en avoir de plus ou de moins, on paie en conséquence. Voici en quoi consiste le *cadès :* chacun, quand son tour d'arrosage arrive, prend une tasse (cadès) dont le fond est percé d'un trou assez étroit pour se laisser boucher avec un bout de cette espèce de corde qui sert à tendre les arcs à carder. Il remplit cette tasse avec de l'eau et la suspend quelque part jusqu'à ce qu'elle soit vide, et, pendant ce temps, il voit son clos ou son jardin recevoir d'un de ces canaux un courant d'eau. Il remplit ensuite la tasse une seconde fois et procède de la même manière. Ces gens-là ont reconnu qu'une de ces tasses peut se remplir et se vider, sans interruption, 192 fois dans l'espace d'un jour. »

(El-Bekri, traduction de Slane, p. 118).

L

Égypte. Décret du 25 Janvier 1881, réglementant les travaux du Nil et des canaux.

Nous, Khédive d'Égypte,

Vu le rapport de Notre Ministre des Travaux publics en date du 24 Janvier 1881 (23 Safer 1298);

Sur la proposition de Nos Ministres de l'Intérieur et des Travaux publics, et l'avis conforme de Notre Conseil des Ministres,

Décrétons :

ARTICLE PREMIER. — Sont et demeurent à la charge de l'État les travaux publics du Nil dont l'énumération suit :

a. Les travaux d'art, qui intéressent une ou plusieurs provinces, existant ou à faire sur le Nil et ses branches, sur ses digues, sur les canaux principaux, sur les digues des bassins de la Haute-Egypte et autres digues d'un intérêt général ;

b. Les dragages, y compris toutes dépenses d'acquisition, de fonctionnement et d'entretien des appareils ;

c. La fourniture et le transport des matériaux, tels que pierres, bois, chenf, etc., réclamés par l'intérêt général, soit pour la conservation des digues et ouvrages, soit pour la fermeture des ouvrages de retenue et des prises d'eau des canaux.

ART. 2. — La quantité et la valeur des travaux et fournitures, qui sont à la charge de l'État, seront déterminées, chaque année, suivant les règlements et ordonnances établis ou à établir à cet effet ; le montant en sera inscrit au budget du Ministère des Travaux publics. Toutefois en ce qui concerne les travaux du canal Ibrahimieh, les propriétaires des terrains intéressés seront, jusqu'à l'achèvement des opérations cadastrales, tenus de rembourser au Trésor, les sommes qu'il aura avancées pour ces travaux.

ART. 3. — Les travaux d'art faits ou à faire sur les canaux ou digues et intéressant soit des villes d'un ou de plusieurs districts, soit un village, soit une propriété particulière, incombent aux propriétaires des terrains intéressés.

ART. 4. — Sont à la charge de la population en général les travaux suivants :

a. Les terrassements, remblais et déblais, et les curages à la main, soit qu'ils intéressent une ou plusieurs provinces, ou les villages d'un ou plusieurs districts, ou un seul village, ou une propriété particulière ;

b. Le gardiennage des digues et des ouvrages pendant la crue du Nil ;

c. Le maniement et la mise en œuvre des matériaux destinés à la conservation des digues et ouvrages et aux fermetures.

Les Conseils des travaux publics classent ces travaux d'intérêt général, d'intérêt commun (Mouchtarak) et d'intérêt privé, et les répartissent entre les habitants des provinces et des districts.

Les travaux d'intérêt général et ceux d'intérêt commun sont seuls l'objet de la prestation.

Art. 5. — La prestation est due par tous les habitants du pays, du sexe masculin, valides, âgés de quinze ans et au-dessus jusqu'à cinquante ans, à l'exception de ceux qui rentrent dans les cas d'exemption énoncés dans l'article suivant.

Art. 6. — Sont exempts de la prestation :

1° Les ulémas, les fékis, les personnes vouées à l'enseignement, les étudiants des mosquées et des écoles, les personnes attachées aux établissements de charité : tékiehs, couvents et hôpitaux ;

2° Les personnes au service des mosquées, des tombeaux et des marabouts, munies de titres réguliers ;

3° Les prêtres, les moines, les rabbins, les personnes attachées au service des églises, des temples, des cimetières des divers cultes, également munies de titres réguliers ;

4° Les gens de métier ou de profession qui paient les contributions professionnelles et qui exercent leur état, les pêcheurs, les bateliers ;

5° Les gaffirs des villages, hameaux, etc., reconnus par le Moudir de la province ;

6° Les habitants des villes principales qui ne sont ni propriétaires de terrains, ni employés à l'agriculture ;

7° Les personnes atteintes de maladies incurables.

Art. 7. — Tout individu assujetti à la prestation pourra se libérer en fournissant un remplaçant.

Pourront se libérer en payant le rachat en espèces :

a. Dans les Esbehs qui ont toujours existé comme isolées sans faire partie d'aucun des villages voisins, les habitants non compris dans le recensement de ces villages ;

b. Les Bédouins propriétaires et cultivateurs dispensés jusqu'ici des travaux de la prestation ;

c. Les habitants des villages travaillant sur les terres des Domaines de l'Etat et de la Daïra-Sanieh, dans la Basse-Egypte, dans les villages où ces administrations ont plus de cent feddans, à condition que les terres ne soient pas louées et sous la réserve que le nombre des hommes rachetés, pour chaque village, sera limité aux besoins des cultures.

Pour les villages où la culture du riz est prédominante et qui ont été, comme tels, l'objet d'une mesure spéciale en ce qui regarde les échéances de l'impôt foncier, la prestation en nature reste obligatoire; mais, dans la répartition annuelle des cubes à faire entre les divers habitants des provinces, il ne sera imposé à chaque homme de ces villages, comme charge personnelle, que la moitié du cube imposé à un hommes des autres villages.

Art. 8. — Le taux du rachat de la prestation en espèces, pour les cas où il est admis, est fixé en 1881 à cent vingt piastres par personne (120 P.) dans les Moudiriehs de la Basse-Egypte et à quatre vingts piastres (80 P.) dans celles de la Haute-Egypte.

A partir de l'année 1882, le taux du rachat sera fixé annuellement et notifié aux Moudiriehs par le Ministre des Travaux publics un mois avant le commencement des travaux; il sera établi d'après la nature et la quantité des travaux à faire et le temps pendant lequel ils doivent être exécutés.

Art. 9. — Le Ministre des Travaux publics peut suspendre, sur les points où il jugerait nécessaire dans l'intérêt général des travaux, la faculté de rachat édictée par l'article 7; il pourra également, dans le cas où il serait possible de substituer aux prestations en nature les travaux mécaniques ou les entreprises, autoriser d'une manière générale le rachat en espèces dans une ou plusieurs Moudiriehs.

Art. 10. — Les sommes perçues dans chaque Moudirieh, à titre de rachat de prestation, seront inscrites dans un registre spécial et déposées dans la caisse de la Moudirieh à la disposition du Ministre des Travaux publics.

Ces sommes ne pourront être employées qu'en travaux ayant pour but de réduire ou de supprimer la prestation en nature.

Art. 11. — Les mesures à prendre pour assurer l'appel des prestataires et leur présence sur les chantiers incombent au Ministère de l'Intérieur.

Art. 12. — Nos Ministres de l'Intérieur et des Travaux publics sont chargés, chacun en ce qui le concerne, de l'exécution du présent décret.

Fait au palais d'Abdin, le 24 Safer 1290 (25 janvier 1881).

MEHEMET TEWFIK.

M

Egypte. — Décret du 12 avril 1890, réglementant les irrigations.

Nous, Khédive d'Egypte, etc.

Décrétons :

ARTICLE PREMIER. — *Canaux et digues publics.* — Le mot *canal* signifie un cours d'eau servant à l'irrigation de plus de deux villages.

Tous les canaux sont considérés comme publics. Ils sont construits et entretenus aux frais de l'État et font partie du domaine public.

L'usage et l'occupation des digues des canaux sont interdits aux propriétaires riverains.

Sont assimilés aux canaux publics et placés sous le même régime :

1° Les canaux alimentant les séries de bassins de la Haute-Egypte;

2° Les canaux que les particuliers demandent au Gouvernement de convertir de Nili en Séfi ou de créer à leur frais et moyennant le paiement d'une redevance fixée par le Gouvernement en proportion de leur profit et qui, après une période de temps déterminé, deviendront propriété de l'État.

La condition des canaux de la province de Fayoum ne dépend pas du nombre de villages qu'ils desservent, mais ils sont considérés comme publics ou privés suivant l'état et les avantages de chaque canal.

ART. 2. — *Rigoles privées.* — Par le mot *rigole*, on entend une conduite ou un cours d'eau servant à l'irrigation d'un ou de deux villages ou d'une terre appartenant à une seule personne, bien que contenue dans deux ou plusieurs villages.

Toutes les rigoles sont considérées comme propriété privée; leur construction et leur entretien demeurent à la charge des particuliers qui en profitent. Leurs digues sont aussi de propriété privée.

Si la rigole profite aux habitants de tout un village, le Gouvernement obligera administrativement ses habitants à la curer.

ART. 3. — *Drains.* — Le mot *drain* indique un cours d'eau destiné à l'écoulement des eaux des terrains, soit d'irrigation, soit de pluie ou de drainage.

Un drain est public quand il dessert plus de deux villages, et privé lorsqu'il n'en dessert qu'un ou deux seulement.

Les drains publics sont entretenus par l'Etat et les drains privés par les intéressés.

Les drains des bassins de la Haute-Egypte sont aussi considérés comme publics.

Art. 4. — *Travaux de préservation contre l'inondation.* — Les travaux de préservation contre l'inondation comprennent les digues, les épis, les digues transversales (salibehs), les digues longitudinales (tarrads) et autres ouvrages servant à protéger les terrains contre le débordement des eaux. Ces ouvrages sont considérés comme publics si le dommage qui résulterait de leur inexécution et de leur manque d'entretien est général. Si le dommage est particulier, l'exécution et l'entretien de ces travaux sont à la charge des intéressés.

Art. 5. — *Attributions des inspecteurs d'irrigation et des ingénieurs en chef.* — Les inspecteurs d'irrigation sont les représentants du Ministère des Travaux publics ; ils ont sous leurs ordres les ingénieurs en chef et les ingénieurs des districts. Leurs attributions et leurs relations avec les moudirs sont fixées par le règlement de décembre 1886.

Art. 6. — *Irrigation des terrains soumis à l'impôt, pendant l'époque de la crue.* — Si un terrain se trouve séparé du Nil ou d'un canal par un terrain appartenant à un autre propriétaire et traversé par un cours d'eau aboutissant au terrain séparé, le propriétaire, ou, en cas de vente, l'acheteur du terrain intermédiaire, ne pourra pas intercepter au terrain sis au delà le libre cours des eaux, sous peine d'être obligé administrativement de rétablir le passage libre des eaux, après avoir été indemnisé, par le propriétaire du terrain séparé, les dommages qui résulteraient de ce rétablissement, d'après l'estimation d'une commission composée du moudir ou du wékil comme président, de l'ingénieur en chef et de deux omdehs de la moudirieh, à choisir, l'un par le propriétaire qui demande le passage de l'eau et l'autre par le propriétaire dont le terrain sera traversé par le cours d'eau.

En cas de partage des voix, celle du président sera prépondérante.

Art. 7. — *Servitudes sur les terrains.* — Toute personne qui aura acheté un terrain et qui aura droit à toutes les servitudes afférentes à ce terrain, telles que rigoles et drains privés ou communs traversant ce terrain et destinés à desservir les terrains voisins, ne pourra, en aucun cas, rendre ces rigoles et drains à la culture, les détruire ou les remblayer, sans le consentement écrit des propriétaires des terrains voisins desservis, ainsi qu'il a déjà été dit, par ces mêmes drains ou rigoles.

ART. 8. — *Arrêt des machines élévatoires ou fermeture des canaux.* — Aucune indemnité ne peut être réclamée au Gouvernement pour des pertes occasionnées par un manque ou un arrêt des eaux d'un canal résultant de cas de force majeure ou ayant pour cause des réparations ou des modifications reconnues nécessaires, ou enfin une mesure quelconque que l'inspecteur d'irrigation, dûment délégué, jugerait nécessaire de prendre afin de réglementer les eaux dans ce canal ou d'en maintenir la cote, telle que, par exemple, la fermeture d'un canal ou la suspension de l'irrigation pendant un certain nombre de jours sur tout ou partie de ce canal, en vue de faire face à un besoin d'eau plus urgent dans un autre endroit.

Toutefois, avant de commencer un travail quelconque de cette nature l'inspecteur d'irrigation doit en prévenir le moudir, conformément aux dispositions du règlement de 1886, fixant les attributions et les relations des inspecteurs d'irrigation et des moudirs.

ART. 9. — *Construction de rigoles Séfi.* — Les propriétaires ou la commune qui désireraient construire dans leur propre terrain une rigole d'eau séfi doivent présenter leur demande au moudir, qui la communiquera à l'inspecteur d'irrigation, accompagnée de son avis et de ses observations s'il y a lieu. Si l'inspecteur se trouve d'accord avec le moudir, celui-ci accordera ou refusera, suivant le cas, l'autorisation demandée. La rigole sera alors construite aux frais des demandeurs qui auront droit d'y prendre l'eau nécessaire à leurs terrains.

Cependant le droit de propriété sur cette rigole ne doit en aucun cas, même pendant l'étiage, avoir pour conséquence d'empêcher les autres propriétaires voisins d'utiliser ladite rigole pour l'irrigation de leurs terrains, après que les propriétaires de la rigole auront pris l'eau suffisante pour leurs terrains. Les coïntéressés devront toutefois participer, avec les propriétaires de la rigole, aux frais de sa construction et de son entretien.

ART. 10. — *Passage des eaux à travers les terres d'autrui, à défaut d'autres moyens pour l'irrigation.* — Dans le cas où un propriétaire trouverait qu'il lui est impossible de pourvoir suffisamment à l'irrigation de ses terres sans la construction d'une rigole traversant la propriété d'un autre, et qu'il ne pourrait pas arriver à un engagement

BRUNHES. 32

à l'amiable avec ce dernier, il présentera sa réclamation au moudir qui la communiquera, accompagnée de son avis et de ses observations, s'il y a lieu, à l'inspecteur d'irrigation qui examinera lui-même le cas sur les lieux, ou désignera, à cet effet, l'ingénieur en chef de la province, après en avoir prévenu les deux parties intéressées au moins quinze jours à l'avance.

Si la rigole devait se faire pour amener de l'eau séfi et que le propriétaire voisin s'y opposât, dans la pensée qu'elle ferait tort aux terrains qu'elle traverserait, l'inspecteur d'irrigation visiterait alors lui-même les lieux, et il baserait son opinion à ce sujet sur un examen sérieux des niveaux.

S'il est reconnu que l'établissement d'une rigole est nécessaire, l'inspecteur fera part au moudir de sa manière de voir, en faisant valoir ses raisons à l'appui.

Au cas où le propriétaire persisterait quand même dans son opposition et si l'inspecteur d'irrigation, d'accord avec le moudir, jugeait le cas assez important, l'inspecteur en saisirait le Ministère des Travaux publics qui, après avoir examiné le rapport de l'inspecteur, prendra les mesures nécessaires, s'il reconnaît la nécessité de la rigole, pour obliger administrativement le propriétaire du terrain requis à ne faire aucune opposition à la construction de ladite rigole. Le pétitionnaire devra, dans ce cas, payer le prix du terrain que doit traverser la rigole et une indemnité pour les dommages, s'il y a lieu, lesquels prix et indemnité seront fixés par la commission mentionnée à l'article 6. Il devra, en outre, payer l'impôt dont ce terrain sera frappé.

Art. 11. — *Insuffisance d'eau d'une rigole.* — Le propriétaire qui croirait ne pas avoir assez d'eau pour ses cultures doit présenter sa demande au moudir qui la communiquera, accompagnée de son avis et de ses observations s'il y a lieu, à l'inspecteur d'irrigation pour examiner si le débit de la rigole qui alimente ces terrains est suffisant ou bien si cette rigole doit être élargie. L'inspecteur basera ses appréciations sur l'étendue de terrain irriguée et sur la nature des cultures sur pied.

Si le propriétaire voisin s'oppose à l'élargissement reconnu nécessaire de la rigole, l'inspecteur d'irrigation se rendra sur les lieux en personne ou déléguera à cet effet l'ingénieur en chef de la province, après avoir eu soin de prévenir les deux parties au moins quinze jours à l'avance, pour procéder à une enquête et donner son avis. Si cet avis ne satisfait pas le propriétaire, le cas sera référé au Ministère des Travaux publics, qui décidera l'élargissement s'il le juge nécessaire. En ce cas, l'opposant n'aura aucune réclamation à faire tant que l'élargissement ne causera aucun dommage à ses cultures et qu'il ne lui coûtera aucune dépense.

Si l'élargissement est destiné à permettre le passage d'une quantité d'eau suffisante pendant l'époque de la crue et qu'il doive englober un terrain voisin, le propriétaire de ce terrain sera tenu de céder la partie nécessaire moyennant une indemnité qui lui sera accordée pour le prix du terrain et pour les dommages résultant de ce chef et qui sera fixée par la commission mentionnée à l'article 6.

Mais si cet élargissement est destiné au passage des eaux séfi, les dispositions de l'article précédent devraient alors être observées.

Art. 12. — *Échange de rigoles.* — Dans le cas où un propriétaire désirerait affecter à l'irrigation de ses terrains une autre rigole que celle dont il se serait servi jusqu'alors et où il rencontrerait de l'opposition de la part de son voisin, il pourra présenter sa demande au moudir qui la communiquera, accompagnée de son avis et de ses observations s'il y a lieu, à l'inspecteur d'irrigation pour qu'il se rende lui-même sur les lieux ou pour qu'il délègue à cet effet l'ingénieur en chef de la province, après en avoir prévenu les deux parties au moins quinze jours à l'avance, pour procéder à une enquête et donner son avis sur la nécessité de l'échange.

Si le voisin s'y oppose, le cas sera référé au Ministère des Travaux publics qui décidera si l'échange doit être accordé ; dans le cas affirmatif, le voisin sera obligé, administrativement, à cesser son opposition, si cet échange est pour le passage des eaux pendant l'époque de la crue. Pendant les étiages, aucun échange de rigoles ne pourra avoir lieu sans le consentement des propriétaires des terrains que la rigole demandée doit traverser. Dans l'un ou l'autre cas, une indemnité à fixer par la Commission mentionnée à l'article 6 devra être donnée à ces propriétaires.

Art. 13. — *Création de prises ou installation de machines élévatoires sur les canaux.* — Si un propriétaire désire créer une prise sur un canal ou établir une saquieh ou machine élévatoire pour irriguer ses terrains touchant à ce canal, il devra présenter sa demande au mou-

dir qui la communiquera, accompagnée de son avis et de ses observations, s'il y a lieu, à l'inspecteur d'irrigation qui la transmettra à l'ingénieur en chef de la province, lequel, s'il approuve la demande du
propriétaire, délivrera l'autorisation nécessaire dans le cas d'une saquieh, ou soumettra la question à l'approbation de l'inspecteur d'irrigation s'il s'agit d'une prise d'eau. En tout cas, une copie de l'autorisation donnée sera transmise au moudir sur la déclaration, en même
temps que le débit du canal peut permettre la création de la rigole ou
l'établissement de la saquieh, sans porter préjudice aux propriétaires
des autres rigoles situées en aval.

L'ingénieur en chef exigera, au préalable, du pétitionnaire l'engagement de faire à ses propres frais tous les travaux jugés nécessaires
pour régler le débit d'eau dans la rigole ou pour maintenir en bon
état les digues du canal.

L'ingénieur en chef désignera l'emplacement que doit occuper la
prise ou la saquieh.

Les dispositions pour l'établissement des machines fixes ou locomobiles mues par la vapeur, par le vent ou par le courant de l'eau,
sont toutes réglées par le Décret du 8 mars 1881.

Il ne pourra, en aucun cas, être installé ni saquieh ni tabout sans
une autorisation préalable du Gouvernement. Cette autorisation, s'il
y a lieu de l'accorder, sera délivrée gratuitement.

ART. 14. — *Suppression d'une rigole pour prévenir un dommage.*
— Quand un inspecteur d'irrigation trouve que l'existence d'une
rigole est inutile à l'irrigation, qu'elle constitue un obstacle au drainage, qu'elle occasionne des infiltrations ou des déperditions d'eau ou
enfin qu'elle est nuisible à l'agriculture, il devra, après entente avec le
moudir, et après que ce dernier aura pris l'avis des propriétaires intéressés, communiquer son avis au Ministère des Travaux publics qui
ordonnera la fermeture de la rigole à la fin de la récolte et permettra
aux propriétaires des terrains avoisinants de la combler, toujours en
supposant que l'irrigation faite par cette rigole pourrait s'effectuer
par une autre plus avantageusement et en prévenant tout dommage.
Dans ce cas, le terrain occupé par la rigole supprimée sera soumis
aux règlements du Gouvernement suivis en cette matière.

ART. 15. — *Rétrécissement du ponceau de prise d'une rigole ou
modification du niveau du radier.* — Si l'inspecteur d'irrigation juge

que le ponceau de prise d'une rigole est trop large ou que son radier est à un niveau permettant le passage d'un volume d'eau, dépassant le besoin des terres irriguées par la rigole, l'inspecteur, prenant toujours en considération l'état des cultures, pourra signifier aux propriétaires, au moins trente jours avant la saison de la récolte, qu'il se propose à la fin de la récolte de rectifier l'ouverture du ponceau et de modifier la hauteur du niveau de son radier. Si les propriétaires ont des objections à élever contre cette décision, le cas sera déféré au Ministère des Travaux publics. Si celui-ci est de l'avis de l'inspecteur la dépense de la rectification ou de la modification sera à la charge du Gouvernement.

Art. 16. — *Construction d'un drain se déversant dans les terres d'autrui.* — Dans le cas où un propriétaire voudrait drainer ses terres et où il lui faudrait pour cela créer un drain qui se déverserait dans les terrains d'un autre propriétaire qui ne voudrait pas s'entendre à l'amiable avec l'intéressé, ce dernier pourra présenter sa réclamation au moudir qui la communiquera, accompagnée de son avis, et de ses observations s'il y a lieu, à l'inspecteur d'irrigation qui indiquera le cours que le drain devra suivre; faute de moyens de se procurer le terrain nécessaire au passage du drain, l'inspecteur d'irrigation, après consultation avec le moudir, s'adressera au Ministère des Travaux publics, lequel, s'il approuve la construction du drain, prendra les mesures nécessaires de la manière indiquée à l'article 10. Toutes les dépenses seront à la charge du demandeur. Le passage du drain ne devra causer aucun dommage aux terrains qu'il traversera. Sur cette question l'avis de l'inspecteur sera sans appel.

Art. 17. — *Réparation d'une rigole pour empêcher des dommages.* — Le propriétaire d'un terrain endommagé par une rigole ou par un drain qui le traverse, soit faute de curage, soit à cause du mauvais état des digues de cette rigole ou de ce drain, pourra s'adresser au moudir qui, après entente avec l'inspecteur d'irrigation ou avec l'ingénieur en chef de la province, ordonnera la fermeture de la rigole malgré les intéressés s'il la trouve inutile, ou en ordonnera le curage s'il le juge nécessaire. Dans le cas où la rigole serait indispensable et où il n'y aurait pas pour les intéressés d'autres moyens d'irrigation, le moudir invitera les intéressés à la maintenir en bon état et à indemniser le propriétaire du terrain endommagé par la rigole ou par le drain.

Art. 18. — *Remplacement d'une rigole ne répondant pas aux besoins de l'irrigation.* — Quand un propriétaire trouve que l'emplacement de la rigole traversant son terrain la met hors d'état de convenir à l'irrigation et qu'il désire la faire remplacer par une autre, il peut présenter une demande au moudir qui la communiquera, accompagnée de son avis et de ses observations, s'il y a lieu, à l'inspecteur d'irrigation qui autorisera la suppression de la rigole et son remplacement par une autre aux frais du propriétaire, pourvu que la nouvelle rigole soit, sous tous les rapports, aussi bonne que la première et remplisse les conditions voulues et que celle-ci ne soit fermée que lors de la mise en état de la nouvelle.

Mais si la rigole ne profite qu'au propriétaire du terrain qu'elle traverse, celui-ci pourra la faire remplacer sur son terrain par une autre rigole, sans avoir besoin d'en demander la permission.

Art. 19. — *Des difficultés qui pourraient s'élever au sujet de la réparation d'une rigole.* — Si un particulier se plaint au moudir de ce que ses cointéressés à une rigole destinée à l'irrigation d'un ou de deux villages ne sont pas d'accord sur la réparation de cette rigole pour l'irrigation Nili ou Séfi de leurs terrains, le moudir déléguera l'ingénieur en chef qui se rendra sur les lieux et vérifiera la plainte. S'il est reconnu que la réparation de la rigole est nécessaire, le moudir invitera les intéressés à la réparer.

Mais si les intéressés se trouvaient dans l'impossibilité de faire cette réparation, soit faute d'hommes suffisants dans leurs villages, soit faute d'argent, le gouvernement pourrait se charger de l'exécution à ses frais après l'achèvement des travaux d'utilité publique ordonnés, sauf à se faire rembourser le montant de la dépense par les intéressés en plusieurs termes que fixera la moudirieh suivant leurs moyens, mais le gouvernement renoncera à se faire rembourser par les intéressés s'ils sont reconnus pauvres. Le Ministère de l'intérieur statuera définitivement sur les cas de pauvreté.

Art. 20. — *Démolition des digues ou comblement des rigoles.* — Si un particulier se plaint au moudir de ce qu'un de ses cointéressés à une rigole d'irrigation existant depuis longtemps, appartenant à un ou deux villages, à un ou à plusieurs individus, et dont l'entretien est à la charge des propriétaires conformément à l'article 2, a démoli les digues de cette rigole ou en a comblé et usurpé une partie, le moudir communiquera la plainte, accompagnée de son avis et de ses observations s'il y a lieu, à l'inspecteur d'irrigation qui se rendra sur les lieux en personne ou déléguera à cet effet l'ingénieur en chef de la province, après en avoir prévenu les intéressés au moins quinze jours à l'avance. S'il est constaté qu'il y a eu démolition ou comblement, l'inspecteur évaluera les travaux nécessaires pour le rétablissement de la rigole dans son état primitif et en avisera le moudir pour qu'il oblige administrativement le contrevenant à en supporter les frais.

Ces frais seront recouvrés dans les formes et conditions prescrites par Notre Décret du 25 mars 1880.

Art. 21. — *Enlèvement des arbres plantés sur les digues et les talus des canaux.* — S'il est prouvé que des arbres plantés sur les digues, les talus ou les banquettes d'un canal sont la propriété d'un particulier et que ces arbres constituent, à cause de leur développement, un obstacle au cours des eaux, à la navigation ou à la circulation sur les digues du canal, l'inspecteur d'irrigation ou l'ingénieur en chef de la province ordonnera au propriétaire de les enlever ; faute de quoi, il les fera abattre ou élaguer lui-même, après avoir obtenu l'approbation écrite du moudir, les vendra et remettra au propriétaire le produit de la vente, après déduction des dépenses.

Art. 22. — *Tolérance de l'emploi pour la culture d'une digue ou d'un lit de canal.* — L'habitude consacrée par l'usage de cultiver les digues qui ne sont pas destinées à la circulation et les lits des canaux Nili est tolérée ; toutefois, le cultivateur ne pourra rien réclamer au gouvernement pour les dégâts causés à sa culture par les travaux de réparation ou de curage nécessaires.

A cet effet, les inspecteurs recommanderont aux agents chargés de l'exécution de ces travaux de s'efforcer, dans la mesure du possible, d'empêcher tout dégât à la culture sur pied.

Le fermier d'un des terrains libres de l'Etat que le gouvernement loue annuellement, avant de terminer les travaux d'utilité publique à exécuter pendant le cours de l'année, ne sera pas tenu de payer le loyer du terrain dont la récolte aurait été endommagée à la suite d'un travail d'utilité publique qui y serait exécuté avant que la récolte n'ait mûri ; il lui sera, au contraire, tenu compte du montant de la culture endommagée.

Art. 23. — *Transformation d'une digue cultivée en route pour la circulation publique.* — Si la digue d'un canal habituellement cultivée était nécessaire comme route, ou si pour une raison quelconque on voulait défendre qu'elle fût cultivée, l'inspecteur d'irrigation invitera le moudir à informer le cultivateur de cette digue qu'à la fin des cultures y existantes, il ne lui sera plus permis d'en faire d'autres ; si, malgré cette notification, il persistait à vouloir s'en servir, il n'aurait rien à réclamer au gouvernement dans le cas où ses cultures seraient enlevées par ordre du moudir. Mais si la digue est grevée d'impôts que le cultivateur paie annuellement, le gouvernement devra la dégrever et la déclarer d'utilité publique.

Art. 24. — *Construction ou réparation d'un ponceau dans la digue du Nil ou d'un canal.* — Si l'inspecteur d'irrigation s'aperçoit qu'un ponceau établi dans la digue du Nil ou d'un canal, ou un autre ouvrage de protection, est mal construit ou en état de dégradation, ou constitue pour toute autre raison une source de dangers pour les digues, il donnera l'ordre au propriétaire d'en faire la réparation ou la réfection dans un délai de quarante jours pendant la saison d'hiver, faute de quoi l'inspecteur demandera au moudir l'évacuation de ces travaux dans un autre délai de quarante jours.

Si, après une nouvelle invitation de la part du moudir, le propriétaire du ponceau se refusait à en faire la réparation ou la réfection, le moudir pourra faire exécuter ces travaux dont les frais seront recouvrés administrativement du propriétaire, dans les formes prescrites par Notre Décret du 25 mars 1880.

Si, à l'approche du temps de la crue, la construction du ponceau n'est pas achevée, l'inspecteur d'irrigation pourra en ordonner la fermeture immédiate ou l'enlèvement définitif dans le cas où la sûreté des digues l'exigerait. Il aura soin d'en informer le moudir et de faire parvenir l'eau, par un autre moyen quelconque, aux terrains qui étaient irrigués par ce ponceau.

Art. 25. — *Travaux de défense contre les inondations.* — Dans le cas où l'on serait obligé, à l'effet de protéger le pays contre les inondations, d'occuper une parcelle de terrain cultivée ou non cultivée ou de démolir une maison ou une autre construction quelconque dans le but d'exécuter des travaux de protection, l'étendue de la propriété ainsi occupée sera mesurée ; le moudir en fera ensuite l'estimation d'accord avec la commission mentionnée à l'article 6, et après avoir recueilli les observations du propriétaire et de l'inspecteur d'irrigation ; ce dernier fera ressortir d'une manière approximative les avantages résultant pour le propriétaire de ce que le travail de protection à exécuter préserve de la destruction le reste de sa propriété. On ne devra pas négliger de tenir compte de cette dernière considération au moment de la fixation de la somme à payer pour le terrain.

La fixation de cette somme sera faite en présence du propriétaire auquel elle sera payée après acceptation par le Ministère des travaux publics. Si l'intéressé n'est pas satisfait, il ne sera pas tenu compte de son refus d'acceptation.

En cas de danger pendant la crue du Nil, le moudir pourra agir immédiatement ; il pourra occuper un terrain cultivé ou non cultivé, démolir une maison ou toute autre construction, pour exécuter des travaux urgents de protection ; dans ce cas, l'estimation du dommage sera faite par le moudir ou son remplaçant, de concert avec l'ingénieur en chef ou l'ingénieur du district et deux notables. En cas de partage, la voix du moudir ou de son remplaçant sera prépondérante.

ART. 26. — *Déviation du cours du Nil.* — Si le Nil venait à former, par suite de la déviation de son cours, un îlot ou une terre d'alluvion devant une digue sur laquelle est érigée une machine élévatoire dont l'installation aura été dûment autorisée, et que le Gouvernement jugeât à propos de vendre ou de louer cet îlot ou cette terre, le propriétaire de cette machine aurait plein droit de creuser une rigole à travers ces terres d'alluvion, dans le but d'alimenter sa machine, sans qu'il lui soit rien réclamé de ce chef.

ART. 27. — *Chargement et déchargement des barques.* — Il sera, en tout temps, permis aux propriétaires de barques de charger et décharger leurs barques sur tous les débarcadères destinés à cet usage sur les digues du Nil ou des canaux, pourvu qu'il n'en résulte aucun dommage pour ces digues et que la circulation n'y soit point entravée.

Pour les débarcadères séparés de l'eau par des terrains appartenant à des particuliers et auxquels on ne pourrait parvenir par un autre chemin, les propriétaires de barques devront se mettre d'accord avec ces particuliers sur l'emploi d'un chemin pour le passage des chargements de leurs barques, moyennant le paiement d'un prix de location raisonnable. En cas d'opposition de la part des propriétaires des ter-

rains à traverser, ils seront obligés d'accepter le prix de location qui
sera fixé par la commission mentionnée à l'article 6.

En général, les propriétaires de barques ne pourront construire ou
réparer des barques si ce n'est sur la banquette du côté de l'eau.

Art. 28. — *Les propriétaires de barques ne sont pas admis à réclamer contre le Gouvernement.* — Les propriétaires de barques ne pourront prétendre à aucune indemnité de la part du Gouvernement, pour
les retards occasionnés par la fermeture d'un canal ou pour l'insuffisance des eaux dans ce canal ou dans le Nil. Ils seront, autant que
possible, avisés de cette fermeture.

Art. 29. — *Naufrages ou échouement de barques.* — Si une barque venait à faire naufrage ou à échouer dans le Nil ou dans un canal
public, de façon à constituer un obstacle à la navigation ou au libre
passage des eaux, le Gouvernement ou le moudir invitera le propriétaire ou le raïs à enlever sa barque, et au cas où ce dernier ne se con-
formerait pas à cet ordre dans un délai de vingt jours, après l'invitation
qui lui aura été faite, le gouverneur ou le moudir fera faire cet enlèvement aux frais du propriétaire qui ne pourra prétendre à aucune indemnité de la part du Gouvernement pour le dommage qui aurait pu
être causé à la barque ou à son contenu pendant l'opération.

Si le propriétaire se refuse à payer les frais d'enlèvement de sa
barque dans un délai de quinze jours après l'invitation qui lui en aura
été faite, le gouverneur ou le moudir aura la faculté de vendre la barque et la cargaison et de remettre le produit de la vente au propriétaire,
après s'être remboursé des frais. Mais si le propriétaire ignorait le
fait du naufrage de sa barque ou que, le connaissant, il fût en état
d'indigence, le gouverneur ou le moudir procéderait par ses soins à
l'enlèvement de la barque. Si les frais d'enlèvement sont supérieurs au
prix de la barque et de la cargaison, l'excédent de la dépense sera
supporté par le Gouvernement. Dans l'un comme dans l'autre cas,
l'ingénieur en chef de la province devra donner les instructions nécessaires pour l'enlèvement de la barque.

Art. 30. — *Établissement de bacs sur les canaux.* — Nul bac ne
sera établi sur un canal avant que l'inspecteur d'irrigation n'en ait
approuvé l'établissement et l'emplacement. L'autorisation délivrée à
l'intéressé par le Ministre des Finances n'est pas suffisante, le choix de
l'emplacement devant être aussi approuvé par l'inspecteur d'irrigation.

Pour les anciens bacs, si l'inspecteur d'irrigation reconnaît que leur existence à l'endroit où ils sont établis est nuisible à l'irrigation et qu'il est possible de les déplacer dans un endroit voisin sans entraver la circulation, il devra demander au moudir de les déplacer. Si le déplacement n'est pas possible, l'inspecteur d'irrigation et le moudir s'adresseront, après entente, aux Ministères des Finances et des Travaux publics qui décideront, s'il y a lieu, la suppression des bacs ; dans ce cas, les bacs seront dégrevés de leurs taxes et remplacés par un pont qui servira à la circulation publique ; les propriétaires des bacs ne pourront ainsi prétendre à aucune réclamation contre le Gouvernement.

Art. 31. — *Obstruction de cours d'eau.* — il est interdit, à moins d'en être dûment autorisé par le service technique :

a) D'obstruer le cours des eaux par une digue, par un enrochement ou par un autre obstacle quelconque ;

b) D'ouvrir ou de fermer les portes des écluses ou de toucher à tout autre appareil servant à protéger les ponts ;

c) D'enlever une digue quelconque construite à travers un canal dans le but de la fermer ou d'en réduire le débit.

L'auteur d'un de ces délits sera tenu de rétablir les choses dans leur état primitif ; s'il s'y refuse, les travaux seront exécutés à ses frais par le Gouvernement et les frais seront recouvrés dans les formes et conditions prescrites par Notre Décret du 25 mars 188o.

Art. 32. — *Jet d'animaux morts dans les eaux, ou établissement de pieux pour la pêche.* — Il est défendu, sous peine d'une amende de 20 à 100 livres égyptiennes :

1° De jeter dans le Nil, dans un canal ou dans un drain public, des animaux morts ou tout autre substance nuisible pouvant corrompre l'eau ;

2° D'établir dans un canal des pieux destinés à attacher des filets pour la pêche.

Si l'auteur de l'infraction visée au paragraphe premier du présent article est inconnu, l'amende sera recouvrée des cheiks du village d'où le cadavre aura été jeté, et, au cas où ce village ne pourrait pas être connu, des cheiks du village devant lequel le cadavre aura été trouvé.

Art. 33. — *Actes nuisibles à l'irrigation.* — Il est défendu de commettre, sans une due autorisation, un des actes suivants tendant à porter atteinte aux digues du Nil, d'un canal ou d'un drain public ou à la circulation le long des digues, etc. :

a) Établir sans autorisation une construction quelconque, roue hydraulique, saquieh, pompe, etc. Toutes constructions ou machines établies dans ces conditions seront immédiatement enlevées ;

b) Emporter la terre formant les digues ;

c) Faire une coupure quelconque dans les digues d'un canal d'irrigation ou construire une prise pour le passage des eaux ;

d) Enterrer un cadavre dans les digues ;

e) Déposer sur les talus d'un canal la vase provenant des curages ou du creusement d'une conduite de saquieh, d'une machine à vapeur ou d'une rigole ;

f) Causer un dommage aux berges d'un drain public par l'écoulement des eaux se déversant des champs ou un comblement dans le lit du drain par le limon ou le sable apportés du dehors par l'écoulement des eaux.

L'auteur d'un de ces actes sera tenu de rétablir les choses dans leur état primitif ; s'il s'y refuse, les travaux seront exécutés à ses frais par le Gouvernement qui en recouvrera le montant dans les formes et conditions prescrites par Notre Décret du 25 mars 1880.

ART. 34. — *Établissement d'un pont, etc., sur un canal.* — Il est défendu de construire sur un canal, sans autorisation, un pont quelconque, permanent ou provisoire, ou d'y établir un tuyau ou un siphon.

ART. 35. — *Irrigation faite par les eaux d'un canal au moyen de l'ouverture d'une prise ou de l'établissement d'une machine.* — Il est défendu de prendre de l'eau dans un canal, soit en ouvrant la prise du canal ou la prise d'une rigole, soit en pratiquant une coupure dans la digue du canal, soit par l'élévation artificielle des eaux pendant les jours où l'inspecteur d'irrigation ou une tout autre autorité dûment déléguée aurait fait savoir en temps opportun que l'irrigation ne doit pas être faite dans les cas visés par l'article 8.

ART. 36. — *Propriétaires de barques autorisés à charger et à décharger leurs barques.* — Il est défendu, sous les peines prévues aux articles 102 et 146 du Code pénal indigène, de subordonner ou de contraindre à un paiement quelconque de droits les barques autorisées à charger et décharger leur cargaison sur les digues du Nil, d'un canal ou d'un drain public.

ART. 37. — Détournement des matériaux destinés aux travaux de protection.

Il est défendu, à moins d'une autorisation régulière, d'emporter la terre, des pierres, bois ou tous autres matériaux des digues du Nil ou d'un ouvrage quelconque de protection, ni de se livrer à des actes pouvant endommager les ouvrages d'art.

Les cheiks du village dans le ressort duquel ces actes auront été commis seront responsables administrativement vis-à-vis du Gouvernement s'ils ne l'en avisent pas.

ART. 38. — Toute personne qui aura contrevenu aux dispositions des articles 3i, 33, 34, 35 et 37 du présent Décret sera punie d'un emprisonnement de trois mois à deux ans et d'une amende égale au moins au montant des restitutions qui sera arrêté par le Ministère des Travaux publics, lequel fera procéder d'office aux travaux devenus nécessaires à la suite de l'infraction.

ART. 39. — Les cheiks des villages ou des kafrs, les intendants des tchefliks ou des ezbchs sont responsables de la sauvegarde des digues et canaux et de tous travaux d'art qui se trouvent dans leurs circonscriptions respectives ; ils sont passibles des peines édictées dans le présent Décret, toutes les fois que les auteurs des délits ou contraventions qui y sont prévus resteront inconnus.

ART. 40. — Toutes dispositions antérieures contraires au présent Décret sont et demeureront abrogées.

ART. 41. — Nos Ministres de l'Intérieur, des Finances et des Travaux publics sont chargés, chacun en ce qui le concerne, de l'exécution du présent Décret.

Fait au palais d'Abdin, le 22 Chaban 1307 (12 avril 1890).

MEHEMET TEWFIK.

N

Les mesures prises par le Service de l'irrigation en vue de la faible crue du Nil en 1900.

Nous citons le rapport du sous-secrétaire d'État aux Travaux publics, sir William Garstin, tel qu'il a paru au *Journal officiel* du Caire : *Journal officiel du gouvernement égyptien*, 24 janvier 1900, 27° année, n° 10. Ce rapport est publié d'abord en anglais (p. 124-127), puis en français (p. 127-130). Tous les passages en *italiques* sont dans le texte du *Journal officiel* en caractères ordinaires ; nous avons souligné les phrases les plus importantes pour faciliter la lecture du document. Et pareillement nous avons ajouté quelques notes infrapaginales, là où quelques explications complémentaires nous ont paru opportunes.

Le Ministre des Travaux publics, vu l'intérêt qui s'attache à la question, croit devoir faire connaître au public, par la note suivante de sir William Garstin, K. C. M. C., sous-secrétaire d'État, l'état du Nil en 1900 [1].

Note sur l'état du débit d'été du Nil en 1900.

Les cotes anormalement basses auxquelles se trouvent actuellement les eaux du Nil ont fait naître une certaine appréhension en ce qui concerne l'insuffisance du débit de la saison d'été. Dans cette disposition d'esprit, une courte note, esquissant l'état réel actuel du fleuve, ne serait pas inutile et pourrait mettre les personnes intéressées à même de tirer leurs propres conclusions et de savoir à quoi s'en tenir pour l'avenir.

Dans cet ordre d'idées, il est nécessaire de comparer les cotes du Nil de l'année courante avec celles de la même période des années précédentes de faible débit.

Malheureusement, faute de données, il est impossible d'établir cette

---

[1] Il est un peu étrange de voir annoncer de cette manière indirecte, sous la forme d'une « note », concernant « l'état du Nil en 1900 » et publiée à titre de document intéressant par le Ministère des Travaux publics, un ensemble de décisions aussi graves que celles dont il est fait communication dans la seconde partie du présent rapport (*Note de l'auteur*).

comparaison en remontant à une époque très reculée. Pour la période antérieure à l'année 1871, il n'existe pas de registres exacts des cotes du Nil à Assouan. Les cotes du nilomètre à Rodah étaient enregistrées, mais il ne nous est donné d'avoir aujourd'hui que le maximum et le minimum des niveaux atteints.

Entre 1871 et 1900, les deux années de plus basse crue furent celles de 1878 et 1889. Les cotes d'été des années 1874 et 1892 furent aussi très basses, mais dans aucune de ces deux années la période de décroissance de débit ne dura aussi longtemps que dans les deux premières ; de plus, le débit d'hiver de 1874 et de 1892 atteignit pleinement la moyenne ; elles ne peuvent donc servir de point de comparaison avec l'année courante aussi utilement que les années 1878 et 1889.

Le tableau suivant indique les cotes d'Assouan et les débits correspondants pour la première moitié du mois de janvier des années 1878, 1889 et 1900 respectivement.

DATES JANVIER	Année 1878			Année 1889			Année 1900		
	COTES	NIVEAU	DÉBIT	COTES	NIVEAU	DÉBIT	COTES	NIVEAU	DÉBIT
	Pics K.	Mètres	M³ par sec.	Pics K.	Mètres	M³ par sec.	Pics K.	Mètres	M³ par sec.
1.	5- 5	86,97	1369	4-12	86,59	1134	3- 5	85,89	775
2.	5- 3	86,93	1341	4-11	86,56	1116	3- 3	85,84	750
3.	5- 2	86,90	1320	4-10	86,54	1104	3- 1	85,80	730
4.	5- 2	86,90	1320	4- 9	86,52	1092	2-23	85,75	710
5.	5- 1	86,88	1308	4- 7	86,47	1065	2-22	85,73	702
6.	4-23	86,84	1284	4- 6	86,45	1055	2-22	85,73	702
7.	4-21	86,79	1254	4- 6	86,45	1055	2-20	85,69	686
8.	4-20	86,77	1242	4- 5	86,43	1045	2-18	85,64	666
9.	4-20	86,77	1242	4- 4	86,41	1035	2-17	85,62	658
10.	4-19	86,75	1230	4- 3	86,38	1020	2-16	85,60	650
11.	4-19	86,75	1230	4- 2	86,36	1010	2-16	85,60	650
12.	4-19	86,75	1230	4- 0	86,32	990	2-15	85,57	638
13.	4-17	86,70	1200	3-23	86,29	975	2-11	85,48	602
14.	4-14	86,63	1158	3-22	86,27	965	2-10	85,47	586
15.	4-13	86,61	1146	3-21	86,25	955	2- 9	85,44	578

Un coup d'œil jeté sur le tableau ci-dessus démontre que les cotes du fleuve, à Assouan, pendant la première moitié du mois de janvier 1900, étaient beaucoup plus basses que celles de la même époque de l'une et l'autre des deux années avec lesquelles la comparaison est faite.

Le 15 courant, la cote d'Assouan était de 2 pics 4 kirats ou de 1ᵐ,17 plus basse qu'elle ne le fut à la même date, en 1878, et de 1 pic 12 kirats ou de 0ᵐ,81 qu'elle ne le fut le 15 janvier 1889.

En outre, le débit en mètres cubes, par seconde, du 15 janvier 1900, était à peine la moitié de celui du 15 janvier 1878 et au-dessous des deux tiers de celui de la même date en 1889.

Une étude des cotes d'Assouan depuis 1871 jusqu'à 1900, c'est-à-dire pendant 29 ans avant l'année courante, démontre que la cote de 2 pics 9 kirats est, comme règle générale, atteinte au mois de mars ou d'avril et plus souvent dans le dernier que dans le premier.

Le débit d'été du Nil dans la présente année promet, si l'état de décroissance actuelle devait se maintenir, d'être considérablement au-dessous de celui de l'une quelconque des deux plus mauvaises années qui soient notées : 1878 et 1889.

En 1878, la plus basse cote atteinte à Assouan était de 0 pic 8 kirats, ce qui correspond à un niveau de 84,22. Cette cote fut enregistrée le 7 et le 8 du mois de juin ; elle représente un débit de 208 mètres cubes par seconde.

En 1889, le fleuve arriva à son plus bas étiage le 4 juin, 0 pic 11 kirats ou un niveau de 84,70, comme l'accuse le relevé du nilomètre d'Assouan. Cette cote correspond à un débit de 230 mètres cubes par seconde.

Comme le Nil en 1900 se trouve à présent plus bas qu'il ne le fut en 1878 et en 1889, il s'ensuit que, si la décroissance continue sur la même échelle actuelle, le débit sera, au moment où l'on arrivera au plus bas étiage, considérablement inférieur à 200 mètres cubes par seconde.

Il est cependant possible que la rapidité de la baisse se relâche et que des pluies hâtives dans les provinces méridionales du Soudan viennent accroître le Nil Blanc et contribuent ainsi soit à augmenter le débit du fleuve, soit à arrêter sa décroissance pendant la période la plus critique, c'est-à-dire dans les mois de juin et juillet.

Il y a lieu de prendre en bonne considération que les dernières informations reçues de la région des Lacs et du Nil Blanc ne tendent pas à

*rendre très probable la perspective d'aucune diminution de la décrois-
sance du fleuve.*

Le commissaire à Uganda, écrivant à la date du 16 octobre 1889,
disait que la cote d'eau du Lac Victoria Nyanza était à ce moment-là
de 2 pieds au-dessous de la hauteur normale, et que la hauteur du
Haut-Nil, à Wadelaï, était de 4 pieds et demi au-dessous de la
moyenne des années précédentes. Il ajoute qu'il y a eu un manque
presque absolu de pluies sur toute cette partie de l'Afrique, notamment dans le voisinage du Lac Albert Nyanza, à tel point que l'on
craignait une famine dans ces régions.

Les derniers télégrammes reçus du Nil Blanc annoncent une baisse
d'eau sans précédent dans ce cours d'eau. Au gué d'Abou-Zeid, à
190 milles au Sud de Kartoum, l'eau était, à la fin de décembre, si
peu profonde que les barques ne pouvaient passer qu'à grande
difficulté.

Dans les premiers jours de janvier, une autre interception de la
navigation était signalée à Gabalain, à environ 40 milles plus au Sud.

Il est donc probable que l'expédition partie de Kartoum au commencement de décembre dernier, avec mission d'enlever les sadds
existant dans le Nil Blanc, se trouve dans la nécessité de renoncer à ce
travail pour l'année courante, à cause de l'impossibilité d'effectuer le
transport des approvisionnements nécessaires aux ouvriers sur le fleuve.

La connaissance qu'il est possible d'avoir maintenant des rapports
existant entre les cotes d'eau des lacs équatoriaux et celles du Nil
Blanc est insuffisante pour permettre de prévoir d'une manière précise
l'effet qu'une cote donnée dans ces lacs produira sur le Nil à Assouan.

*Néanmoins, il est indéniable que le Nil à Assouan est, à l'heure
présente, plus bas qu'il ne l'a jamais été précédemment, que l'on
sache, au mois de janvier, et que les rapports reçus jusqu'ici du Sud
inspirent peu d'espoir. De plus, la sécheresse incessante aux Indes
révèle l'existence d'une situation atmosphérique anormale sur une
immense étendue.*

En tenant compte de toutes les considérations qui viennent d'être
énumérées, les agriculteurs en Égypte sembleraient être fondés dans
leurs inquiétudes pour l'avenir de leurs cultures, et il est évident que
des mesures toutes spéciales devront être prises si ces cultures peuvent être sauvées par un moyen quelconque. Une crue hâtive allège-

BRUNHES. 33

rait dans une large mesure la gravité de la situation, tandis que, au contraire, une arrivée tardive des eaux de la crue contribuerait à l'accentuer très sensiblement.

Les mesures indiquées ci-dessous montrent les lignes générales que le Service d'Irrigation se propose de suivre pendant la saison des étiages.

Tout d'abord, ses efforts devront tendre principalement à sauver la culture du coton, qui est, pour l'Égypte, la plus précieuse de toutes.

Il est certain, même si l'époque des pluies annuelles en Abyssinie et au Soudan arrivait plus tôt et qu'il en résultât une crue hâtive, qu'une disette d'eau exceptionnelle doit se produire en Égypte durant les prochains mois d'avril, mai, juin et juillet. L'eau disponible dans le fleuve pendant ladite période sera, quel que soit le cas, à peine suffisante pour préserver la culture du coton et ne suffira certainement pas en même temps pour l'irrigation du riz.

Les rizières sont, pour la plupart, situées dans les régions Nord du Delta et à l'extrémité de longs canaux. Il ne sera donc pas possible d'amener l'eau jusqu'à ces régions et d'irriguer les cultures de riz. Le riz, d'ailleurs, étant une plante qui réclame une irrigation continuelle, ne pourrait jamais, comme le coton, résister aux périodes de la rotation sévère qui sera inévitablement imposée cette année. *Aussi est-il à craindre que les propriétaires de tels terrains qui auront planté du riz en 1900 ne perdent entièrement leur culture.* Seuls sont exceptés ceux qui possèdent des terres adjacentes au Nil et qui peuvent irriguer leur riz au moyen de machines et de pompes placées sur les digues du fleuve. En vue de seconder le fonctionnement de ces appareils élévatoires, des digues en terre seront élevées dans les deux branches du Nil dans le double but d'empêcher l'entrée de l'eau salée de la Méditerranée dans ces branches et d'y conserver l'eau douce tant pour les besoins domestiques que pour ceux de l'irrigation.

Il est probable que la quantité d'eau d'infiltration dans les chenaux du fleuve suffira à assurer le fonctionnement de ces pompes. Pour le cas, cependant, où une telle probabilité viendrait à ne pas se réaliser ou bien que l'eau du Nil deviendrait saumâtre, les propriétaires sont prévenus que, sous aucun prétexte et pour aucune raison, quelle qu'elle soit, il ne leur sera permis de transférer leurs machines et pompes des digues du Nil pour les installer sur les canaux, car ces derniers ne seront certainement pas en état de pouvoir répondre aux exigences additionnelles qui leur seraient ainsi imposées.

Afin d'assurer une distribution équitable de l'eau dans la Basse-Égypte, les prises des canaux principaux qui reçoivent l'eau du Nil en amont du barrage, seront réglementées de façon à permettre à chaque province d'obtenir un volume d'eau proportionnel à sa superficie irriguée.

Des rotations seront établies en vue de faire face aux conditions exceptionnelles de la présente saison. Les listes de ces rotations, actuellement en préparation, seront publiées très prochainement pour la gouverne du public. Elles consisteront en deux et peut-être en trois programmes. Le deuxième programme comportera un projet de rotation plus sévère que le premier, et le troisième, s'il est nécessaire, sera encore plus sévère que le deuxième.

Ces différents programmes seront mis en vigueur suivant la baisse des eaux du Nil. Ainsi, si la cote à Assouan et le niveau correspondant en amont du Barrage nécessitent des mesures plus rigoureuses que celles contenues dans le premier programme, le deuxième sera appliqué, et il en sera de même pour le troisième. Dans chaque cas, un avis sera donné par l'intermédiaire des moudiriehs à tous les intéressés, fixant la date à laquelle le système des rotations sera changé. Comme ces programmes alternatifs seront publiés simultanément et à une date prochaine, les agriculteurs seront ainsi en mesure de s'informer à temps des éventualités qui leur sont réservées et ne pourront se plaindre plus tard que les rotations publiées aient été changées sans un avis en due forme.

Malgré cependant toutes les mesures de précautions qui précèdent, il est fort possible que la situation exige l'application éventuelle de rotations d'un ordre tout à fait spécial, non comprises dans les programmes en question et qu'on ne peut prévoir ni arrêter dès maintenant. Si cette éventualité se réalisait, tous les efforts seraient employés pour que le public fût prévenu aussitôt que possible.

Après les rotations, *la plus importante mesure pour sauver la culture du coton ou une partie de cette culture, sera l'interdiction de l'irrigation des terres Charaki*[1] *(pour l'ensemencement du maïs) jusqu'à ce*

---

[1] Voir p. 410, note 2.

que la crue ait amené une quantité d'eau suffisante pour permettre l'irri-
gation de ces terres sans nuire à la superficie cultivée en coton. Une
telle interdiction s'impose impérativement dans une année pareille à
l'année courante.

La mesure qui consiste à ajourner l'ensemencement du maïs ne
constitue point un désastre pour le pays ; elle signifie simplement que
les propriétaires doivent revenir au procédé qui existait avant l'achèvement des travaux de réparations du barrage et l'amélioration qui en
est résultée dans la distribution des eaux. Autrefois le maïs n'était
jamais semé avant l'arrivée de l'eau de la crue ; cet ensemencement
avait lieu généralement en août parce que, avant ledit mois, les cotes
du Nil ne permettaient aucune irrigation sur une grande échelle.
Grâce à l'augmentation du débit, la pratique des dernières années a
eu pour effet de faire avancer graduellement la saison de l'ensemencement du maïs, et les terres affectées à cette culture reçoivent généralement l'eau, aujourd'hui, au mois de juin, et, dans quelques localités, au mois de mai.

Il est vrai que si cet ensemencement est fait à une date avancée, on
peut réaliser une récolte et un prix meilleur que s'il était fait à une
date tardive ; mais le dommage causé au pays entier par une légère
diminution dans le rendement des cultures de maïs est insignifiant en
comparaison du désastre qui résulterait de la non-réussite de la culture
du coton.

Il n'y aura certainement pas assez d'eau disponible au mois de juin
prochain pour suffire aux deux cultures ; en conséquence, comme on
doit s'efforcer de sauver le coton, si possible, à tout prix l'irrigation
des terres affectées au maïs doit être ajournée jusqu'à l'époque où l'ar-
rivée des eaux de la crue permettra de la faire. Un projet de loi inter-
disant l'irrigation hâtive des terres Charaki, sous peine de sévères
pénalités, est actuellement en voie de préparation ; il sera soumis
sous peu à la sanction du Gouvernement[1].

----

[1] Un décret signé le 12 mars 1900, et publié au *Journal officiel* le 14 mars 1900,
a fixé effectivement les pénalités dont il était ici question (V. *Journal officiel*, n° 29,
p. 388-389) ; voir une circulaire complémentaire, *Journal officiel*, n° 57, 28 mai
1900 (*Note de l'auteur*).

Dans une année pareille à celle que nous traversons, il serait prudent, pour tous les propriétaires, de planter leur coton à une date aussi avancée que possible, en tant qu'elle soit compatible avec les conditions du climat. Il est grandement à désirer que les plants soient dans un état avancé de développement avant l'arrivée de la période des forts étiages. Plus ils seront forts et vigoureux, plus ils seront, semble-t-il, en état de résister au manque d'eau inévitable. Au surplus, il y aurait avantage à ce que la plantation eût lieu pendant qu'il y a une quantité d'eau disponible suffisante. La situation vaut la peine de courir le risque d'un double ensemencement, afin de s'assurer que les plants seront en bon état de développement lorsqu'arrivera la période critique.

Il ne sera pas hors de propos ici de prévenir le public que rien ne peut être nuisible aux plants de coton qui ont survécu à une longue et continuelle sécheresse, que de les saturer d'eau immédiatement après l'arrivée de la crue. Un tel procédé aurait exactement le même effet que si l'on donnait trop d'eau à la fois à boire à un homme qui a souffert longuement de la soif, et l'on doit, partant, user d'une grande prudence au premier arrosage des plants après l'arrivée des eaux de la crue.

Le Service d'irrigation a été prié maintes fois de donner son opinion sur le rendement probable de la culture du coton en 1900. Toute prévision dans cet ordre d'idées serait difficile à faire et aurait manifestement pour effet d'induire le public en erreur, car rien ne peut être connu à présent en ce qui concerne la cote à laquelle le Nil pourra éventuellement tomber.

Pour la gouverne des personnes désireuses d'établir une évaluation pour elles-mêmes, nous pouvons dire que le rendement de la culture de coton, dans les deux plus mauvaises années qui soient connues jusqu'à présent, a été comme il suit :

> En 1878. . . . . . . 1 680 595 cantars.
> En 1889. . . . . . . 3 200 000   »

Dans aucune de ces deux années, le barrage ne fut dans sa pleine action, car la restauration de cet ouvrage ne se termina qu'en 1890.

En conclusion, quoiqu'il soit évident que l'agriculture en Égypte aura à traverser une forte crise pendant les quelques prochains mois, on ne peut dire encore que la situation soit tout à fait désespérée. Un arrêt de la baisse rapide actuelle des eaux du fleuve et l'arrivée d'une crue hâtive contribueraient à atténuer grandement les difficultés de l'irrigation. L'une de ces deux éventualités, ou toutes deux, pourraient encore se produire, et, quoiqu'il soit nécessaire de se prémunir contre tous les événements, il n'est pas besoin d'anticiper sur le mal et d'envisager l'avenir sous un jour plus sombre que ne le comporte la situation.

Toutes les personnes intéressées, fonctionnaires des moudiriehs, cheikhs, omdehs, et principalement les gros propriétaires fonciers, doivent se bien pénétrer que le plus grand espoir de sauver leur culture réside dans leur loyale coopération avec le Service d'irrigation dans toutes les mesures qu'il adoptera pour assurer une distribution équitable de l'eau.

Le Caire, le 17 janvier 1900.

Le Sous-Secrétaire d'État du Ministère des Travaux Publics,

W.-E. GARSTIN.

CHARTRES. — IMPRIMERIE DURAND, RUE FULBERT.

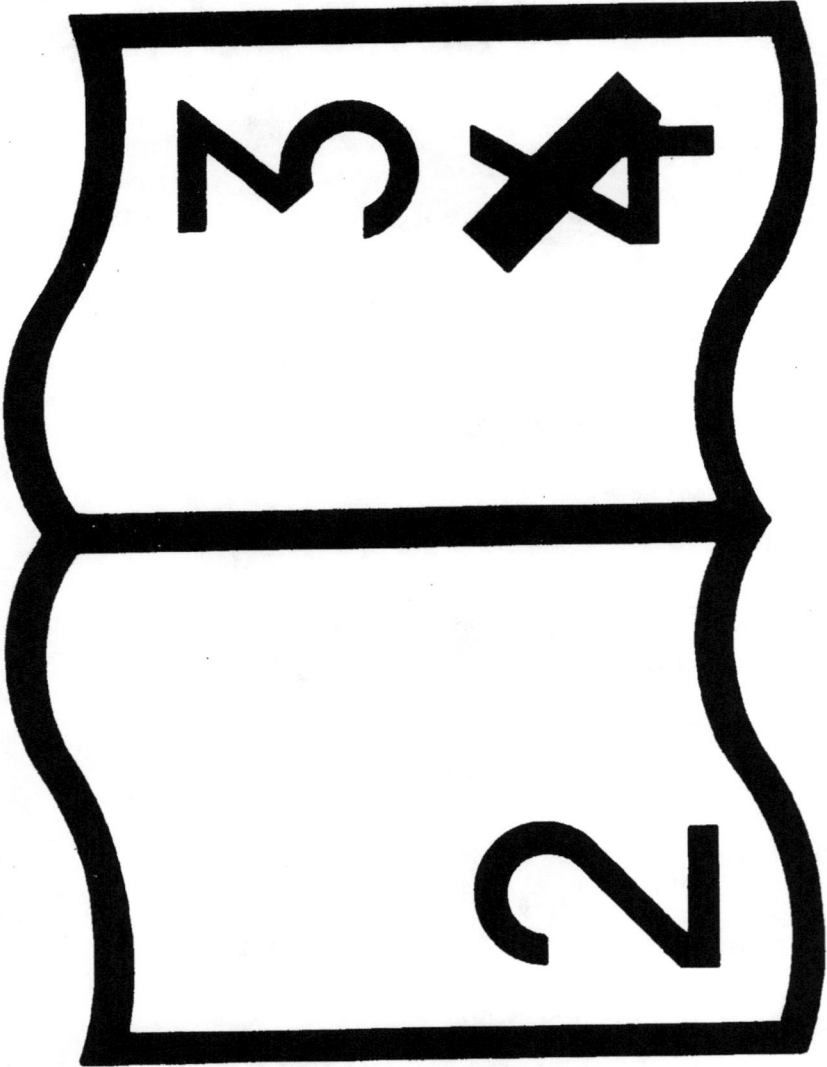

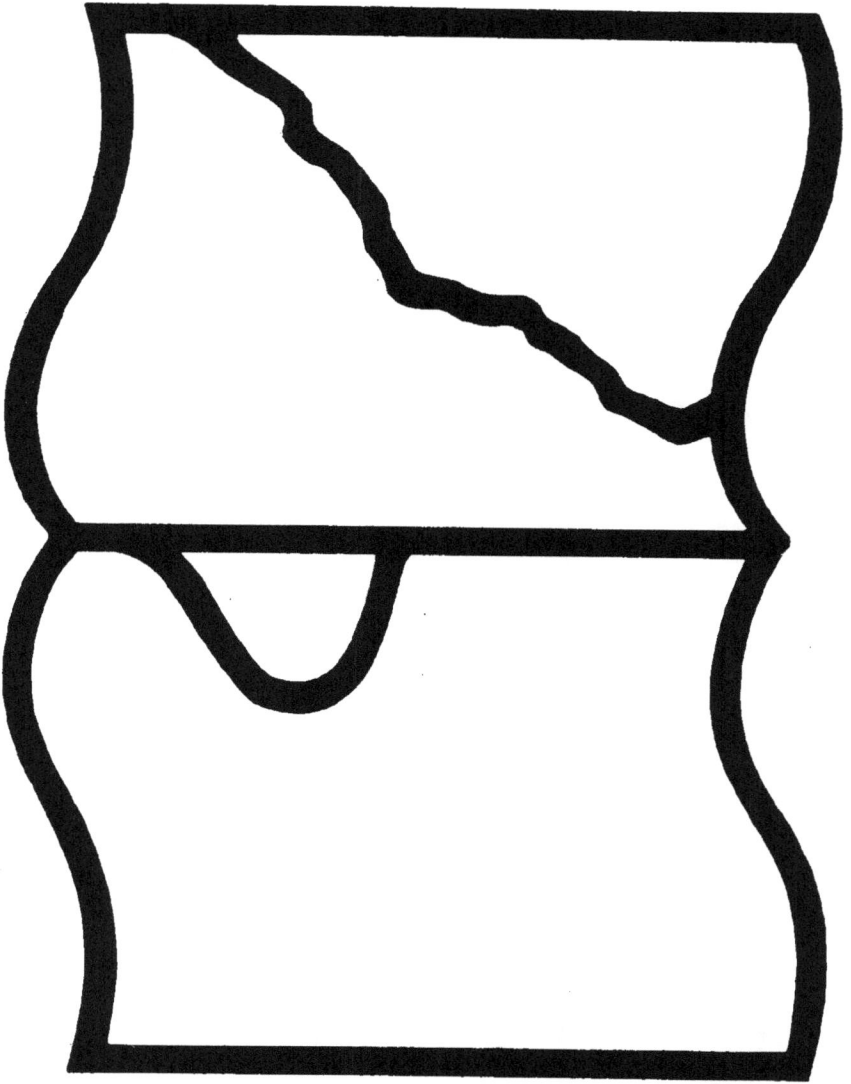